先进复合材料丛书

编委会

主 任 委 员：杜善义
副主任委员：方岱宁　俞建勇　张立同　叶金蕊
委　　　员（按姓氏音序排列）：
　　　　　　陈　萍　陈吉安　成来飞　耿　林　侯相林
　　　　　　冷劲松　梁淑华　刘平生　刘天西　刘卫平
　　　　　　刘彦菊　梅　辉　沈　健　汪　昕　王　嵘
　　　　　　吴智深　薛忠民　杨　斌　袁　江　张　超
　　　　　　赵　谦　赵　彤　赵海涛　周　恒　祖　群

国家出版基金项目

先进复合材料丛书

土木工程纤维增强复合材料

中国复合材料学会组织编写
丛书主编　杜善义
丛书副主编　俞建勇　方岱宁　叶金蕊
编　　著　吴智深　汪　昕　史健喆　等

中国铁道出版社有限公司
CHINA RAILWAY PUBLISHING HOUSE CO., LTD.

内容简介

"先进复合材料丛书"由中国复合材料学会组织编写,并入选国家出版基金项目。丛书共12册,围绕我国培育和发展战略性新兴产业的总体规划和目标,促进我国复合材料研发和应用的发展与相互转化,按最新研究进展评述、国内外研究及应用对比分析、未来研究及产业发展方向预测的思路,论述各种先进复合材料。

本书为《土木工程纤维增强复合材料》分册,针对工程结构高性能和长寿命的发展需求,论述了纤维增强聚合物/塑料(FRP)和纤维增强水泥基材料/沥青(FRC 和 FRA)等土木工程纤维增强复合材料的生产制备工艺、性能特点、设计方法与标准化、应用和发展前景,重点从以上方面介绍最新研究成果和进展。

本书内容先进,可供新材料研究院所、高等院校、新材料产业界、政府相关部门、新材料技术咨询机构等领域的人员参考。

图书在版编目(CIP)数据

土木工程纤维增强复合材料/中国复合材料学会组织编写;吴智深等编著. —北京:中国铁道出版社有限公司,2020.12

先进复合材料丛书

ISBN 978-7-113-27648-5

Ⅰ.①土… Ⅱ.①中… ②吴… Ⅲ.①纤维增强复合材料 Ⅳ.①TB334

中国版本图书馆 CIP 数据核字(2020)第 273205 号

书　　名:	土木工程纤维增强复合材料
作　　者:	吴智深　汪　昕　史健喆　等
策　　划:	初　祎　李小军
责任编辑:	曾露平　　　电话:(010)51873405
封面设计:	高博越
责任校对:	孙　玫
责任印制:	樊启鹏
出版发行:	中国铁道出版社有限公司(100054,北京市西城区右安门西街8号)
网　　址:	http://www.tdpress.com
印　　刷:	中煤(北京)印务有限公司
版　　次:	2020年12月第1版　2020年12月第1次印刷
开　　本:	787 mm×1 092 mm　1/16　印张:21　字数:471千
书　　号:	ISBN 978-7-113-27648-5
定　　价:	138.00元

版权所有　侵权必究

凡购买铁道版图书,如有印制质量问题,请与本社读者服务部联系调换。电话:(010)51873174

打击盗版举报电话:(010)63549461

序

新材料作为工业发展的基石，引领了人类社会各个时代的发展。先进复合材料具有高比性能、可根据需求进行设计等一系列优点，是新材料的重要成员。当今，对复合材料的需求越来越迫切，复合材料的作用越来越强，应用越来越广，用量越来越大。先进复合材料从主要在航空航天中应用的"贵族性材料"，发展到交通、海洋工程与船舰、能源、建筑及生命健康等领域广泛应用的"平民性材料"，是我国战略性新兴产业——新材料的重要组成部分。

为深入贯彻习近平总书记系列重要讲话精神，落实"十三五"国家重点出版物出版规划项目，不断提升我国复合材料行业总体实力和核心竞争力，增强我国科技实力，中国复合材料学会组织专家编写了"先进复合材料丛书"。丛书共12册，包括：《高性能纤维与织物》《高性能热固性树脂》《先进复合材料结构制造工艺与装备技术》《复合材料结构设计》《复合材料回收再利用》《聚合物基复合材料》《金属基复合材料》《陶瓷基复合材料》《土木工程纤维增强复合材料》《生物医用复合材料》《功能纳米复合材料》《智能复合材料》。本套丛书入选"十三五"国家重点出版物出版规划项目，并入选2020年度国家出版基金项目。

复合材料在需求中不断发展。新的需求对复合材料的新型原材料、新工艺、新设计、新结构带来发展机遇。复合材料作为承载结构应用的先进基础材料、极端环境应用的关键材料和多功能及智能化的前沿材料，更高比性能、更强综合优势以及结构/功能及智能化是其发展方向。"先进复合材料丛书"主要从当代国内外复合材料研发应用发展态势，论述复合材料在提高国家科研水平和创新力中的作用，论述复合材料科学与技术、国内外发展趋势，预测复合材料在"产学研"协同创新中的发展前景，力争在基础研究与应用需求之间建立技术发展路径，抢占科技发展制高点。丛书突出"新"字和"方向预测"等特色，对广大企业和科研、教育等复合材料研发与应用者有重要的参考与指导作用。

本丛书不当之处，恳请批评指正。

2020 年 10 月

前 言

"先进复合材料丛书"由中国复合材料学会组织编写,并入选国家出版基金项目和"十三五"国家重点出版物出版规划项目。丛书共12册,围绕我国培育和发展战略性新兴产业的总体规划和目标,促进我国复合材料研发和应用的发展与相互转化,按最新研究进展评述、国内外研究及应用对比分析、未来研究及产业发展方向预测的思路,论述各种先进复合材料。本丛书力图传播我国"产学研"最新成果,在先进复合材料的基础研究与应用需求之间建立技术发展路径,对复合材料研究和应用发展方向做出指导。丛书体现了技术前沿性、应用性、战略指导性。

土木工程的每一次飞跃都伴随着建造材料的革命性发展,从远古时代的泥土,到古代社会的砖石、木材,再到近现代的混凝土的发明和结构钢的使用,随着建筑材料种类的丰富和性能的不断提升,工程结构的跨度、高度和规模也一次次得到质的提升。

随着社会和科学技术的发展,人类对生存环境的要求不断提高,对各类房屋建筑、桥梁、隧道等基础设施工程结构的使用性能和服役寿命的要求也不断提升。虽然近100年来钢筋混凝土结构和钢结构已发展成为当今工程结构的主要结构形式,但在结构使用性能、可恢复性和耐久性需求不断增长的前提下,传统材料已无法满足结构综合性能需求。在此背景下,纤维增强聚合物/塑料(简称FRP)和纤维增强水泥基材料/沥青(分别简称FRC和FRA)等纤维增强复合材料的出现为各类工程结构的再一次飞跃带来了新的动力和支撑。

本书以FRP、FRC和FRA等常见的土木工程纤维增强复合材料为主要对象,结合作者团队和国内外学者多年的重要研究成果,论述了土木工程纤维增强复合材料的性能设计方法,并根据纤维增强复合材料在土木工程中的用途,详细论述了各类纤维增强复合材料的生产制备工艺、性能特点(包括基本性能和长期性能)、标准化、创新应用技术、示范应用以及发展前景。本书的特点在于对纤维增强复合材料在土木工程中的性能设计进行了微/细观到宏观的多层次论述，详细阐释了对纤维增强复合材料性能有着重要影响的生产制备工艺，并涵盖了土木工程纤维增强复合材料的性能特点。希望本书不仅能帮助读者理解土木工程纤维增强复合材料的生产工艺、性能特点和设计方法，而且能帮助读者理解如何根据结构性能需求来选择、设计纤维增强复合材料以提升工程结构综合性能的理念和方法。

本书的编著出版得到了编著者研究团队苏畅、彭哲琦、刘长源、周竞洋、贺卫东、刘路路、李振兴、张晓非、朱中国、刘建勋、陈兴芬、黄璜、施嘉伟、赵杏、刘霞、蒋丽娟等同事的大力协助，在此一并表示感谢！

编著者

2020 年 10 月

目 录

第1章 绪 论 ········ 1

1.1 土木工程纤维增强复合材料发展概述 ········ 1
1.2 土木工程纤维增强复合材料的基本构成 ········ 3
1.3 土木工程纤维增强复合材料生产技术 ········ 17
1.4 土木工程纤维增强复合材料的应用 ········ 23
1.5 土木工程纤维增强复合材料发展和研究方向 ········ 31
1.6 本书内容 ········ 32
参考文献 ········ 38

第2章 土木工程纤维增强复合材料性能设计 ········ 40

2.1 概 述 ········ 40
2.2 短期力学性能设计 ········ 41
2.3 长期力学性能设计 ········ 48
2.4 考虑连接效率的一体化多轴向纤维铺层设计 ········ 53
2.5 基于微观观测的FRP制品品质控制及性能提升设计 ········ 60
2.6 FRP筋-混凝土界面性能设计 ········ 64
2.7 FRP自传感智能化设计 ········ 69
参考文献 ········ 73

第3章 纤维布材及FRP板材 ········ 75

3.1 概 述 ········ 75
3.2 生产制备工艺 ········ 76
3.3 种类及特点 ········ 78
3.4 关键性能指标 ········ 81
3.5 标 准 化 ········ 94
3.6 应用及前景 ········ 96
参考文献 ········ 110

第4章 FRP筋和预应力FRP筋 ········ 113

4.1 概 述 ········ 113

4.2 生产制备工艺 …… 114
4.3 种类及特点 …… 118
4.4 关键性能指标 …… 122
4.5 标准化 …… 142
4.6 应用及前景 …… 146
参考文献 …… 161

第5章 FRP拉索

5.1 概述 …… 163
5.2 生产制备工艺 …… 164
5.3 种类及特点 …… 166
5.4 关键性能指标 …… 174
5.5 设计与评价方法 …… 179
5.6 应用及前景 …… 185
参考文献 …… 197

第6章 FRP网格与纤维格栅

6.1 概述 …… 198
6.2 生产制备工艺 …… 199
6.3 种类及特点 …… 204
6.4 关键性能指标 …… 206
6.5 标准化 …… 212
6.6 应用及前景 …… 216
参考文献 …… 227

第7章 FRP型材

7.1 概述 …… 229
7.2 生产制备工艺 …… 229
7.3 种类及特点 …… 232
7.4 关键性能指标 …… 233
7.5 标准化 …… 256
7.6 应用及前景 …… 259
参考文献 …… 265

第8章 FRP锚杆

8.1 概述 …… 267

8.2 生产制备工艺 ………………………………………………… 268
8.3 种类及特点 …………………………………………………… 269
8.4 关键性能指标 ………………………………………………… 273
8.5 标 准 化 ……………………………………………………… 278
8.6 应用及前景 …………………………………………………… 282
参考文献 ……………………………………………………………… 287

第9章 纤维增强水泥基材料及沥青混合料 289

9.1 概　　述 ……………………………………………………… 289
9.2 生产制备工艺 ………………………………………………… 290
9.3 种类及特点 …………………………………………………… 295
9.4 关键性能指标 ………………………………………………… 303
9.5 标 准 化 ……………………………………………………… 315
9.6 应用及前景 …………………………………………………… 319
参考文献 ……………………………………………………………… 324

第1章 绪 论

1.1 土木工程纤维增强复合材料发展概述

早在古代社会,纤维增强材料的思想就已应用于土木工程。当时房屋建造中多采用泥土砌墙,针对土墙容易开裂的问题,工匠们发明了将稻草或麦秸掺入泥土中延缓墙体开裂的方法,一直沿用至今。时至近现代,1824年英国人 J. Aspdin 发明硅酸盐水泥,经过近 200 年的发展,以混凝土为主的水泥基材料已成为当今土木工程中应用最为广泛的结构材料。然而,抗拉强度低、易开裂等始终是水泥基材料存在的瓶颈问题。20 世纪初,奥地利人 Hatschek 在制作薄壁石棉水泥板(瓦)时就曾采用石棉纤维提升水泥板的抗裂性能和拉伸强度。截至 20 世纪 30 年代,全世界已有多个国家生产和使用石棉水泥制品。自 20 世纪初起英、美、法等国均有人申请在混凝土中均匀掺加短铁丝等增强材料以改性混凝土的专利。1963 年,美国 Romualdi 首次提出了"纤维阻裂机理",促进了钢纤维增强混凝土的发展。20 世纪 70 年代起,在英、美、日等国钢纤维增强混凝土进入实用阶段。20 世纪 80~90 年代,短切纤维增强水泥基材料(fiber reinforced cement-based composites,FRC)和短切纤维增强沥青材料(fiber reinforced asphalt,FRA)已经得到了广泛的研究和应用推广。

相比于短切纤维增强水泥基材料,将连续纤维与树脂基体复合而成的纤维增强聚合物或塑料(fiber reinforced polymer or plastics,FRP)的质量显著减轻,纤维的拉伸强度得以充分发挥,FRP 性能优势明显。FRP 的研发始于 20 世纪 40 年代,当时发展航空工业亟须一种质量轻、强度高、抗老化性好的材料,采用玻璃纤维和树脂复合而成的玻璃纤维增强塑料应运而生,"FRP"这一名词也随之问世。此后碳纤维、芳纶纤维和玄武岩纤维以及其他结构用高分子纤维也相继问世。由于早期的 FRP 价格昂贵,仅在体育用品、鱼竿等小型产品以及军事、大型飞机、航空航天等高端领域得到应用。从 80 年代起,美、日等发达国家工程结构相继出现安全性、耐久性问题,FRP 以其轻质、高强、耐腐蚀等优点,开始被应用于结构加固增强领域,但当时尚未成为主流技术。90 年代中期,阪神地震后碳纤维开始在日本加固领域大规模应用,特别是采用碳纤维布的外粘贴技术在抗震加固中发挥了极大的作用。此后,FRP 逐步在土木与建筑工程结构中推广和应用,受到工程界的广泛关注。经过 30 多年的发展,FRP 加固既有结构和增强新结构技术已发展成为提升土木工程结构使用性能、承载力、耐久性和疲劳寿命的重要手段,并已形成了较为完善的产品、检测、设计、施工标准体系。土木工程中常用的 FRP 包括碳纤维 FRP(CFRP)、玻璃纤维 FRP(GFRP)、芳纶纤维 FRP(AFRP)和玄武岩纤维 FRP(BFRP)。

纤维增强复合材料在土木工程中的应用可分为两大领域,其中一类是作为修复材料加固既有结构，另一类是作为结构增强材料在新建结构中替代传统钢材直接应用。在加固领域，20世纪80年代开始采用FRP板加固，但由于界面剥离和适用性问题，应用效果受到限制。90年代日本学者提出了纤维布加固方法，极大提升了FRP的结构适用性和增强效果。阪神地震后，外贴纤维布抗震加固技术成为结构抗震加固工程界的主流应用技术之一。之后，芳纶纤维及其他高延性纤维如超高分子量聚乙烯(UHMWPE)、聚萘二甲酸乙二醇酯(PEN)、聚对苯二甲酸乙二醇酯(PET)等纤维也被作为结构抗震加固的一种选择，但刚度及长期性能方面缺乏优势。此后，FRP的加固制品从纤维布发展到FRP筋、型材和网格等多种制品，加固方式也从外粘贴发展到预应力粘贴、体外预应力、嵌入式等形式。近年来，越来越多的土木交通结构在应用FRP加固增强后，性能得到了显著的提升。澳大利亚西门大桥采用长约40公里的碳纤维布进行加固，"3.11"日本东北大地震后铁路高架桥采用FRP加固均显示出碳纤维等高性能纤维FRP优于钢材的加固效果。据统计，在我国近一半的工程关键部位加固中应用了CFRP等高性能纤维材料，如江阴长江大桥、北京人民大会堂、南京长江大桥的加固等，可见FRP在结构使用性、耐久性以及抗震性能加固方面已得到广泛的应用和推广。

在新建结构方面，随着结构朝向大跨度轻量化、高耐久长寿命、损伤可控和智能化的方向不断发展，传统建筑材料越来越难以满足上述需求。FRP材料因其独特的优势在新建结构中的应用不断推广。20世纪50年代FRP已开始在民用建筑中应用。1961年，英国Smethwick的一座教堂结构在其尖顶的建造中使用了GFRP型材。自70年代起FRP在新建结构中的研究和应用开始初具规模。至此，英、美、日等国首先开始探讨利用FRP筋代替传统钢筋解决混凝土结构的腐蚀问题，同时一些前瞻性的理念，如利用CFRP拉索代替钢拉索实现桥梁跨度提升的理念也在这一时期提出。如瑞士弗里堡的Neigles步行悬索桥的主索使用的是钢索，由于钢制拉索严重的腐蚀而在1998年被替换成了CFRP索，实现了拉索换新和耐久性提升效果。2004年，我国东南大学设计建造了国内第一座CFRP索斜拉桥（江苏大学人行桥）。此后，FRP拉索逐步开始作为桥梁拉索在工程中推广和应用。90年代，美、欧很多桥梁由于腐蚀问题突出，特别是钢桥的桥面板和桥墩在腐蚀环境和融冰盐的作用下表现出严重的耐久性问题，因此多种形式的全FRP、FRP-混凝土组合桥面板、FRP管-混凝土柱的设计得到开发，替代了原先钢筋混凝土桥面板和混凝土桥墩，实现了良好的耐久性能。1998年美国在俄亥俄州代顿市Salem Avenue桥的桥面板更换工程中，采用了GFRP型材-混凝土组合桥面板。2016年我国在南京长江大桥翻新工程中，为避免后浇带开裂导致钢筋锈蚀，在后浇带区域采用BFRP筋替代钢筋达到了提升路面耐久性的效果。

近年来，国内一些科研院所，如玄武岩纤维生产及应用技术国家地方联合工程研究中心，联合国内玄武岩纤维生产企业通过对纤维生产工艺各环节的技术攻关，在玄武岩纤维及FRP制品的研发、生产和应用方面取得了大量的突出成果。和结构加固材料类似，玄武岩纤维FRP作为新建结构的高性能材料，也在结构设计中得到认可和应用，特别是作为筋、索、网格、型材等增强材料，在道路工程建筑、桥梁结构中得到了应用并取得了良好的结构增强效果。采用多种形式的FRP制品和传统建筑材料结合，建造具有轻量化、长寿命和高综合性能的房屋、桥梁、道路等结构形式，是未来FRP在土木工程结构中推广应用的方向。

1.2 土木工程纤维增强复合材料的基本构成

1.2.1 纤维

制备土木工程结构用 FRP、FRC 及 FRA 等复合材料的纤维材料种类丰富,常用的有碳纤维、芳纶纤维、玄武岩纤维、玻璃纤维、PBO 纤维、聚芳酯(PAR)纤维、超高分子量聚乙烯(UHPE 或 UHMWPE)纤维、聚对苯二甲酸乙二醇酯(PET)纤维、聚苯二甲乙二醇酯(PEN)纤维和聚对苯二甲酸丙二醇酯(PTT)纤维以及一些新兴的植物纤维如亚麻纤维、竹纤维、木质素纤维等。这些纤维因各自生产原料和化学成分不同、生产工艺差异导致其性能各异。有些纤维强度高、模量高但延伸率低,有些则强度低、模量低但延伸率高。此外,各种纤维材料的长期性能,如疲劳蠕变性能也各有强弱。因而根据工程结构选择合适的纤维,是 FRP 材料应用的关键。制备 FRP 的典型纤维如图 1.1 所示。图 1.2 为纤维分类图。各种纤维的基本力学性能各异,表 1.1 以浸胶纱强度为表征,对比各类常用纤维的基本性能。

碳纤维(黑色)

芳纶纤维(亮黄色)

玄武岩纤维(金黄色)

玻璃纤维(白色透明)

图 1.1 典型纤维材料种类

表 1.1 各种纤维性能对比

纤维种类		单丝直径/μm	密度/(g·cm^{-3})	拉伸强度/MPa	弹性模量/GPa	断裂伸长率/%
碳纤维	普通 PAN 基	5~8	1.7~1.8	3 530	230~324	1.5~2.0
	高强 PAN 基	5~8	1.7~1.8	4 410~6 600	230~324	1.5~2.0
	高模 PAN 基	5~8	1.8~1.9	3 820~4 700	343~588	0.7~1.4
	Pitch 基	9~18	1.9~2.1	2 950~3 400	200~400	1.4~2.1
芳纶纤维	Ⅰ	10~12	1.44	2 920	70	3.6
	Ⅱ	10~12	1.44	3 000	112	2.4
玻璃纤维	普通型(E)	7~22	2.6	1 600~2 100	72~77	4.8
	高强型(S)	7~22	2.6	2 800~4 000	75~88	5.2~7.0
	耐碱型(AR)	7~22	2.7	1 500~1 900	21~74	2.0~3.0
玄武岩纤维	普通型(BF)	5~16	2.56	2 500~3 000	85~91	2.3~2.5
	高强型(BS)	5~16	2.56	3 000~3 500	85~91	2.5~3.2
	高弹模型(BM)	7~16	2.56	2 000~2 500	100~120	2.0~2.4
	耐碱型(BAS)	7~16	2.56	2 000~2 500	85~91	2.2~2.6
PBO 纤维		11~13	1.54~1.56	5 300~5 800	280~380	1.4~1.6

1. 碳纤维

碳纤维是主要由碳元素组成的一种无机特种纤维,其含碳体积分数一般在 90% 以上,分子结构介于石墨和金刚石之间。碳纤维由有机纤维经过炭化及石墨化处理后制备而成,按原料来源可分为聚丙烯腈基碳纤维(PAN 系)、沥青基碳纤维(Pitch 系)、黏胶基碳纤维、酚醛基碳纤维、气相生长碳纤维;按性能可分为通用型、高强型、中模高强型、高模型和超高模型碳纤维。碳纤维是 FRP 中最常用的增强纤维,拥有相对其他纤维材料更为优越的力学性能和化学稳定性,典型的 T300 碳纤维抗拉强度为 3 530 MPa(浸胶纱强度),弹性模量达到 230 GPa,密度只有 1.8 g/cm^3,并且能够抵抗酸、碱、盐等各种环境腐蚀,最高工作温度达 600 ℃。

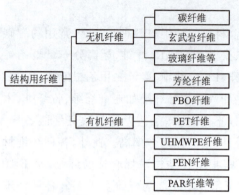

图 1.2 纤维类型图

碳纤维在土木工程中的应用始于 20 世纪 80 年代,是 FRP 加固领域的最重要也是应用最广泛的纤维。1950 年碳纤维应用于对耐热性有严格要求的火箭喷射口,从此人们开始关注碳纤维的实用性。1957 年,美国 Barnaby Cheney 公司、National Carbon 公司开始试制碳纤维。1961 年,大阪工业技术研究所进藤昭男博士发表了碳纤维的有关研究,是 PAN 系高性能碳纤维的开端。1967 年,英国 Rollos-Royce 公司宣布在喷气式发动机结构上采用日本东丽公司制成的碳纤维并进行了研究;1971 年,开始 PAN 系高强度碳纤维东丽卡®T300 的生产和销售,年产能 12 t,为当时世界碳纤维产能之最,在美国由 United Carbide 公司以 Thornel 3300 为产品名销售。随后碳纤维开始广泛应用于鱼竿、高尔夫球杆等生活用品。1976 年,作为对抗原油价格高涨的对策,美国开始实行节能飞机的开发计划,T300 被更为广泛地采用。1979 年,东京天文台的电波望远镜采用了 T300 碳纤维。1982 年,采用碳纤维 FRP 零件的波音 757、767,以及空中客车 A310 完成首飞,采用 T300 碳纤维为货物舱门材料的哥伦比亚号航天飞机于同年发射。1986 年,东丽公司开发出拉伸强度为 7 000 MPa 的碳纤维,牌号为东丽卡 T1000。1990 年,波音公司的民用客机 777 中使用了结合高强度、高弹性模量纤维 T800H 和高性能环氧树脂 3900-2 的东丽卡®预浸布 P2302-19。型号 M60JB 碳纤维的最高模量可以达到 588 GPa。当前,国际上碳纤维生产的著名企业有日本东丽(Toray)、帝人(Teijin)、美国 Hexcel、Zoltek、德国西格里集团(SGL Group)等公司,全球年产量约 8 万~10 万 t。

国内开展最早的碳纤维工业可以追溯到 1962 年,总体上与日本碳纤维的研发时间相近,但是在生产技术和产业集中度方面却有着极大的差距。以日本东丽(Toray)、三菱(Mrc)、东邦(Toho)为代表的碳纤维产能占全球碳纤维产量的 50%。1975 年,原国防科委开始主持碳纤维研发工作,先后组织了 20 多个科研和企事业单位,组成原丝、碳化等五个专业组。进入 2000 年,国家开始采取措施大力支持碳纤维领域的自主创新,在 863、973 计划中也将碳纤维作为重点研发项目。2008 年,以国有企业为代表的企业开始涉足碳纤维行业;2012年1月,国家工信部公布了"十二五"规划,其中碳纤维计划产能为1.2万t/年,到2022年,预计我国碳纤维的产能约为2.4万t/年。现阶段国内碳纤维行业发展已经十分迅速,与美、日等国的差距也在不断缩小。针对国内碳纤维产业,从资本构成来看,国有与民有资本均有参与;从地域上看,以江苏为首的十余个省份都具有碳纤维产业的分布;从产业发展上看,国内的碳纤维产业目前正处于技术追赶、投资活跃、需求强劲的发展时期。

2. 芳纶纤维

芳纶纤维全称为"聚对苯二甲酰对苯二胺",又称芳香族聚酰胺纤维,是指聚合物大分子的主链全部由芳香环和酰胺键构成,并且85%以上的酰胺键中的氮原子和羰基直接置换苯环上氢原子的聚合物纤维。芳纶纤维包括全芳香族聚酰胺纤维和杂环芳香族聚酰胺纤维。其中全芳香族聚酰胺纤维的对位芳纶和间位芳纶,已经实现工业化应用。间位芳纶又称芳纶Ⅰ,主要品牌有:美国杜邦的Nomex、日本帝人的Conex、俄罗斯的Fenelon。对位芳纶又称芳纶Ⅱ,主要品牌有:美国杜邦的Kevlar、荷兰Akzo Nobel(已与日本帝人合并)的Twaron、日本帝人的Technora、俄罗斯的Terlon。

芳纶纤维具有优越的物理化学性能。抗拉强度达3 000 MPa,弹性模量70～110 GPa,最高工作温度可达到250 ℃,密度仅为1.3 g/cm³。芳纶纤维具有良好的韧性和抗冲击性能,纤维可以不与树脂复合单独使用。但芳纶纤维在结构工程中应用时具有较大的应力松弛现象,而且对紫外线很敏感,加上价格比碳纤维高,因此应用范围受限,但在特殊抗冲击等结构应用方面具有一定优势。

芳纶纤维由美国杜邦(DuPont)率先研发成功。1962杜邦开发出间位芳纶,商品名为Nomex,并于1967年实现工业化;1966年又研制出对位芳纶,并于1971年实现工业化,商品名为Kevlar。由于其优异的力学性能和耐高温性能,芳纶纤维迅速得到世界各国的广泛关注。20世纪70年代初,Kevlar 49就以密度低、抗烧蚀性能好等优点,用于制造导弹的固体火箭发动机壳体,后又用于制造先进的飞机和航天器的机身、主翼、尾翼等。随着高新技术和新材料的发展,芳纶纤维被广泛应用于国防、航空航天、电子通信、油气田勘探、体育休闲用品等行业。据统计,在芳纶纤维产品的各类用途中,防弹衣、头盔等约占7%～8%;航空航天、体育用品约占40%;轮胎和胶带骨架等约占20%;高强绳索等约占13%。

当前芳纶纤维产能主要集中在美、日、欧等国家,产能6万t/年,其中美国的杜邦公司产能最大。Kevlar是杜邦公司唯一的芳纶纤维系列的注册商标,有Kevlar 29、Kevlar 129、Kevlar 49、Kevlar 149等数十个牌号数百种产品在售,其生产利润几乎相当于我国化纤行业的利润总和。日本Teijin公司紧随其后,产量占全球40%左右,并于2000年收购荷兰Akzo Nobel公司,向其投资1.8亿美元以扩大产能。俄罗斯Phenylon、德国Tervar也是这个朝阳产业的生力军。

3. 玄武岩纤维

玄武岩纤维是将玄武岩、安山岩等火成岩(主要成分SiO_2、Al_2O_3、MgO、CaO、Fe_2O_3、FeO、TiO_2、K_2O、Na_2O)原料高温熔融后经铂铑漏板成型由拉丝机高速拉制而成。由于其在生产过程几乎无"三废"排放,因此被赋予为新兴的"绿色无机纤维材料"称号。其生产过程与碳纤维相比,生产流程简单、总能耗为碳纤维生产的 1/10 以下,无 CO_2、SO_2 等气体排放,具有显著的低碳环保的优势。

质量合格的玄武岩纤维密度约为 2.6 g/cm³、单丝拉伸强度为 3 000～4 500 MPa、弹性模量为 85～110 GPa、工作温度在 −260～850 ℃ 范围内,具有高抗拉强度、耐低温、耐腐蚀、绝热隔音、绝缘滤波等优异性能,是继碳纤维、芳纶纤维、超高分子量聚乙烯纤维之后的第四大高技术纤维。玄武岩纤维可根据强度、弹性模量而分为通用型、高强型、高模型纤维,又根据在碱盐侵蚀环境或高温环境中表现出不同特性而分为耐碱盐型、耐高温型纤维。

玄武岩纤维熔融拉丝概念由法国人 Paul Dhe 于 1922 年首先提出,但 20 世纪 30～40 年代,玄武岩纤维的研究和开发都未取得实质性进展。20 世纪 50～60 年代,美国和苏联为了满足高速飞行器等军事工业发展的需要,开始研发连续玄武岩纤维生产技术。鉴于生产连续玄武岩纤维的技术难度高,连续玄武岩纤维稳定性等问题未得到有效的突破。20 世纪 70 年代末,出于军事方面的应用需求,俄、欧、日、美等又开始重视连续玄武岩纤维,不断投入研发,突破了一些纤维生产关键技术。苏联于 1985 年突破初级连续玄武岩纤维的生产技术并实现工业化生产,但 1991 年苏联解体使得随后几年时间里俄罗斯的连续玄武岩纤维产业发展陷于停滞。自 1995 年后随着国际上对绿色新材料需求逐渐增长,俄罗斯、乌克兰等加大了研发投入,其连续玄武岩纤维产业得到了迅速发展,代表性生产企业是俄罗斯的 Kamenny Vek。

20 世纪 70 年代,美国 Owens Corning 公司及其他几家玻璃纤维公司对连续玄武岩纤维进行了大量的研究工作。然而,在生产工艺容易控制的玻璃纤维出现后,这些美国公司基本都放弃了连续玄武岩纤维开发项目,近年来美国市场上的连续玄武岩纤维均是从俄罗斯、乌克兰或中国进口。日本一直在开展连续玄武岩纤维矿石原料、生产制备技术、浸润剂的研究工作,拥有大量连续玄武岩纤维生产技术及储备专利。乌克兰基辅成立乌日(TOYOTA)合资企业,生产的连续玄武岩纤维产品全部供日本用作汽车消音器的材料,日本出于发展碳纤维的国家战略考虑,重点聚焦碳纤维和高性能玻璃纤维。但是,日本对环保和可循环利用的重视使得对连续玄武岩纤维的应用市场也十分关注,对连续玄武岩纤维在汽车领域、化工领域、土木工程建筑结构加固和修复领域、耐高温领域等的应用技术一直在进行研究和探索。加拿大、德国、比利时、奥地利等国也正密切关注着连续玄武岩纤维的发展,以发明专利申请保护为特点的知识产权竞争已日益激烈。

我国的玄武岩纤维生产及应用经历了早期、中期、近期三个阶段。

(1)早期阶段。20 世纪 70 年代初至 20 世纪末。南京玻璃纤维研究设计院、国家建筑材料科学院、东南大学等研究机构是我国最早进行连续玄武岩纤维的生产及应用技术研发的单位,最初采用坩埚炉熔融工艺,100 孔漏板进行拉丝,但由于当时对玄武岩熔体料性认识不深刻,生产工艺未获成功。

(2)中期阶段。21 世纪初,我国通过引进俄罗斯、乌克兰等生产装备,使用火焰熔融法,漏板带有中心取液管,在国内反复试验很长时间仍未获得成功。在此情况下,东南大学研发团队联合国内连续玄武岩纤维生产企业,在消化吸收俄罗斯、乌克兰的纤维生产工艺技术基础上,通过对连续玄武岩纤维生产工艺中矿石原料控制、熔炉结构设计、耐火材料匹配、热工技术、漏板结构、浸润剂配置等各环节的技术攻关,实现了连续玄武岩纤维的200孔、400孔漏板坩埚炉工业化生产,纤维及其复合材料产品性能初步满足了交通工程、道路工程的要求。但这个阶段的连续玄武岩纤维生产方式大多是坩埚炉式生产,规模仍偏小,生产效率低、能耗高、生产成本高,产品性能波动大,市场应用份额偏小。

(3)近期阶段。即2010年前后至今,我国连续玄武岩纤维生产行业逐步研制成功池窑生产工艺。尤其以东南大学玄武岩纤维生产及应用技术国家地方联合工程研究中心研发的"深液面全电熔玄武岩纤维池窑"为代表的池窑技术,具有液面深度可控、温度均匀性高、熔化效率高、能耗低、产品性能稳定等特点。对矿石原料进行均配技术,实现了制备均质特性纤维产品;研发了800孔及1 200孔以上的多孔数漏板技术,攻克了传统小漏板生产效率低、原丝质量差的问题。在连续玄武岩纤维稳定规模化、高端化生产技术及生产装备技术方面取得了长足的进展;在单丝直径5 μm的生产技术等方面取得了系列世界领先的成果,解决了早期、中期连续玄武岩纤维存在的成品率低、性能低等问题,促进其在各工业领域广泛应用,同时也促进了国内连续玄武岩纤维行业生产工艺水平整体提升。在连续玄武岩纤维生产规模化发展的同时,行业也注重产品质量的提升,东南大学联合国内主要生产企业,编制了国家标准《玄武岩纤维分类分级及代号》(GB/T 38111—2019),规定了连续玄武岩纤维的基本定义、通用型连续玄武岩纤维的性能指标,同时规定了高强型、高模型、耐高温型和耐碱盐型等高性能连续玄武岩纤维的性能指标。此项国家标准的发布实施,标志着连续玄武岩纤维行业开始向规范化、高性能化方向发展。

目前,世界范围生产连续玄武岩纤维生产厂家累计超过50家,其中,国外有20多家,俄罗斯、乌克兰、中国、德国、格鲁吉亚、比利时、奥地利等国家都有连续玄武岩纤维的生产厂家;我国生产厂家超过30家。近年来,国内各省市密切关注连续玄武岩纤维的发展,积极探讨连续玄武岩纤维产业发展的方向。

随着连续玄武岩纤维市场应用的扩展,纤维产量亦逐年增加,我国连续玄武岩纤维的生产企业总数和总产量已经超过国外总量。从企业数量和纤维产量都可以看出,连续玄武岩纤维行业已呈现出蓬勃发展的趋势。

4. 玻璃纤维

玻璃纤维(glass fiber或fiberglass)是一种性能优异的无机非金属硅酸盐材料,其主要成分为SiO_2、Al_2O_3、B_2O_3、MgO、CaO、K_2O、Na_2O,与玄武岩纤维在成分上明显的区别在于玻璃纤维中基本无Fe_2O_3和FeO。玻璃纤维密度约为2.4~2.6 g/cm³,单丝拉伸强度可达2 400~4 500 MPa,弹性模量可达50~85 GPa。优点是绝缘性好、耐热性良好、具有一定的强度、刚性以及耐腐蚀性,但缺点是耐碱性和耐磨性较差。

20世纪30年代美国伊里诺玻璃公司与康宁公司成立合资企业,先后开发出玻璃棉、连续玻璃纤维等生产技术。1939年E玻璃纤维正式问世。几乎与此同时,环氧树脂及不饱和聚酯相继出现,从而为玻璃纤维增强塑料工业的发展奠定了物质基础。1945年玻璃钢用的主要增强材料短切原丝毡及连续原丝毡投入生产,1952年美国杜邦公司发明了沃兰偶联剂解决了增强塑料中玻璃纤维与树脂的界面粘结问题,同一年硅烷偶联剂也问世,此后一系列的偶联剂产品的出现全面改进了玻璃纤维与树脂基复合材料的性能,为其在各个领域的应用铺平了道路。1958~1959年,玻璃纤维池窑拉丝投入生产,这是对传统的玻璃球法拉丝工艺的重大技术突破。初期的玻璃纤维池窑日产量只有3 t,时至今日全世界95%以上的连续玻璃纤维都已用池窑法生产,最大的无碱玻璃纤维池窑达到日熔化玻璃150 t以上。池窑拉丝的普遍推广为玻璃纤维产品大规模经济有效的生产提供了可能,并使玻璃纤维产品的质量得以保证。

玻璃纤维种类繁多,根据玻璃中碱金属含量的多少,可分为无碱玻璃纤维、中碱玻璃纤维、高碱玻璃纤维;根据力学性能可分为高强度玻璃纤维、高模玻璃纤维;根据耐酸碱腐蚀性可分为耐碱玻璃纤维、耐酸玻璃纤维。

无碱玻璃纤维,简称E-玻纤,K_2O和Na_2O的总体积分数为0%~0.8%,是一种硼硅酸盐玻璃,目前是应用最广泛的一种玻璃纤维,具有良好的电气绝缘性及力学性能,广泛用于生产电绝缘材料,也大量用于生产玻璃钢。它的缺点是易被无机酸侵蚀,故不适于在酸性环境中使用。E-CR玻纤是一种改进的无硼无碱玻璃,用于生产耐酸耐水性好的玻璃纤维,其耐水性比无碱玻璃纤维高,耐酸性比中碱玻璃纤维优越,是专为地下管道、贮罐等开发的新品种。

中碱玻璃纤维,简称C-玻纤,K_2O和Na_2O的总体积分数为8%~12%,属含硼或不含硼的钠钙硅酸盐玻璃,其特点是耐化学性,特别是耐酸性优于无碱玻璃,但绝缘性差,强度低于无碱玻璃纤维10%~20%,通常国外的中碱玻璃纤维含一定数量的B_2O_3,而我国的中碱玻璃纤维则完全不含硼。在国外,中碱玻璃纤维仅用于生产耐腐蚀的玻璃纤维产品,如用于生产玻璃纤维表面毡等,也用于增强沥青屋面材料;但在我国中碱玻璃纤维占据国内玻璃纤维产量的60%,广泛用于玻璃钢的增强以及过滤织物、包扎织物等的生产,因为其价格低于无碱玻璃纤维而有较强的竞争力。

高碱玻璃纤维,简称A-玻纤,K_2O和Na_2O的总体积分数大于13%,是一种典型的钠硅酸盐玻璃,因耐水性很差,很少用于生产玻璃纤维。

高强玻璃纤维,简称S-玻纤,其特点是高强度、高模量,它的单纤维抗拉强度大于4 000 MPa,弹性模量85 GPa,比无碱玻璃纤维力学性能高25%左右,用高强玻璃纤维生产的玻璃钢制品多用于军工、空间、防弹盔甲及运动器械。由于价格昂贵,如今在民用方面还不能得到推广,全世界年产量约为5 000 t左右。

耐碱玻璃纤维,简称AR-玻纤,其成分特征是含有大量的ZrO_2、TiO_2,其中ZrO_2含量为14%~20%。性能特点是耐碱性好,能有效抵抗水泥中高碱物质的侵蚀,握裹力强,弹性模量高,是玻璃纤维增强(水泥)混凝土(简称GRC)的增强材料,在非承重的水泥构件中是钢材和石棉的理想替代品,是一种广泛应用在高性能增强(水泥)混凝土中的新型绿色环保型增强材料。

玻璃纤维是目前用量最大的纤维，国际上生产玻璃纤维的著名企业有美国的 Owens Corning、PPG Industries Inc.、AGY，法国的 Saint-Gobain，日本的旭硝子等公司，中国玻璃纤维的产量已经超越其他国家，是世界上玻璃纤维产量最大的国家，知名的企业有巨石集团、泰山玻璃纤维有限公司、中材集团、重庆国际复合材料有限公司等。

5. PBO 纤维

聚对苯撑苯并二噁唑(poly-p-phenylene benzobisoxazole, PBO)是 20 世纪 60 年代初由美国空军材料实验室委托美国斯坦福研究所 SRI 实验室为航空航天飞行器设计的耐高温、高性能聚合物。1991 年，美国陶氏和日本东洋纺公司共同开发的 PBO 纤维，相比于初期产品强度和模量大幅度上升。

PBO 纤维分子链是由苯环及芳杂环组成的棒状分子结构，分子链在液晶态纺丝时形成高度取向的有序结构；从空间位阻和共轭效应角度分析，分子链之间可以形成非常紧密的堆积，而且由于共平面的原因，PBO 分子链各结构成分间存在更高程度的共轭，因而有极高的强度和刚性。一根直径为 1 mm 的 PBO 细丝可以吊起 450 kg 的重物。典型的 PBO 纤维密度为 1.56 g/cm³，拉伸强度为 5.8 GPa，拉伸模量 280～380 GPa，断裂延伸率 2.5%，吸湿率 0.6%，工作温度为 300～350 ℃，热分解温度高达 670 ℃，耐化学腐蚀性能好。PBO 纤维在受冲击时可吸收大量的冲击能，相同条件下，PBO 纤维复合材料的最大冲击荷载可达 3.5 kN，能量吸收为 20 J，高于 T300 碳纤维复合材料及芳纶复合材料，因此在结构复合材料和防弹复合材料上有着广阔的应用前景，特别在土木工程中作为预应力张拉材料是极好的选择。但 PBO 耐老化性能差，且与树脂的黏结性能较弱，限制了 PBO 纤维在先进结构复合材料的应用。

日本东洋纺是生产高性能 PBO 纤维的公司。1994 年，日本东洋纺公司出资 20 亿日元建成了 180 t/年的 PBO 纺丝生产线，并于 1995 年投入部分机械化生产，1998 年生产能力达 200 t/年，商品名为 Zylon。2008 年产能达到 1 000 t/年。

我国的 PBO 研究起步于 20 世纪 90 年代，90 年代中后期有所停滞，直到 90 年代末，国内高校和相关单位才重新开始重视这一课题。目前国内单位对 PBO 合成原料、工艺、PBO 纤维的制备和性能，以及 PBO 纤维增强复合材料进行了深入研究。由成都新晨新材料科技有限公司整体投资约 5 亿元，产量达 380 t/年的高性能 PBO 纤维生产装置已于 2018 年底正式投产成功。

6. 高延性纤维

在土木工程结构加固领域，除上述主要增强纤维外，还有部分高延性纤维可用于结构抗震性能加固，如超高分子量聚乙烯(UHMWPE)、PET、PEN 纤维等。这些纤维对提高结构刚度不明显，作为结构材料的疲劳蠕变性能远远不能满足要求，因此只限于结构抗震加固，在新建结构中应用较少。此外，受限于性价比，该类纤维未能较好实现大规模应用。以下介绍这几类纤维的基本性能特点。

UHMWPE 纤维是继芳纶纤维和碳纤维之后的第三代高性能特种纤维。该纤维由 100 万～500 万分子量的聚乙烯通过凝胶纺丝法制得，分子链高度取向、高度缠结、高度结晶,具有极为优越的综合性能。UHMWPE 纤维密度低,仅 0.97 g/cm³,拉伸强度达 3.1 GPa,弹性模量达 100 GPa,且 UHMWPE 纤维的分子链为—C—C—的单一结构,不含活泼基团和极性基团,表现出超强的耐化学腐蚀性。同时 UHMWPE 纤维具有极佳的耐磨性、耐候性、耐冲击性、耐辐射性等,广泛应用于安全防护、医疗器械、航空航天航海领域。但 UHMWPE 纤维耐高温性还有待提高,温度超过 85 ℃ 则稳定性极差。荷兰帝斯曼是世界上首家能工业化生产 UHMWPE 纤维的企业,产品商标为 Dyneema。随后,美国 Allied Signal 公司、日本 Mitsui 公司分别推出 Spectra 900、Tekmilon 等系列商品。我国是第四个拥有生产 UHMWPE 纤维自主知识产权的国家。2013 年,江苏仪征化纤股份有限公司采用其自己建设的国内首条干法纺丝工艺 UHMWPE 纤维工业化生产线,成功生产出 50D~300D 系列 UHMWPE 纤维。

PET 纤维是聚对苯二甲酸乙二酯(polyethylene terephthalate)纤维的简称,是由有机的二元酸和二元醇缩聚而成的聚酯纤维,一般采用熔融纺丝法制成。PET 纤维是一种高度结晶聚合物纤维,分子链包括刚性的苯环和柔性的脂肪烃基,具有高度的立体规整性、分子取向和结晶度,力学性能优异。PET 纤维强度为 1 100 MPa,模量为 13 GPa,可在 120 ℃ 高温下长期使用,在极高的温度(250~400 ℃)下不会收缩变形、失去强度;在温度较低时,PET 纤维也能保持良好的柔韧性、耐疲劳性、耐摩擦性和尺寸稳定性。但 PET 分子中含有酯基,高温下遇强酸、强碱、水蒸气易水解,因此耐久性不足。1941 年,英国的温菲尔德和迪克森首先在实验室研究出 PET 纤维,命名为特丽纶;1953 年,美国投入工业化生产,商品名为达可纶。从此,PET 纤维在世界各地迅速发展,1972 年 PET 纤维超过聚酰胺纤维的产量而成为三大化纤的第一大品种。

PEN 纤维是聚萘二甲酸乙二酯(polythy-lene naphtalate)纤维的简称,是聚酯中最早被研制且应用领域最广泛的一种。PEN 的结构与 PET 相似,不同之处在于分子链中,PEN 是由刚性更大的萘环代替了苯环。PEN 中的萘环使其具有更高的刚性和玻璃化转变温度(T_g=120 ℃),以及更好的水、气阻隔性和化学稳定性。PEN 纤维具有优异的强度、模量以及热稳定性、尺寸稳定性,其强度可达 1 150 MPa,模量为 23 GPa,可用作轮胎帘子线、三角带、输送带、过滤材料、电气绝缘材料等。PEN 纤维是由美国 Kosa 公司首先推出的新产品,相较于 PET 纤维,具有更好的染色性、回弹性及化学稳定性。由于其优异的物理性能和广泛的用途,引起了包括杜邦、帝人、东丽等众多化纤制造厂商的浓厚兴趣,纷纷投资建设 PEN 纤维制造厂,并进行新产品的开发。可以说,开展 PEN 的研究开发,对于聚酯制造产业有着重要的战略意义。

7. 植物纤维

伴随着对建筑节能、环保的要求越来越高,植物纤维混凝土和植物纤维新型墙体材料等建筑材料应运而生。植物纤维广泛存在自然界的各个角落中,是一种取材方便、可再循环的资源,植物纤维根据来源的不同可以分为麻纤维、棕纤维、木纤维、竹纤维、农作物秸秆纤维(麦秆、玉米秆、稻草、高粱秆)等。我国作为世界上农作物秸秆纤维产量丰富的国家,植物纤维有着良好的应用前景和广阔的市场。

1.2.2 基体

制备 FRP 的另一个关键因素是基体材料。纤维单丝直径小,难以共同受力,需要通过与基体材料复合才能形成具有一定形状的结构材料和构件。同时,基体材料也起到保护纤维、实现纤维共同受力的重要作用,基体的选择对复合材料整体力学性能具有至关重要的作用。

通常根据类型不同,基体可分为环氧基树脂、乙烯基树脂、不饱和聚酯树脂、聚氨酯树脂等;根据成型工艺不同,分为热固性树脂和热塑性树脂。热固性树脂因成型工艺简单,黏结性能好被绝大多数土木工程中应用的 FRP 所采用。热塑性树脂具有可二次加工的特性,虽然成型工艺上存在瓶颈问题,但将来仍具有极为优越的应用前景。树脂的种类体系如图 1.3 所示。

随着对材料耐紫外线(UV)性能要求的提升,对高耐候树脂的需求逐年增加。高耐候树脂一般采用脂肪族及脂环族多元酸、多元醇单体合成,以实现树脂耐候性、加工性及成本

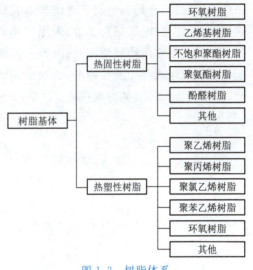

图 1.3　树脂体系

的平衡;避免采用芳香族的多元醇和多元酸,以减少树脂对 UV 的吸收,实现树脂的高耐候性。

常见的耐候树脂主要有脂环族环氧树脂、脂肪族环氧树脂和杂环型缩水甘油环氧树脂等。脂环族环氧树脂由二烯烃经过适当的环氧化制得,一般采用不饱和母体与过酸来制取。该树脂耐紫外线照射,适于户外制品。脂肪族环氧树脂主要是指脂肪族的缩水甘油醚与缩水甘油酯。在耐候性粉末涂料中应用较多的是丙烯酸或甲基丙烯酸的缩水甘油酯与其他丙烯酸酯单体共聚时形成带缩水甘油基的丙烯酸树脂。环氧改性丙烯酸涂料兼具丙烯酸树脂和环氧树脂的优点,既具有良好的装饰性和耐候性,又具有良好的附着力、防腐性,这种涂料也是当前大规模生产的唯一丙烯酸类树脂。杂环型缩水甘油环氧树脂是一类含有杂环的高性能环氧树脂,缩水甘油基直接连在杂环上,因而具有优异的耐热性、耐候性和导电性能。

1. 热固性树脂

(1)环氧树脂

环氧树脂(EP)是分子结构中含有两个及两个以上环氧基团的高分子化合物。最常用的双酚 A 型环氧树脂结构式如图 1.4 所示。由于分子结构中含有活泼的环氧基团,提供了良好的反应性,使得它们可与多种类型的固化

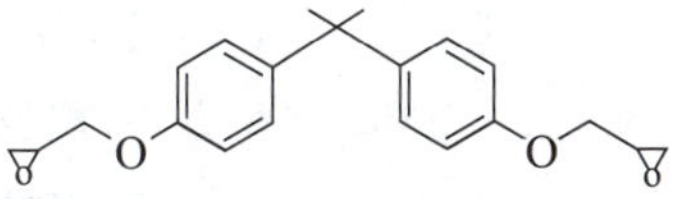

图 1.4　环氧树脂分子结构

剂发生交联反应而形成具有三维网状结构的高聚物。此外,环氧树脂还具有高黏结性能和高耐腐蚀性能特点,同时化学稳定性和空间稳定性好,生产工艺简单,在 FRP 制备中应用最为广泛。

(2)乙烯基树脂

乙烯基树脂(VE)由环氧树脂与甲基丙烯酸通过开环加成化学反应而制得。它保留了环氧树脂的基本链段,又有不饱和聚酯树脂的良好工艺性能,结构式如图 1.5 所示。在适宜条件下固化后,乙烯基树脂表现出某些特殊的优良性能。乙烯基树脂分子链两端存在活泼双键,因此固化快;酯键含量少,采用甲基丙烯酸合成时,酯键旁的甲基起空间保护作用,提高了制品的耐水解性和耐碱性;由于乙烯基树脂仅在分子两端交联,因此分子链在应力作用下可伸长以吸收外力或热冲击,表现出耐微裂纹或耐开裂的特性。乙烯基树脂耐高温性能好,综合性能与环氧基树脂接近。

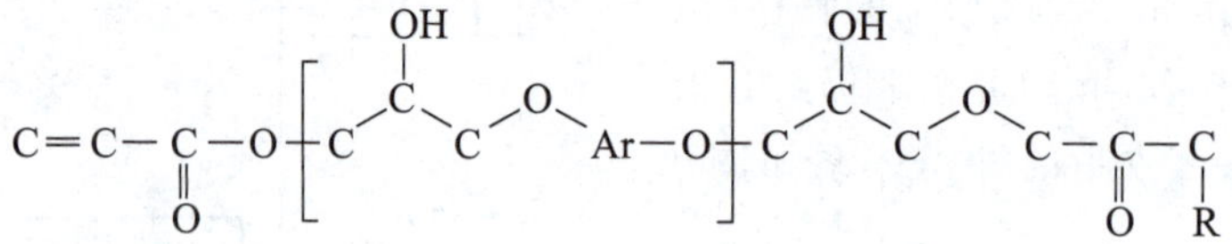

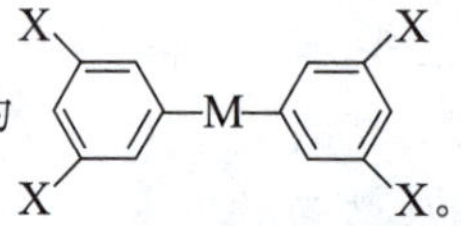

图 1.5 乙烯基树脂分子结构

(3)不饱和聚酯树脂

不饱和聚酯树脂(UPR)一般是由不饱和二元酸二元醇或者饱和二元酸不饱和二元醇缩聚而成的具有酯键和不饱和双键的线型高分子化合物。典型的不饱和聚酯树脂分子结构如图 1.6 所示。不饱和聚酯树脂主链中同时含有双键和酯基,固化后形成具有立体网状结构的聚合物。不饱和聚酯树脂力学性能较环氧树脂和乙烯基树脂差,密度低,但价格便宜,在对 FRP 力学性能要求不高的制品中具有更高的性价比。

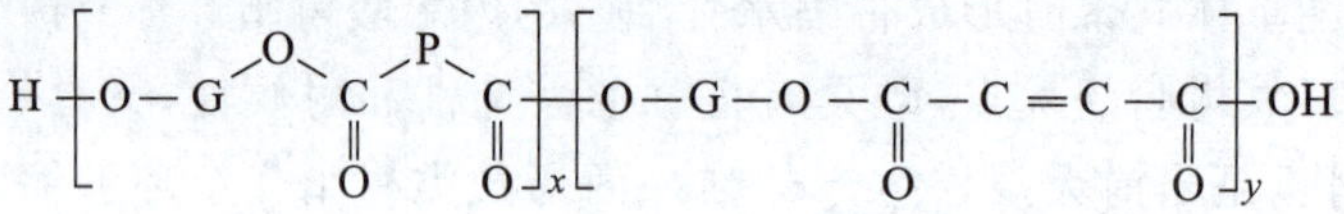

图 1.6 不饱和聚酯树脂分子结构

(4)聚氨酯树脂

聚氨酯树脂(PU)是主链含有重复氨基甲酸酯官能团(—NHCOO—)的树脂,具有交替型软硬嵌段共聚物的结构特征。聚氨酯很难用确切的结构式表示,但聚氨酯树脂中必含有如图 1.7 所示的结构。通过改变原材料和催化剂,调整制备或加工成型方法,能够生产出性能不同的树脂材料。聚氨酯树脂具有强度高、弹性好、耐腐蚀性强、耐疲劳性能好、抗振动、抗冲击性能强、低温柔顺性好等优点,但本身耐热性差,软化和热分解温度低。聚氨酯树脂的成型工艺

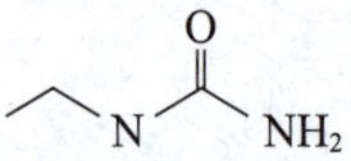

图 1.7 聚氨酯树脂分子结构

要求较高,正在作为一种新的树脂体系在部分复合材料构件中使用。

(5) 酚醛树脂

酚醛树脂(PF)泛指酚与醛在酸性或碱性催化剂存在下缩聚合成的树脂,其中,以苯酚和甲醛缩聚制得的酚醛树脂应用最为广泛。酚醛树脂具有体积分数高达80%的含碳量,高温热解残炭率高,耐热性能好;燃烧时形成高碳泡沫结构,阻燃性能好;分子结构中含有大量的极性基团,黏结性能佳。典型的直线型酚醛树脂结构式如图1.8所示。然而,固化后的酚醛树脂交联密度过高,存在内应力大、质脆的特点,而且抗疲劳、抗冲击性能、耐湿热老化性能较差,很大程度上制约了其在结构材料领域的应用。

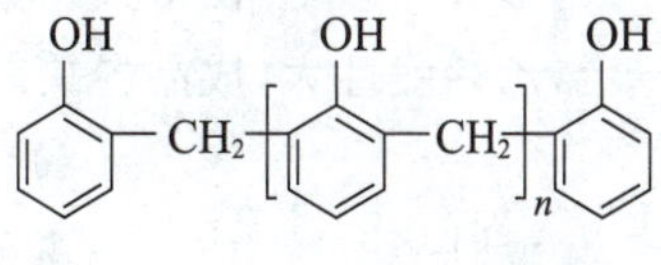

图1.8 酚醛树脂分子结构

树脂的性能根据不同固化剂、不同活性基团含量等而有较大差别。常见的几种树脂性能指标见表1.2。

表1.2 常见热固性树脂性能指标

种 类	拉伸强度/MPa	弹性模量/GPa	弯曲强度/MPa	弯曲弹模/GPa	剪切强度/MPa	延伸率/%
环氧树脂	65~96	3.1~3.5	88~134	1.1~6.5	30~50	2~5
乙烯基树脂	79~95	3.2~3.6	95~150	3.1~3.5	20~30	3~8
不饱和聚酯	42~71	2.1~4.5	60~120	2.5~3.5	10~20	1~3
聚氨酯	49~56	3.2	106~116	2.0~3.1	5~10	11~16
酚醛树脂	20~40	9.0~10.0	56~84	2.2~2.5	30	2~4

2. 热塑性树脂

(1) 聚乙烯树脂

聚乙烯树脂(PE)是由乙烯聚合得到的一种热塑性树脂。工业上,也包括乙烯与少量烯烃的共聚物。聚乙烯具有优良的耐低温性能,优良的电绝缘性和化学稳定性,耐大多数酸碱腐蚀(不耐氧化性酸腐蚀),但耐热、耐老化性能差。聚乙烯主链为线性分子链,支链结构对其性能有很大影响,大量无规则分布的短支链破坏了聚乙烯分子的规整性,影响其结晶性能;长支链的存在对结晶性能无显著影响,但影响高分子的流动性能和加工性能。通过对支链的改性,能获得满足特殊需求的聚乙烯。聚乙烯树脂可用吹塑、挤出、注射成型等方法加工,在薄膜、中空制品、纤维等方面的应用非常广泛。聚乙烯的消费量占世界聚烯烃的70%,占热塑性通用塑料消费量的40%。

(2) 聚丙烯树脂

聚丙烯树脂(PP)为无毒、无味、乳白色高结晶聚合物,密度0.90 g/cm³左右,是所有热塑性树脂中最轻的聚合物之一。聚丙烯分子结构与聚乙烯相似,但是碳链上相间的碳原子带有一个甲基。聚丙烯结晶度高,结构规整,因而具有较高的强度和硬度;耐热性能好,工作温度可达150 ℃;电绝缘性能好,化学性能稳定。但聚丙烯树脂抗冲击性能较差,当分子量提高时,抗冲击性能有所改善,但加工性能下降,并且对紫外线敏感,耐候性差。适用于制作各种化工管道和配件,以及电气配件等。

(3)聚氯乙烯树脂

聚氯乙烯树脂(PVC)是由氯乙烯在引发剂作用下通过自由基聚合而成的高聚物,是用量最大的高分子之一。聚氯乙烯耐酸碱性能好,化学稳定性高,具有良好的可塑性;主链中含有氯元素,具有良好的阻燃性;但由于聚氯乙烯主要是自由基聚合,导致分子中出现大量异构形式和缺陷,使得其热稳定性、光氧稳定性较差,140 ℃以上即开始分解出 HCl 气体,且聚氯乙烯脆性大,成品的缺口冲击强度仅为 3~5 kJ/m²。

(4)聚苯乙烯树脂

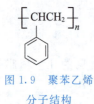

图1.9 聚苯乙烯分子结构

聚苯乙烯树脂(PS)是指由苯乙烯单体经自由基加聚反应合成的聚合物,主链为饱和碳链,侧基为共轭苯环,结构式如图1.9所示。聚苯乙烯具有极大的位阻效应,通常为非晶态聚合物,表现出吸水率低,耐热、耐腐蚀性能好的特点。聚苯乙烯树脂具有极高的玻璃化转变温度(100 ℃),性质活泼,但性脆、强度低,在室温下易发生氧化。

(5)环氧树脂

除热固性树脂外,环氧树脂(EP)也有热塑性树脂,可以实现受热软化、冷却硬化的性能。由于热塑性环氧树脂韧性好、受热软化后可恢复,同时储存期不受限制,不需低温储存,成型不需要热压罐等大型专用设备,尤其是它具有良好的可循环性、可回收、可重复利用和不污染环境的特性,适应了当今材料环保的发展方向。环氧树脂作为防腐蚀材料不但具有密实、抗水、抗渗漏好、强度高等特点,同时具有附着力强、常温操作、施工简便等良好的工艺性。

常见的几种热塑性树脂性能见表1.3。

表1.3 常见热塑性树脂性能指标

种 类	拉伸强度/MPa	拉伸弹模/GPa	弯曲强度/MPa	弯曲弹模/GPa	剪切强度/MPa	延伸率/%
聚丙烯	30~38	1.0	30~34	1.2~1.5	60	15~20
聚氯乙烯	40~48	1.5~3.0	70~112	2.9~3.1	100~130	200~450
聚苯乙烯	46~60	3.0~3.6	50~100	3.2	—	3~4
环氧树脂	65~96	3.1~3.5	88~134	1.1~6.5	30~50	2~5

3. FRC 及 FRA 基体

常见的 FRC 基体为水泥或混凝土,FRA 基体为沥青。水泥基体指以水泥与水发生水化、硬化后形成的硬化水泥浆体作为基体;混凝土基体指以水泥为主要胶凝材料,与水、砂、石子,必要时掺入化学外加剂和矿物掺合料,按适当比例配合,经过均匀搅拌、密实成型及养护硬化而成的人造石材作为基体。沥青基体是由不同分子量的碳氢化合物及其非金属衍生物组成的黑褐色、高黏度有机液体作为基体。沥青是一种防水防潮和防腐的有机胶凝材料,可以分为煤焦沥青、石油沥青和天然沥青三种。其中,煤焦沥青是炼焦的副产品,石油沥青是原油蒸馏后的残渣;天然沥青则是储藏在地下,有的形成矿层或在地壳表面堆积;纤维增强沥青主要用于路面铺筑工程。

合成纤维沥青混合料宜优先采用沥青玛蹄脂碎石混凝土(SMA型)、连续密级配沥青混凝土（AC型）或开级配排水式沥青混凝土（OGFC型）组成设计，混合料应按现行行业标准《公路沥青路面施工技术规范》（JTG F40—2004）中配合比设计流程进行配合比设计，各级配范围应符合现行行业标准《公路沥青路面施工技术规范》的相关规定。玄武岩纤维沥青混合料的矿料级配应符合工程规定，设计级配范围应符合《公路沥青路面施工技术规范》中沥青混凝土的关键筛孔通过率的规定。

1.2.3 连续纤维增强树脂

纤维和树脂基体通过一定工艺固化后可制备形成FRP制品，如图1.10所示，形成的FRP制品按纤维种类分为CFRP、AFRP、BFRP、GFRP等，按制品形式分为片材（布、薄板等）、筋材（光面筋、螺纹筋等）、索材（平行索、绞索）、网格状制品（硬质网格、纤维格栅）、型材（具有一定截面形状的制品，如管材、工字型材等）、锚杆（普通锚杆、预应力锚杆、中空锚杆、智能锚杆）等，如图1.11所示。

图1.10 FRP构成

相对于传统建筑材料，FRP制品性能特点如下：①轻质。FRP的密度低，只有钢材的1/4～1/5，普通素混凝土的70%～80%。②高强。FRP拉伸强度为普通低碳钢的4～10倍，与预应力钢丝/索相当，甚至更高，可以作为结构构件实现更大的结构跨度和更轻的结构重量。③耐腐蚀性能优越。对酸、碱、盐等各类腐蚀具有较强的抵抗能力，其中CFRP耐各种腐蚀性能最强，BFRP次之，GFRP相对较弱，特别是耐碱腐蚀能力。在海洋等恶劣腐蚀环境中，钢筋混凝土结构一般5～15年会出现由钢筋腐蚀造成的顺筋裂缝，20～30年结构失效。而合理利用FRP建造的结构在海水中的预测服役寿命可以达到100年以上。④耐疲劳性能优越。其疲劳强度和承载疲劳荷载应力幅远高于普通钢筋，采用FRP作为承受动荷载的结构构件，可有效提升结构的疲劳寿命。⑤良好的可设计性。因为构成FRP的纤维种类多且性能各有特点，可以通过性能互补的不同纤维以及纤维与传统材料（包括钢材、木材、竹集成材等）进行混杂/复合设计，满足不同工程结构要求，同时降低综合成本。⑥多功能性：如无磁性能、吸波性能、低热传导系数、高吸音系数等，可以在重大工程及相关设施中发挥其特殊作用，取代低磁钢材、铜筋等材料用于一些特殊场合，如雷达站、地磁观测站、消磁设施、医疗核磁共振设备等基础设施建设。

1.2.4 短切纤维增强水泥基材料

将纤维掺入水泥或混凝土基体中，待基体固化后即形成短切纤维增强水泥基材料FRC。基体中纤维的掺入可明显改善强度和延性，延缓基体中裂缝的产生。

水泥基体中的乱向分布纤维可以有效阻止基体内部微裂纹的扩展并阻滞宏观裂缝的发生和发展。因此，对抗拉强度和主拉应力控制的抗剪、抗弯、抗扭强度等均有明显改善；同时也提高了基体的抗变形能力，从而改善其抗拉、抗弯和抗冲击韧性。常用于增强水泥基材料的纤维按应用场景可以分为结构型纤维和非结构型纤维,按纤维种类可以分为聚乙烯纤维、钢纤维、碳纤维、玻璃纤维和玄武岩纤维。图 1.12 为短切纤维增强水泥基材料示意图。

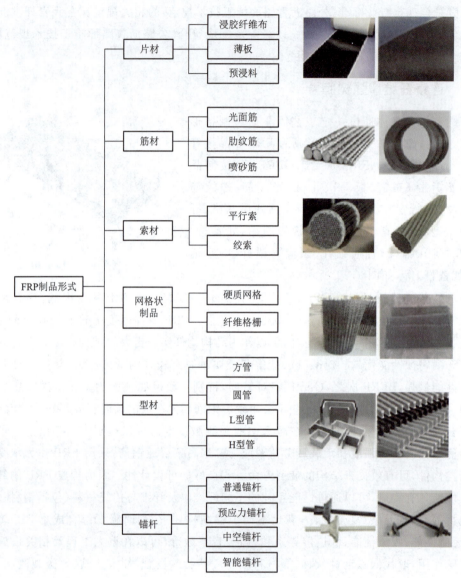

图 1.11　土木工程用典型 FRP 制品

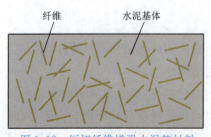

图 1.12　短切纤维增强水泥基材料

与传统混凝土相比,纤维增强混凝土具有如下特点:①减少早期收缩裂缝,并可减少温度裂缝和长期收缩裂缝。②裂后抗变形性能明显改善,弯曲韧性提高几倍到几十倍,极限应变有所提高。破坏时,基体裂而不碎。③高弹模纤维对混凝土抗拉、抗折、抗剪强度提高明显。④弯曲疲劳和受压疲劳性能显著提高。⑤具有优良的抗冲击、抗爆炸及抗侵蚀性能。⑥高弹模纤维用于钢筋混凝土和预应力混凝土构件,可提高抗剪、抗冲切、局部受压和抗扭强度并延缓裂缝出现,降低裂缝宽度,提高构件的裂后刚度、延性。⑦混凝土的耐磨性、耐侵蚀性、耐冲刷性、抗冻融性和抗渗性有不同程度提高。⑧特殊纤维配制的混凝土具有一定的热学性能、电学性能,且耐久性能较普通混凝土也有所提高。如碳纤维混凝土导电性能显著提高,并具有一定"压阻效应";低熔点合成纤维配制的纤维混凝土在火灾中,细微纤维熔化可降低混凝土的爆裂。⑨使拌合料的工作性有所降低,因此在配合比设计和拌合工艺上应采取相应措施,使纤维在基体中分散均匀,拌合料具有良好的工作性。

1.2.5 短切纤维增强沥青混合料

将纤维掺入沥青基体中,待基体固化后即形成短切纤维增强沥青混合料(FRA)。基体中纤维的掺入可明显改善强度和延性,延缓基体中裂缝的产生。将纤维掺入沥青混合料后,从微观上改变了基体的性质,提高了沥青混合料抗拉性能、低温抗裂性能及整体结构性能。短切纤维增强沥青混合料也凭借其良好的各项力学性能而被广泛应用于路基和路面工程当中。沥青混合料中常用的短切纤维有木质素纤维、聚酯纤维和玄武岩纤维,如图1.13所示。

(a)木质素纤维

(b)聚酯纤维

(c)玄武岩纤维

图1.13 常用短切纤维

纤维增强沥青混合料与纤维增强混凝土材料有着相似的特点:①减少早期收缩裂缝。②明显改善裂后抗变形性能。③高弹模纤维对沥青混合料的抗拉、抗折、抗剪强度提高明显。④弯曲疲劳和受压疲劳性能显著提高。⑤具有优良的抗冲击、抗爆炸及抗侵蚀性能。⑥沥青混合料的耐磨性、耐腐蚀性、耐冲刷性、抗冻融性和抗渗性有不同程度提高。

1.3 土木工程纤维增强复合材料生产技术

1.3.1 FRP成型工艺

连续纤维和基体通过一定的工艺形成复合材料,不同的成型方法对FRP性能的影响显著。为了研究各种FRP制品的性能特征,首先需要了解各种成型工艺特点。典型制备工艺包括手糊、拉挤、模压、缠绕和真空辅助树脂导入成型等。制备FRP的生产工艺随FRP形式的不同而各异,如FRP片材粘结,一般采用手糊工艺(hand layup);制备FRP筋材,一般采用拉挤成型工艺(pultrusion);生产小型FRP型材可以通过拉挤成型;不规则型材可以通过树脂传递模塑工艺(resin transfer moulding，RTM)和真空辅助 RTM；对于大尺寸型材可以通过缠绕工艺(winding)，如 FRP 管。上述各种 FRP 的成型方法及特点见表 1.4。

表 1.4　FRP 成型工艺特点

成型方法	适用树脂	成型特征	适用范围
手糊成型	黏度适中，固化温度、速率适中	不受制品种类和形状限制	多品种、小批量、强度要求不高的制品
拉挤成型	耐热性能好、固化快、浸润性好	固定截面，性能具有明显方向性	各种杆棒、平板、空心管及型材
模压成型	流动性好，适宜的固化速率	可一次成型	板材、网格材
真空辅助成型	黏度小、室温固化	成本低、制品纤维含量高	大厚度、大尺度制件
双真空袋成型	黏度小、挥发份少	均匀加压，纤维/树脂比高	复杂大型结构件
缠绕成型	固化温度低、黏度小	比强度高、效率高、成本低	具有环向强度和刚度要求的管材、罐体
3D 打印成型	流动性好、浸润性好	不受制品形状限制、可一次成型	多品种、小尺度制品

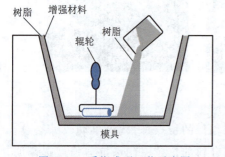

图 1.14　手糊成型工艺示意图

1. 手糊成型工艺

手糊成型工艺是以添加固化剂的树脂混合液为基体，以纤维及其织物为增强材料，在涂有脱模剂的模具上以手工一边铺纤维增强体，一边涂刷树脂，使二者黏接在一起达到制品所需的厚度的一种工艺方法，如图 1.14 所示。该方法设备投资低，对产品形状的限制因素少，适合小批量生产，可以生产出形状复杂、纤维铺层方向任意、大尺寸的 FRP 产品，但是产品质量不稳定。随着袋压法、真空法、喷射法等加压方法的应用，以及一些辅助设备的出现，使得手糊工艺的产品质量和工作效率大幅提高。手糊 FRP 产品的灵活性和可设计性很强，非常适合在结构中应用。国内 80% 手糊制品均采用不饱和聚酯，其次是环氧树脂。

1940 年，美国以手糊成型工艺糊制了一个 GFRP 军用飞机雷达罩，自此手糊成型工艺就一直伴随着 FRP 的发展并不断革新。尽管后来涌现了很多新工艺，原材料趋于多样化，但手糊工艺在 FRP 成型工艺中仍占据着重要的地位。因为手糊成型工艺的优点很明显：不需要复杂的设备，只需要模具和简单的工具，投资少，见效快；生产技术容易掌握，经过短期的培训即可上岗操作；所制作的产品不受形状和尺寸的限制；可与其他材料(如金属、木材、泡沫等)复合成一体；对于一些不方便运输的大型制品，可现场制作。凭借着这些优势，手糊成型工艺一度在我国的 FRP 工业生产中占据了 70%～80% 的比例。虽然近几年随着其他工艺的成熟运用，手糊成型工艺的比例在逐年下降，但仍有过半的生产中会运用手糊成型工艺。

2. 拉挤成型工艺

拉挤成型工艺是通过牵引装置的连续牵引,使纱架上的无捻玻璃纤维粗纱、毡材等增强材料经胶液浸渍,在张力作用下通过具有固定截面形状的加热固化模具后,在模具中固化成型,并实现连续出模的一种自动化生产工艺,如图 1.15 所示。拉挤工艺可以生产出截面形状复杂的连续型材,纤维主要沿轴向分布,体积含量可以达到 50%～60%,有较好的受力性能。拉挤成型工艺也是目前国内 FRP 制品最常用的生产工艺。

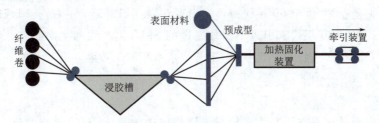

图 1.15　拉挤成型工艺示意图

该生产工艺可充分发挥纤维增强材料连续性和定向强度高的特点,且制品的成本较低、性能优良、质量稳定、外表美观。但制品性能具有明显的方向性,其横向强度较低,含胶量控制精度较低,适用于各种杆棒、平板、空心管及型材。拉挤成型所用的树脂基体要求有较高的耐热性能、较快的固化性能和较好的浸润性能,所用的树脂主要是环氧树脂、乙烯基树脂和高性能热塑性树脂等。

拉挤成型工艺的研究始于 1948 年。第一个拉挤成型工艺技术专利于 1951 年在美国注册,但直到 60 年代,其应用也十分有限,主要制作实心的钓鱼杆和电器绝缘材料等。60 年代中期,由于化学工业对轻质高强、耐腐蚀和低成本的迫切需要,促进了拉挤工艺的发展。特别是连续纤维毡的问世,解决了拉挤型材横向强度问题。70 年代起,拉挤成型制品开始步入结构材料领域,并以每年 20%左右的速度增长,成为美国复合材料工业十分重要的一种成型技术。从此,拉挤成型工艺进入了一个高速发展和广泛应用的阶段。与此同时,我国也开始关注拉挤成型工艺这一新型技术。

随着拉挤成型产品应用领域的不断拓展,我国高校和企业对拉挤工艺有了全新的认识,从 20 世纪 80 年代起,秦皇岛玻璃钢厂、西安绝缘材料厂、哈尔滨玻璃钢研究所、武汉工业大学等先后从英国 PUITREX 公司、美国 PTI 公司引进拉挤成型工艺设备。在借鉴和消化国外先进技术的基础上,业内人员不断研究新工艺,开发新产品,从而有力地推动了国内拉挤成型工业,目前这一技术正在向高速度、大直径、高厚度、复杂截面及复合成型的工艺方向发展。

3. 模压成型工艺

热固性模压成型是将一定量的模压料加入预热的模具内,经加热加压固化成型的方法。成型工艺如图 1.16 所示。

模压工艺具有机械化、自动化程度高,产品质量稳定

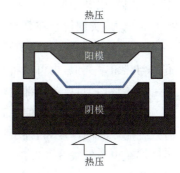

图 1.16　模压成型工艺示意图

等特点,对于结构复杂的复合材料一般可一次成型,无须二次机加工;制品外观及尺寸重复性好,环境污染小。但是模具设计与制造复杂,压机和模具投资高,一次性投资较大。适用于板材的批量生产,且规格受到设备的限制。模压成型要求树脂具有良好的流动性,在常温常压下处于固态或半固态,在压制条件下具有良好的流动性,同时要具有适宜的固化速度,且固化过程中副产物少,体积收缩率低。常用的基体树脂有:酚醛树脂、环氧树脂、有机硅树脂、聚酰亚胺树脂等,但应用最普遍的是酚醛树脂和环氧树脂。

模压成型工艺在20世纪60年代初首先出现在欧洲,1965年左右,美国、日本相继发展了这种工艺。我国于80年代末引进了国外先进的SMC生产线和生产工艺。经过30多年发展,我国SMC模压工艺已获高度认可,工艺技术水平和工业装备有了大幅提升,相关标准体系也趋于完善。

4. 真空辅助成型工艺(VARI)

真空辅助成型是在真空状态下排除纤维增强体中的气体,利用树脂的流动、渗透,实现对纤维及其织物浸渍,并在一定温度下进行固化,形成一定树脂/纤维比例的成型方法,成型工艺如图1.17所示。

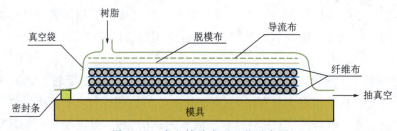

图1.17　真空辅助成型工艺示意图

真空辅助成型工艺模具成本低,树脂浸透充分,有良好的可重复性;成型制品纤维含量高、性能好、孔隙率低;闭模工艺限制了交联剂的挥发,对环境污染小;适用于大厚度、大尺度制件的成型。真空辅助成型要求基体树脂黏度低、适用期长,有利于浸透排气。树脂可在室温固化且传递无须额外压力,具有良好的韧性和高于一般树脂的弹性模量。常用树脂有乙烯基树脂、酚醛树脂、环氧树脂、不饱和聚酯等。

5. 双真空袋成型工艺

真空袋成型是使用一种柔性很好的袋子,将预浸料的预成型件压在模具上,通过抽真空而获得压力,实现树脂在真空状态下传导和浸润织物,并通过在一定温度下固化形成制品的一种生产工艺。真空袋成型工艺的主要设备是烘箱或者其他能提供热源的加热空间,组装方法与热压罐类似,也可以将加热元件直接埋入模具中,但这种情况下,必须使传递到模压件上的热量均匀,以免局部过热而影响制品质量。

真空袋成型灵活、简便、高效、成本低;能够实现模压件的均匀加压,使产品性能稳定;可有效控制产品的厚度和含胶量,实现更高的纤维/树脂比;可成型复杂、大型结构件;密封体系能够减少挥发成分的逸出,减少对人员的伤害。但是对密封性要求高,且真空成型的压力最多为101.325 kPa(1个大气压),预浸料中空隙内的气体和挥发成分难以排出,制备的材料孔隙率通常达 3% 或更高。

为了解决预浸料中孔隙内的气体和挥发成分的排出问题，20 世纪 80 年代，美国 Naval Air Warfare Center 等机构提出了双真空袋(DB)成型工艺。双真空袋成型工艺就是在预浸料毛坯上封两层真空袋，两层真空袋均与真空系统相连并且之间放置导气工装，如图 1.18 所示。在复合材料固化过程中，使预浸料铺层暴露在真空中但又不受其他外力的影响，从而促进预浸料中孔隙内的气体和挥发成分顺利逸出。

真空袋成型要求树脂黏度小，流动性好，树脂中低分子挥发物少，以降低成型后孔隙率。常用树脂为环氧树脂、乙烯基树脂等。

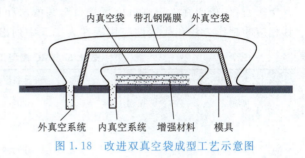

图 1.18 改进双真空袋成型工艺示意图

6. 缠绕成型工艺

缠绕成型工艺是一种在控制张力和预定线型的条件下，采用专门的缠绕设备将连续纤维或布带浸渍树脂后连续、均匀且有规律地缠绕在芯模或内衬上，然后在一定温度环境下使之固化，成为一定形状制品的复合材料成型方法，成型工艺如图 1.19 所示。

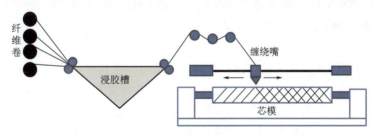

图 1.19 缠绕成型工艺示意图

缠绕成型工艺能够按产品的受力状况设计缠绕规律，比强度高、可靠性高、生产效率高、成本低。但是，缠绕成型适应性小，不能生产任意结构形式的制品。缠绕成型需要有缠绕机、芯模、固化加热炉、脱模机及熟练的技术工人，需要的投资大，技术要求高。单个芯模仅使用一次，仅适用于单件和小批量生产。缠绕成型对基体树脂的要求是：固化温度低、黏度小、浸润性好，同时要能满足制品的性能要求。常用的树脂有环氧树脂、酚醛树脂、聚酰亚胺树脂。

纤维缠绕制品的最早应用是 1945 年美国制成的 GFRP 环，用于原子弹工程。1946 年，纤维缠绕成型工艺在美国取得专利。1947 年美国 Kellog 公司成功地制成世界上第一台缠绕机，随后缠绕了第一台火箭发动机壳体，直径 12.7 cm(5 英寸)，长 1.524 m(5 英尺)，随后缠绕成型工艺在 FRP 制品行业不断发展。我国的纤维缠绕工艺始于 1958 年，当时主要服务于"两弹一星"国防建设。从 20 世纪 60 年代中期开始，先后围绕玻璃钢固体火箭发动机壳体、压力气瓶和电绝缘制品的研制，开展了纤维缠绕技术的研究，并研制成功链条式缠绕机。目前，缠绕成型工艺已广泛应用于 FRP 管等制品的生产中。随着纤维缠绕复合材料的高速发展和广泛应用，要求纤维缠绕机械具有更高的精度、更高的生产率和更大的柔性。

1.3.2 FRC 成型工艺

采用不同成型工艺制备的 FRC 制品具有不同的性能特点，针对不同用途选择适当的成型工艺有利于充分发挥材料的性能和优势，如在隧道工程和边坡支护工程中可以选择喷射成型工艺，在路面施工中则可以选择自密实或层布成型工艺。FRC 的几种主要成型工艺及其相应的制作方法和代表性应用等在表 1.5 中列出。

表 1.5 FRC 成型工艺特点

成型方法	制作方法	纤维长度/mm	适用范围
浇灌	振动法	20～60	道路、桥面、某些构件
喷射	湿法	25～35	隧道、地下工程支护、护坡加固
自密实	免振法	20～50	地面、某些构件
层布	撒布法	30～100	道路

1. 浇灌成型工艺

浇灌成型工艺是先用机械搅拌法使纤维均匀分布于混凝土中，再用输送泵、搅拌运输车或传送带将纤维混凝土拌和物送到施工现场或模具附近进行浇灌，浇灌后通过机械振动以保证纤维混凝土的密实性。对现浇纤维混凝土一般采用附着式振动器，纤维混凝土构件则在振动台上成型，浇灌成型工艺如图 1.20 所示。

2. 喷射成型工艺

对普通喷射混凝土的配比适当调整，并加入适量均布于其中的钢纤维或某些合成纤维，即可进行饰面工程喷射。根据拌和水的加入方式可分为干法喷射与湿法喷射两种。干法喷射是先使水泥、集料与纤维均匀拌和，用压缩空气送至喷射器的喷头处，与此同时用泵将水也送至喷头处，与干拌和料相混合，再将湿拌和料以高速喷至受喷面上，工艺如图 1.21 所示。湿法喷射是使纤维与包括水在内的混凝土各组分均匀拌和，然后用压缩空气送至喷射器的喷头处以高速喷至受喷面上。相对于湿法喷射，干法喷射虽有运输距离较长与设备简单等优点，但喷射区的粉尘较大，喷射后纤维的回弹损失率较高，故一般采用湿法喷射。

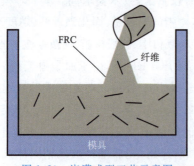

图 1.20 浇灌成型工艺示意图

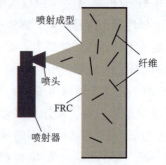

图 1.21 喷射成型工艺示意图

3. 自密实成型工艺

自密实成型混凝土是一种高性能混凝土，其配合比不同于普通混凝土，具有高流动性和抗离析性,浇灌后不需振动,即可均匀填满模框。硬化后有较高的强度和较好的抗渗性。为进一步增进此种混凝土的韧性和抗裂性,近年来又开发了纤维增强自密实混凝土。

4. 层布成型工艺

层布成型工艺主要用于路面施工,该工艺的主要特点是只在混凝土路面的顶层和底层的混凝土中或仅在底层的混凝土中掺加纤维,而中间层仍是素混凝土,因而可有效地、较为经济地使用纤维,成型工艺如图 1.22 所示。

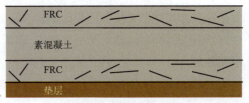

图 1.22　层布成型工艺示意图

1.3.3　FRA 成型工艺

纤维增强沥青路面成型工艺主要分为混合料拌和、摊铺和碾压等工序。首先将集料按沥青混合料的生产要求正常烘干,烘干后的集料进行二次筛分计量,然后添加矿粉和纤维,再加入预定用量的沥青进行搅拌。沥青混合料的摊铺作业采用履带式摊铺机。沥青混合料改性添加剂沥青面层应直接采用双侧平衡梁和滑靴自动控制平整度和高程。匝道等小半径弯道采用滑靴自动找平。在形状不规则地区及次要地区,自控系统不能正常工作时,允许采用人工手控。每个作业面应根据铺筑宽度选择摊铺机的数量,通常宜采用两台或更多台数的摊铺机前后错开 10~20 m 施工(为了减少摊铺时的温度损失,距离可缩短)梯形摊铺时,上面层的纵向接缝应设在行车道的中部,中面层和表面层的纵向接缝应与相邻层错开。施工过程中摊铺机前方应由运料车等候卸料,运料车应停在摊铺机前 10~30 cm 处,卸料过程中运料车应靠摊铺机推动前进,以确保摊铺层的平整度。摊铺完成后进行收斗,尽量减少收斗次数,收斗时摊铺机应不等受料斗内的混合料全部用完就折起回收,并立刻准备接受下一台运料车卸料。最后对作业面进行碾压处理。

1.4　土木工程纤维增强复合材料的应用

1.4.1　既有结构的修复加固工程

1. 外贴及嵌入式加固

在土木工程加固领域中,外贴及嵌入式加固有着广泛的应用。土木工程结构,尤其是桥梁在长期使用过程中由于大气、酸雨的侵蚀以及水流冲刷,存在严重的耐久性问题,影响结构安全使用。对钢结构防腐一般采用涂装防腐涂料;对于混凝土结构,则必须进行加固,一般采用外贴钢板加固,但该方法存在许多不足之处,如钢板剥离、生锈等耐久性问题。早在 30 年前欧洲就开始对纤维增强聚合物(FRP)板加固混凝土结构建筑进行了广泛研究,最初采用玻璃纤维增强聚酯树脂板,但存在强度低、不耐碱腐蚀等问题。高性能纤维(如碳纤维、玄武岩纤维、芳纶纤维)树脂基复合材料由于其性能优良,在建筑工程加固领域得到广泛应用。

最早开发和使用纤维布加固建筑物技术的是德国和瑞士的工程师,起初他们将纤维布代替钢板贴在受损试件的外侧进行加固实验并获得了成功。随后,20 世纪 80 年代 FRP 技术在美日等国家和地区得到重视,在 1990 年到 2000 年期间,日本相继出台了相应的技术章程为 FRP 的加固做出了技术指导。采用粘贴纤维布加固修复混凝土结构时,应通过配套粘结材料将纤维布粘贴于构件表面,使纤维布承受拉应力,并与混凝土变形协调,共同受力。该方法除具有与粘贴钢板加固相似的优点外,还具有耐腐蚀、耐潮湿、几乎不增加结构自重、耐久性好、维护费用较低、施工简单等优点,但需要专门的防火处理。桥梁加固中,钢板外贴加固法应用较早,也比较广泛,具有施工工艺简单、技术成熟和适应性强等优点,但其存在加固后结构自重大、净空减小、钢板易腐蚀和后期养护成本高等缺点。而 FRP 片材具有轻质、高强、耐腐蚀等优点,是一种良好的工程加固材料。适用于各种受力性质的混凝土结构构件和一般构筑物(见图 1.23)。

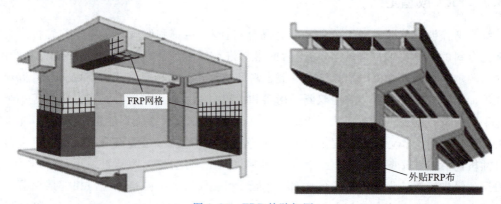

图 1.23 FRP 外贴加固

此外,FRP 筋或板嵌入式加固法作为一种新兴加固技术,自诞生之初便备受青睐。相比于传统方法,FRP 筋或板嵌入式加固具有工程量低、工序简单、用时短、对建筑外观影响小、增强效果明显、材料安全环保等优点,已获得各国学者及工程专家的广泛认同,具有巨大的应用前景,已成为相关领域中外学者竞相研究的热点。

嵌入式钢筋加固混凝土的应用最早可以追溯到 20 世纪 50 年代,始于欧洲地区,如瑞典早在 1948 年就将嵌入式运用到桥面板的加固工程中。到了 90 年代,美国已经将嵌入式运用到一些重要领域中,并且开始使用环氧树脂将 FRP 筋和混凝土进行粘接。相对于外贴式加固法,嵌入式存在以下优点:①减少对混凝土的表面处理工作,无须打磨,只需用专用工具预留开槽,然后用树脂进行粘接,既可以很好地解决剥离破坏问题,又可以有效地减少锚固破坏,很好地发挥了 FRP 的高强性能。②对碳纤维材料可以有很好的保护作用,既可以减少外界非人为因素的破坏,比如火灾等,又可以很好地提高混凝土结构的抗冲击性和耐久性。③负弯矩区加固方便。④加强了 FRP 与混凝土之间的粘接性能。对内嵌 FRP 筋或板施加预应力,可进一步提升结构抗剪性,限制变形,并充分利用 FRP 的高强度。图 1.24 为 FRP 嵌入式加固示意图。

作者团队开发了一种预应力内嵌式 FRP 筋加固的混凝土结构件。该混凝土结构件包括预应力 FRP 筋和混凝土结构件本体,预应力 FRP 筋布置在混凝土结构件本体上,在预应力 FRP 筋周围设置将预应力 FRP 筋包裹的环氧树脂覆盖层,环氧树脂覆盖层外设置聚合物混凝土增厚层。此形式的内嵌 FRP 筋加固混凝土结构件不仅可保证 FRP 筋材不会较早发生界面剥离破坏,而且可保证 FRP 筋材应力能够均匀有效的传递。

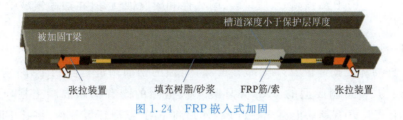

图 1.24　FRP 嵌入式加固

2. 体外预应力加固

体外预应力加固是将预应力筋布置在被加固结构之外并进行张拉,利用预应力筋的回缩对结构产生预加力,抵消外荷载产生的内力,从而达到限制裂缝,提高承载力和刚度的加固目的(见图1.25),适用于中小跨径桥梁加固和建筑结构加固。相比于体内预应力结构而言,体外预应力结构的主要特点包括:①避免了体内预应力的孔道布置、灌浆等工序,且方便维护管理人员对预应力筋进行质量检查,一旦发现问题(如预应力筋受到腐蚀、火灾等外部因素的影响)可及时采取措施。②除了锚固端外,预应力筋仅在转向块处与结构体接触,可以减少孔道摩擦造成的预应力损失,但由于体外预应力筋和主体结构不能协同变形,因此设计方法与体内有黏结混凝土结构存在明显区别。

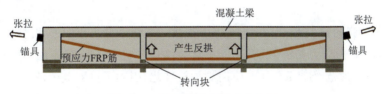

图 1.25　FRP 筋体外预应力加固

预应力筋是体外预应力结构中的关键部件,由于布置在结构体外,预应力筋更容易遭受外界环境的影响(如腐蚀等),传统的体外预应力筋一般采用防腐处理的高强钢筋或钢绞线。FRP 是工程界公认的在严酷环境下替代传统钢筋提升结构耐久性的理想材料,从 20 世纪 80 年代起,FRP 筋体外预应力技术就在美、日、欧洲等发达国家得到应用。在工程结构常用的四种 FRP 筋中,CFRP 筋在体外预应力加固中的应用最多。预应力 BFRP 筋的研发较晚,目前尚未在体外预应力实际工程中得到应用,但其优越的力学性能和高性价比在预应力工程中具有显著优势,作者团队从 2010 年起开展体外预应力 BFRP 筋加固结构的相关研究并取得一定的成果。AFRP 筋价格昂贵,且在预应力工程中使用时需考虑其松弛率大(约 10%)的问题。此外,GFRP 筋由于蠕变断裂应力低,不建议用作预应力材料。

3. 型材加固

型材加固包括外贴 FRP 型材法、FRP 管-灌浆料加固法等。外贴 FRP 法是将 FRP 粘贴于混凝土周围,以提高其结构功能的加固方法。有关粘贴 FRP 加固混凝土的研究主要集中在 FRP 约束混凝土的短柱承载力、长柱承载力和高强度混凝土柱等方面。作为混凝土柱的抗震加固,外贴FRP法具有独特的优越性,1997年我国学者开展了相关研究。FRP加固混凝土柱,可以使短柱的破坏形态由剪切破坏转变为弯曲破坏,而且能够提高构件的延性,增强其耗能性能。FRP高强高效、质量轻、耐久性和耐腐蚀性好,在加固领域中具有广泛的应用。

FRP管-灌浆料加固局部受损混凝土柱的主要特点是,对钢筋混凝土柱进行卸载,将钢筋混凝土柱局部受损部位及外围部分凿除,锈蚀的钢筋则进行除锈工作,清除碎石、浮浆、灰尘等杂物,将预制成型的FRP壳环裹于被凿除的既有钢筋混凝土柱,形成圆形管状,保证FRP壳与既有钢筋混凝土柱同轴,然后将FRP浸渍环氧胶液,搭接FRP壳,使之成为类似于焊接钢管的FRP管。在FRR管和既有钢筋混凝土柱之间的空隙浇筑早强型无机灌浆料,从而形成整体性能良好的组合柱。这种加固方法适用于局部受损结构,相对于整个构件加固而言,具有造价低廉的优势,相对其他加固方法具有施工便利、工作量少的优点。

1.4.2 新结构增强

1. FRP筋及预应力FRP筋增强混凝土结构

FRP筋材可直接替代钢筋用于工程结构。在悬索、桥梁、海洋、岩土和特殊结构中应用较多,有着较好的发展前景。随着FRP筋的造价越来越低,其在工程中的使用也越来越广泛。

日本对FRP筋的研究始于20世纪80年代,在其后的几年日本相继建造了预应力CFRP筋桥、AFRP预应力筋桥梁,同时也在其他结构中进行了研究使用,并且制定了FRP筋混凝土设计施工规范,使FRP筋的应用更加标准化,引领了世界范围的研发。

美国混凝土协会对FRP筋在混凝土结构中的应用开展了研究,编制了FRP筋混凝土相关设计和施工的规范标准,且在桥梁领域大量应用FRP筋混凝土结构。美国在海洋工程方面对FRP筋的使用也非常多,充分利用了FRP筋的耐腐蚀、轻质高强的性能特点。

近年来,国内外学者采用混杂FRP、FRP包覆筋等方法开发了一系列具有一定二次刚度特征的筋材,但效果并不理想。作者团队研发了一种玄武岩-碳纤维混杂复合筋,该复合筋由玄武岩纤维和碳纤维在预张力作用下通过拉挤成型复合形成,纤维体积比例4∶1～1∶1,具有高强、高延性特点。在此基础上,作者团队综合了钢筋与FRP的优点,提出并工业化生产制作了以钢筋为内芯,外包纵向连续纤维的钢连续纤维复合筋(简称为SFCB),该筋材具有双线性的应力应变关系特点,已应用于实际工程中,取得了良好的结构增强效果。

2. FRP桥梁拉索结构

FRP材料的单向力学性能决定了其最为有效的利用形式之一是用作桥梁的预应力拉索,FRP拉索能充分发挥其抗拉强度高和轻质的优势,从而有利于桥梁结构向更大跨度、更高寿命等高性能方向发展,具有良好的应用前景。图1.26为FRP拉索桥梁示意图。

图1.26 FRP拉索桥梁示意图

Stork桥是世界上第一座采用CFRP拉索的公路斜拉桥,于1996年竣工通车。这座桥位于瑞士的温特图尔市,采用了单索塔双索面布置,设置了24根斜拉索,其中两根是CFRP拉索,其余为传统钢拉索。每根CFRP拉索由直径5 mm的241根CFRP筋平行排列组成,其极限承载力可以达到12 000 kN。

Neigles人行桥是世界上第一座CFRP拉索悬索桥,位于瑞士弗里堡的萨那河上,该桥最初采用钢索建造,但由于腐蚀严重,钢索主缆被拆除,并用两根CFRP拉索取代。该拉索使用了东京缆绳公司为CFCC绞线开发的黏结型锚固系统,该系统由一个锚固端头和16个树脂填充锚固件组成,每根CFCC绞线由7股CFRP丝构成,直径为12.5 mm。

江苏大学的CFRP人行桥是一座双索面独塔人行桥,由东南大学、江苏大学和北京TXD科技公司共同设计,所有16根拉索都是由CFRP筋平行束组成,使用的CFRP筋是由三菱化学公司生产的直径8 mm的Leadline筋。

矮寨大桥位于中国湖南省矮寨镇境内,为观光通道两用、双层四车道钢桁加劲梁单跨悬索桥。该桥的主跨为1 176 m,首次采用岩锚吊索结构,并用直径为12.6 mm的碳纤维筋材作为拉索,以抵御潮湿环境引起的钢绞线锈蚀问题。该CFRP拉索岩锚体系使用活性粉末混凝土(RPC)作为黏结材料对CFRP筋进行锚固,是国内迄今为止承载力最大的CFRP拉索构件,其最大承载力达4 100 kN。

作者团队研发了一种玄武岩-碳纤维混杂拉索,拉索由外保护层和置于其内的纤维筋材组成,纤维筋材包括中心筋和外部筋,中心筋由玄武岩纤维筋或碳纤维筋组成,外部筋由玄武岩纤维复合筋组成,中心筋和外部筋之间设置有黏弹性填充层和内套筒,内套筒内侧与黏弹性填充层连接,内套筒的外侧与外部筋连接。该复合拉索中碳纤维含量占拉索总体纤维含量的25%~40%,使得拉索整体的短期和长期力学性能和化学性能优良,并具有突出的经济性特点。

3. FRP组合结构

除以上应用外,基于FRP轻质高强的特性,FRP型材在轻量化结构中也得到了广泛的应用,如全FRP桥面板和FRP型材-混凝土组合桥面板。20世纪70年代人们就开始在桥梁工程中使用FRP材料。其中英国、美国、日本等国家首先将这种新型材料用于建筑结构和桥梁结构中。由于GFRP的材料价格相对较低且生产工艺成熟,在桥梁工程中被大量研究和应用。80年代以后,FRP材料在桥梁工程中应用越来越多,技术也越来越成熟。到了90年代末,随着碳纤维和玄武岩纤维的工业化和民用化,以及在阪神地震后FRP材料对建筑结构和桥梁结构的加固技术的成功应用,使得FRP材料的轻质高强、耐腐蚀、耐疲劳、抗震性能等大量优点被工程界逐渐认可,开始以各种形式结构在桥梁工程中应用。

FRP型材混凝土组合桥面板结构是将混凝土与FRP型材两者组合起来,共同受力的结构形式。通常混凝土位于上部作为受压部分,FRP型材位于下部代替普通钢筋作为桥面板受拉部分。该结构受力合理,充分利用了FRP材料高抗拉强度和混凝土受压性能优势;同时二者的结合受力,也使结构的整体刚度大大提升,相比全FRP桥面板结构,其挠度变形更小。美国的一家研究机构美国复合材料生产商协会复合材料发展创新分会曾发表了一份报告《FRP材料在桥梁中的应用》,该报告考察了全球范围内复合材料在桥梁工程中的应用,对其数量、体积、面积和使用的结构部位进行了统计分析,共包含了350个应用案例,是近年来最完整的关于FRP桥梁的统计应用。根据报告显示,截至2003年,全世界已有约350座桥梁采用FRP材料,分布于包括中国、日本、美国、澳大利亚、德国、英国、加拿大、奥地利、荷兰、瑞士等国家。其中美国共建造了135座FRP公路桥梁,是世界上建造最多的国家。同时报告也对FRP材料在桥梁结构中的使用部位进行了统计,应用部位主要有桥面板、梁、柱、FRP筋材、格栅、FRP索材等,其中FRP桥面板的应用最多也最为广泛,研究也最为深入。

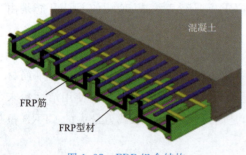

图 1.27　FRP 组合结构

虽然传统FRP型材-混凝土组合桥面板具有很好的抗弯性能和较高的刚度,但这种形式的FRP模壳,要想获得满足施工荷载下的刚度要求,则截面需要具有一定的面积和厚度,因此材料用量很大,经济性相对还不够。为此作者团队开发了如图1.27所示的一种高性能的预应力FRP模壳-混凝土组合桥面板,这种自平衡预应力模壳抗变形能力强,刚度提升明显,很好地满足了施工荷载下的挠度要求;而且其使用的FRP与混凝土的粘砂以及齿连接模式,解决了FRP与混凝土的界面连接性能不足的问题,在已经进行的静力和长期持荷试验中取得了很好的效果。

4. FRP 预制结构

预制混凝土是建筑工业化的重要标志。自从19世纪末预制混凝土技术开始运用到工程中,到目前预制混凝土结构已经广泛用于工业与民用建筑、桥梁道路、水工建筑、大型容器等工程结构领域,发挥着不可替代的作用。混凝土预制结构的大规模应用,推动了建筑业工业化的发展。

预制普通混凝土结构虽然在土工工程中已大量运用,但存在跨度小、自重大、抗裂性能差等缺点;预制预应力混凝土的出现,虽然使结构大跨度、轻量化、抗裂性能都有了有效的改善,但也存在一些缺陷:①耐久性差,预应力筋的腐蚀以及混凝土碳化等严重影响预应力混凝土的耐久性;②预应力损失,管道摩阻力损失等都对预应力有着严重的影响;③预应力混凝土管道压浆的质量很难得到保证。而 FRP 结构及 FRP-混凝土复合结构,由于 FRP 具有较好的耐久性,且粘贴在混凝土的表面,能对混凝土及内部的钢筋进行较好的保护,阻碍混凝土的碳化且能保证施工质量。近年来 FRP 预制构件在土木工程领域内的应用和市场需求也在不断增长,如 FRP 预制管、FRP 预制屋架、FRP 预制管桩和纤维增强混凝土预制构件。

5. 短切纤维增强沥青/水泥路面

短切纤维在道路工程中有着广泛的应用。20 世纪 60 年代添加木质素纤维的沥青玛蹄脂混合料在德国诞生,于 80 年代末引入我国。纤维作为添加剂和稳定剂,使 SMA 沥青混合料具有优异的路用性能,抗车辙和抗滑性能突出。由于 SMA 路面性能良好,道路服役水平高、使用寿命长、养护费用少,因此路用纤维得到了道路研究人员的广泛关注。近二十多年来,建筑用纤维及土工材料开启了高性能时代。美国先后研究开发出聚丙烯(PP)、聚酰胺(PA)等纤维,德国和日本则分别开发出聚丙烯腈(PAN)、聚乙烯醇(PVA)等纤维。

进入 21 世纪,随着试验仪器与试验方法的不断改进,人们对各类纤维材料的研究逐步走向成熟。众多学者通过对比试验,综合分析了玄武岩纤维、聚酯纤维、木质素纤维等各种纤维增强沥青混合料的高低温性能、抗疲劳性能与水稳定性,结果显示这些性能均得到了显著的提高,同时还深入研究了各类纤维增强沥青混合料路用性能的机理及其制备方法。

近年来,纤维在道路工程中的应用逐步增多,掺加纤维的目的,从最初在沥青加铺层添加纤维以抵抗反射裂缝扩展到目前添加在各类沥青混合料中以改善其综合性能,在尽可能延长路面使用年限、提升路面结构耐久性的同时,更注重行车舒适性。国外大量工程实践证明,纤维的加入提高了沥青路面使用性能,产生了良好的社会效应。

6. 纤维增强混凝土结构

1989 年美国的 D. D. L. Chung 等首先发现,在混凝土中掺入短切碳纤维,可使其具有自感知内部应力、应变和损伤程度的功能。之后,在智能材料及结构系统的研究和开发应用中,碳纤维增强混凝土(CFRC)的独特性能日益引起人们的重视。日本东京的 ARK 大厦一次使用 CFRC 幕墙板 32 000 m^2,由于板重减轻了三分之二,起重和安装只需使用电绞车而不需起重机,施工方便迅速;东京医科大学的一个建筑中用碳纤维混凝土做大型幕墙,厚度小,接缝少,轻质高强,使用效果理想;碳纤维混凝土具有耐磨、耐缩、抗渗、耐化学腐蚀的优点,是理想的路面材料。

合成纤维种类很多,包括聚丙烯纤维、聚丙烯腈纤维、聚丙烯醇纤维等,因为其价格比较便宜,化学性能比较稳定,且具有优异的抗拉性能,20 世纪 80 年代以来,在国外已得到了广泛的研究和应用,尤其是聚丙烯纤维。90 年代在广州至佛山的高速公路工程、武汉长江二桥桥面工程及宁波市白溪水库面板堆石坝工程相继采用了聚丙烯纤维。国内外对合成纤维混凝土的力学性能已经有很多相关的研究,为合成纤维混凝土的应用提供了很多数据资料。合成纤维的性价比高,因此在国内得到了迅速发展,主要应用在房屋建筑工程、桥梁工程路面、泳池等工程,效果很好。

混杂纤维增强混凝土是两种或多种纤维合理组合掺入水泥基材中,产生一种既能发挥不同种纤维的优势,又能体现纤维混凝土协同效应的新型复合材料。

1.4.3 防护工程

1. FRP 锚杆防护结构

与钢锚杆相比,FRP 锚杆具有比强度高、耐腐蚀性好、绝缘性好、施工便捷等优点,采用 FRP 锚杆代替钢锚杆应用于边坡加固、基坑支护等工程领域具有广阔的前景。在几种常见 FRP 材料的锚杆中,AFRP 锚杆价格昂贵,在土木工程中的研究和应用很少;碳纤维虽然具有优异的抗拉强度、良好的化学稳定性和导电性较好,但已有研究表明 CFRP 筋不宜作为岩土锚固材料;GFRP 锚杆市面上销售最广,价格也最低,但耐碱腐蚀性能相对较差;BFRP 锚杆具有优良的耐腐蚀性能,抗拉强度和市场价格均介于 GFRP 锚杆和 CFRP 锚杆之间。理论上讲,玄武岩纤维应为锚杆加工原料的最优选择。

近十几年来,国内外众多学者对 FRP 锚杆展开了一系列研究,研究对象主要集中在 GFRP 锚杆、BFRP 锚杆和 CFRP 锚杆,研究领域主要涉及锚筋的材料性能、锚杆经济技术可行性、与不同基体介质的黏结性能、在地层中的破坏模式、锚具设计以及新型灌浆料研发等。

作者团队开发了一种用于地层加固的自传感复合纤维锚杆杆体,该锚杆由玻璃纤维长杆体、碳素纤维、测试电极等组成,在玻璃纤维长杆体外层设置有碳素纤维,碳素纤维和测试电极连接。其原理是利用强度低于玻璃纤维长杆体的碳素纤维,当应力达到一定程度后让其早于玻璃纤维长杆体断裂,当碳素纤维的电阻产生变化时,通过测试电极测量电阻的变化,从而反映出锚杆的受力情况。施工后对锚杆接上电极,就可以随时在线对每一根锚杆进行检测试,适用于矿山巷道加固工程中。图 1.28 为 FRP 锚杆示意图。

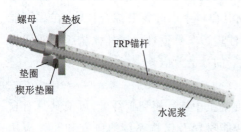

图 1.28 FRP 锚杆

2. 纤维格栅边坡防护

自 20 世纪 80 年代以来,随着国民经济的快速发展,港口、桥梁、隧道、高速公路、矿井高层建筑、铁路、能源项目和水电设施等大型项目建设如火如荼,这些工程项目在建设过程中多涉及边坡(如基坑、巷道、人工堤坝、路基等),使边坡防护成为工程施工或日后维护的重要工作内容之一。中国地域辽阔,地形地貌、气候环境比较复杂,滑坡发生频率高且分布广泛,因此,岩土领域的学者将边坡的安全性问题视为该领域的研究重点。

为了减小发生滑坡的概率,提高边坡的安全性和整体性,降低工程成本,在工程建设中往往需要采用加固措施(如锚索或锚杆、土工合成材料、土钉和挡土墙)来增强斜坡的安全性。近几十年来，土工合成材料发展迅速，广泛应用于公路、铁路、水利、港口、城市建筑等领域，成为继木材、钢材和水泥之后的第四大工程材料。将土工格栅等材料应用于边坡、堤坝和路基，能够大大地提高这些基础设施的整体性和稳定性。纤维格栅是由双向的多层未浸渍树脂的纤维束编制而成的二维网格状制品。由于具有良好的力学性能，纤维格栅在道路（见图1.29）及边坡中的应用十分广泛。

图1.29 纤维格栅增强路面工程

1.5 土木工程纤维增强复合材料发展和研究方向

1.5.1 纤维

在土木工程领域经过多年研究应用，纤维材料的种类趋于多样化。其中碳纤维、玻璃纤维和玄武岩纤维最具代表性。纤维行业的未来发展是开发更加高强、高弹性模量、耐高温并具备高性价比的纤维，如高模量的碳纤维和玄武岩纤维。当前纤维制品已广泛应用于结构加固工程，未来对于纤维制品主动增强结构的研究会进入蓬勃发展期。随着环保意识的增加，对于绿色和可回收利用纤维材料的研究在实际工程中具有重要的意义。

1.5.2 树脂

纤维本身的耐碱及耐盐性能优异，但树脂尚存在老化问题；FRP在疲劳荷载作用下主要依靠树脂基体变形耗能，因此对于高韧性和耐疲劳性能树脂的研究开发对于提升FRP整体耐疲劳性能至关重要。耐高温树脂和高延性树脂也具有较大的研究价值。由高韧性树脂（如聚氨酯树脂）制备而成的FRP制品也为制品形式和制品开孔能力提供了更高的可能性。当前用于工程的FRP制品绝大多数采用热固性树脂制备而成，具有可重复利用的热塑性树脂，特别是高性能热塑环氧树脂的开发和研究也是未来重要的发展方向。

1.5.3 FRP

随着土木工程向着大跨度、轻量化、长寿命、高耐久和损伤可控的方向发展以及结构形式的复杂化和服役环境的恶劣化，对于FRP也提出了新的要求。例如，随着日益增多的大跨度斜拉桥和悬索桥工程的建设，对超高强度FRP拉索的研究和应用提出了更高的要求。此外，由于纤维的单向受拉特性，多轴向纤维铺层的FRP制品可以有效解决单向FRP制品各方面性能差异显著的应用瓶颈，满足多种工作环境下的性能需求。

1.5.4 FRP制品制备工艺

FRP的特色之一是可加工性强，对制备工艺进行研究可有效发挥这一优势。随着FRP

制品在各种新型结构中的应用，FRP 的生产工艺也面临新的挑战。首先，近十年来国内各种复杂形式结构的建设工程促使 FRP 制品形态进行相应的优化和多样性制备，曲率 FRP 型材的设计和制备的研究应用前景十分广阔。高效可靠的生产模块、连续一体化成型技术、多轴向 FRP 制品成型技术、异形 FRP 制品的制备都是亟待解决和优化的研究课题。其次，为了使 FRP 材料制品均质化，提高制品精度，增加可靠性，提高生产效率，需改善成型方法和成型技术，例如片状模塑料（SMC）成型、树脂传递模塑（RTM）等技术。随着各类生产工艺技术的发展，3D 打印技术在 FRP 制备中的应用也是一个潜力巨大的发展方向。

1.6 本书内容

本书根据适用于土木工程的各类纤维增强复合材料的不同制品形式，从制备工艺、性能参数和设计方法等角度论述 FRP 的性能设计以及 FRP 布材、FRP 板材、FRP 筋、FRP 拉索、FRP 网格、FRP 型材、FRP 锚杆、纤维格栅、短切纤维增强水泥和增强沥青混合料制品的制备、性能和应用等内容。

1.6.1　FRP 性能设计

复合材料的性能品质控制方法和短长期性能设计方法为各类 FRP 制品的设计与应用提供依据，这部分内容在第 2 章论述，其性能设计如图 1.30 所示。基于微观观测的 FRP 性能品质控制方法，通过不同腐蚀环境下的材料微观观测，可为 FRP 品质控制和性能提升提供依据。短期力学性能设计中，考虑纤维随机强度的设计方法相比采用纤维强度平均值更具合理性和准确性，纤维的混杂与复合可以实现不同纤维的优势互补，考虑连接效率的一体化多轴向纤维铺层设计可以兼顾构件和节点的力学性能，达到最优的材料利用率和性价比。长期力学性能设计中，基于千万次荷载循环试验，可以为工程结构疲劳设计提供新的依据。最后，通过对 FRP 筋表面形态的设计，可实现对于 FRP 筋-混凝土黏结性能的优化设计，进

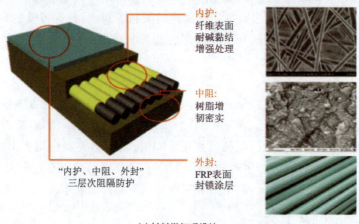

(a) 材料微细观设计

图 1.30　土木工程用复合材料性能设计

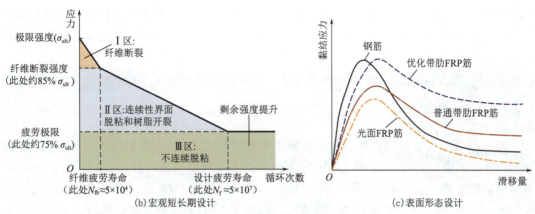

(b) 宏观短长期设计

(c) 表面形态设计

图1.30 土木工程用复合材料性能设计（续）

而为损伤可控结构的实现提供支撑。

1.6.2 纤维布材及FRP板材

纤维布是由无机纤维材料按一定工艺制备而成的柔性片材，具有易成形的特点，适用于梁、柱、板、隧道等各种不同结构。利用环氧树脂等黏结剂将纤维布粘贴到待加固混凝土结构受拉侧表面，可提高混凝土结构的承载力。纤维布加固钢筋混凝土结构如图1.31(a)所示。第3章从纤维布生产制备工艺、种类特点、关键性能指标及其应用和前景等几个方面对纤维布材进行详细论述。FRP板材是将无机纤维材料浸渍树脂后经拉挤成型等工艺制备而成的刚性片

(a) 预应力纤维布外贴加固技术

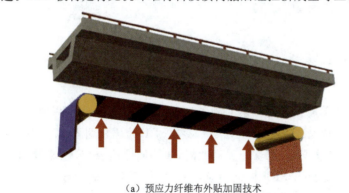

(b) 预应力FRP板外贴加固技术

图1.31 纤维布及FRP板加固钢筋混凝土结构

材,具有刚度大、强度高、产品性能稳定等特点,FRP 板加固钢筋混凝土结构如图 1.31(b)所示。将 FRP 板应用于结构加固具有施工简便、加固费用低、耐久性好等优点,相比于外贴钢板加固法具有很大的优势,因而在桥梁工程中得到广泛的应用。第 3 章将从 FRP 板材生产制备工艺、种类特点、关键性能指标及其应用和前景等几个方面对 FRP 板进行详细论述。

1.6.3 FRP 筋和预应力 FRP 筋

FRP 筋是工程结构加固改造和增强的主要应用形式之一(见图 1.32)。FRP 筋内嵌式加固和体外预应力 FRP 筋加固已发展成为提升土木工程结构使用性能、承载力、耐久性和疲劳寿命的重要手段。在新建结构中,采用高性能耐腐蚀的 FRP 筋替换钢筋是解决钢筋锈蚀问题、实现混凝土结构高耐久的有效方法。相比于 FRP 筋简单替换钢筋,预应力 FRP 筋技术能够保证 FRP 筋的高强度得到充分利用,大幅提高结构整体刚度、抗裂能力及可恢复性。第 4 章详细论述土木工程用 FRP 筋及预应力 FRP 筋的制备工艺、种类及特点、关键性能指标、标准化和工程应用等方面内容,并展望了 FRP 筋未来的发展前景。

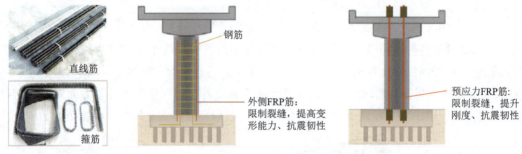

图 1.32　FRP 筋及其应用

1.6.4 FRP 拉索

第 5 章首先论述从单筋到多筋拉索的制备工艺,同时将详细论述两种变刚度 FRP 拉索锚固体系的制备方法和成型工艺。其次,系统总结 FRP 拉索的种类以及不同 FRP 拉索的锚固体系和性能特点,论述 FRP 拉索的关键性能,如拉伸性能、疲劳性能、蠕变性能、动力性能、锚固性能和振动性能,提出 FRP 拉索的应用方法,包括全寿命设计方法、静/动力设计方法和设计评价方法。该章还将介绍 FRP 拉索在拉杆拱桥、中小跨度桥梁、索承空间结构的应用案例(见图 1.33),并为后续 FRP 拉索应用于大跨桥梁和大跨索承空间结构提供参考。

1.6.5 FRP 网格

FRP 网格是一种新型 FRP 材料,由于其双向受力且施工便捷,已逐步在新结构增强与老建筑加固工程中得到应用(见图 1.34)。与纤维格栅不同,FRP 网格是纤维与树脂浸润后形成的 FRP 材料,且具有更高的力学和化学性能。第 6 章对当前 FRP 网格制备工艺、种类特点与基本力学性能进行论述,并给出应用于不同场景下的 FRP 网格加固混凝土结构的施工工艺。此外,还列举作者团队参与的部分加固工程,并预测 FRP 网格在未来土木交通建设中的应用前景。

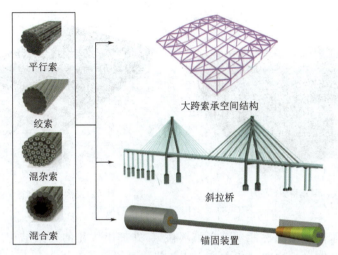

图 1.33　FRP 拉索产品及应用

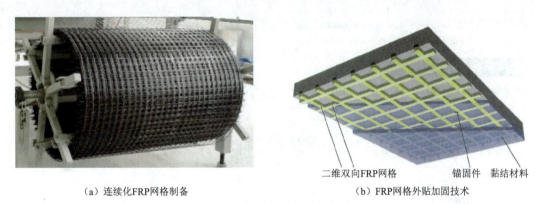

（a）连续化FRP网格制备　　　　　（b）FRP网格外贴加固技术

图 1.34　FRP 网格制品与应用

1.6.6　纤维格栅

纤维格栅虽同样为二维网格状制品,但与 FRP 网格不同,纤维格栅双向由未浸渍树脂的纤维干丝编织而成。纤维格栅具有较好的柔韧性,较高的抗拉和抗撕裂强度,与土壤碎石结合力强。作为道路增强材料时,能有效减小路面的弯沉量,保证路面不会发生过度变形。由于性价比高,纤维格栅已被广泛应用于道路工程。第 6 章对纤维格栅发展历史,相关制备工艺与性能要求进行论述,并探讨集道路增强、融雪抑冰和监测预警功能于一体的多功能纤维格栅的发展前景。图 1.35 为纤维格栅制品与应用。

1.6.7　FRP 型材

基于FRP 型材开发的 FRP 桁架结构和 FRP-混凝土组合结构（见图 1.36）,能够有效解决传统结构（钢桁架、钢-混凝土组合结构）自重大、耐久性不足等问题。第 7 章将主要介绍 FRP 型材的制备工艺、性能特点、关键性能指标和应用等,并针对 FRP 单向拉挤型材节点连接效率低的问题,基于构件-节点一体化设计理念,论述作者团队的研究成果,即通过改

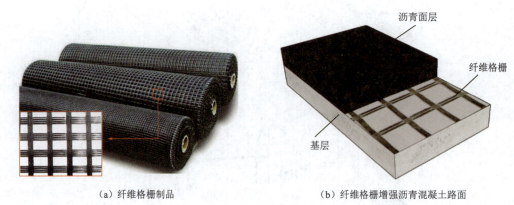

图 1.35　纤维格栅制品与应用

变纤维铺层设计来改善节点性能及节点破坏模式,并提出优化的桁架结构用 FRP 型材纤维布设方式,为 FRP 型材在桁架结构中的应用提供设计参考。

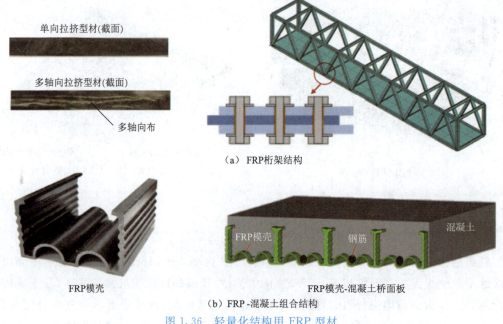

图 1.36　轻量化结构用 FRP 型材

1.6.8　FRP 锚杆

钢锚杆多用于复杂地质与环境下,普遍存在腐蚀情况,安全性、耐久性较低。基于 FRP 筋材生产工艺制成的 FRP 锚杆[见图 1.37(a)],具有更好的抗拉强度和耐腐蚀性能,常用于边坡支护等工程中[见图 1.37(b)]。第 8 章对新型 FRP 锚杆的制备工艺、关键性能指标、设计要求进行论述,探讨锚固失效机理和关键影响参数,介绍相关测试方法,讨论 FRP 锚杆的典型应用,并针对 FRP 锚杆的发展前景提出相关建议。

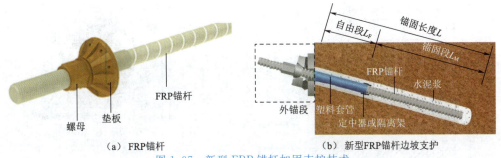

(a) FRP锚杆　　(b) 新型FRP锚杆边坡支护

图1.37　新型FRP锚杆加固支护技术

1.6.9　短切纤维增强水泥基材料

纤维在水泥基材料中主要起桥联受力作用,可明显抑制基体裂缝的开展,改善材料本身的脆性。如图1.38(a)所示,基体材料掺加纤维后,裂缝发展更为密集,且裂缝宽度较小,极大提高基体材料的延性。基体可为水泥净浆、水泥砂浆或含有粗、细集料的混凝土。纤维增强水泥基材料耐候性好、自重轻、强度高,已广泛用作建筑中的墙面板、屋面构件、永久性免拆模板。图1.38(b)为纤维增强水泥基材料用作免拆模板,其施工成型后不需拆模,减少运输,加快施工进度,且可与构件协同受力,提高构件承载力。第9章对纤维增强水泥基材料的制备工艺、种类特点、关键性能、试验标准及应用前景进行了系统的介绍。

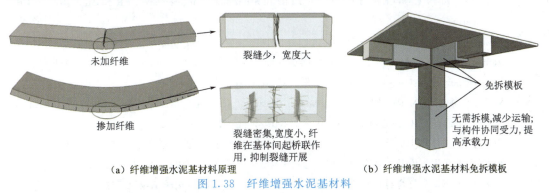

(a) 纤维增强水泥基材料原理　　(b) 纤维增强水泥基材料免拆模板

图1.38　纤维增强水泥基材料

1.6.10　纤维增强沥青混合料

在沥青料中,单丝纤维在沥青混合料中呈三维乱向分布,纵横交错,形成立体网状结构,有效约束了沥青混合料内部缺陷或裂纹的发展,提高混合料的弯拉破坏强度,同时,纤维通过"桥接"和"加筋"等作用,使沥青路面上行车荷载转移,并及时地分散到矿质骨架和沥青胶浆中,避免应力集中,明显提高了沥青混合料抗拉性能、低温抗裂性能及整体结构性能。纤维增强沥青混合料主要用作道路、桥面的沥青面层铺装。如图1.39所示,纤维增强后的沥青混凝土路面抗裂能力、抗疲劳、抗车辙、水稳定性等均有明显提高。第9章对纤维增强沥青混合料的制备工艺、种类特点、关键性能、试验标准、应用前景进行系统的论述。

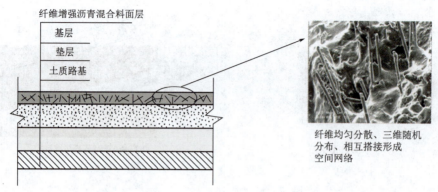

图 1.39　纤维增强沥青混合料

参考文献

[1] Toray,http://www.toray.co.jp/.
[2] Dupont,http://www.dupont.com/.
[3] Teijin,http://www.teijin.co.jp/.
[4] Corning,http://www.corning.com/.
[5] WU Z S,WANG X,WU G. Advancement of structural safety and sustainability with basalt fiber reinforced polymers[C]//Proc. of CICE 2012 6th International Conference on FRP Composites in Civil Engineering. 2012:13-15.
[6] Nssmc,http://www.nssmc.com/en/.
[7] Canadian Standard Association (CSA). Design and construction of building components with fibre-reinforced polymers:CAN/CSA S806-02[S]. Mississauga CSA,2002.
[8] WU Z S,WANG X,IWASHITA K. State-of-the-art of advanced FRP applications in civil infrastructure in Japanp[J]. Composites and Polycon,2007,37:1-17.
[9] 王言磊,欧进萍. FRP-混凝土组合梁/板研究与应用进展[J]. 公路交通科技,2007,24(4):99-104.
[10] 吴智深. 玄武岩纤维及其复合材料作为建材的创新应用[J]. 江苏建材,2018(4):15-22.
[11] 岳清瑞,杨勇新. 复合材料在建筑加固修复中的应用[M]. 北京:化学工业出版社,2006.
[12] SIM J,PARK C. Characteristics of basalt fiber as a strengthening material for concrete structures[J]. Composites Part B:Engineering,2005,36(6):504-512.
[13] WU Z S,YOSHIZAWA H. Analytical/Experimental Study on Composite Behavior in Strengthening Structures with Bonded Carbon Fiber Sheets[J]. Journal of Rnforced Plastics & Composites,1999,18(12):1131-1155.
[14] 呉智深,岩下健太郎,林啓司. 連続繊維シート緊張材および緊すよサクソローリコのにる張接着技術の開発 [J]. 日本複合材料学会誌,2007,33(2):72-75.
[15] BAKIS C E,BANK L C,BROWN L,et al. Fiber-reinforced polymer composites for construction-state-of-the-art review [J]. Journal of composites for construction,2002,6(2):73-87.
[16] KELLER T. Use of fibre reinforced polymers in bridge construction[M]. Zurich:IASBSE-AI,2003.
[17] WU Z S,MATSUZAKI T,YOKOYAMA K,et al. Retrofitting method for reinforced concrete struc-

tures with externally prestressed carbon fiber sheets[C]//International Symposium on Fiber Reinforced Polymer Reinforcement for Reinforced Concrete Structures. 1999.

[18] WU Z,WANG X ,ZHAO X ,et al. State-of-the-art review of FRP composites for major construction with high performance and longevity[J]. International Journal of Sustainable Materials & Structural Systems,2014,1(3):201-231.

[19] 汪昕,周竞洋,宋进辉,等. 大吨位 FRP 复合材料拉索整体式锚固理论分析[J]. 复合材料学报, 2019,36(05):1169-1178.

[20] WANG X, WU Z S. Evaluation of FRP and hybrid FRP cables for super long-span cable-stayed bridges[J]. Composite Structures,2010,92(10):2582-2590.

[21] 呉智深,山本誠也. 連続バサルト繊維ロッドによるFRPコソクリート構造の基本性状に関する研究[C]//第 68 回日本土木学会全国大会,千葉縣習志野市,2013.

[22] WANG X. WY Z. WU G,et al. Enhancement of basalt FRP by hybridization for long-span cable-stayed bridge[J]. Composites Part B:Engineering,2013,44(1):184-192.

第 2 章　土木工程纤维增强复合材料性能设计

2.1　概　述

控制纤维增强复合材料性能的因素复杂,作为材料的基本组成要素,纤维、基体及二者之间的界面共同决定着材料的物理化学性能和力学性能,此外,纤维排布方向、材料表面形态等因素也对材料的性能有显著影响。长期以来,纤维增强复合材料性能设计仅在航空航天等高端应用领域有所涉及,土木工程应用中很少针对其性能进行设计。然而,随着纤维增强复合材料在土木工程领域应用的不断拓展和工程结构形式的日益创新,一方面需要保证结构的强度、刚度和延性,另一方面也对结构耐久性、灾后韧性及其安全健康提出了更高的要求,而这些都离不开对材料的精细化设计。合理的材料性能设计可以在充分发挥其轻质、高强、耐久等优势的同时,有效规避材料脆性、刚度小等问题,从而满足不同的工程结构对材料性能的需求。

如图 2.1 所示,本章将从 FRP 材料力学性能设计(包括短期性能和长期性能)、FRP 制

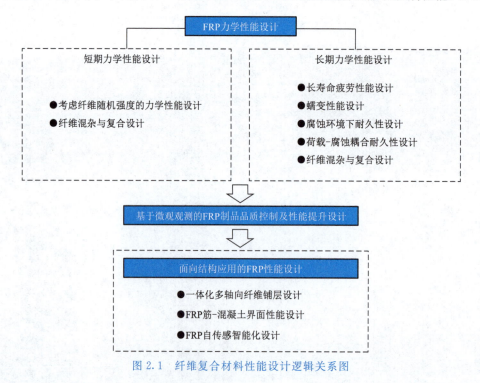

图 2.1　纤维复合材料性能设计逻辑关系图

品品质控制和性能提升方法、面向结构应用的 FRP 性能设计三个方面,结合作者团队多年来的研究成果,论述 FRP 材料从材料、制品到结构层次的性能设计理念与方法。短期性能设计包含考虑纤维随机强度的力学性能设计和纤维混杂与复合设计。轴向拉伸性能是 FRP 材料的关键性能指标,因而基于概率论的高精度力学性能预测法可以深刻揭示材料的受力特点和失效机理,对指导精细化工程结构设计具有重要意义。此外,不同种类纤维的性能差异较大,单种纤维的 FRP 材料力学性能难以满足工程结构对材料强度、刚度和延性的综合需求。因此,通过不同种类的纤维混杂,可充分发挥各类纤维的优势,实现 FRP 材料综合性能提升。长期性能设计包含疲劳、蠕变性能设计和耐久性设计。基于试验结果,通过相应的可靠度模型确定面向设计的 FRP 疲劳应力和蠕变断裂应力。耐久性设计则是基于试验室加速老化试验结果,利用既有的退化模型计算特定使用寿命(50 年或 100 年)下考虑环境因素的抗拉强度折减。借助微观观测技术可以快速评价 FRP 材料的性能,从材料微细观层次揭示其在各种外界环境下的失效机理,从而为 FRP 制品的性能提升和品质控制提供设计依据。值得注意的是,纤维混杂和复合设计对于短长期性能均有提升作用,本章着重介绍短期性能方面。

除了 FRP 材料和制品本身的性能设计外,面向结构应用的 FRP 性能设计同样十分重要。FRP 在工程结构中的应用除单向受力外,还会面临多向受力的问题,如 FRP 桁架节点等。FRP 材料的多向受力性能取决于内部纤维方向,因此,通过多轴向纤维铺层设计,在一定范围内适当降低主要受力方向的强度而增加其他受力方向的强度,可以满足材料的多向受力要求。FRP 筋与混凝土之间的界面性能对于其在混凝土结构中的有效应用起到关键的作用。本章针对 FRP 筋-混凝土界面黏结问题,提出通过表面肋参数优化实现 FRP 筋-混凝土黏结滑移性能提升的设计方法,为实现结构损伤可控和灾后可修复性提供了理论基础。另外,FRP 自传感智能化设计可为结构健康监测提供新的思路,使结构在承受荷载的同时,具有监测结构变形和识别自身损伤的功能。

2.2 短期力学性能设计

2.2.1 考虑纤维随机强度的力学性能设计

由于 FRP 内部纤维存在不同程度的先天缺陷,其强度也表现出一定的离散性。已有研究表明,纤维的弹性模量和密度相对稳定,而其强度指标的离散明显偏大。在进行 FRP 材料的短期力学性能设计时,若仅考虑纤维强度的平均值,则忽略了其随机性,会造成 FRP 整体强度的预测值与真实值的误差。针对不考虑随机纤维强度的 FRP 材料,采用简单加权法,FRP 复合材料的强度可表达为

$$\sigma_u = \varphi_f \sigma_f + \varphi_m \sigma_m \tag{2.1}$$

式中,φ_f 和 φ_m 分别为纤维和基体的体积分数;σ_f 和 σ_m 分别为纤维和基体的拉伸强度。通常情况下,树脂基体对于 FRP 拉伸强度的贡献可以忽略不计。当考虑纤维随机强度时,FRP 整体强度会随之折减,即

$$\sigma_u = \eta\varphi_f\sigma_f + \varphi_m\sigma_m \tag{2.2}$$

式中，η 为强度折减系数，其值与纤维强度随机分布规律相关，一般在 0.6 至 1.0 之间不等。

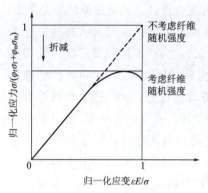

图 2.2 FRP 宏观应力-应变关系

如图 2.2 所示，从宏观的角度来看，纤维随机强度分布使得线弹性的纤维材料临近失效时呈现出非线性状态，刚度的退化使得 FRP 的极限强度和应变都相应发生变化。

通过试验确定纤维随机强度分布规律，并将其输入到各类短期力学性能预测模型中，可得到更具可靠度的 FRP 整体强度预测值。常用的随机强度分布模型包括正态分布、Weibull 分布等。针对 FRP 材料的短期拉伸强度预测，数十年来国际上学者建立了许多模型，依据其对 FRP 材料的抽象化程度分类，大致可以分为理论模型、概念模型和有限元模型三类；依据研究方法分类，主要包括概率统计学模型、剪切滞后模型和三维实体有限元模型等。下面针对上述几种模型的基本原理和形式进行阐述。

1. 概率统计学模型

概率统计学模型早年由 Coleman、Gucer、Zweben、Rosen 等提出并进行了深入研究，模型如图 2.3 所示。这样的模型不强调 FRP 材料内部真实的力学联系，转而将材料沿轴向视作若干具有一定厚度的层，将纤维单丝视作相互平行的单向单元，单元之间的断裂失效为独立事件，因而在已知单根纤维的失效概率和纤维阵列形态的前提下，可以推导出在一定外部应力的水平下任意纤维数量的失效概率。通过对应力取极值，即可得到 FRP 的最大应力，也可以结合 Monte Carlo 方法等统计学分析方法对 FRP 整体的随机强度予以分析。这样的方法可以快速得到 FRP 材料强度的显式表达，但是无法反映内部纤维或树脂的应力/应变

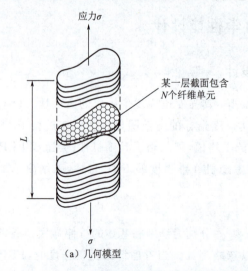

(a) 几何模型

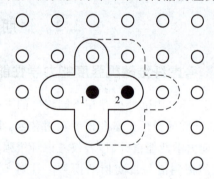

(b) 矩形截面纤维阵列形态

1—起始断裂单元。实轮廓线为1号单元的相关单元。
2—受1号单元影响断裂的单元。虚轮廓线为2号单元的相关单元

图 2.3 Zweben 和 Rosen 提出的强度预测概率统计学模型

发展情况和微细观结构损伤演化规律。复合材料具有非连续性、非均匀性和破坏模式的复杂性等特点，这也使得该模型的假设存在一定偏差。另外，由于 FRP 材料中纤维数量庞大，这一方法的计算效率也相对低下。

2. 剪切滞后模型

剪切滞后模型由 Hedgepeth、Van Dyke、Ochiai、Okabe 等提出并发展（见图 2.4），其假定 FRP 材料中的纤维按照一定的规律排列且仅承受拉力，而基体仅承受剪力，输入材料刚度等参数后，通过有限差分法等迭代计算方法模拟 FRP 在拉伸状态下的渐进破坏过程。此类模型相对概率统计学模型，能较好地还原 FRP 在轴向拉伸荷载下的内部受荷状态，纤维仅受拉、基体仅受剪这一假定在纤维含量较高、且基体刚度远小于纤维时能够成立。更重要的是，剪切滞后模型能够反映纤维和基体的内部应力变化趋势、纤维断裂后的局部应力集中等微细观现象，对于 FRP 破坏机理的揭示具有重要意义。然而，虽然剪切滞后分析方法简化了复合材料的细观力学分析，但是由于模型的简化假设条件，该方法难以求解复合材料完整的应力场与应变场。

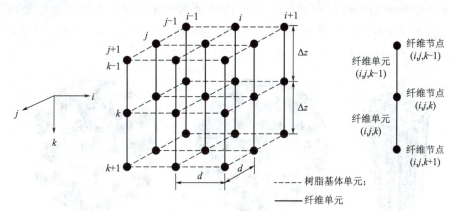

图 2.4 Okabe 等提出的剪切滞后模型

根据微细观力学原理，学者发现当局部纤维的某一节段发生断裂后，在同一横截面上的相邻纤维会发生应力集中的现象，加剧失效的概率（见图 2.5），而纵向的相邻纤维节段并不会完全退出受荷，反而会在基体的作用下出现应力恢复的现象，从断裂口处应力为零的位置

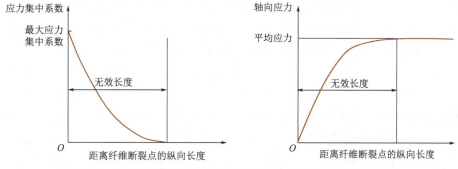

图 2.5 纤维应力集中系数和轴向应力在断裂点附近的分布规律

到恢复至宏观应力的位置的纵向长度被称为无效长度(ineffective length),即当同一根纤维上某一点距离断裂点超过无效长度时,其应力水平将不再受断裂的影响。基于剪切滞后模型,可以对应力集中系数和无效长度进行定量化分析。经不同学者的研究和模拟,应力集中系数(stress concentration factor)大多在 1.0 至 1.5 之间,无效长度约为 50 倍纤维半径,这二者的值与纤维种类、纤维排列方式、材料内部损伤缺陷、纤维-树脂界面性能等因素有关。

3. 有限元模型

近年来,随着计算机性能的提升,越来越多关于 FRP 拉伸强度模型的研究开始采用三维有限元建模进行分析,有的研究也结合了上述统计学模型和剪切滞后模型的理念。借助有限元模型,可对纤维强度随机分布、空间位置随机分布、纤维边界条件等因素进行研究,得到更贴合真实情况的结果,从而为 FRP 的精细化短期性能评价提供重要依据。例如,相关学者分别研究了正方形、六边形和随机形纤维分布形式对 FRP 材料在拉伸作用下应力集中系数、应力恢复水平及宏观断裂应变的影响,并对比了有无边界纤维对宏观断裂应变和损伤演化的影响。

通过三维有限元模拟,还可对混杂纤维 FRP 的应力集中现象和强度的影响进行分析(见图 2.6),不同类型的纤维存在不同的力学性能和强度分布规律,通过对 FRP 整体强度的分析可以实现对 FRP 材料强度和延性的优化设计。

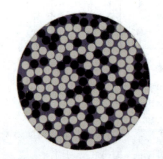

图 2.6　Swolfs 等建立的混杂随机纤维模型

在有限元模型中引入纤维强度的概率分布、基体缺陷的概率分布以及界面强度的概率分布,建立基于 Monte Carlo 方法的细观力学有限元模型,分析复合材料变形和断裂过程,将使数值模拟更加趋于真实情况。

目前,有限元技术虽已发展得很成熟,纤维增强复合材料断裂分析的软件也相继推出,但是分析软件难以实现复合材料应力分析、微裂纹产生、裂纹稳态扩展和失稳扩展的全过程模拟。因此,有必要开展纤维增强复合材料力学行为的多层次、跨尺度模拟。

现有的 FRP 性能预测设计模型均以纤维作为基本单元。然而,一方面,纤维单丝的强度实测值往往离散较大,难以提供可靠的结果;另一方面,FRP 材料中的纤维数量庞大,增加了建模和计算的难度。针对以上问题,作者团队提出采用纤维浸胶纱作为随机强度分析的基本单元进行 FRP 材料建模分析和力学性能设计的方法(见图 2.7)。通过试验得到浸胶纱和树脂单元的强度随机分布规律,并将其输入至模型中进行迭代计算得到 FRP 的强度分布规律。经试验结果验证,模型具有较高的精度,并可定量描述浸胶纱强度随机性对 FRP 整体强度的影响。

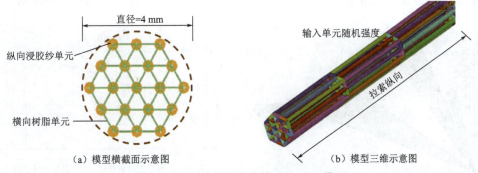

图 2.7 以浸胶纱为基本单元的 FRP 模型

另外，不同于一般单向单一纤维 FRP 材料，多轴向层合板、三维编织材料、混杂纤维材料等复合材料构件的细观几何结构和内部应力分布状态相对复杂，最终的拉伸破坏往往存在明显的微细观损伤演化过程，因而对其渐近损伤失效（progressive damage failure）全过程的模拟预测是非常重要的问题，这一过程直接决定了其最终强度性能指标和破坏模式。

2.2.2 纤维混杂与复合设计

1. 混杂 FRP 设计理论及实现方法

单一品种纤维存在性能单一的问题，通过混杂设计可以实现 FRP 的性能提升和延性设计。混杂设计总的原则是在一种纤维出现断裂破坏后，所产生的冲击以及其所承担的荷载能够平稳地被其他纤维来承担，如混杂 FRP 复合材料中高弹性模量纤维的断裂所产生的荷载转移和冲击荷载可以有效地被高强度和高延性纤维吸收。在这个原则的基础上，根据各种纤维在混杂 FRP 复合材料中的混杂比例关系，作者团队于 20 世纪 90 年代率先建立了混杂 FRP 纤维复合材料的设计理论。

碳纤维由于其脆性特征，可能导致结构延性不足，使结构出现脆性破坏或在地震作用下过早的丧失承载力。通过混杂高延性纤维或钢筋，可以使结构获得高延性特征，从而保证结构发生延性破坏。混杂设计如图 2.8 所示，图中采用三种纤维：高弹模、高强度和高延性纤维，通过一定的混杂比例，可实现加载初期高刚度，中期高强度和后期高延性。由于混杂 FRP 复合材料中，延伸率较低的纤维断裂造成的荷载降低会引起应力波动现象，这种应力波动会造成对剩余纤维材料和结构的冲击，因而在设计中应尽量降低这种波动的幅度。作者团队提出了主动控制应力波动的设计方法，即通过合理的混杂设计和配比来对应力波动进行有效的控制并降低其给其他纤维和结构所带来的冲击，另外还可以选用能量吸收能力（高耐冲击性）好的纤维材料来吸收较低延性纤维断裂所产生的冲击能来控制应力波动。图 2.9 反映碳纤维混杂不同纤维后对张拉性能的提升作用，图中纵坐标的数字表示纤维布层数，TG 为 T-玻璃纤维，EG 为 E-玻璃纤维，B 为玄武岩纤维，C 为碳纤维。结果表明，通过混杂了延性较好的玻璃纤维和玄武岩纤维，可以明显将碳纤维干丝的拉伸应变从原先的 4 800 $\mu\varepsilon$ 提升到最大 9 700 $\mu\varepsilon$。可见，高延性纤维对高强纤维的连续断裂具有良好的控制和限制作用。

通过对高弹模碳纤维、高强度碳纤维、PBO 纤维和 Dyneema 纤维的混杂研究,可以得到保证较低应力波动以实现混杂设计的纤维比例关系。应力波动率是指混杂纤维在加载过程

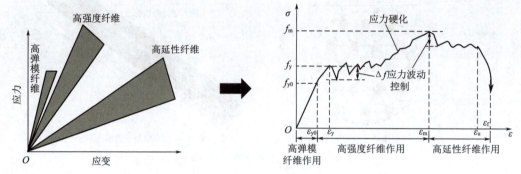

图 2.8 混杂复合材料性能设计图

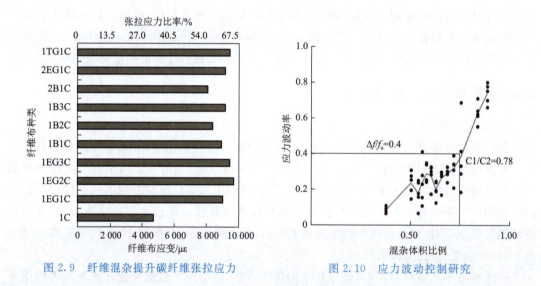

图 2.9 纤维混杂提升碳纤维张拉应力　　图 2.10 应力波动控制研究

中,应力波动阶段的宏观应力最大差值与其拉伸强度的比值。由图 2.10 可以看出,采用高弹模碳纤维 C1 和高强度碳纤维 C2 混杂,当两者的体积比例控制在 0.78 以下时,应力波动率可以稳定在 0.4 以下,在此应力波动之下可实现混杂 FRP 的中期高强度。相比较而言,高强度碳纤维和 Dyneema 纤维的混杂比例要控制在 0.5 以下,才能保证稳定的 0.3 应力波动。PBO 纤维和碳纤维混杂,混杂比例要控制在 0.7 以下,才能保证稳定的 0.3 应力波动,PBO 纤维良好的能量吸收能力在其中起到重要作用。上述关于应力波动的分析用于定量指导混杂纤维的比例设计,可以确保达到理想的混杂效果。

由高弹模碳纤维、高强度碳纤维和高延性纤维(如玻璃纤维或 Dyneema 纤维)组成的混杂复合材料可实现与图 2.8 一致的初期高刚度、中期高强度和后期高延性的混杂效果(见图 2.11),其力学性能可按下式计算:

$$\sigma_{avg} = \varepsilon_m (E_1 A_1 + E_2 A_2 + E_3 A_3)/A \tag{2.3}$$

$$E_{avg} = (E_1 A_1 + E_2 A_2 + E_3 A_3)/A \tag{2.4}$$

$$P_{\text{avg}} = f_{\text{hm}} A_1 + \varepsilon_{\text{m}} (E_2 A_2 + E_3 A_3) \tag{2.5}$$

式中,E_1,E_2 和 E_3 分别代表高弹模碳纤维、高强度碳纤维和高延性纤维(玻璃纤维或 Dyneema 纤维)的弹性模量;A_1,A_2,A_3,A 分别代表三者的截面面积和总截面面积;ε_{m} 为高强度碳纤维的极限应变;f_{hm} 为高弹模碳纤维的强度。

2. 复合设计理论及其实现方法

由作者团队率先研究的 FRP 材料复合设计理念,是指钢材(钢筋、钢丝等)与连续纤维复合形成共同受力的复合制品构件的设计理论和方法。它的总原则是在钢材屈服或进入非弹性阶段后,纤维承担荷载来提高整体弹性模量,形成二次刚度。同混杂设计一样,复合设计实际应用

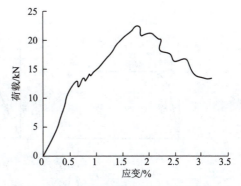

图 2.11 三种纤维混杂设计试验结果图

中需要控制复合比例和界面性能,以控制应力波动。通过应力控制避免复合设计制品中钢材屈服后纤维立即断裂破坏,同时也保证钢材与纤维之间能有效连接整体工作。本章将介绍钢-连续纤维复合筋(SFCB)和钢-连续纤维复合板的设计方法。

对于钢-连续纤维复合筋,FRP 筋具有强度高、弹模低、延性差、耐久性好、重量轻等特点,而钢筋具有强度低、弹模高、延性好、耐久性差、重量重等特点,两者互补性极强,复合后可以扬长避短,得到综合性能更高的钢-连续纤维复合筋。另外,线弹性的 FRP 与弹塑性的钢材复合还可以带来力学性能上的变化,如得到的钢-连续纤维复合筋(SFCB)具有稳定的二次刚度(见图 2.12)。将其用于增强混凝土结构后,可以能动地控制结构或构件的屈服后刚度(二次刚度)、震后残余变形、极限状态的破坏模式,调节结构系统耗能机理,为实现"大震不倒"乃至"大震可修"的定量化设计提供了有效的途径。

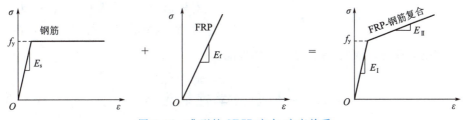

图 2.12 典型的 SFCB 应力-应变关系

根据材料的复合法则推导出 SFCB 单向拉伸的理论计算模型,并与通过界面处理后的钢-连续纤维复合筋试验数据进行比较,吻合良好,证明了复合法则的有效性。设计应力值按下式计算:

$$\sigma_{\text{sf}} = \begin{cases} E_{\text{I}} \varepsilon_{\text{sf}} & 0 \leqslant \varepsilon_{\text{sf}} < \varepsilon_{\text{sfy}} \\ f_{\text{sfy}} + E_{\text{II}} (\varepsilon_{\text{sf}} - \varepsilon_{\text{sfy}}) & \varepsilon_{\text{sfy}} \leqslant \varepsilon_{\text{sf}} \leqslant \varepsilon_{\text{sfu}} \\ f_{\text{sfr}} & \varepsilon_{\text{sfu}} < \varepsilon_{\text{sf}} \end{cases} \tag{2.6}$$

对于钢-连续纤维复合板,采用 FRP 和高强钢丝复合,可以结合 FRP 的线弹性特征,利

用钢丝的高弹性模量提升 FRP 的整体弹性模量。同时，由于钢丝具有一定的屈服特性（与普通低碳钢筋的屈服平台明显不同），复合板整体应力-应变曲线具有一定的二次刚度，如图 2.13 所示。

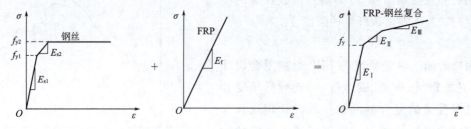

图 2.13　FRP-钢丝复合板应力-应变关系

复合板具有初期弹性模量提升，中期进入非线性应力-应变关系，后期弹性模量进一步下降的特点。这种方式设计的 FRP 材料可在一定范围内有效改善传统 FRP 模量降低的问题，满足结构对刚度的要求。设计应力按下式计算：

$$\sigma_{sf} = \begin{cases} E_{\rm I}\,\varepsilon_{sf} & 0 \leqslant \varepsilon_{sf} < \varepsilon_{sfy} \\ f_{sfy} + E_{\rm II}(\varepsilon_{sf} - \varepsilon_{sfy}) & \varepsilon_{sfy} \leqslant \varepsilon_{sf} < \varepsilon_{sfu1} \\ E_{\rm II}\,\varepsilon_{sf} & \varepsilon_{sfu1} \leqslant \varepsilon_{sf} \leqslant \varepsilon_{sfu2} \end{cases} \tag{2.7}$$

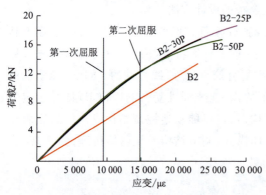

图 2.14　钢丝直径对复合效果影响

图 2.14 显示了直径为 0.25 mm、0.3 mm 和 0.5 mm 的钢丝和玄武岩纤维的复合效果，可见采用较细直径的钢丝能够较好地保证纤维和钢丝之间的黏结性能，而直径相对较粗的钢丝在高应力状态下则会发生滑移，影响材料整体性能。因此在复合设计时需要控制界面滑移强度，保证整体工作性能。

2.3　长期力学性能设计

2.3.1　长寿命疲劳性能设计

目前，工程结构和材料的疲劳设计方法大多是基于 200 万次以内的荷载循环次数。然而，纤维增强复合材料通常具有较高的疲劳强度和较长的设计寿命，并且与传统钢材具有不同的疲劳损伤机理，因而基于更大循环次数的长寿命疲劳设计方法不仅能更好地表征材料性能，同时为长寿命结构提供更接近实际的测试方法。

以玄武岩纤维复合材料为例，纤维复合材料在疲劳加载过程中发生横向基体开裂，来自作者团队的试验结果表明，在不同应力水平的疲劳荷载下材料会发生三种不同类型的损伤扩展模式,这种三段式的损伤演化特征概念如图 2.15 所示。在图 2.15 中的区域Ⅰ,即高应力区(高于 85% 应力水平时),试样主要发生类似于静态拉伸断裂的纤维断裂损伤破坏模式。在初始的几次循环中,基体发生开裂,最弱的纤维也发生断裂。由于裂纹处应力集中和纤维强度分布的影响,随着疲劳循环次数的增加,纤维的破坏越来越多,最终导致整体破坏。在区域Ⅱ(约 85% 应力水平下),由于应力水平较低,不足以导致纤维立即发生断裂。基体短裂纹横向开展跨过几根纤维或沿纤维和基体的界面开展,从而导致界面出现连续性的逐步剥离。由于纤维与基体之间的磨损,使得纤维断裂和损伤增长,最终导致疲劳断裂。在区域Ⅲ(即低于疲劳极限时),残余强度又增加或恢复到其原始值。这是由于在疲劳过程中,在Ⅲ区发生不连续的纤维/基体界面脱粘和纤维调直,使纤维可以更有效地发挥其强度。

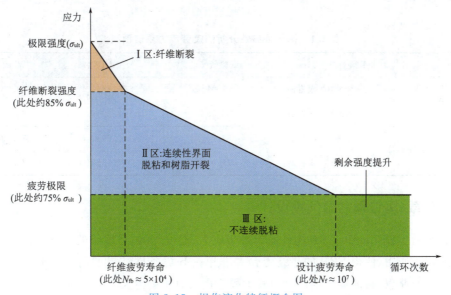

图 2.15 损伤演化特征概念图

从图 2.15 中可以看出:疲劳 S-N 曲线存在两个明显拐点,其中处于高应力水平的区域Ⅰ和区域Ⅱ的拐点对应的疲劳寿命较短(5 万次),一般工程结构中很少遇到该工况。区域Ⅱ和Ⅲ的拐点对应的疲劳寿命为 1 000 万次,然而,既有的 FRP 材料疲劳性能试验研究中的荷载循环次数大多为 200 万次,难以反映真实的 S-N 曲线规律。

作者团队关于 2×10^6 次和 1×10^7 次循环疲劳应力水平的预测结果如图 2.16 和表 2.1 所示,图中的 NLD 和 Whitney 分别是两种不同的考虑可靠度的疲劳寿命预测模型。从预测结果可以看出,Whitney 模型预测相对保守,其中根据 2×10^6 次循环的预测结果最为保守,2×10^6 次寿命设计应力水平为 73.98%,1×10^7 次寿命设计应力水平为 69.6%。此外,根据预测结果也可以看出,根据 2×10^6 次循环的预测结果普遍低于根据 1×10^7 次循环的预测结果。这表明,在长周期疲劳荷载下的 BFRP 的寿命下降速度减慢,类似的现象也出现在 GFRP 和 CFRP 复合材料中。因此,建议对于设计使用年限较长,尤其是年限为 100 年以上的工程结构所使用材料的疲劳试验,循环次数应不得小于 1×10^7 次。

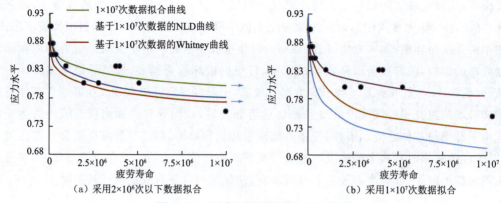

图 2.16　不同的预测模型的 $S\text{-}N$ 曲线

表 2.1　基于可靠性分析的疲劳应力限值预测

设计应力水平预测		试验值拟合	NLD	Whitney
基于 200 万次数据	2×10^6 次寿命	77.91%	76.88%	73.98%
	1×10^7 次寿命	72.55%	72.29%	69.60%
基于 1 000 万次数据	2×10^6 次寿命	82.10%	80.69%	79.59%
	1×10^7 次寿命	79.01%	77.45%	76.71%

2.3.2　荷载-腐蚀耦合耐久性设计

在真实的工程环境中,FRP 构件同时处于应力、温度、腐蚀环境等的复杂耦合状态,这些环境因素相互作用,使得 FRP 的最终寿命并非单一环境条件结果的简单叠加。因而,FRP 材料及构件的荷载-腐蚀耦合设计对于其工程应用具有重要意义。

以 FRP 蠕变为例,应力水平和蠕变断裂时间成半对数关系,即

$$Y_{cr}=a-b\ln t \tag{2.8}$$

式中　Y_{cr}——应力水平与对照组 95% 保证强度的比值;
　　　　t——蠕变断裂时间,h;
　　　　a,b——拟合系数。

表 2.2 列出了 a 和 b 的值、回归系数以及 Y_{cr} 的预测值。考虑到腐蚀后静力拉伸强度发生了一定退化,进一步计算了修正后的蠕变断裂应力比 Y_{cr}^*,该参数是各试验组的蠕变断裂应力与相应的腐蚀后的拉伸强度的比值。从表 2.2 可以看出,盐溶液腐蚀后的 Y_{cr} 有一定降低,然而,$Y_{cr}^*/Y_{cr,0}$ 的值介于 95% 到 102% 之间,可近似认为等于 100%。静力强度的降低由纤维-树脂界面的退化造成,并且 $Y_{cr}^*/Y_{cr,0}$ 的值表明,蠕变断裂应力的退化趋势与静力强度的退化趋势相似,由此证明蠕变断裂应力的退化也由纤维-树脂界面的剥离导致。因此,持续荷载和盐溶液对 FRP 力学性能的影响不存在相互叠加或抵消的效应。对疲劳性能的研究也得到了类似的规律。基于该结论,海洋环境下的 FRP 长期应力限值可

以表示为

$$S_{cr} = Y_{norm} f_r \tag{2.9}$$

式中　S_{cr}——海洋环境中的蠕变断裂应力或疲劳应力限值；

Y_{norm}——普通环境中的蠕变断裂应力或疲劳应力限值与极限强度的比值；

f_r——海洋环境下的拉伸强度。

表 2.2　盐溶液腐蚀下 BFRP 百万小时蠕变断裂应力预测值

试验组名	a	b	回归系数(R^2)	Y_{cr}[①]	$Y_{cr}/Y_{cr,0}$[②]/%	Y_{cr}^*[③]	$Y_{cr}^*/Y_{cr,0}$/%
未腐蚀	0.811 7	0.014	0.977	0.62	100	0.62	100
25 ℃腐蚀 21 天	0.817 0	0.016	0.977	0.60	97	0.59	95
25 ℃腐蚀 42 天	0.822 0	0.017	0.943	0.59	95	0.62	100
25 ℃腐蚀 64 天	0.798 5	0.016	0.977	0.58	93	0.63	102
40 ℃腐蚀 21 天	0.759 1	0.013	0.938	0.58	93	0.59	95
40 ℃腐蚀 42 天	0.718 2	0.011	0.990	0.57	91	0.61	98
40 ℃腐蚀 63 天	0.696 0	0.010	0.977	0.56	90	0.62	100

注：①Y_{cr}为各试验组的蠕变断裂应力与控制组 95% 保证强度的比值。

②$Y_{cr,0}$为控制组的蠕变断裂应力与控制组 95% 保证强度的比值，对于 BFRP，其值等于 0.62。

③Y_{cr}^*各试验组的蠕变断裂应力与其相应的盐腐蚀后 95% 保证强度的比值。

2.3.3　强腐蚀环境下耐久性设计

对应于不同的恶劣工程环境，酸、碱、盐等强腐蚀环境条件对 FRP 材料的性能具有不同程度的影响。通常而言，在腐蚀环境的长期作用下，会形成纤维的坑蚀、树脂劣化、界面脱粘等问题，自材料表面由外而内不断发展并形成腐蚀路径，同时不断加剧 FRP 的劣化，导致强度、弹模、延性等宏观指标的退化。

FRP 性能退化模型是指利用短期条件下的试验数据计算实际长期使用条件下材料性能退化程度的数学模型，同时也是 FRP 材料使用寿命预测的理论基础。具体研究途径包括两大类，一类是在一定假定基础上，利用 Fick 定律，通过研究材料的吸湿率来推测材料性能的退化程度；另一类则直接从材料的力学性能出发，建立起两种环境条件的不同参数之间的关系，得到时间转换因子，达到利用短期加速试验条件下材料的使用寿命预测正常使用条件下材料寿命的目的。加速的方法包括提高温度、湿度、荷载或电解等，以高温加速试验最为常见。Hank Caruso 曾对高温加速退化模型进行过总结，经分析其中适用于 FRP 筋寿命预测的退化模型主要有 Arrhenius 退化模型、Eyring 退化模型和 Peck 退化模型。

1. Fick 退化模型

Fick 退化模型采用的是单向自由扩散定律，即 Fick 定律描述溶液离子在筋材中的扩散过程，故该模型又被称作 Fick 扩散模型。该模型对 FRP 筋的寿命预测基于两点假设：①筋材中已被溶液渗透的部分视为完全被破坏且不再具有承载力；②筋材中未被溶液渗透的部分视为完全未被破坏且力学性能与原材料相同。Fares Tannous 和 Hamid Saadatmanes 率先提出利用此模型对 FRP 筋进行寿命预测，两位学者将 FRP 筋浸泡于盐、碱等腐蚀性溶液中，半年后测试其力学性能。以一定时间内筋材在溶液中质量的增加与原筋材质量之比 M（即吸湿率）和溶液离子在筋材中的扩散系数 D 为参数，利用吸湿率 M 随时间的增长关系（见图2.17）来测定扩散系数 D，然后通过公式（2.10）计算某时刻 t 的渗透深度 x，最后基于以上两点假设提出公式（2.11），代入 x 值得到筋材的残余强度 p_p，由此预测某时刻的筋材寿命。

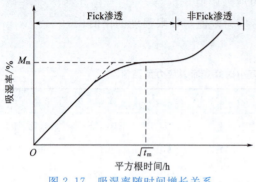

图 2.17 吸湿率随时间增长关系

$$x = \sqrt{2DCt} \tag{2.10}$$

$$p_p = p_0 \left(1 - \frac{x}{r_0}\right)^2 = p_0 \left(\frac{r_r}{r_0}\right)^2 \tag{2.11}$$

式中 x——渗透深度，mm；

D——扩散系数，mm^2/h；

C——与溶液中离子或氯离子浓度相关的系数；

t——时间，h；

r_0、r_r——筋材直径、筋材未被腐蚀溶液渗透的深度，mm；

p_0、p_p——筋材初始抗拉强度、残余强度，MPa。

两位学者利用 Fick 扩散模型对在碱、盐溶液中浸泡了6个月的 GFRP 筋进行了预测，结果较符合实际，表明 Fick 模型可以用来进行短期的预测。但是对于长期腐蚀的材料，由于树脂基材的开裂，溶液离子的渗透不再满足 Fick 定律，因此 Fick 预测模型也不再准确。此外，Fick 模型还假定材料一经溶液渗透便失去强度，事实上此部分的纤维还具有一定的受力能力，并非完全失效。

2. Arrhenius 退化模型

Arrhenius 退化模型适用于只有温度作为加速影响因素，加快化学物质对材料腐蚀进程的情况。Arrhenius 退化速率 β 和时间转换因子 AF 分别可表示为

$$\beta = A_0 \exp(E_a/kT) \tag{2.12}$$

$$AF = t_{use}/t_{test} = \exp[(E_a/k)(1/T_{use} - 1/T_{test})] \tag{2.13}$$

式中 A_0——试验常数，与温度 T 无关；

t_{use}, t_{test}——实际工程中的服役时间及试验时间，h；

T_{use}, T_{test}——实际工程中的环境温度及试验温度，K；

k——玻尔兹曼常数，$k = 8.617 \times 10^{-5}$ eV/℃；

E_a——化学反应的活化能，eV。

值得一提的是,材料腐蚀机理不同,则化学反应的活化能也不相同。在利用 Arrhenius 退化模型对材料的腐蚀程度进行预测时,要求材料的腐蚀机理不变,这是因为若腐蚀机理改变则材料化学反应的活化能也会改变,就不能利用式(2.13)对材料的使用寿命进行预测。

Arrhenius 退化模型由于理论清晰、方程简单,是目前研究 FRP 材料耐腐蚀性加速试验中应用最为广泛的退化模型,但是其应用需要一定条件:

(1) Arrhenius 退化模型不能应用于腐蚀机理随时间变化的腐蚀进程,即腐蚀过程中只能有一种腐蚀机理,要求所研究的材料应是均质材料,若是 SFCB,内芯为钢筋外壳为纤维,则其长期腐蚀机理必然会改变,故不可用 Arrhenius 退化模型对其进行寿命预测。

(2) 采用提高温度的方法加快 FRP 材料的腐蚀速度时,不能改变其腐蚀机理。例如,当温度达到树脂的玻璃化温度时,除了由于腐蚀介质造成的腐蚀外,还会引起树脂破坏,进而造成 FRP 材料整体性能的破坏。

(3) Arrhenius 退化模型仅能适用于只有温度作为加速影响因素的情况,在实际工程应用中,FRP 筋还会受到荷载和其他环境因素的影响,因此加速试验结果不能完全反应 FRP 材料在实际应用环境中所处的状况。

(4) Arrhenius 退化模型中没有考虑材料几何形状对耐腐蚀性能的影响。

3. Eyring 退化模型

Eyring 退化模型可以考虑两种不同的环境因素对加速试验的影响,从某种程度上来说可以看作是对 Arrhenius 退化模型的修正。模型中的 E_a/kT 部分同 Arrhenius 退化模型一样,研究的是温度在加速试验中对试件腐蚀程度的影响;其他部分则可用来考虑蠕变断裂(Weertman 退化模型)、湿度(Peck 退化模型)及电流密度(Black 退化模型)等因素对加速试验的影响。例如 Peck 退化模型如式(2.14)所示。

$$AF = t_{use}/t_{test} = (M_{use}/M_{test})^{-n} \exp[(E_a/k)(1/T_{use} - 1/T_{test})] \quad (2.14)$$

式中 M_{use}, M_{test} ——实际工程中和试验室中的湿度水平,%;

T_{use}, T_{test} ——实际工程中的环境温度及试验室中的试验温度,K;

n ——材料常数;

k ——玻尔兹曼常数,8.617×10^{-5} eV/℃;

E_a ——化学反应的活化能,eV。

使用 Eyring 退化模型时首先应假设模型中所考虑的两种影响因素之间是相互独立的,即每种因素不会改变彼此对加速试验的影响程度。但是实际工程中,这种独立性是并非一直存在,例如 Peck 退化模型中所考虑的温度和湿度,一般高温环境伴随着较高的湿度。因此,还需量化两者间的关系,对此模型进行进一步修正,才能对加速试验的退化速率进行准确预测。

2.4 考虑连接效率的一体化多轴向纤维铺层设计

采用拉挤工艺生产的 FRP 型材具有生产效率高、产品性能稳定、单向强度高的特点,能满足土木工程领域对型材质量稳定、成本低、高强度以及质量轻的要求,但拉挤成型制品往往表现出明显的单向性能,使得在复杂受力状态下,很容易发生沿材料弱向的破坏,很难发挥出构件高强度的优势。例如,①当拉挤 FRP 薄壁型材作为梁承受横向弯曲荷载作用时,由于腹板剪切强度过低,在梁的纵向弯曲应力远未达到其破坏强度前,腹板就已发生了剪切破坏,从而制约了其单向的强度优势;②单向拉挤的 FRP 型材构件在组合成桁架结构时,节点部位往往因为受力复杂而先于构件破坏,且多为脆性破坏,使得材料的高强度得不到发挥。

复合材料的性能除了取决于纤维和基体本身的性能外,还受纤维含量和铺层角度的影响。理论和试验研究表明,多轴向纤维布的加入,可有效改善拉挤型材性能的严重各向异性。例如,增加±45°的铺层,可明显提升 FRP 型材的剪切强度,但同时也带来主方向性能(如构件的拉伸强度及模量)被降低的结果。故在考虑采用多轴向纤维铺设增强其他方向或者抗剪强度的同时,还应考虑不应过多降低型材在主方向的力学性能。因此,作者团队针对单向 FRP 型材节点连接效率低难以发挥构件高强度的问题,提出了考虑构件-节点一体化多轴向纤维铺层设计的理念(见图 2.18)。这一理念的关键点是在综合考虑型材的主方向力学性能及节点性能的基础上,确定合适的多轴向纤维比例。

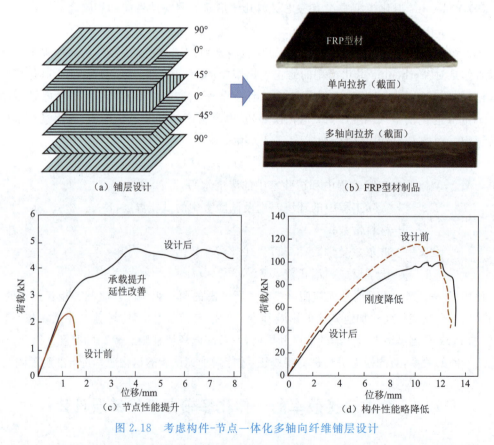

图 2.18 考虑构件-节点一体化多轴向纤维铺层设计

在进行 FRP 型材设计时,其基本力学性能参数,例如拉伸及剪切弹性模量等,可通过理论计算得到。目前关于层合板的理论研究较为成熟,FRP 拉挤型材区别于层合板的特征为其厚度不明确,但仍可根据一定的假设套用层合板的性能参数进行初步的设计计算。

2.4.1 FRP 单向单层板模型

拉挤 FRP 型材由于各单层板厚度不明确,难以直接套用层合板理论分析其性能,但可做如下假设:

(1) 各单层板厚度为纤维厚度和树脂厚度的线性叠加;
(2) 层合板中各单层板的纤维体积分数相同;
(3) 单层板纤维厚度为面密度和厚度的乘积;
(4) 树脂厚度平均分配于整个层合板。

基于以上假设,使用混合定律和修正混合定律法可对型材中单向单层板的各向弹性常数进行理论计算。

单层板纵向弹性模量 E_1 可按式(2.15)计算。

$$E_1 = E_{f1}\varphi_f + E_m\varphi_m \tag{2.15}$$

单层板横向弹性模量 E_2、E_3 可按式(2.16)计算。

$$E_2 = E_3 = \frac{E_{f2}E_m(\varphi_f + \eta_2\varphi_m)}{E_m\varphi_f + E_{f2}\eta_2\varphi_m} \tag{2.16}$$

式中 E_m——树脂拉伸模量;
    E_{f1},E_{f2}——纤维纵向、横向拉伸弹性模量;
    φ_f——单层板纤维体积分数;
    φ_m——单层板树脂体积分数。

η_2 为考虑缺陷因素引入的修正系数,可按式(2.17)计算。

$$\eta_2 = \frac{0.2}{1-\nu_m}\left(1.1 - \sqrt{\frac{E_m}{E_f}} + 3.5\frac{E_m}{E_f}\right)(1 + 0.22\varphi_f) \tag{2.17}$$

单层板剪切模量可按下式计算:

$$G_{12} = \frac{G_fG_m(\varphi_f + \eta_{12}\varphi_m)}{G_m\varphi_f + G_f\eta_{12}\varphi_m} \tag{2.18}$$

$$G_{23} = \frac{G_fG_m(\varphi_f + \eta_{23}\varphi_m)}{G_m\varphi_f + G_f\eta_{23}\varphi_m} \tag{2.19}$$

其中:

$$\eta_{12} = 0.28 + \sqrt{\frac{E_m}{E_f}} \tag{2.20}$$

$$\eta_{23} = 0.388 - 0.665\sqrt{\frac{E_m}{E_f}} + 2.56\frac{E_m}{E_f} \tag{2.21}$$

单层板泊松比可按下式计算:

$$\nu_{12} = \nu_{13} = \nu_f\varphi_f + \nu_m\varphi_m \tag{2.22}$$

$$\nu_{23} = k(\nu_f\varphi_f + \nu_m\varphi_m) \tag{2.23}$$

$$k = 1.095 + 0.27(0.8 - \varphi_f) \tag{2.24}$$

式中 ν_f——纤维泊松比;

ν_m——树脂泊松比。

根据以上公式,可求出 FRP 拉挤型材单层板的拉伸弹性常数,再将各单层板参数进行线性叠加,可得到整个 FRP 型材弹性常数。

2.4.2 FRP 型材多轴向铺层设计

为了改善单向拉挤型材的严重各向异性,FRP 型材中的每一单层板铺层可分别采用单向纤维布/纱、0/90°正交双向布或±θ 等比例双向布。其中单向单层板的力学性能计算方法可以参考 2.4.1 节,本节介绍 0/90°正交双向布和±θ 等比例双向布的力学性能计算方法,计算出每个铺层的力学性能参数后,可将各单层板参数进行线性叠加,得到其整体性能参数。

对于采用单向纤维布的单层板铺层,其纤维体积分数可由下式计算:

$$\varphi_f = \frac{w}{\rho_f t} \tag{2.25}$$

式中　w——布或者织物的单位面积的质量,kg/m^2;
　　　ρ_f——纤维材料的密度,kg/m^3;
　　　t——单层板的厚度,m。

(1)当采用 0/90°正交双向布时,假定两个方向纤维的体积比例为 1∶1,总的纤维体积分数按公式(2.25)计算,若令:

$$\alpha_1 = \frac{1}{1 - \frac{E_T}{E_L}\nu_{LT}^2} \tag{2.26}$$

$$\alpha = \frac{E_T^2 \nu_{LT}^2}{0.5 \times (E_L + E_T) \times 0.5 \times (E_T + E_L)} \tag{2.27}$$

则有:

$$E_1 = E_2 = \alpha_1(1-\alpha)(E_L + E_T) \times 0.5; \quad \nu_{12} = \frac{E_T \nu_{LT}}{0.5 E_T + 0.5 E_L}; \quad G_{12} = G_{TL} \tag{2.28}$$

其中,E_L,E_T,G_{LT} 及 ν_{LT} 分别为局部坐标系下单向单层板纵向、横向拉伸弹性模量,面内剪切模量及泊松比,可通过 2.4.1 小节计算。E_1,E_2,G_{12} 及 ν_{12} 分别为整体坐标系下纵向、横向拉伸弹性模量,面内剪切模量及泊松比。

(2)当采用±θ 等比例双向布时,可令:

$$a = \cos^2\theta, \quad b = \sin^2\theta$$

则有:

$$E_1 = \frac{1}{\frac{a^2}{E_L} + \left(\frac{1}{G_{LT}} - \frac{2\nu_{LT}}{E_L}\right)ab + \frac{b^2}{E_T}} \tag{2.29}$$

$$E_2 = \frac{1}{\frac{b^2}{E_L} + \left(\frac{1}{G_{LT}} - \frac{2\nu_{LT}}{E_L}\right)ab + \frac{a^2}{E_T}} \tag{2.30}$$

$$G_{12} = \frac{1}{2\left(\frac{2}{E_L} + \frac{2}{E_T} + \frac{4\nu_{LT}}{E_L} - \frac{1}{G_{LT}}\right)ab + \frac{1}{G_{LT}}(a^2 + b^2)} \tag{2.31}$$

$$\nu_{12}=E_1\left[\frac{\nu_{\mathrm{LT}}}{E_{\mathrm{L}}}(a^2+b^2)-\left(\frac{1}{E_{\mathrm{L}}}+\frac{1}{E_{\mathrm{T}}}-\frac{1}{G_{\mathrm{LT}}}\right)ab\right] \tag{2.32}$$

计算出不同铺层方向单层板的性能参数后,将各单层板参数进行线性叠加,得到整体的基本力学性能参数。表2.3是利用上述计算方法计算出的常见BFRP铺层角度组合的理论性能数据。

表2.3 不同铺设角度下层合板弹性常数

铺层角度	E_1/GPa	E_2/GPa	G_{12}/GPa	ν_{12}
0°/90°	29.47	29.47	4.92	0.091
±30°	19.24	10.76	6.79	0.346
±45°	13.41	13.41	7.96	0.276
±60°	10.76	19.06	6.74	0.212

作者团队采用手糊成型的方式,探究了不同铺层角度对型材拉伸及剪切性能的影响,铺层类型包括[0]$_{6S}$、[0/45/0$_2$/-45/0]$_S$、[0$_3$/90/0$_2$]$_S$ 及 [0/45/90/0/-45/0]$_S$(下角S表示对称铺层,6S表示对称铺6次),可分别简化记为[0$_{12}$]、[0$_8$/45$_4$]、[0$_8$/90$_4$] 及 [0$_6$/45$_4$/90$_2$]。试验结果表明(见图2.19),与单向纤维布成型的试件相比,多轴向铺层的加入降低了拉伸试件的失效荷载以及拉伸弹性模量;由于拉伸性能主要由纵向纤维决定,故其断裂失效位移并没有改变。参考规范ASTM D5379,通过V形开口轨道剪切法测试试件的剪切强度,试验结果表明,多轴向铺层的加入使得构件的剪切强度得到大幅度提升,见表2.4。

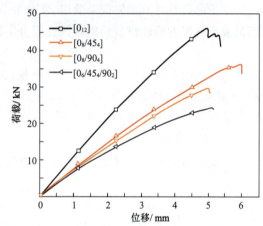

图2.19 不同铺层试件的拉伸荷载—位移曲线

表2.4 不同铺层试件的剪切强度

铺层顺序	[0$_{12}$]	[0$_8$/45$_4$]	[0$_8$/90$_4$]	[0$_6$/45$_4$/90$_2$]
剪切强度/MPa	27.5	69.1	38.3	90.4
变异系数/%	7.6	5.8	3.0	1.7

2.4.3 铺层混杂设计

FRP材料性能可设计性还体现在多种不同性能的纤维材料可以通过混杂设计进行改造和提升。单一FRP材料往往难以满足结构的综合性能要求,如强度、刚度、延性、长期性能等,如低弹性模量的玻璃纤维及玄武岩纤维通过混杂适当的碳纤维,不仅可满足结构的刚度要求,也可以实现构件的延性破坏。针对实际情况,可以对混杂FRP材料中的纤维种类及混杂比例进行适当的调整。

1. 混杂方式

从层合板角度考虑，纤维布的混杂方式大体可分为三类，如图 2.20 所示。

(1) 层内混杂：由两种或两种以上的纤维组成同一铺层铺叠而成；

(2) 层间混杂：由两种或两种以上的不同纤维铺层，相间铺叠而成；

(3) 夹芯混杂：由一种纤维铺层做表面层，由另一种纤维铺层做芯层。

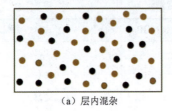 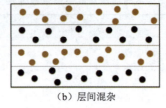 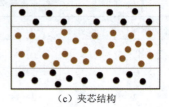

(a) 层内混杂　　　　　　　　(b) 层间混杂　　　　　　　　(c) 夹芯结构

图 2.20　复合材料混杂方式

由于混杂具有一定的混杂效应，使得混杂后的复合材料性能大多难以用理论公式计算，但是复合材料的弹性模量仍符合线性混合定律，可表示为（以混杂两种纤维为例）

$$E_{Ht} = E_L \varphi_L + E_H \varphi_H + E_M \varphi_M \tag{2.33}$$

式中，E_{Ht} 为混杂纤维复合材料的弹性模量；φ_M 为混杂纤维复合材料中基体的体积分数；φ_L、φ_H 分别为低延性纤维和高延性纤维的体积分数（$\varphi_L + \varphi_H + \varphi_M = 1$）；$E_L$、$E_H$ 分别为低延性纤维和高延性纤维的拉伸弹性模量。

2. 混杂拉伸强度

以碳纤维和玻璃纤维混杂为例，单向纤维混杂复合材料的断裂应变由碳纤维控制，若不考虑混杂效应，则低延伸率的碳纤维先断裂，其承担的荷载转嫁给玻璃纤维承担。在碳纤维断裂的瞬间，若玻璃纤维含量较高足够承担碳纤维断裂后转嫁的荷载，则荷载可以继续增长，最终发生二级破坏。若玻璃纤维含量不足以承担碳纤维断裂后转嫁的荷载，则构件表现为一级脆性破坏，故存在一个临界混杂比 φ_{crit}，使得碳纤维断裂后的荷载刚好能被玻璃纤维承担，发生一种伪延性破坏，如图 2.21 所示。由此可见，通过合理混杂设计可实现混杂复合材料延性破坏。

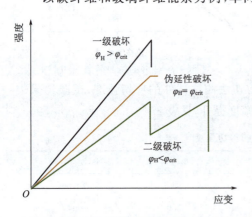

图 2.21　混杂复合材料强度特征曲线

一些研究建议使用双线性混杂规则预测混杂复合材料的拉伸强度，如式（2.34）所示。

$$\sigma_{hybrid} = \begin{cases} S_L \varphi_L + S_H \varphi_H \varepsilon_L, & \varphi_H < \varphi_{crit} \\ S_H \varphi_H, & \varphi_H > \varphi_{crit} \end{cases} \tag{2.34}$$

式中，S_L 和 S_H 为低延性和高延性纤维的单层板拉伸强度；ε_L 为低延性纤维单层板破坏的极限应变（不考虑混杂效应）。

临界混杂比可通过令式（2.34）中的两个式子相等，并且令 $\varphi_L + \varphi_H = 1$ 得到：

$$\varphi_{\text{crit}} = \frac{S_L}{S_L + S_H - E_H \varepsilon_L} \tag{2.35}$$

作者团队基于构件-节点一体化设计的理念设计了多轴向铺层的 BFRP 拉挤型材板（MD 型材），其铺层比例为 $0°/\pm 45°/90° = 70\%/20\%/10\%$，并将试件的拉伸性能与同等厚度的单向 BFRP 拉挤型材板（UD 型材，其铺层比例为 $0°=100\%$）进行比较，结果表明：多轴向铺层的加入降低了型材的拉伸性能，即 MD 型材的弹性模量较 UD 型材明显下降，如图 2.22 所示。为进一步提升 MD 型材的弹性模量，设计混杂一定比例碳纤维在其中，形成玄武岩/碳纤维混杂型材板（B/C 型材），期望实现 B/C 型材板在破坏时具有一定的伪延性。利用式（2.35）进行计算，得到玄武岩纤维与碳纤维的临界混杂比 $\varphi_{\text{crit}}=3:1$。如图 2.22 所示，试验结果表明：B/C 型材板较 MD 型材板不仅模量得到了提升（33.3%），而且也实现了一定的伪延性破坏。

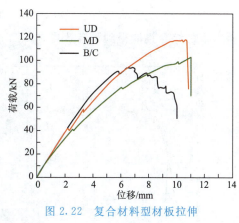

图 2.22 复合材料型材板拉伸荷载-位移曲线比较

2.4.4 节点铺层设计

由单向 FRP 型材构件组合而成的新建结构，例如 FRP 桁架结构、FRP 桥面板等，由于型材单向性能的限制，往往存在连接效率低（20%~30%）且材料利用率低的问题，使得结构的轻量化和经济性优势得不到有效体现。目前结构中常用的节点连接方式主要为胶结及栓接。与胶结相比，螺栓连接在装配、拆卸和维修方面以及对服役环境的耐久性方面具有更大的优势，是比较常用的连接方式。

影响节点承载及破坏模式的参数有：①几何参数，包括节点连接部位构件宽度与螺栓孔径之比（w/d）、型材厚度与螺栓孔径之比（t/d）、型材第一排螺栓距离型材端部的端距与螺栓孔径之比（e_1/d）等；②材料参数，包括纤维及树脂类型、铺层角度及顺序等；③螺栓布置，包括螺栓个数及排数等；④连接件参数，包括螺栓孔隙等；⑤节点侧向约束条件，包括螺栓预紧力及垫圈大小等；⑥设计参数，包括荷载类型、方向以及失效准则等。用在新建结构中的单向拉挤 FRP 型材，节点在受拉状态下很容易发生沿孔洞边缘的低承载力的脆性剪切破坏。节点的承载虽然可通过增大节点连接区域的型材端距与螺栓孔径（e_1/d）的比值进行提升，但破坏模式仍表现为脆性破坏，且节点承载提升效率较低。故针对上述问题，基于复合材料的可设计性，采用改变纤维铺层设计，增加±45°及 90°纤维布设的方式，改善节点性能及破坏模式。

如前述，作者团队基于构件-节点一体化设计了多轴向铺层的 BFRP 拉挤型材板（MD 型材），其铺层比例为 $0°/\pm 45°/90°=70\%/20\%/10\%$，以及单向 BFRP 拉挤型材板（UD 型材），其铺层比例为 $0°=100\%$，分别进行单螺栓节点拉伸试验。图 2.23 为两种不同铺层节点的荷载-位移曲线,试验结果表明:多轴向铺层的设计较单向型材有效提升了节点的承载力,而且使得节点的延性得到提升。图2.24为其节点的破坏模式,表现为由沿孔边的脆性剪切破坏转变为具有延性的挤压破坏。从节点承载及延性方面表明,多轴向铺层的加入,使得节点的综合性能得到了有效提升。

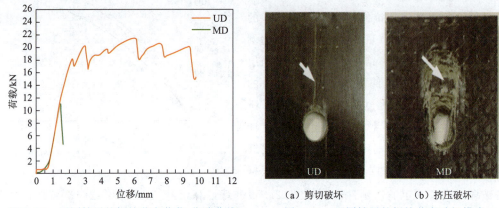

图2.23　不同铺层的螺栓节点荷载-位移曲线　　　图2.24　不同铺层的螺栓节点破坏模式

2.5　基于微观观测的FRP制品品质控制及性能提升设计

已有研究表明,FRP材料在静力和往复荷载下的整体性能退化往往始于其内部微观结构的损伤,如先天内部孔洞、纤维局部弯曲、单丝断裂、树脂开裂、界面脱粘等。多种微观损伤的不断发展演化最终导致了FRP材料的整体失效。换言之,通过纤维/树脂层次的微观检测和分析,可以深入揭示FRP材料的短长期失效规律,进而从机理上为FRP的质量控制方法和高性能化设计提供依据,实现FRP材料的微观设计。本节基于这一FRP微观设计理念,分别针对其耐碱性能、耐高温性能、多场耦合耐疲劳性能和耐蠕变性能几个方面进行介绍。

FRP损伤检测,尤其是在疲劳过程中的损伤识别是对FRP制品品质进行评价的关键技术。以疲劳为例,通过对FRP内部的纤维形态、纤维断裂数量、树脂裂纹数量、树脂裂纹尺寸、界面完整度等一系列指标的检测识别,可以对FRP的损伤情况进行定性和定量的分析,从而为其性能品质控制提供依据。

传统损伤检测方法限于技术原因,存在精细化程度偏低、可视化效果不佳、难以定量描述等不足之处,因而难以真实地评价FRP的损伤状况。由作者团队提出的基于扫描电镜(scanning electronic microscope,SEM)微观原位观测的FRP损伤检测评价技术可在不损伤试样的前提下对FRP疲劳过程中的纤维断裂、树脂开裂、界面脱粘等微观损伤演化进行微米级实时观测,跟踪疲劳裂纹的萌生与发展,真实地反映FRP疲劳损伤累积情况。该技术创造性地将扫描电镜、电子能谱仪、电液伺服疲劳试验机和高温环境模拟组合起来,属于国际先进水平。利用该技术可研究材料在不同环境和多场耦合下的力学性能(特别是疲劳性能),并可实时观察试件微小裂纹和微细观结构变化状况。此外可加装探测分析装置(如电子能谱仪)对固体表面进行微区成分分析及元素分布分析。将适用于小型试件的 SEM 疲劳试验机与适用于中型试件的多场耦合疲劳试验机和适用于大型试件的多场耦合环境舱相结合,可组成微观-细观-宏观多尺度 FRP 长寿命评价装置系统(见图 2.25),从而揭示 FRP 材料耐久性与结构耐久性之间的关系,借此提出对应的寿命提升方法。以 FRP 板加固钢筋混凝土梁为例,分别对 FRP 板中的纤维、FRP 板材本体和 FRP 板加固钢筋混凝土梁开展相同环境条件下的耐久性试验,可以对三者的破坏模式进行关联性分析,同时可以进一步量化纤维-板材-梁之间的性能退化规律,这样所得到的性能退化模型相比单一尺度下的试验结果将更具说服力和实际工程意义。

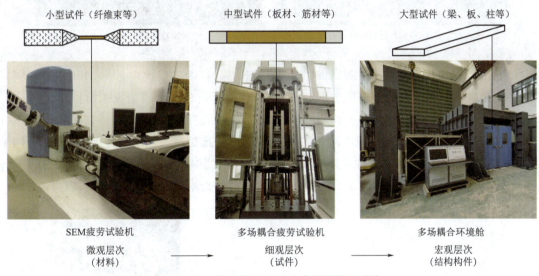

图 2.25　多尺度 FRP 长寿命评价装置系统

基于上述方法和分析,作者团队提出基于 $0.5f_u$(f_u 为极限拉伸强度)下持续 2 万次的短期疲劳试验 SEM 原位观测分析结果的 FRP 性能品质快速检测评价关键技术(见图 2.26),与既有损伤检测技术相比,这一技术具有检测速度快、检测精度高、同步性好以及不损伤试样等优点,解决了现有检测方法无法真实反映疲劳荷载下试件损伤情况的问题。如图 2.27 所示,基于 SEM 原位观测,可获取裂缝位置、尺寸、数量等

图 2.26　原位观测分析示意图

信息,进而在微观层面揭示 FRP 在各类腐蚀环境下的内部损伤机理,为其性能品质控制方法提供依据。

FRP 制品在碱性环境中的退化问题是限制其在混凝土结构中应用的瓶颈,而既有 BFRP 和 GFRP 在极端碱腐蚀溶液中存在耐久性不足以及在荷载-腐蚀耦合下性能亟须提升的问题。微观观测结果表明,FRP 制品在碱性环境中的性能退化同时受纤维坑蚀、树脂开裂和界面退化等多方面因素影响。

(a) FRP 片材纵断面

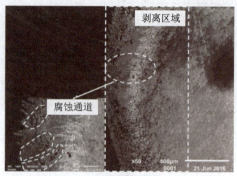
(b) FRP 筋横断面

图 2.27 SEM 观测的 FRP 内部腐蚀通道和疲劳裂纹

由此,作者团队提出基于 FRP 材料"内护、中阻、外封"的三层次理念(见图 2.28),以实现 FRP 耐碱性能的改性提升。顾名思义,该技术通过对内部纤维表面涂覆防护层,实现对纤维丝和界面的耐碱黏结增强;对树脂基体进行微米级的防裂球状颗粒体增韧密实改性,阻隔腐蚀粒子的侵入;最后,在 FRP 表面喷涂封锁剂,形成抵御腐蚀介质的外部屏障。采用上述技术处理后,FRP 材料在碱性腐蚀溶液环境下拉伸强度保留率从原先的不到 40% 提升至 60% 以上,且该改性方法成本低廉,适宜于在量大面广的土木工程结构中推广和应用。

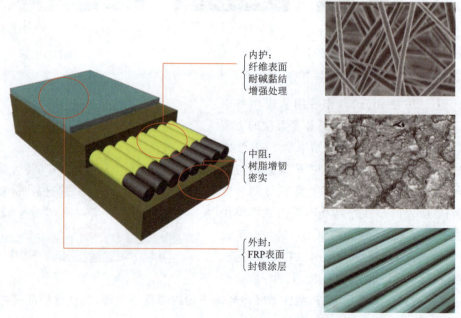

图 2.28 "内护、中阻、外封"三层次耐碱性能提升方法示意图

FRP 材料的耐高温性能是建筑材料防火中的重要工程问题。针对组成 FRP 的环氧基体材料玻璃化温度低、难以满足防火要求的问题,可通过"中阻、外封"二层次理念(见

图 2.29),提升 FRP 制品耐高温性能。"中阻"具体采用两种方法:①在树脂基体中添加蒙脱土进行改性来提升 FRP 材料高温下的力学性能;②采用一种可用于 FRP 拉挤成型工艺的耐高温酚醛树脂以替换传统树脂作为 FRP 的基体。"外封"则是通过在 FRP 制品表面涂覆防火涂层直接提升其耐高温性能。上述技术处理后的 FRP 在高温下的强度保留率比未经处理的普通 FRP 高 30%~35%,且在高温下无烟无毒,并同时具备成熟的生产工艺、稳定的力学性能及合理的制备成本。该技术有效解决了普通 FRP 在高温下力学性能退化严重的工程难题,进一步推动了 FRP 在高温环境下的应用。

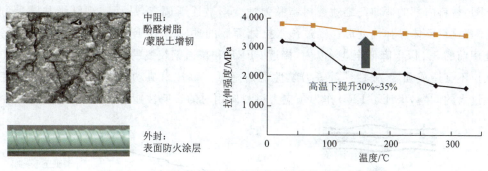

图 2.29 "中阻、外封"二层次耐高温性能提升方法及效果

FRP 制品在多场耦合(腐蚀、温度、湿度、应力等)下的疲劳性能是其工程应用中的关键问题。既有 FRP 材料中 BFRP 和 GFRP 材料相对 CFRP 成本较低,但在耐疲劳性能方面存在不足。针对该问题,可以通过"内护、中阻"复合技术共同作用提升制品的疲劳性能(见图 2.30)。"内护"是对纤维表面进行涂层改性,从而改善纤维-树脂界面的黏结强度,延缓纤维-树脂界面剥离。"中阻"是通过在基体中添加纳米高岭土改善树脂结构,增强树脂抵抗裂纹开展的能力,从而提升 FRP 的疲劳性能。经上述技术处理后,相同条件下 BFRP 的疲劳强度退化率从 30%~40% 降低至 8%。与既有 FRP 材料相比,该处理技术在提升耐疲劳性能方面具有更显著的优势,且该技术方法成本低廉,易于在大型工程结构中推广和应用。针对工程结构长寿命设计,可对从 2×10^6 次到 1×10^7 次的 FRP 疲劳破坏形态进行分析,并据此提

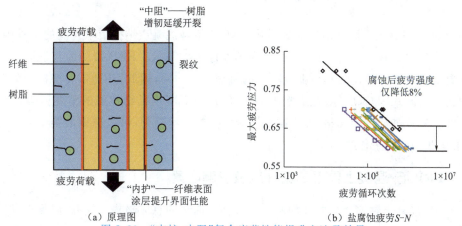

(a) 原理图　　(b) 盐腐蚀疲劳 S-N

图 2.30 "内护、中阻"复合疲劳性能提升方法及效果

出相应的性能评价方法。基于长寿命 1×10^7 次疲劳试验,所得到的疲劳强度预测值从 2×10^6 疲劳试验的 $0.74f_u$ 提升至 $0.8f_u$(应力比=0.8),提升了土木工程用 FRP 材料的利用效率。

FRP 蠕变松弛是 FRP 材料预应力应用中亟须解决的关键问题。为了进一步提升 BFRP 的耐蠕变松弛性能,作者团队提出一种二阶段预张拉技术以提升 BFRP 的蠕变松弛性能(见图 2.31)。首先在材料的制备阶段树脂处于流动状态时,对纤维施加一定预张拉力调直纤维;待树脂固化收缩产生一定的纤维弯曲后,对 BFRP 材料进行第二次预张拉处理,使 FRP 材料内部的弯曲纤维随着树脂黏弹性变形被逐渐调直,从而实现纤维共同受力,限制 FRP 材料整体黏弹性变形。经过预张拉处理后的预应力 BFRP 筋 1 000 h 蠕变/松弛率由处理前的 5% 以上降低至 3% 以内,接近 CFRP 和普通钢绞线的松弛率(2%~3%),并且,预张拉不会造成强度、弹性模量等力学性能的降低。该技术成功解决了 FRP 材料蠕变/松弛率过大的问题,保证了 FRP 作为预应力材料应用时的长期性能可靠性和有效性。

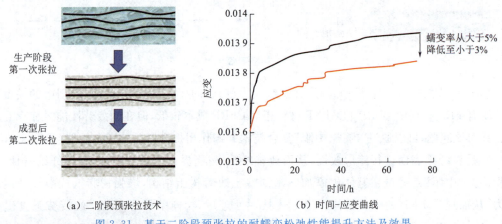

图 2.31　基于二阶段预张拉的耐蠕变松弛性能提升方法及效果

2.6　FRP 筋-混凝土界面性能设计

FRP 筋与混凝土界面黏结性能是影响 FRP 筋增强混凝土结构力学性能的关键因素,黏结性能的优劣决定着 FRP 筋与混凝土协同工作能力的高低。FRP 带肋筋与混凝土的黏结性能主要依靠筋表面的横肋和周围混凝土的机械咬合作用,因此 FRP 带肋筋横肋的肋参数(如肋高度、肋间距、肋宽度等)是影响 FRP 带肋筋与混凝土黏结性能的重要因素。对 FRP 筋表面的肋参数进行设计,需先确定黏结性能优劣的评价准则,再根据该准则来确定最佳肋高度、最佳肋间距和最佳肋宽度。

2.6.1　FRP 筋-混凝土界面黏结性能及影响因素

FRP 筋-混凝土黏结滑移曲线如图 2.32 所示,曲线的总体趋势与钢筋-混凝土黏结滑移曲线类似。虽然 FRP 筋的黏结强度和刚度比钢筋低,但是带肋 FRP 筋黏结滑移曲线的下降段明显高于钢筋,这是由于 FRP 筋表面肋刚度较小,能够在保证表面肋和混凝土完好的情况下,与混凝土产生稳定的相对滑动,这种特性有助于 FRP 筋在和钢筋混合配置时有效地限制裂缝;相反,钢筋-混凝土发生黏结破坏后,钢筋的肋将混凝土削平,因此黏结应力迅速下降。

不考虑混凝土强度等级、保护层厚度等因素,FRP 筋-混凝土黏结滑移性能主要由 FRP 筋的表面形状决定,这一点与钢筋相似。由于 FRP 筋由纵向连续纤维丝和基体材料通过拉挤成型工艺复合而成,表面肋的制作和强度的保证比传统钢筋难度大,典型的 FRP 筋表面形态如图 2.33 所示。不进行表面处理的普通 FRP 筋具有较浅的肋纹,在混凝土中具有一定的黏结性能,但比普通螺纹钢筋弱。为提高 FRP 筋与混凝土的黏结性能,FRP 筋表面可以采取多种处理方式,如深肋纹或是在表面缠绕浸胶的纤维束,通过胶与 FRP 筋形成一体。FRP 筋表面上的横肋(或凸肋)和压痕的几何参数,如肋高、肋宽、肋距和肋斜角等都会对 FRP 筋与混凝土之间的机械咬合力产生影响。

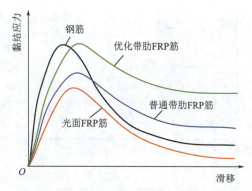

图 2.32　钢筋及各类 FRP 筋与混凝土之间的黏结-滑移曲线

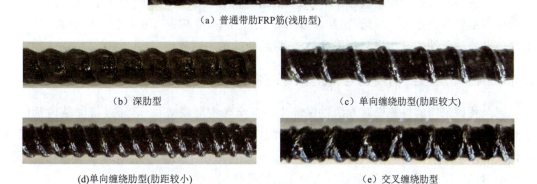

图 2.33　FRP 带肋筋典型表面形态

2.6.2　黏结性能优化的准则

黏结滑移曲线可反映 FRP 筋与混凝土的黏结性能,基于黏结滑移曲线,可对 FRP 筋肋参数进行优化。图 2.34 为作者团队提出的 BFRP 筋-混凝土黏结滑移分析模型。以此模型为例,肋参数的优化准则如下:

(1)黏结强度的大小,即图 2.34 中的 τ_m,峰值黏结强度越大肋参数越好。大部分情况下,BFRP 带肋筋与混凝土的黏结破坏是由肋失效引起的,混凝土内部裂缝很少。因此黏结强度越大,说明 BFRP 带肋筋的横肋和筋自身的整体工作性能越好。

(2)自由端、加载端峰值点滑移量的大小,即图中的 S_{m1},滑移量越小,说明 BFRP 筋与混凝土的黏结刚度越大,说明其与混凝土的协同工作能力也越强。

(3)黏结滑移曲线有无平台段,如图 2.34 中的 $S_{m1} \sim S_{m2}$ 段,有平台段说明其黏结应力能在峰值点附近维持,BFRP 筋材与混凝土具备一定的持续受荷的能力。

(4)峰值后黏结滑移曲线的平缓程度,即图 2.34 中的 $S_{m1} \sim S_f$ 段,曲线越平缓肋参数越好。黏结强度达到峰值点后,BFRP 带肋筋与混凝土的理想受力状态应是逐步失效,即黏结滑移曲线的下降段应该较为平缓而不是陡降。曲线平

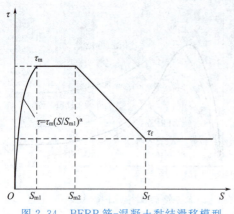

图 2.34 BFRP 筋-混凝土黏结滑移模型

缓意味着 BFRP 带肋筋的横肋逐个失效,而且黏结失效的速度较慢,保证了 BFRP 带肋筋混凝土构件在破坏前具有一定的征兆。

(5)黏结失效后残余段的黏结应力,即图 2.34 中 $S_f \sim S$ 段对应的黏结应力 τ_f;但通常用残余黏结强度和峰值黏结强度的比值 τ_f/τ_m 来表征,比值越大肋参数越好。τ_f/τ_m 的比值较大,说明 BFRP 带肋筋的个别横肋失效后剩余的横肋仍可持续工作,BFRP 带肋筋与混凝土仍有较高的协同工作能力。

黏结滑移曲线达到残余段时 FRP 筋与混凝土已黏结失效,且加载端的滑移已经很大,不能作为主要考查指标。因此,在肋参数的优化设计中,应综合考查峰值黏结强度、黏结强度峰值点处加载端的滑移量和峰值后黏结-滑移曲线的平缓程度。

2.6.3　面向震后结构损伤可控的黏结性能设计

现今我国采用的抗震设计方法以保证生命安全为主要设防目标,通过增加结构延性以实现耗能的目的。但是由于混凝土结构特有的局限性,其屈服后刚度接近于零,结构屈服后损伤发展过快且难以控制,很容易发生结构在地震作用下"一边倒"现象;有些结构在极端荷载下虽然不发生倒塌,却由于变形过大而无法继续使用。

针对以上问题,作者团队提出了通过稳定的二次刚度来实现结构可修复性能的概念。如图 2.35 所示,损伤可控结构的荷载-位移曲线为 $O-Y-I-M-S-F$,而普通混凝土结构的曲线为 $O-Y-I_1-M_1-F_1$,损伤可控结构与普通混凝土结构理想荷载-位移曲线主要可以分为以下几个区段:

$O-Y$ 段:Y 点为结构中增强筋刚开始出现屈服。普通结构处于正常使用阶段或受到小震作用时的结构响应对应于该区间,宏观表现为结构发生弹性响应,其内部结构构件和非结构构件未发生损坏,不需要修理,需要指出的是,对于损伤可控结构和普通混凝土结构,在该区段的响应是接近的。

$Y\text{-}I\text{-}M(Y\text{-}I_1\text{-}M_1)$ 段：M 点为结构承受的最大荷载，普通结构受到中等强度地震时的结构响应对应于该区间，宏观表现为结构在地震作用下发生弹塑性响应，并且在地震结束

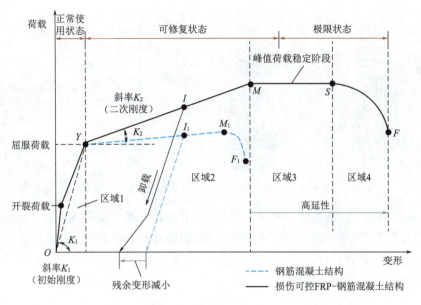

图 2.35　损伤可控混凝土柱的理想荷载-位移曲线

时有可能产生永久变形。需要指出的是，该区段也是损伤可控结构与普通混凝土结构差别最大的区段，损伤可控的主要目的是保证结构具有足够的二次刚度，使得结构在地震作用下损伤不会过度发展，并且在卸载后具有较小的残余变形。

$M\text{-}S\text{-}F(M_1\text{-}F_1)$ 段：此段是结构在大震或特大地震作用下会进入的区间，其中 $M\text{-}S$ 区间也是损伤可控结构特有的性能，在 $M\text{-}S$ 区段内，损伤可控结构增强筋与混凝土之间发生滑移，通过对该区段的滑移控制，既可以满足结构在地震作用下的延性要求，也可以保证结构在大震或特大震作用下不至于倒塌。

相较于传统混凝土结构，损伤可控结构有稳定的屈服后刚度，通过该特性可控制结构在地震作用下的损伤，实现结构可修复性；此外，损伤可控结构具有稳定的滑移段，可以保证结构在地震作用下的延性要求，并且避免在大震作用下倒塌。利用 FRP 筋和钢筋各自的黏结滑移性能，可通过 FRP 筋-钢筋混合配置得到损伤可控的高性能结构（见图 2.36），而这同时也对 FRP 筋的黏结性能设计提出了更高的要求。虽然表面形状优化的 FRP 筋和混凝土之间的黏结应力峰值与钢筋相接近，但 FRP 筋黏结滑移曲线的下降段明显高于钢筋，因此，当钢筋与混凝土之间出现滑移时，FRP 筋可以有效地限制其滑移量。值得注意的是，实现这一损伤可控机制有两个前提，首先，需要通过合理的设计使 FRP 筋的实际黏结强度不超过其拉断时的黏结应力，因为一旦 FRP 筋断裂，对滑移的限制作用也将完全消失；其次，FRP 筋必须具备稳定的滑移段，才能既保证结构的延性，又能实现较小的残余变形（见图 2.36）。SFCB 筋在内部钢筋屈服后，外层 FRP 仍旧可以提供刚度，从而使其增强的混凝土结构具有屈服后刚度，因此也能实现结构损伤可控。

FRP 筋-钢筋增强混凝土结构实现损伤可控的前提条件是需要 FRP 筋与混凝土之间有稳定的滑移性能。不同表面的 FRP 筋与混凝土之间具有不同的黏结滑移性能,其主要的差

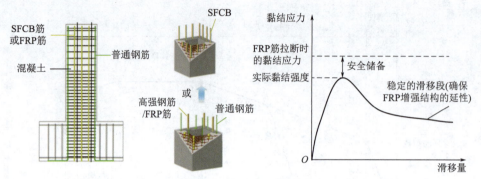

图 2.36　损伤可控混凝土柱的实现方法及其黏结滑移规律

异体现在:黏结强度(τ_1)及其对应的滑移量(S_1)、下降段起始点处的滑移量(S_2)、残余黏结强度(τ_2)以及下降段斜率(K_d)。如图 2.37 所示,相比普通带肋 FRP 筋,采用优化带肋 FRP 筋可提供与螺纹钢筋相当的高黏结强度,同时具有较低的下降段斜率,从而保证了一定的残余黏结强度和较大的滑移量。

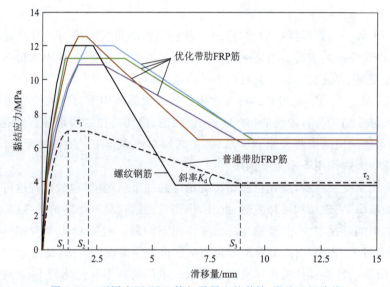

图 2.37　不同表面 FRP 筋与混凝土的黏结-滑移理想曲线

图 2.38 详细叙述了这些参数对结构损伤控制效果的影响。首先,在正常使用阶段,结构的初始弹性刚度(K_1)不受黏结滑移模型参数的影响。黏结滑移模型的主要影响体现在钢筋屈服后,在强化阶段,结构的二次刚度(K_2)和延性在很大程度上受到黏结强度(τ_1)及其对应的滑移量(S_1)的影响。其次,稳定阶段的长度受到 S_1 和峰值平台段长度(S_2/S_1)的共同影响。最后,极限阶段的延性与黏结滑移模型的断裂能,即下降段斜率(K_d)有关。

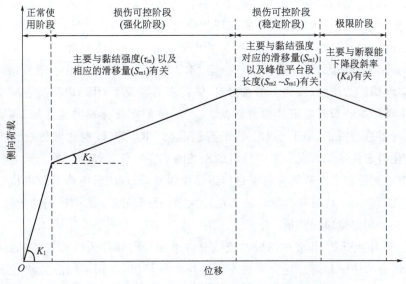

图 2.38　FRP 筋-混凝土黏结性能对损伤控制效果的影响

2.7　FRP 自传感智能化设计

FRP 的智能传感性能有别于 FRP 的其他力学性能，它是 FRP 材料功能性的体现，也是实现智能结构的一种有效途径。材料科学和信息技术是世界各国科技发展规划中重点推动的国家关键技术之一。针对材料不同的性能特点和用途，出现了各种各样的功能材料，以及针对不同领域背景的应用扩展和技术方案。近年来，随着材料科学和信息技术的迅速发展，出现了一种新型的技术理念——智能化理念。智能结构的目的是将结构健康监测和结构维护管理成本最小化。一方面，在没有人为干预的情况下，能自主感知结构的健康状态并反馈信息，从而实现结构与人的"对话"，让管理者有效地掌握结构的实时运营状况以及潜在的安全隐患，从而提高结构的使用性和安全性；另一方面，当外界环境发生变化时结构能自主做出响应，不但可以将结构响应控制在正常安全范围内，同时可以一定程度地自主修复局部的早期损伤。智能结构技术的诞生是信息学科与工程及材料学科相互渗透、相互融合的结果，它最早应用于航空航天和机械工程领域，随着"数字化"和"智慧化"等技术和理念日益成熟，智能结构开始在土木工程领域发挥重要作用。总体而言，FRP 的智能传感性有以下两类实现途径：①利用某些自身具有传感功能的纤维材料，如具有导电性能的碳纤维等，实现材料自身受力传感功能；②利用某些传感材料，如轻质的光纤等，在不改变材料力学性能的前提下与 FRP 材料复合实现传感功能。

2.7.1　基于纤维材料自传感特性的 FRP 自传感智能化设计

碳纤维自身既有导电性又有纤维丝受力时电阻变化的特点，因此是一种天然自传感结构功能材料。开发碳纤维复合材料的感知应变变化和损伤的自传感功能，可以在无外界传感器的前提下,利于结构材料自身的传感性能,直接真实地反应结构应力-应变变化。欧美及日本等一些学者最早对碳纤维的传感机理和应用进行了研究。1989年,Schulte较早地验证了单向碳纤维的压阻性能,并提出碳纤维的电阻可作为一种无损评估手段来评估碳纤维的损伤情况。Muto等设计了一种新型的混杂FRP,即CF-GFRP,其中玻璃纤维作为结构增强材料,而碳纤维作为增强、传感多用途材料,试验表明混杂FRP的电阻随着应变增加而不断增加,其中碳纤维断裂时电阻增幅急剧变大。Bakis等用高弹模的碳纤维、高延性的玻璃纤维和芳纶纤维进行混杂,用于土木工程的智能混杂FRP筋,以期达到通过测量其中碳纤维的电阻变化可定性地反映混杂复合材料的宏观的应变阶段和损伤状况。同时也有研究提出,将短纤维或炭黑与水泥基复合制作自传感结构构件,通过测量电势差及电位场变化感知结构受力变化。但由于传感材料分布的离散性问题,只能局限于结构损伤的定性分析,难以实现实际意义上的定量应变测量。

20世纪90年代开始,作者团队针对连续碳纤维复合材料作为结构自传感材料的应用,做了多方面研究和论证。通过复合多种不同强度的碳纤维,利用不同应力状态下复合碳纤维阶段性的部分脆断导致的电阻突变点,以感知结构内部应力状态。由于部分脆断导致的电阻变化具有不可逆性,因此可以满足记录结构历史最大应力应变过程的特点。但基于碳纤维复合材料的传感技术现在才刚刚起步,在精度尤其是小应变范围内测量方面尚有难点。20世纪70年代Owenston研究碳纤维在制造过程中的离散性,针对不同批次的同一种碳纤维单丝的导电性能进行了对比试验,结果显示,各个批次的碳纤维单丝的导电性能具有很大的差异,单丝的导电性能难以统一定量,只适合于整体评价的定性。如图2.39所示,在碳纤维复合材料内部,由于纤维之间横向不稳定的搭接,导致测量的电阻信号离散,尤其是小应变范围内该现象尤为明显。换句话说,由多根碳纤维丝组成的产品比单根碳纤维丝更适合用于设计具有稳定功能性的碳纤维产品。为了抑制连续碳纤维传感过程中横向电阻效应带来的离散影响,对传感器自身进行长标距化设计是一种有效的解决手段。

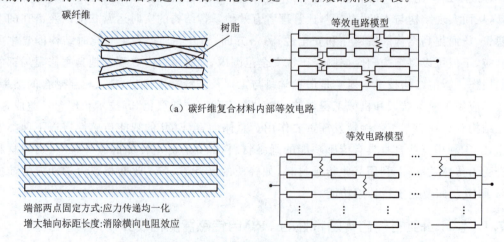

(a) 碳纤维复合材料内部等效电路

端部两点固定方式:应力传递均一化
增大轴向标距长度:消除横向电阻效应

(b) 长标距碳纤维复合材料内部等效电路

图2.39 碳纤维传感器长标距化的增益效果

2.7.2 基于传感器材料复合的 FRP 自传感智能化设计

FRP 材料是一种各向异性材料具有完全线弹性,因此将分布式传感光纤复合进 FRP 筋,可形成一种智能结构材料,即自监测 FRP 材料。分布式光纤传感技术因其测试的分布性、网络性、稳定性等优点,近年来被不断应用于结构健康监测。目前国际上分布式光纤传感技术依据其测试原理的差异主要分为强度型(如微弯型光纤)、干涉型[如干涉型布拉格光栅(fiber bragg grating,FBG)]和散射型(如基于布里渊散射的测试系统)等。其中基于布里渊散射机理的 BOTDR(brillouin optical time domain reflectry)和 BOTDA(brillouin optical time domain analysis)传感技术由于其在工作温度、测试精度以及测试距离等方面的巨大优势,受到了各国研究者的青睐。仅需单根这样的传感器,就可实时监测数十公里范围内任一点的应变及温度等信息。与传统的电阻式和钢弦式传感器相比,光纤传感器不受电磁干扰,防水、防潮、耐高温、抗腐蚀,能在一些恶劣环境下使用,光纤本身轻柔纤细,易于安装布设且对埋设部位的材料性能及力学参数影响甚微,因此对于大型结构的健康监测,分布式光纤传感器具有无可比拟的优越性。下面简要介绍基于碳纤维自传感技术、FBG 和布里渊散射的光纤传感技术等 FRP 智能材料(见图 2.40)。

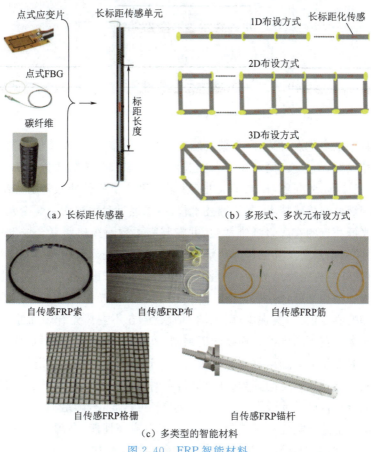

(a) 长标距传感器　　(b) 多形式、多次元布设方式

(c) 多类型的智能材料

图 2.40　FRP 智能材料

由于应变计等局部传感技术仅能获得局部结构的数据,加速度计等整体传感技术的数据过于宏观,其数据均难以分析结构早期病状以及反映损伤的结构参数与响应。针对此类问题,作者团队率先提出了结构区域分布传感技术理念(见图 2.41)。这一理念以能精准识别结构关键区域损伤的分布传感技术为支撑,获得覆盖结构损伤直接信息的数据,借助直接和间接的数据分析方法对结构宏微观损伤进行识别,最终得到相应的结构响应参数。为此,作者团队发明了可同时监测结构宏观和微观信息的长标距光纤传感单元构建方法,并利用传感单元的连续串联特性,形成不同的分布传感区域,最终将区域连接为监测网。所发明的区域分布传感技术可直接反映和关联结构应变与转角变形等微观和宏观信息,从而保证识别包括早期微小损伤的结构损伤的确切数据(一专)。同时,所测区域分布动静态应变与结构位移、转角、荷载等亦有直接关系,与传统加速度动态测试方法相比优势明显,具有利用单种传感技术实现各类结构参数与响应全面识别功能(多能)。

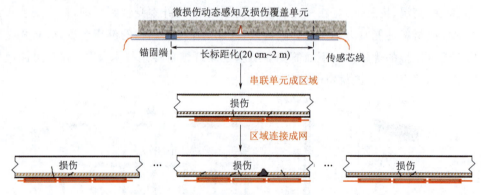

图 2.41 区域分布传感概念图

光纤传感具有众多优点,但光纤光栅传感是点式准分布传感,而布里渊散射传感亦无法实现真分布且精度低、测速慢,同时现有各类光纤传感器普遍存在脆弱易断、柔韧性差及短命的致命缺陷。针对这些问题,作者团队进而发明了两大类高性能长寿命光纤传感器技术。一是光纤光栅区域分布传感技术,其关键技术包括:①通过利用抗疲劳蠕变及耐久性能好且热膨胀系数与光纤相近的玄武岩纤维增强,并在与高柔软耐久树脂复合成形中和成形后进行二次张拉,消除初期蠕变及其他松弛对精度的影响,并实现光纤传感体高强、高柔韧、高耐久封装;②通过光纤与树脂黏结界面的变刚度设计,提高锚固传递长度,在牢固锚固光纤的同时避免应力集中损伤光纤,解决了直径 125 μm 脆弱易断光纤的长寿命锚固难题;③通过传感区变材性和变刚度设计,实现温度自补偿增敏;④在不剥离光纤表面涂敷层情况下,实现高功率准分子激光器下的脉冲光连续光栅刻制,提高了传感元件的耐水抗潮性能,长期精度达到 1 με。二是布里渊散射区域分布传感技术。通过揭示光纤芯线滑移及标距内应变不均匀性严重影响传感精度和空间分辨率的机理,发明无滑移长标距及增敏封装技术,研制出布里渊散射区域分布传感单元及网络技术,长期精度可达 5 με,满足了土木工程监测的实用化要求。所发明的上述两类光纤区域分布传感技术具有高性能、高耐久的明显优势,并形成了规模自动化技术,经酸碱盐腐蚀与干湿冻融疲劳等耐久性加速试验,显示其 50 年长期性能指标变化小于1%,现场自然老化试验已证明其使用寿命大于20年,克服了现有各类型光纤传感器低耐久、短寿命的局限。

参考文献

[1] COLEMAN B D. On the strength of classical fibres and fibre bundles[J]. J. Mech. Phys. Solids,1958,7(1):60-70.

[2] GÜCER D E,GURLAND J. Comparison of the statistics of two fracture modes[J]. Journal of the Mechanics and Physics of Solids,1962,10(4):365-373.

[3] ROSEN B W. Tensile failure of fibrous composites[J]. AIAA Journal,1964,2(11):1985-1991.

[4] ZWEBEN C,ROSEN B W. A statistical theory of material strength with application to composite materials[J]. Journal of the Mechanics & Physics of Solids,1970,18(3):189-206.

[5] PHOENIX S L,HARLOWS D G. Probability distributions for the strength of fibrous materials under local load sharing Ⅰ:two-level failure and edge effects[J]. Advances in Applied Probability,1982,14(1):68-94.

[6] HEDGEPETH J M,DYKE P V. Local stress concentrations in imperfect filamentary composite materials[J]. Journal of Composite Materials,1967,1(3):294-309.

[7] OCHIAI S,SCHULTE K,PETERS P W M. Strain concentration factors for fibers and matrix in unidirectional composites[J]. Composites Science & Technology,1991,41(3):237-256.

[8] OKABE T,TAKEDA N,KAMOSHIDA Y,et al. A 3D shear-lag model considering micro-damage and statistical strength prediction of unidirectional fiber-reinforced composites[J]. Composites Science and Technology,2001,61(12):1773-1787.

[9] SWOLFS Y,VERPOEST I,GORBATIKH L. Issues in strength models for unidirectional fibre-reinforced composites related to Weibull distributions,fibre packings and boundary effects[J]. Composites Science and Technology,2015,114:42-49.

[10] PENG Z Q,WANG X,WU Z S. Multiscale strength prediction of fiber-reinforced polymer cables based on random strength distribution[J]. Composites Science and Technology,2020,196:108228.

[11] 李红周,贾玉玺,姜伟,et al. 纤维增强复合材料的细观力学模型以及数值模拟进展[J]. 材料工程,2006(08):58-61,66.

[12] WU Z S,SAKAMOTO K,IWASHITA K,et al. Hybridization of continuous fiber sheets as structural composites[J]. Journal of the Japan Society for Composite Materials,2006,32(1):12-21.

[13] BAKIS C E,NANNI A,TEROSKY J A,et al. Self-monitoring,pseudo-ductile,hybrid FRP reinforcement rods for concrete applications[J]. Composites science and technology,2001,61(6):815-823.

[14] 呉智深,岩下健太郎,林啓司. 連続繊維シート緊張材および緊張接着技術の開発[J]. 日本複合材料学会誌,2007,33(2):72-75.

[15] 赵丽滨,徐吉峰. 先进复合材料连接结构分析方法[M]. 北京:北京航空航天大学出版社,2015.

[16] MARTIN J. Pultruded composites compete with traditional construction material[J]. Reinforced Plastics,2006(5):21-27.

[17] 郭林敏,董国华,费云鹏. 改善拉挤成型复合材料横向强度的途径[J]. 玻璃钢/复合材料,1998(1):17-19.

[18] 刘路路,汪昕,吴智深. 基于构件—节点一体化设计纤维增强复合材料桁架结构节点性能研究[J]. 工业建筑,2019(9):109-112,172.

[19] LIM T S,KIM B C,DAI G L. Fatigue characteristics of the bolted joints for unidirectional composite laminates[J]. Composite Structures,2006,72(1):58-68.

[20] 中国航空研究院. 复合材料结构设计手册[M]. 北京:航空工业出版社,2001.

[21] ROSNER C N,RIZKALLA S H. Bolted connections for fiber-reinforced composite structural members:experimental programme[J]. Mater. Civ. Eng. 1995,7(4):223-231.

[22] PARK H J. Effects of stack sequence and clamping force on the bearing strengths of mechanically fastened joints in composite laminates[J]. Composite Structures,2001,53:213-221.

[23] FEO L,MARRA G,MOSALLAM A S. Stress analysis of multi-bolted joints for FRP pultruded composite structures[J]. Composite Structures,2012,94(12):3769-3780.

[24] YUAN R L,LIU C J. Experimental characterization of FRP mechanical connections(A)[C]// Proc. 3rd International Conference on Advanced Composite Materials in Bridges and Structures ACMBS-3,The Canadian Society for Civil Engineers Montreal,2000:103-110.

[25] CHAKHERLOU T N,OSKOUEI R H,VOGWELL J. Experimental and numerical investigation of the effect of clamping force on the fatigue behaviour of bolted plates[J]. Engineering Failure Analysis,2008,15(5):563-574.

[26] 呉智深,山本誠也. 連続バサルト繊維ロッドによるFRPコンクリート構造の基本性状に関する研究[C]//第68回日本土木学会全国大会,千葉縣習志野市,2013.

[27] LIU X,WANG X,XIE K Y,et al. Bond Behavior of Basalt Fiber-Reinforced Polymer Bars Embedded in Concrete Under Mono-tensile and Cyclic Loads[J]. International Journal of Concrete Structures and Materials,2020,14(1):19.

[28] FAHMY M,WU Z S. Second stiffness of FRP retrofitted bridge columns with shear deficiency[C]. Proc. ,Int. Symp. on Innovation & Sustainability of Structures in Civil Engineering-ISISS,South East Univ. ,Shanghai,China,2007:864-872.

[29] FAHMY M F M,WU Z S,WU G. Seismic Performance Assessment of Damage-Controlled FRP-Retrofitted RC Bridge Columns Using Residual Deformations[J]. Journal of Composites for Construction,2009,13(6):498-513.

[30] 欧进萍,周智,王勃. FRP-OFBG智能复合筋及其在加筋混凝土梁中的应用[J]. 高技术通讯,2005,15(4):23-28.

[31] 吴智深,张建. 结构健康监测先进技术及理念[M]. 北京:科学出版社,2015.

[32] SAIFELDEEN M A,FOUAD N,HUANG H,et al. Advancement of long-gauge carbon fiber line sensors for strain measurements in structures[J]. Journal of Intelligent Material Systems & Structures,2016,28(7):878-887.

第3章 纤维布材及FRP板材

3.1 概　述

纤维布材和FRP板材是两种常用的工程加固材料。纤维布材是由纤维材料按织造等工艺制备而成的柔性片材，具有加固面适应性好、不影响结构的几何尺寸等优点，适用于梁、板、柱等各种不同结构构件的外贴加固，在现场配合浸渍和黏结树脂使用，可构成性能优良的纤维布增强体系，广泛应用于建筑、桥梁、隧道等土木基础设施的加固。FRP板材是将纤维材料浸渍树脂后经拉挤成型等工艺制备而成的刚性片材。相较于纤维布材，在强度方面，FRP板材刚度大、强度高；在施工方面，FRP板材产品性能稳定，施工质量也更易得到保证，而纤维布则需在现场逐层粘贴，对施工工艺要求高。FRP板材可有效解决多层纤维布施工困难和工程量大的问题，补强效果好，施工便捷；而纤维布适用于各种形状结构的加固补强，相比FRP板具有适应性强的优势。现场用浸渍树脂粘贴的纤维布与FRP板统称为FRP片材。

普遍FRP外贴加固法是利用环氧树脂等胶黏剂将FRP材料外贴于待加固混凝土结构受拉侧的一种加固方法。当结构承受荷载时，FRP材料与混凝土结构协同变形而共同受力，可改善结构的受力状态，抑制裂缝的产生与发展，从而提高混凝土结构的刚度与极限承载力。由于其具有施工简便、加固费用低、耐久性好、基本不损伤原有混凝土结构、不改变结构的截面尺寸、不增加结构自重、加固层厚度小等特点，相比传统的外贴钢板加固法具有很大的优势，在各类工程结构加固中得到了广泛的应用。

然而普通FRP外贴加固构件在正常使用阶段的性能提升程度有限，材料强度利用率相对较低且易发生界面剥离破坏，故其应用存在一定限制。在粘贴FRP之前对其进行预应力张拉可以有效改善上述问题，该方法称为预应力FRP外贴加固技术，其主要优点如下：

（1）提升结构使用阶段性能：与普通FRP加固技术相比，预应力FRP加固结构的开裂荷载、屈服荷载和极限荷载显著提高，加固构件的裂缝数量少且较窄。预应力作用产生的反拱减小了结构的挠度变形，提升了使用性能。另外，预应力产生的轴向力可以提高结构的抗剪承载力。

（2）充分发挥混凝土和FRP的材料性能：对FRP施加预应力，可使其提前参与受力，从而在加固结构破坏前充分发挥FRP的强度。

（3）抗剥离破坏：预应力FRP加固可以有效地抑制构件裂缝的产生与扩展，防止由于裂缝扩展导致的FRP-混凝土界面剥离破坏。

（4）耐疲劳：预应力FRP放张后引入的混凝土预压应力可有效提升钢筋混凝土结构的耐疲劳性能，同时FRP本身相比于钢筋具有更好的耐疲劳性能，因而预应力FRP加固的构件具有较好的耐疲劳性能。

CFRP 和 AFRP 是常用的预应力 FRP 材料,前者性能优异,但存在价格高的问题,后者不但价格昂贵且蠕变率高,故它们在预应力加固中的使用受到一定的限制。BFRP 是一种绿色无机纤维材料,力学性能优异,具有良好应用前景。

综上,纤维布/FRP 板是一种方便有效的工程加固材料,本章将从生产制备工艺、种类和特点、关键性能指标及其在工程加固中的应用现状和发展前景等几个方面对纤维布/FRP 板进行详细介绍。

3.2 生产制备工艺

3.2.1 纤维布制造工艺

纤维布按制造方式的不同可以分为纺织纤维布和无纺纤维布,下面对其制造工艺进行简要介绍。

1. 纺织纤维布制造工艺

纺织纤维布的制造工艺如图 3.1 所示,主要生产设备为纤维布纺织机,如图 3.2 所示。其工艺流程包括整经、穿综、上轴、配纬、织造和卷取。整经:将一定根数和长度的经纱,从纤维卷中引出,组成一幅纱片,使经纱具有均匀的张力,相互平行地紧密缠绕在整经轴上,为形成织轴做好初步准备;穿综:按照工艺要求的经向花型排列和穿综顺序,将经纱穿过停经片和综丝;上轴:将穿综好的织物按照工艺要求上机织造;配纬:按照工艺要求对在织或待织品种进行纬经配纱配备供应;织造:将经纱(织轴)和纬纱(筒子)按照工艺要求进行交织;卷取:将已经形成的织物由卷取机构及时引离织口,卷绕在布辊上,实现连续织造。

纺织纤维布(见图 3.3)具有强度高、布面结构柔软疏松等特点,常用于工程结构加固中。

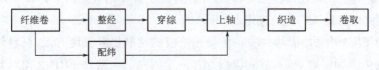

图 3.1 纺织纤维布的制造工艺

图 3.2 纤维布纺织机

图 3.3 纺织纤维布

2. 无纺纤维布制造工艺

无纺纤维布的制造工艺有水刺法、热合法、浆粕气流成网法、湿法、纺粘法、熔喷法和针刺法等。水刺法的原理是将高压微细水流喷射到一层或多层纤维网上,使纤维相互缠结在一起,从而使纤网具备一定强度;热合法是一种在纤网中加入纤维状或粉状热熔粘合加固材料,纤网再经过加热熔融冷却加固成布的方法;浆粕气流成网法的原理为采用气流成网技术将木浆纤维板开松成单纤维状态,然后用气流方法使纤维凝集在成网帘上,纤网再加固成布;湿法是一种将置于水介质中的纤维原料开松成单纤维,同时使不同纤维原料混合,制成纤维悬浮浆,悬浮浆输送到成网机构,纤维在湿态下成网再加固成布的方法;纺粘法是一种将纤维长丝铺设成网,纤网再经过自身粘合、热粘合、化学粘合或机械加固等工艺,使纤网变成无纺布的方法;熔喷法的工艺流程是聚合物喂入、熔融挤出、纤维形成、纤维冷却、成网、加固成布;针刺法的原理是利用刺针的穿刺作用,将蓬松的纤网加固成布。

图 3.4 展示了针刺无纺布的生产流程图,其主要生产流程包括:①开松。将原料用机械力打散混合,多道开松可以达到混纱均匀的效果。②给纱。给纱机将混合过后的纱匀量地送料至梳理机。③成型。将单层的纤维网经过左右交叉铺叠后形成较厚重的纤维网。④预刺、倒刺和正刺。将纤维上下交织提升其纵横向强度。⑤压光。将不平整的布面采用热辊进行表面处理。⑥验针。针刺工艺中,因针的磨损、布的堵塞易造成断针的情形,验针可避免断针残留。⑦卷取。

图 3.4 针刺无纺布生产流程

无纺纤维布(见图 3.5)是新一代环保材料,具有强力好、透气防水、环保、柔韧、无毒无味,且价格便宜等优点。其在加固、过滤、屋面防水材料等领域具有广泛应用。

3.2.2 FRP 板制备工艺

常用的 FRP 板制备工艺有:拉挤成型工艺、手糊成型工艺、模压成型工艺、真空辅助成型工艺等几种。其中,拉挤成型工艺是 FRP 板最常见的制备工艺,常用于等截面产品的制备。要实现 FRP 板制品的高抗拉强度,其生产阶段的质量控制尤为重要。首先,应保证纤维的平直性,避免

图 3.5 无纺纤维布

交叉;其次,纤维应充分浸渍,浸渍后的纤维应充分挤胶,保证其高水平的体积含纱率;再次,应保证其充分固化;最后,拉挤过程中应严格保持 FRP 板平直,避免 FRP 板的弯折和翘曲。手糊成型工艺是最传统的复合材料成型工艺,可用于多向板和混杂板的制备。真空辅助成型工艺是由手糊成型工艺衍生而来的成型工艺之一,常用于制备多向板和混杂板制品。

手糊成型工艺和真空辅助成型工艺是多轴向板的两种主要制备工艺，目前已经可以采用拉挤成型工艺制备多轴向 FRP 板，如图 3.6 所示。该种板材采用特有的铺层设计，单向纤维与多轴向布混合拉挤，一次成型，所得到的产品纵横向力学性能均匀，适合于螺栓节点连接。

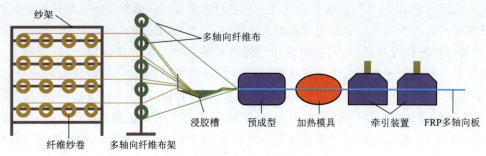

图 3.6　多轴向 FRP 板的拉挤成型工艺

3.3　种类及特点

通常纤维布可根据制造方式、纤维方向和增强材料种类等进行分类，FRP 板可按照增强材料种类和纤维方向进行分类，如图 3.7 所示。

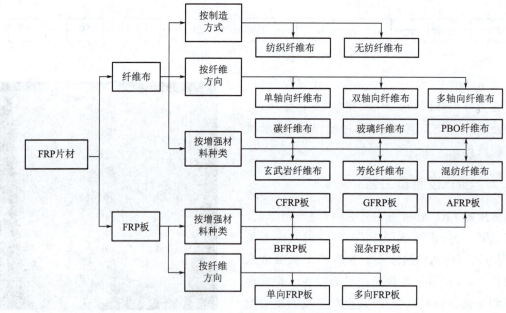

图 3.7　纤维布/FRP 板总览

3.3.1　纤维布种类及特点

1. 纤维种类

纤维布按纤维种类可分为碳纤维布、玻璃纤维布、PBO 纤维布、玄武岩纤维布、芳纶纤维布和混纺纤维布等,如图3.8所示。碳纤维布各项力学指标均很优异,在工程加固中有广泛应用,但价格昂贵。玻璃纤维布价格较低,耐酸性能好。PBO纤维布韧性好,具有优良的耗能能力,但它对紫外线敏感,在室外环境应用受限。玄武岩纤维布具有不燃、耐腐蚀、耐高温、高强、绝缘等特殊的优异性能。芳纶纤维布力学性能优异,但价格昂贵。纤维混纺布由两种或两种以上纤维纺织而成,同时具备各组分纤维的特性,具有优势互补的作用。如玄武岩纤维-碳纤维混杂布兼具碳纤维布高强度、高弹性模量及玄武岩纤维布性价比高的优势。

图3.8 不同增强材料的纤维布

2. 纤维方向

纤维布按纤维方向可分为单轴向布(单向布)、双轴向布和多轴向布等,如图3.9所示。单向布是在经向上具有大量的无捻粗纱,在纬向上只有少量细纱,全部强度集中在经向上的纤维布。单向布广泛用于建筑、桥梁加固补强和修复。双轴向布是纤维在经向和纬向双轴向排列编织而成的纤维织物,其双向力学性能较均匀。多轴向布是纤维在经向、纬向、±45°方向多轴向排列编织而成的纤维织物,其弹性模量和强度能得到较大幅度的提高。

(a) 单轴向布　　(b) 双轴向布　　(c) 多轴向布

图3.9 不同纤维方向的纤维布

3.3.2 FRP 板种类及特点

1. 增强材料

FRP 板按增强材料可分为 CFRP 板、GFRP 板、AFRP 板、BFRP 板以及混杂 FRP 板等,如图 3.10 所示。CFRP 板强度高、性能好、应用最广泛,但其价格高。GFRP 板造价便宜,强度和刚度低。AFRP 板性能及价格与 CFRP 板类似,但它具有较大的蠕变率,不适合作为预应力材料。BFRP 板与 CFRP 板相比,性价比高,与 GFRP 板相比,性能更优,且是一种良好的预应力材料。混杂板是由不同种类的纤维按照一定比例混杂而成的 FRP,既兼具各组分材料的优势又可弥补单一材料的缺陷。

(a) CFRP板　　(b) GFRP板　　(c) AFRP板

(d) BFRP板　　(e) 混杂板

图 3.10　不同增强材料的 FRP 板

2. 纤维方向

FRP 板按纤维方向可分为单向板和多向板,如图 3.11 所示。其中单向板由拉挤成型工艺制备而成,其拉伸强度高,适合用作受拉材料;多向板的制备以模压成型工艺及拉挤成型工艺为主,其各向强度较均匀,常用于桁架等需要节点连接的结构中。

(a) 单向板　　(b) 多向板

图 3.11　不同纤维方向的 FRP 板

3.4 关键性能指标

3.4.1 物理性能

纤维体积含量即纤维体积占复合材料体积的百分数,它是 FRP 板的重要参数,对其强度具有显著的影响,一般情况下,纤维体积含量越高,FRP 板的拉伸性能越好。根据《工程结构加固材料安全性鉴定技术规范》(GB 50728—2011),高强Ⅰ级 CFRP 板和 AFRP 板的纤维体积含量应各高于 65% 和 60%,高强Ⅱ级 CFRP 板和 AFRP 板的纤维体积含量应各高于 55% 和 50%。

FRP 材料的密度及热膨胀系数见表 3.1 及表 3.2,从表中可以看出,FRP 材料的密度仅为钢材的 1/6.6~1/3.6,质量轻。在热膨胀系数方面,混凝土与钢材热膨胀系数相近,具有优良的温度适应性,在温度变化下,协同受力性能优异;BFRP 和 GFRP 的热膨胀系数与混凝土相近,相容性优良,其余 FRP 材料的热膨胀系数均与混凝土有较大差异。

表 3.1 FRP 材料的密度

材料种类	钢材	GFRP	CFRP	AFRP	BFRP
密度/(g·cm^{-3})	7.85	2.0~2.1	1.5~1.6	1.2~1.5	2.0~2.1

表 3.2 FRP 材料的热膨胀系数($\times 10^{-6}$/℃)

方向	混凝土	钢材	GFRP	CFRP	AFRP	BFRP
纵向(α_L)	7.0~11.0	11.7	6~10	0~1	−6~−2	8~10
横向(α_T)	7.0~11.0	11.7	19~23	22~50	60~80	22~44

3.4.2 基本力学性能

1. 拉伸性能

由于纤维布和 FRP 板在工程中主要承受纤维轴向应力,因此拉伸性能是 FRP 材料最主要的力学性能。

(1)纤维布

对于传统工程加固用纤维布,其性能采用纤维布浸渍树脂固化后的片材进行测试。试件尺寸和锚固方法如图 3.12 所示,该方法测试拉伸性能时一般以纤维布的名义厚度为计算依据,即不考虑树脂基体的厚度。

各种常见纤维布的拉伸性能见表 3.3。其中碳纤维布、芳纶纤维布和 PBO 纤维布在拉伸强度方面具有明显优势,而玄武岩纤维布和玻璃纤维布则具有较高的拉伸断裂伸长率。

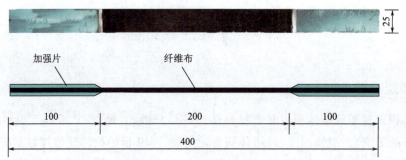

图 3.12 纤维布拉伸强度测试试件示意图(单位:mm)

表 3.3 纤维布拉伸性能对比表

纤维布种类	抗拉强度/MPa	弹性模量/GPa	伸长率/%
碳纤维布	2 400～4 710	200～435	1.3～1.87
芳纶纤维布	1 800～3 600	80～120	2.0～2.5
玻璃纤维布	1 500～1 800	50～80	1.7～3.0
玄武岩纤维布	1 800～2 300	75～105	2.0～2.6
PBO 纤维布	3 200～4 500	160～235	1.45～2.8

(2)FRP 板

FRP 板拉伸性能测试可依据《纤维增强塑料拉伸性能试验方法》(GB/T 1447—2005)。拉伸试件宽度 50 mm,总长 600 mm,锚固长度 200 mm。为防止板侧边迸出,保证板强度充分发挥,达到良好的锚固效果,可在锚固端先缠绕双向纤维布数圈,然后再使用环氧树脂粘贴加强片。FRP 板拉伸性能测试试件尺寸如图 3.13 所示。

FRP 板拉伸试件的破坏过程为:在加载过程中,首先出现轻微树脂断裂声;继续加载至约 80%极限荷载时,由于剪力滞后的作用,试件测试段边缘处会有断丝产生,伴随着更大的纤维断裂声,荷载产生波动;邻近极限荷载时,纤维断裂声加剧,最后 FRP 板完全炸开破坏,如图 3.14 所示。常用 FRP 板的拉伸性能见表 3.4,从表中可以看出,CFRP 板力学性能最优异,BFRP 板伸长率优势较为明显,钢丝-玄武岩纤维混杂板(SW-BFRP 板)则在保证较高伸长率的同时,拥有较高的弹性模量。

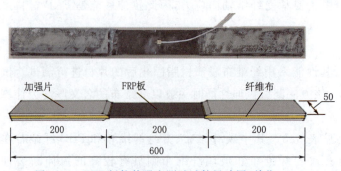

图 3.13 FRP 板拉伸强度测试试件尺寸图(单位:mm)

图 3.14 FRP 板拉伸试件破坏形态

表 3.4 FRP 板拉伸性能对比表

FRP 板种类	纤维体积含量	抗拉强度/MPa	弹性模量/GPa	伸长率/%
CFRP 板	55%～75%	1 800～3 800	130～250	1.10～1.91
GFRP 板	55%～75%	460～900	35～45	2.0～2.3
BFRP 板	55%～75%	800～1 450	50～56	2.0～2.62
AFRP 板	55%～75%	700～1 300	55～75	2.3～2.9

2. 横向剪切性能

工程中主要应用 FRP 材料沿纤维方向的高抗拉强度,而在 FRP 材料机械锚固端,在承受纵向拉力的同时,也承受横向剪力。相对于 FRP 材料的拉伸强度,FRP 材料的横向剪切强度相对较低。FRP 材料横向剪切性能对锚具设计具有重要的参考意义。FRP 板横向剪切试验装置及 FRP 板横向剪切试件破坏形态分别如图 3.15 及图 3.16 所示。部分 FRP 板的横向剪切性能见表 3.5。

图 3.15 横向剪切试验装置

图 3.16 FRP 板横向剪切试件破坏形态

表 3.5 FRP 板横向剪切性能对比表

FRP 板种类	横向剪切强度/MPa
CFRP 板	250～320
BFRP 板	200～260

3.4.3 长期性能

1. 疲劳性能

疲劳问题是土木工程领域的一个重要问题,其中桥梁的疲劳问题尤为严重。车辆的反复通行,会对桥梁产生变化荷载,即疲劳荷载,许多桥梁由于构件疲劳产生了局部乃至整体破坏。作为一种重要的桥梁加固材料,FRP 材料的疲劳性能是研究的重点。

疲劳破坏是结构、构件或材料在循环应力或循环应变作用下,当荷载小于静载极限强度而发生的破坏。美国规范 ACI 440.3R-12、ASTM E739、ASTM D3479 和日本规范 JSCE-E535—1995 等对 FRP 材料的疲劳测试方法进行了规定,包括试件尺寸范围、推荐锚固形式、试件个数、加载终止循环次数、加载频率范围等主要参数。FRP 疲劳试验试件尺寸可参考静力拉伸试验试件尺寸。疲劳试验至少需要 5 个应力水平,每个应力水平至少有 5 个试件。FRP 疲劳试验常常采用恒定应力比 $R=0.1$,并根据应力比变化最大荷载及最小荷载。加载频率为 1~10 Hz,以 4 Hz 为佳,当加载频率超过 4 Hz 时,试验过程中必须监测试件温度变化。循环 1 000 次至 $2×10^6$ 次发生测试段破坏而不是锚固破坏的试件或循环 $2×10^6$ 次后不破坏的试件为有效试件。最后绘制 S-N 曲线,并计算得到 $2×10^6$ 次循环后 FRP 材料的剩余强度,加载模式可参考图 3.17。

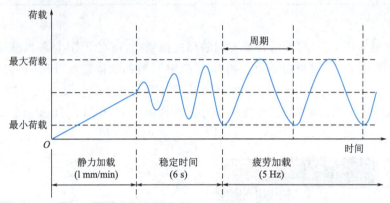

图 3.17 疲劳试验加载模式($R=0.1$)

FRP 的疲劳性能与纤维种类、基体种类、制备工艺、初始损伤、最大荷载、应力比、加载波形、加载频率、加载环境和试件准备等因素密切相关。其疲劳破坏模式有界面脱胶、基体分裂、纵向/横向开裂、层间破坏、纤维断裂等,并表现出非常复杂的疲劳破坏行为,很少出现有单一裂纹控制的破坏机理,其典型破坏模式如图 3.18 所示。FRP 的疲劳破坏过程为,基体内首先出现分散的横向裂纹,在纤维断裂处裂纹发生局部扩展并诱发界面破坏,纤维断裂引起界面脱胶,从而促使基体裂纹扩展,大规模基体裂纹扩展会引起纤维桥联基体裂纹。

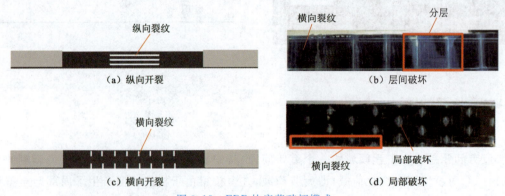

图 3.18 FRP 的疲劳破坏模式

疲劳强度是指材料在承受一定循环荷载作用后不发生破坏的最大应力,疲劳强度反映材料承受循环荷载作用的能力。不同纤维类型的 FRP 材料疲劳强度差异明显。图 3.19 中包括多种 FRP 材料的拉伸疲劳性能,其疲劳应力比为 0.1,加载频率为 5 Hz。由图 3.19 可以看出,CFRP 表现出优异的耐疲劳性能,而普通 BFRP 和 GFRP 的抗疲劳性能相对较低,但200万次疲劳荷载循环后的疲劳强度仍能达到1 000 MPa以上,这对于土木工程结构具有很高的适用性,并且能承受极大的应力幅($R=0.1$,约1 000 MPa),可以满足最严苛的土木工程结构工况。因此,实际结构中,FRP材料具有极好的耐疲劳性能。

对于长寿命、超高设计应力和高应力幅作用的构件,可采用纤维混杂、基体增韧和界面改性等方式有效改善FRP材料的疲劳性能,从而实现良好的经济效益。将高/低模量纤维进行混杂是有效提升疲劳性能的方法,但低模量纤维和基体黏结性能破坏,对混杂效果起控制作用。如图3.19所示,玄武岩纤维混杂碳纤维后,其疲劳性能显著提升。而玻璃纤维-碳纤维混杂FRP则效果相反。主要原因为GFRP界面黏结性能较弱,使裂纹开展无法得到良好控制,造成疲

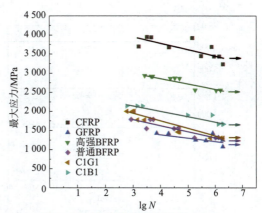

图3.19 FRP的疲劳性能($R=0.1$)
注:C1G1—碳-玻璃纤维混杂FRP;
C1B1—碳-玄武岩纤维混杂FRP

劳性能的下降。因此,纤维混杂设计要进行合理的比例设计、选择合适的纤维及基体,才能有效提高FRP材料的疲劳性能。除了纤维混杂,还可以通过基体增韧和界面改性的方法提高FRP材料的疲劳寿命。增韧后的树脂可有效抑制疲劳损伤的扩展,界面改性则可以提高纤维和界面的性能,使破坏模式从分布式渐进的界面脱黏损伤变为小范围的开裂,控制损伤大小及开展速率。

2. 蠕变性能

蠕变是指材料在应力不变条件下应变随时间的延续而增长的一种现象。蠕变反映的是材料在荷载作用下的流变性质,对于FRP材料而言,则反映了其内在的黏弹性。蠕变断裂是指FRP材料在高应力持荷状态及不利环境因素的影响下,FRP中较弱或有先天缺陷的纤维会先发生断裂卸荷,所承受荷载由断裂纤维周围的树脂传递给剩余纤维,剩余纤维薄弱部分出现超载后发生断裂,上述过程往复,导致FRP材料发生整体断裂。普通FRP外贴加固结构在设计基准期内,FRP应力水平小,可不考虑蠕变性能。但对于预应力FRP加固结构,FRP内部应力水平高,在高应力持荷状态下,FRP内部缺陷纤维易发生蠕变断裂破坏。因此,确保预应力FRP在其使用期间不发生蠕变断裂破坏对结构加固领域具有重要的意义。

FRP材料的蠕变性能测试方法为对试件施加恒定荷载,并测量试样持荷过程中的应变变化。有关规范要求对试件进行多种不同应力水平条件下的蠕变试验(持荷时间1 000 h以内),通过获得多种应力水平下的蠕变断裂时间及应变增长情况,以此评价FRP材料的蠕变性能。

GFRP板、玻璃纤维和树脂基体的蠕变性能结果如图3.20所示(图中f_k是相应材料的抗拉强度标准值。),从图中可以看出,树脂基体早期应变随时间增长速度快;玻璃纤维的应变几乎没有增长,可以忽略;GFRP板的蠕变应变增长幅度小。故树脂性能是FRP材料蠕变性能的关键影响因素。

蠕变断裂应力和蠕变率是衡量 FRP 材料蠕变性能的两个重要指标,其中蠕变断裂应力是指保证 FRP 材料在规定的使用期间内不发生蠕变断裂的情况下所承受的最大应力,蠕变率是指 FRP 材料蠕变应变相对于初始应变的增长率,常用百分率表示。

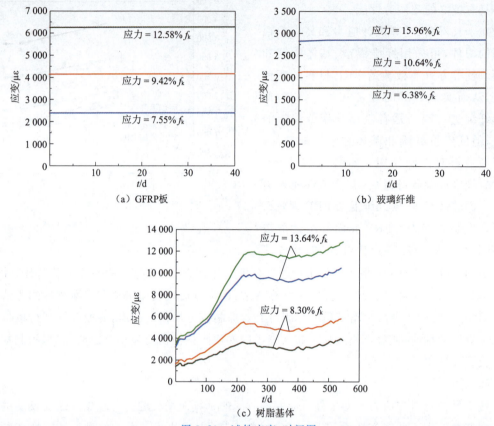

图 3.20　试件应变-时间图

根据 ACI 440.2R—2017,FRP 的蠕变性能 CFRP＞AFRP＞GFRP,研究结果表明,各种荷载水平下,蠕变断裂应力与时间的对数呈线性关系。GFRP、AFRP 和 CFRP 的 50 万小时(约 50 年)的蠕变断裂应力与短期极限强度的比值分别为 0.3、0.5 和 0.9。

由于树脂基体在温度升高后会发生软化,其荷载传递能力降低,故 FRP 材料的蠕变率随温度升高而增大。此外,FRP 材料的蠕变率还与腐蚀密切相关,酸、碱、盐等腐蚀离子可在应力的作用下加速侵入 FRP 材料内部,破坏纤维-树脂界面,对 FRP 材料蠕变性能具有重要影响。

FRP 材料的蠕变应变-时间曲线(见图 3.21)呈现三阶段趋势:第一阶段,应变快速增长阶段,FRP 材料内部纤维存在弯曲情况,在持荷初期,弯曲的纤维逐渐被拉直,导致初期的蠕变应变增长快;第二阶段,稳定阶段,弯曲纤维调直后所有纤维共同作用;第三阶段,断裂破坏阶段。

在预应力结构中,降低 FRP 材料蠕变率可有效保持预应力,对工程结构具有重要的意义。从材料本体层面看,对部分蠕变率较高的 FRP 材料混杂性能优异的纤维及改性树脂均可实现降低蠕变率的目的;从 FRP 材料生产方面考虑,FRP 材料内部纤维的初始弯曲会导致初期的蠕变应变增长快,可以通过对其进行预张拉,并持荷一定时间,利用树脂基体的黏弹性变形拉直纤维,提升纤维的共同受力性能,达到实现降低蠕变率的目的,如图 3.22 所示。

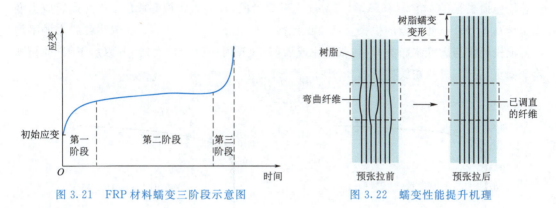

图 3.21　FRP 材料蠕变三阶段示意图　　　图 3.22　蠕变性能提升机理

3. 松弛性能

与蠕变不同的是,松弛是材料在变形不变的条件下应力随时间的增长而降低的现象,其产生原因和蠕变相似。松弛性能是预应力材料的重要性能。现有研究主要针对 FRP 筋,尤其是 CFRP 筋和 AFRP 筋,其中 CFRP 筋松弛性能最优,针对纤维布/FRP 板的研究较少。

FRP 的松弛性能与施加的预应力有很大关系,AFRP 在 $0.4f_u$、$0.5f_u$、$0.6f_u$ 和 $0.7f_u$ 张拉应力下的松弛性能如图 3.23 所示,从曲线中不难看出,随着张拉应力的增加,应力松弛损失越大。相同的张拉应力下,在施加张拉力后的 10 h 内 FRP 应力松弛较为严重,为 1 000 h 应力损失的 43.3%~49.2%;在 10 h 后松弛速度逐渐减缓,1 000 h 总体损失率约为 13.5%。

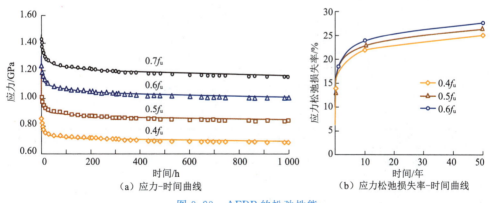

(a) 应力-时间曲线　　(b) 应力松弛损失率-时间曲线

图 3.23　AFRP 的松弛性能

CFRP 在 $0.45f_u$ 和 $0.50f_u$ 张拉力下,168 h 后的应力松弛损失约为 5% 和 11.8%,根据公式预测得到的应力松弛曲线如图 3.24 所示。张拉力为 $0.45f_u$ 时,CFRP 材料 1 000 h 和 50 年的计算应力松弛率分别为 5.55% 和 7.38%;张拉力为 $0.50f_u$ 时,CFRP 材料 1 000 h 和 50 年的计算应力松弛率分别为 14.24% 和 20.99%。另外,在纤维布表面涂胶可以有效减轻应力松弛、缩短应力松弛达到稳定状态所需要的时间。从表 3.6 中可以看出,在 200 h 内碳纤维布应力松弛可大致分为三个阶段:第一阶段为快速发展阶段,从涂胶到完全固化大致需要 12 h 左右,此阶段损失量占总松弛损失量的 52% 左右;第二阶段为快速发展阶段,在张拉完成的 12~200 h 内,胶体阻止了碳纤维布的自由收缩,松弛幅度逐渐变小,此阶段损失量占总松弛损失量的 44%~46%;第三阶段为平缓阶段,预应力张拉完成的 200 h 以后应力变化小于 0.24 MPa,此阶段的损失量占总松弛损失量的 2%~4% 左右。玄武岩纤维布的平均应力损失规律与碳纤维布类似,在张拉完成后前 40 h 内松弛量较大,60 h 以后 FRP 的松弛趋于稳定,应变-时间曲线如图 3.25 所示。

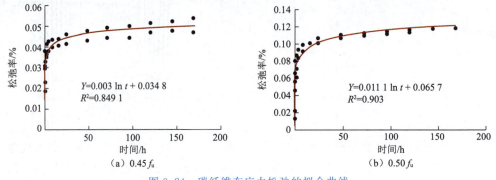

图 3.24　碳纤维布应力松弛的拟合曲线

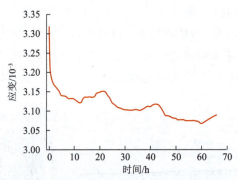

图 3.25　BFRP 平均应变随时间的变化曲线

表 3.6　碳纤维布的长期应力松弛损失

碳纤维布的涂胶情况	12 h 左右占总松弛损失量百分比/%	200 h 以后占总松弛损失量百分比/%	400 h 以后占总松弛损失量百分比/%	松弛损失量占总松弛量 50% 以上所需时间/h
涂胶	52	97	100	11
不涂胶	47	80	98	21.5

3.4.4　耐久性能

《混凝土结构加固设计规范》(GB 50367—2013)要求粘贴在混凝土构件表面上的 FRP 材料不得直接暴露在阳光或有害介质中,其表面应进行防护处理。所以,FRP 材料在腐蚀环境下性能退化研究对 FRP 材料的设计使用具有重要意义。

1. 溶液浸泡环境

FRP材料在土木工程中应用时常会遇到混凝土碱环境、氯盐侵蚀环境(海洋、除冰盐等)以及潮湿水环境等。纯水、碱性溶液、酸性溶液和盐溶液对FRP材料会造成不同程度的腐蚀,FRP种类、腐蚀溶液温度、腐蚀时间等也会对腐蚀效果产生影响。

碱溶液中存在大量的OH^-,可对FRP树脂基体引起严重的化学水解作用。在碱性溶液中,随着溶液温度的升高、浸泡时间的增长,FRP的拉伸强度、弹性模量和伸长率均下降明显。CFRP和GFRP在30 ℃的碱溶液中,其抗拉强度和延伸率均随腐蚀时间的增加呈线性降低,在50 ℃和60 ℃的碱溶液中,抗拉强度和延伸率在初期降低较快,随后降速减慢;但是在40 ℃的碱溶液中,CFRP抗拉强度和延伸率随腐蚀时间的增加呈线性降低;GFRP则初期降低较快,随后降速减慢。总之,随着温度的升高,CFRP和GFRP在碱溶液腐蚀中弹性模量退化较慢,抗拉强度和伸长率降低较快。盐溶液中的Cl^-可以诱发树脂产生破坏,导致FRP表面出现微裂纹。在盐溶液中,随着温度的升高、蚀时间的增长,环氧树脂基GFRP的性能退化愈加严重。其中抗拉强度退化尤为明显,在23 ℃、40 ℃和55 ℃的3%盐溶液中浸泡300天后强度保留率仅为86%、72%和61%。

由于各种溶液腐蚀机理存在差异,不同腐蚀溶液对FRP的腐蚀程度差异较大。对GFRP分别进行NaCl溶液、NaOH溶液、蒸馏水和HCl溶液的浸泡试验,试验结果显示:在室温HCl溶液浸泡环境下,GFRP强度退化最严重,约降低70%左右;蒸馏水的腐蚀程度次之;饱和NaCl溶液对其腐蚀作用最弱。通过SEM观测发现,在酸性条件下,溶液可腐蚀GFRP中的玻璃纤维,对材料造成严重损害。在60℃温度条件下,NaOH对GFRP的腐蚀最严重,其强度保留率仅26.5%。所以保护纤维不受液体的腐蚀是提高FRP材料耐久性的前提。另外,溶液对FRP的腐蚀作用主要体现在抗拉强度的退化,对弹性模量的影响不大,并且随着腐蚀溶液温度的提升和腐蚀时间的增长,强度退化更为严重。

2. 干湿循环

FRP的力学性能在干湿交替的环境中也会表现出一定的退化,不同的FRP种类、不同的溶液及腐蚀时间等造成的腐蚀程度也不尽相同。

BFRP在海水干湿循环腐蚀中,抗拉强度和伸长率均有一定的退化,弹性模量有小幅度提升,其中抗拉强度的退化对海水浓度变化较为敏感,伸长率的退化则最为严重。小西环氧树脂E2500S浸渍玄武岩纤维布形成的BFRP片材在3.5倍自然海水浓度的人工海水干湿交替循环腐蚀330天,BFRP片材抗拉强度下降8.36%,伸长率下降28.74%,弹性模量提升1.68%;在5倍自然海水浓度的人工海水干湿交替循环腐蚀330天后,其抗拉强度下降12.77%,伸长率下降26.3%,弹性模量提升3.24%。

对AFRP、CFRP和BFRP材料在硫酸盐溶液、氯化物溶液、碱溶液和酸溶液四种环境下进行干湿循环试验,试验结果表明:①干湿循环主要影响FRP材料的拉伸强度,而对弹性模量的影响则很小。②在四种干湿循环中,FRP材料在硫酸盐和氯化物溶液中的干湿循环退化程度比在碱和酸溶液中的退化程度更显著。在干燥条件下,FRP材料表面和内部残留的硫酸盐和氯化物溶液会导致溶液浓缩和化学结晶,从而导致FRP材料出现表面点蚀和内部损坏,影响了纤维的完整性,此时,树脂基体和纤维基体界面也暴露在水分扩散和化学侵蚀的进一步影响中。③AFRP 和 CFRP 材料在不同溶液中表现出良好的抗干湿循环性能,但随着循环次数的增加,其拉伸强度略有下降。④随着循环次数的增加,BFRP 材料的拉伸强度和弹性模量均出现较大下降,表明其在各种溶液中,尤其是在硫酸盐和氯化物溶液中,对干湿循环的抵抗能力较差。

GFRP 在盐雾及干湿条件下的耐久性试验结果表明,盐雾/干湿暴露时间越长,GFRP 的拉伸强度损失越大;另外,盐雾暴露对 GFRP 极限应变退化率初期影响小,后期影响大;而在干湿循环条件下,GFRP 的极限应变退化率较稳定,与腐蚀时间关系不大。

3.4.5 耐温度作用性能

温度作用下的 FRP 性能一般包括耐高温性能和耐低温性能。

1. 耐高温性能

当 FRP 材料应用于房屋建筑领域时,由于房屋建筑需要满足一定的防火要求,因此 FRP 材料应具有耐高温性能。另外,FRP 材料在高温作用下,具有可燃性,燃烧过程中会产生有毒有害烟雾。

FRP 材料由纤维和基体组成,因此可从纤维、基体和 FRP 材料三个层次进行耐高温性能评价。

碳纤维、玄武岩纤维和玻璃纤维是土木工程领域的几种常用纤维,总之,三种纤维均具有良好的耐高温性能,其中碳纤维耐高温性能最优,玄武岩纤维次之,玻璃纤维较低。随着温度升高,纤维强度退化。对碳纤维而言,温度小于 400 ℃时强度退化缓慢,强度保留率高于 70%;对耐高温玄武岩纤维而言,400 ℃温度下,2 h 后纤维强度保留率高于 70%。

玻璃化温度 T_g 是高聚物由高弹态转变为玻璃态的温度,当温度大于玻璃化温度时,高聚物的黏度增加,弹性急剧下降。纤维布常用的环氧树脂,玻璃化温度一般为 40~50 ℃;而 FRP 板使用的树脂基体多为热固性树脂,其玻璃化温度可达 130 ℃左右,故 FRP 板的耐高温性能优于纤维布。

FRP 材料的高温性能虽与纤维和树脂性能密切相关,但不是两者的简单叠加。随着温度升高,FRP 材料的性能有下降的趋势。试验发现,虽然超过玻璃化温度后,树脂基体的拉伸强度可忽略,但 FRP 材料仍有较高的残余强度,即树脂基体软化后包裹在纤维周围仍起到一定的荷载传递作用,故 FRP 材料在高温下的残余强度是 FRP 材料应用于房屋建筑的一个重要设计参数。当温度超过玻璃化温度时,CFRP 的拉伸强度基本稳定在极限值(3 000 MPa)附近,比室温下未浸渍纤维布的拉伸强度高。在 20~150 ℃和 450~706 ℃范围内,CFRP 板的拉伸强度有明显下降;其中在 300 ℃时,CFRP 板的残余强度约为 50% f_u,在 700 ℃时,拉伸强度仅为 7% f_u。在高温条件下,纤维混杂可以提高 FRP 材料的拉伸强度稳定性,相关试验结果表明,在 200 ℃温度下,CFRP、C/GFRP 和 C/BFRP 的强度保留率分别为 67.8%、63.5%和 58.7%。在玻璃化温度附近,GFRP 板的拉伸强度下降将近 50%,200 ℃时,其强度保留率约为 40%。

在实际工程应用中,可通过改善材料本体耐高温性及设置保护层两种方法来提升外贴FRP加固结构的耐高温性能。

从材料本体来看,通过混杂设计及基体改性可提升FRP的耐高温性能。混杂设计可提升高温下FRP的强度稳定性,以及高温下的可设计应力。采用高玻璃化温度的树脂可在一定范围内提升FRP的耐高温性能。试验结果表明,采用耐高温环氧树脂与纤维复合而成的FRP材料,在300 ℃以内强度下降率很小。还可以在基体中添加蒙脱土以增强纤维和基体的黏结性能,从而提升FRP材料的耐高温性能。

一般情况下,超过60 ℃后树脂基体本身的抗拉强度消失,但是从对CFRP拉伸的结果看,在升温至200 ℃时FRP仍有67.8%的强度保留率,这表明FRP的基体在软化后依然可以传递一定程度的荷载,树脂基体高温下的力学性能不完全决定FRP的力学性能。但是温度继续升高至树脂热分解和氧化分解之后,FRP中的树脂基体极容易碳化,此阶段FRP可视为纤维束板,表现为纤维拉断的破坏形式。

从保护层方面看,合理设置隔热层可使FRP加固构件获得良好的抗火性能。评价FRP加固混凝土构件抗火性能的最直接方式是进行标准火灾试验,标准火灾试验可参考规范ISO 834、ASTM E119等。最早的FRP加固混凝土梁火灾试验由Deuring(1994)在瑞士国家联邦实验室(EMPA)完成。未采取隔热措施的加固梁,其CFRP板与混凝土间的胶结作用在最初的几分钟内就失效了,而有隔热措施的加固梁则可保持承载力约1 h。采用包覆梁底及梁两侧的U形防火层,其隔热效果比只覆盖梁底的防火措施效果更佳。前者可以有效延长丧失黏结强度前的火灾暴露时间。另外,U形隔热系统还可以延迟内部钢筋的温度升高速度。在40 mm厚的水泥基防火砂浆层包裹下,FRP与混凝土间胶接层的温度在大约30 min的火灾暴露后达到玻璃化温度。而采用50 mm厚的砂浆层或40 mm厚的复合板体系,CFRP加固混凝土梁的耐火极限可达到2 h以上。综上,FRP在火灾作用下的拉伸和黏结性能严重退化,导致FRP加固梁的强度和刚度显著降低,但是设置合适的防火保温系统后,FRP加固梁可以达到所需的耐火要求。

因此,长期使用FRP加固结构的环境温度不应高于60 ℃。当被加固构件的表面有防火要求时,应当按照《建筑设计防火规范》[GB 50016—2014(2018年新版)]规定的耐火极限要求,对外贴FRP进行防护。

2. 耐低温性能

在极寒地区及冻融循环地区,FRP材料加固系统会受到低温的影响,低温会造成树脂基体的脆断,因此极寒地区及冻融循环地区应关注FRP材料的低温性能。

我国北部大部分位于寒冷地带,低温天气持续时间长;西部地区地处高原,地势高、常年积雪,环境温度低。当FRP材料应用于寒冷地区结构加固时,由于树脂与纤维热膨胀系数差异较大,温度降低时,两者变形不协调,导致FRP材料的力学性能随着温度的降低而退化。其中,CFRP材料的强度退化程度最大,因为碳纤维热缩冷涨、树脂热胀冷缩的特性,导致碳纤维与树脂之间的残余应力明显大于其他纤维,产生剥离破坏。玻璃纤维及玄武岩纤维与树脂在低温下的界面性能则优于碳纤维,不容易发生界面破坏。此外,在低温下,树脂变脆,其弹性模量增大,刚度增加,极限变形降低。

在－40～－10 ℃的低温下,FRP拉伸强度将发生退化,其原因主要是树脂和纤维之间的温度变形不协调。相关研究发现,有保护层覆盖的FRP相对于直接暴露的FRP,低温强度下降速率慢,较厚的FRP相较于较薄的FRP,强度下降速率慢。

冻融循环是影响FRP材料性能的重要因素。一方面,由于纤维与树脂基体热膨胀系数差异较大,低温下的温度循环作用会加大由于残余应力导致的树脂微裂纹的数量和密度,且低温下,树脂硬化,会加剧开裂;另一方面,树脂基体易于吸收环境中的水汽,冻融循环过程中水的涨缩作用会降低树脂基体及树脂基体-纤维界面性能。FRP的冻融循环性能可依据《普通混凝土长期性能及耐久性试验方法标准》(GB/T 50082—2009)中的快冻法进行。作者团队对CFRP、BFRP和GFRP三类材料进行了系列冻融循环试验,研究结果表明,经过200次冻融循环后,BFRP的拉伸强度未有明显降低,其强度保留率明显高于CFRP和GFRP;冻融循环过程中,FRP的弹性模量先增大,后略减小,其中BFRP的弹性模量增长幅度大于CFRP及GFRP;在极限应变方面,BFRP的极限应变相对值略有下降,下降幅度小于CFRP及GFRP。故BFRP相对于另两种FRP具有更优异的抗冻融循环性能。

3.4.6 纤维布/FRP板与被加固结构的黏结性能

1. 纤维布/FRP板-混凝土界面性能

FRP外贴加固混凝土结构中,FRP和混凝土的界面应力能否得到有效传递是决定加固效果的关键因素。如过低的界面强度,非充分的界面处理以及较厚的纤维布或FRP板将会导致界面黏结破坏而不是正常的混凝土梁受弯破坏。这种破坏模式的转变直接影响了受弯加固混凝土梁的强度和延性。因而对FRP和混凝土界面的破坏模式和影响因素的研究具有重大意义。常用的纤维布/FRP板-混凝土界面性能测试方法如图3.26所示。

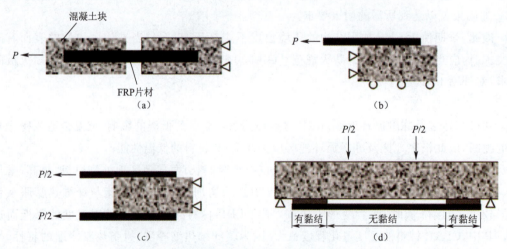

图3.26 纤维布/FRP板-混凝土界面性能试验方法

针对纤维布/FRP 板-混凝土界面性能,作者团队及国内外相关学者做了大量研究工作。研究结果表明:纤维布/FRP 板-混凝土界面性能与混凝土抗拉强度、加固截面的抗弯刚度、表面处理、结构胶(强度及厚度)、FRP 材料(宽厚比、厚度、弹性模量、数量)以及剪跨比等因素密切相关。提高混凝土抗压强度可小幅提升界面破坏时的剪力;提高结构胶的弹性模量、FRP 材料的弹性模量和厚度均可提高界面应力但不影响应力峰值点的位置;减少结构胶厚度可增大界面剪应力及正应力并影响峰值应力位置;剪跨比增加可使界面应力减小。常用的表面处理方法有机械研磨、喷砂等,并采用动力清扫或吸尘器清除碎屑。表面处理的目的是对混凝土基面进行增糙,露出中小粒径骨料,提升界面性能。

当纤维布/FRP 板-混凝土界面在受到循环往复荷载作用时,黏结滑移曲线斜率即界面刚度逐步下降,直至 FRP 材料完全从混凝土表面剥离为止。疲劳加载初期(疲劳寿命的 5%~10%),界面刚度退化不明显;随着循环次数的增加,界面残余滑移逐步增加,如图 3.27 所示。界面刚度退化速率与疲劳荷载幅度密切相关,应力幅越大,界面刚度退化速率越快。在疲劳荷载作用下,加固梁跨中附近产生了弯曲裂缝,所产生的弯曲裂缝导致纤维布/FRP 板-混凝土界面发生局部剥离。此时,由于应变滞后效应的作用,FRP 材料中的应变水平比剥离前低。

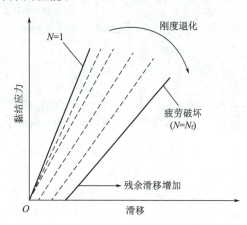

图 3.27 外贴 FRP 疲劳荷载作用下的黏结滑移曲线

纤维布/FRP 板-混凝土界面中的胶黏剂在诸如湿度、水浸和升温循环等环境疲劳作用下易发生性能退化。胶黏剂内部缺陷处易产生微裂纹,在环境疲劳作用下,胶黏剂内微裂纹逐渐扩展,累积式的破坏导致胶黏剂强度和刚度逐步下降,最后导致界面破坏。干湿循环作用对纤维布/FRP 板-混凝土界面的黏结影响很大。相关研究结果表明,干湿循环 300 次后,外贴 FRP 加固梁的破坏模式为界面剥离破坏,而不是 FRP 材料拉断破坏。当 FRP 材料暴露在低温环境下时,冻融循环是引起界面粘结失效的另一个重要因素。

2. 纤维布/FRP 板-钢界面性能

纤维布/FRP 板加固钢结构时可能发生的失效模式包括如下 6 种:胶层失效、纤维布/FRP 板-胶界面失效、钢-胶界面失效、FRP 材料层间剥离、FRP 材料拉断和钢屈服。相关研究表明,FRP 种类和黏结长度、胶种类和厚度、钢表面处理方式都会影响失效模式。

在各种失效模式中,如果失效发生在胶层,那么界面失效是一个逐步的剥离过程,显示出良好的延性;而 FRP 材料层间剥离和钢-胶界面失效发生突然,是脆性失效模式。此外,如果失效发生在胶层,那么控制 FRP-钢界面黏结强度的将是胶层性能;但如果失效发生在钢-胶界面或 FRP-胶界面,控制 FRP-钢界面黏结强度的将是钢和 FRP 表面处理以及胶层性能。因此,Teng 等认为,相比于钢-胶界面和 FRP-胶界面失效,胶层失效是 FRP-钢界面最理想的失效模式,如图 3.28 所示,而且可以通过恰当的表面处理和选择适当的结构胶来使界面的失效发生在胶层。

常用的钢表面处理方法有溶液清洗、机械打磨以及喷砂处理等。溶剂清洗通常采用高挥发性的溶剂（如丙酮），这种方法可以去除钢表面的油脂以及污染物，但不能改变钢的表面特性，因此溶剂清洗方法对黏结强度的提高作用有限。机械打磨方法可以增加钢表面的粗糙度，去除钢表面的薄弱氧化层。通常采用溶液清洗和机械打磨处理后的界面依然容易发生钢-胶界面失效。喷砂方法不仅可以增加钢的表面能以及表面粗糙度，而且可以改变钢表面化学组成，是最为有效的钢

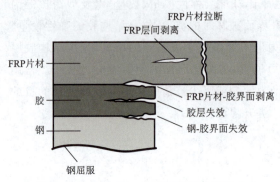

图 3.28 外贴 FRP 加固钢结构失效模式

表面处理方法。不少研究已经表明，喷砂处理后基本可以避免钢-胶界面失效，喷砂方法也是目前被广泛推荐的一种钢表面处理方法。

黏结强度是 FRP-钢界面性能研究中最为关注的指标。试验研究显示，与 FRP-混凝土界面相似，FRP-钢界面的黏结强度随着 FRP 长度的增加而提高，当达到某一强度值时基本不再变化，这说明 FRP-钢界面也存在有效黏结长度。胶层类型对黏结强度影响很大，变形能力更大的非线性胶界面的黏结强度明显高于线性胶界面。随着胶层厚度的增加，界面黏结强度呈逐渐增大趋势，但是由于胶层厚度会影响界面的失效模式，将导致黏结强度的变化趋势发生变化。在同样结构胶条件下，FRP 刚度也影响着界面的黏结强度，随着 FRP 刚度的增加，黏结强度逐渐增大。对于高弹模 FRP，如果发生 FRP 拉断的失效模式，黏结节点的黏结强度则取决于 FRP 的性能。

3.5 标 准 化

本节从物理性能、基本力学性能、长期性能、耐久及温度作用性能和应用等几个方面对纤维布/FRP 板标准化进行阐述。

3.5.1 物理性能标准化

纤维布按单位面积质量可分为 200 g/m²、300 g/m²、400 g/m² 和 500 g/m² 等规格；按宽度可分为 100 mm、200 mm、250 mm、300 mm、400 mm 和 500 mm 等规格。FRP 板按宽度可分为 20 mm、50 mm、80 mm、100 mm、105 mm、120 mm 和 150 mm 等规格；按厚度可以分为 1 mm、1.2 mm、1.4 mm、2 mm、3 mm、4 mm、5 mm、6 mm 等规格。在 FRP 板物理力学性能方面，我国《工程结构加固材料安全性鉴定技术规范》（GB 50728—2011）对 FRP 板纤维体积含量进行了规定，并在《玻璃纤维增强塑料树脂含量试验方法》（GB/T 2577—2005）提出了纤维体积含量的测试方法。美国规范 ACI 440.2R—2017 对 FRP 的密度及热膨胀系

数等物理参数提出了参考值,日本规范 JSCE-E536—1995 等对 FRP 材料的热膨胀系数测试方法进行了规定。

3.5.2 基本力学性能标准化

纤维布/FRP 板拉伸性能一般采用金属加强片或者 FRP 板加强片进行锚固(见图 3.12 和图 3.13),加强片加载端应进行斜切角处理,以缓解应力集中,且应该保证足够的锚固长度以避免锚固端破坏。纤维布/FRP 板拉伸试件理想的破坏模式为 FRP 材料测试段纤维炸开,锚固端完好。拉伸性能测试可参考《定向纤维增强聚合物基复合材料拉伸性能试验方法》(GB/T 3354—2014)和《纤维增强塑料拉伸性能试验方法》(GB/T 1447—2016)、美国规范 ASTM D3039M—2017 及日本规范 JSCE-E531—1995。在弯曲性能方面,《定向纤维增强聚合物基复合材料弯曲性能试验方法》(GB/T 3356—2014)、ASTM 7264 和 JSCE-E532—1995 均提供了相应的弯曲性能测试方法。层间剪切性能可依据《纤维增强塑料 短梁法测定层间剪切强度》(JC/T 773—2010)和《混凝土结构加固设计规范》(GB 50367—2013)、日本规范 JIS K7078—1991 和 JIS K7057—2006、美国规范 ASTM D 2344 等规范,采用短梁法进行测试。我国标准尚未对 FRP 材料横向剪切性能进行明文规定,该性能测试主要参考 ACI 440.3R 规范,通过横向剪切试验确定 FRP 材料的横向剪切强度,其测试装置如图 3.15 所示。另外,日本规范 JSCE-E540—1995 也提出了 FRP 材料横向剪切性能的测试要求。根据《混凝土结构加固设计规范》(GB 50367—2013)、《结构加固修复用玄武岩纤维复合材料》(GB/T 26745—2011)和《工程结构加固材料安全性鉴定技术规范》(GB 50728—2011)、《纤维增强复合材料工程应用技术标准》(GB 50608—2020)等规范的要求,纤维布/FRP 板的基本力学要求见表 3.7。

表 3.7 纤维布/FRP 板基本力学性能规范要求

品种	等级或代号	抗拉强度标准值/MPa		弹性模量/GPa		伸长率/%	
		纤维布	FRP 板	纤维布	FRP 板	纤维布	FRP 板
CFRP	高强度Ⅰ级	3 500	2 400	230	160	≥1.6	≥1.6
	高强度Ⅱ级	3 000	2 000	210	140	≥1.5	≥1.4
	高强度Ⅲ级	2 500	—	210	—	≥1.3	
AFRP	高强度Ⅰ级	2 100	1 200	110	70	≥2.4	≥2.8
	高强度Ⅱ级	1 800	800	80	60	≥2.0	≥2.4
GFRP	高强玻璃纤维	2 200	—	100	—	≥2.5	—
	E-玻璃纤维	1 500	800	72	40	≥1.8	≥2.0
BFRP	高强度Ⅰ级	2 000	1 300	90	50	≥2.0	≥2.0
	高强度Ⅱ级	1 500	1 000	75	50	≥2.0	≥2.0

3.5.3 长期性能标准化

FRP 材料长期力学性能包括疲劳性能、蠕变性能和松弛性能。在 FRP 材料疲劳性能测试方面,美国规范 ACI 440.3R、ASTM E739、ASTM D3479 及日本规范 JSCE-E535 等进行了详细说明。在 FRP 材料蠕变、松弛性能方面,美国规范 ACI 440.2R、ACI 440.3R、ASTM D2990 和日本规范 JSCE-E533、JSCE-E534 等进行了细致规定,相关内容参考 3.4.3 小节。

3.5.4 耐久及温度作用性能标准化

相较于传统建筑材料,FRP 材料具有优良的耐腐蚀性能,日本规范 JSCE-E538 对 FRP 材料耐碱性能测试方法进行了规定。在低温性能方面,可参考《普通混凝土长期性能和耐久性能试验方法标准》(GB/T 50082—2009)对 FRP 材料进行低温性能测试;在高温性能方面,当 FRP 材料应用于房屋建筑加固时,其耐高温性能应满足《建筑设计防火规范(2018 年版)》(GB 50016—2014)的要求。

3.5.5 应用标准化

纤维布/FRP 板在工程加固领域有广泛的应用前景。普通 FRP 外贴加固技术和预应力 FRP 外贴加固技术是两种常用的加固方法。其中纤维布/FRP 板与粘贴基材的界面性能是普通 FRP 外贴加固技术的重要性能,界面性能通过黏结性能衡量,可参考日本规范 JSCE-E539。纤维布/FRP 板锚固性能是预应力 FRP 外贴加固技术的重要性能指标,国内尚缺乏专门的纤维布/FRP 板锚固性能测试规范,相关性能测试可参考日本规范 JSCE-E537 及我国《预应力筋用锚具、夹具和连接器》(GB/T 14370—2015)。国内外均有大量纤维布/FRP 板应用方面的标准,我国的《混凝土结构加固设计规范》(GB 50367—2013)、《公路桥梁加固设计规范》(JTG/T J22—2008)和美国的 ACI 440.2R—2017 均对纤维布/FRP 板加固结构设计方法进行了说明;另外,《公路桥梁加固施工技术规范》(JTG/T J23—2008)则对纤维布加固施工工艺进行了规定。

3.6 应用及前景

3.6.1 纤维布/FRP 板加固工法

1. 普通纤维布/FRP 板外贴加固

(1)施工工艺

根据《公路桥梁加固施工技术规范》(JTG/T J23—2008),普通外贴纤维布加固的施工流程为:

步骤一,底层处理:①用裂缝修补胶灌注结构裂缝;②将混凝土表面剥落、疏松、蜂窝、腐蚀等劣化部分清除,并进行清洗、打磨,待表面干燥后,用修补材料将混凝土表面凹凸部位修复平整;③粘贴阳角处应打磨成圆弧状,阴角以修补材料填补成圆弧倒角,圆弧半径不应小于 25 mm。

步骤二，涂刷底胶：①用一次性软毛刷或特制滚筒将底胶均匀涂抹于混凝土表面，不得漏刷、流淌或有气泡；②底胶固化后应尽快进行下一道工序，若涂刷时间超过 7 d，应清除原底胶，用砂轮机磨除，重新涂抹。

步骤三，粘贴纤维布：①雨天及潮湿条件下不宜施工，宜在 5～35 ℃环境温度条件下进行，并选择合适的胶黏剂；②按设计尺寸裁剪纤维布，搭接长度不宜小于 100 mm，搭接位置应避开主要受力区；③粘贴纤维布前，应对混凝土表面再次进行擦拭，确保粘贴面无粉尘。混凝土表面涂刷胶黏剂时，应做到胶体不流淌，涂胶均匀；④粘贴立面外贴纤维布时，应按照由上到下的顺序进行，用滚筒将外贴纤维布从一端向另一端滚压，除去胶体和外贴纤维布之间的气泡，使胶体渗入纤维布，浸润饱满；⑤最后一层纤维布施工结束后，在其表面均匀涂抹一层浸渍树脂（面层防护），自然风干；⑥对于受弯构件宜在受拉区沿轴向平直粘贴纤维布进行加固补强，并在主纤维方向的断面端部进行锚固处理；⑦当采用 FRP 板加固时，不宜搭接，应按设计尺寸一次完成下料。

胶黏剂是纤维布与混凝土构件之间的荷载传递材料，其重要性不言而喻，因此施工过程中应选用满足相关要求的胶黏剂。根据《工程结构加固材料安全性鉴定技术规范》（GB 50728—2011），工程加固用结构胶黏剂（简称结构胶），按胶接基体的不同，分为混凝土用胶、金属用胶、砌体用胶和木材用胶等，以混凝土为基材（基层）粘贴纤维复合材的结构胶性能应满足表 3.8 的规定。

纤维布外贴加固混凝土结构施工质量及验收应满足表 3.9 的要求，纤维布加固混凝土结构粘贴强度施工质量检验应参考《公路桥梁加固设计规范》（JTG/T J22—2008）附录 D 的相关规定。普通外贴 FRP 板加固的施工流程与普通外贴纤维布加固的施工流程类似。

表 3.8　结构胶性能表

	项　目	Ⅰ类胶 A 级	Ⅰ类胶 B 级	Ⅱ类胶	Ⅲ类胶
胶体性能	抗拉强度/MPa	≥38	≥30	≥38	≥40
	受拉弹性模量/GPa	≥2.4	≥1.5	≥2.0	≥2.0
	伸长率/%	≥1.5			
	抗弯强度/MPa	≥50	≥40	≥45	≥50
		且不得呈碎裂状破坏			
	抗压强度/MPa	≥70			
黏结能力	室温钢对钢拉伸抗剪强度/MPa	≥14	≥10	≥16	≥16
	钢对钢对接抗拉强度/MPa	≥40	≥32	≥40	≥43
	钢对 C45 混凝土正拉黏结强度/MPa	≥2.5，且为混凝土内聚破坏			
	热变形温度/℃	≥65	≥60	≥100	≥130

注：Ⅰ类适用温度范围为 −45～60 ℃；Ⅱ类适用温度范围为 −45～95 ℃；Ⅲ类适用温度范围为 −45～125 ℃。

表 3.9　纤维布粘贴质量检验实测项目表

项次	检验项目		合格标准	检验方法	频数
1	纤维布粘贴误差		中心线偏差≤10 mm	钢尺测量	全部
2	纤维布粘贴数量		≥设计数量	计算	全部
3 粘贴质量	空鼓面积之和与总粘贴面积之比		小于5%	小锤敲击法	全部或抽样
	胶黏剂厚度	FRP板	2 mm±1.0 mm	钢尺测量	每构件3处
		纤维布	<2 mm		
	硬度(纤维布)		>70°	测量	—

(2)普通纤维布/FRP板外贴加固梁破坏模式

与钢筋混凝土梁不同的是,FRP剥离破坏是FRP外贴加固混凝土梁的典型破坏模式。研究者认为FRP端部的剥离力及界面内应力是FRP剥离的主要原因。由于受拉区拉应力的作用,混凝土界面产生较高的剪应力,由此产生的界面内应力伴随剥离力一起导致界面提前破坏。常见的界面破坏模式有混凝土保护层剥离破坏、FRP端部界面剥离破坏、由弯曲裂缝导致的界面剥离破坏和由剪切裂缝导致的界面剥离破坏,如图3.29所示。

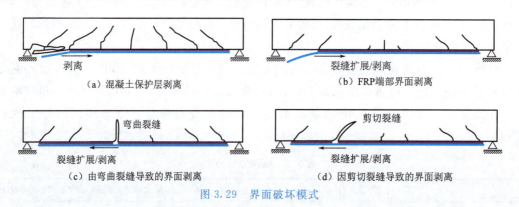

图 3.29　界面破坏模式

(3)普通纤维布/FRP板外贴加固锚固技术

合适的锚固技术可抑制FRP剥离破坏,有效提升FRP材料的强度利用率。普通外贴纤维布/FRP板常用的锚固技术有U形箍包覆法、机械锚固法、NSM锚固法(near-surface mounted,表层嵌贴加固法)、机械紧固件锚固法以及纤维锚钉锚固法,如图3.30所示。U形箍包覆法的原理是在垂直于构件轴线方向粘贴纤维布U形箍,抑制FRP材料与混凝土基材发生剥离破坏,保证FRP材料与混凝土基材共同受力。机械锚固法是先采用机械锚具锚固FRP材料,然后再将机械锚具固定在被加固构件上的一种方法。NSM锚固法是一种将包覆梁底面及腹板的纤维布末端表层嵌贴至梁翼缘下侧的方法,可有效避免由于包覆材料端部剥离而导致的锚固破坏。机械紧固件锚固法的原理是在FRP材料端部布置金属压板,从而延缓FRP材料剥离。纤维锚钉锚固法是将纤维锚钉一端嵌入被加固构件,另一端的纤维分散粘贴在外部FRP材料表面的锚固方法。

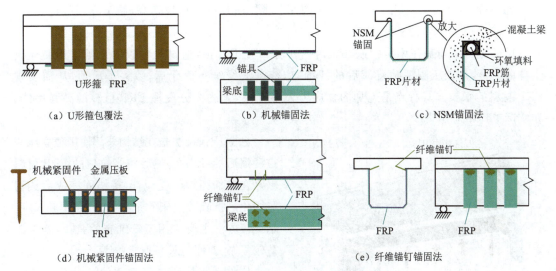

图 3.30 普通外贴纤维布/FRP 板锚固方法

2. 预应力纤维布/FRP 板外贴加固

(1) 加固原理(见图 3.31)

外贴 FRP 材料可有效提升混凝土梁的极限承载性能,但对正常使用性能影响小,而且正常使用阶段 FRP 材料的强度利用率也普遍较低。在结构承受荷载之前,预先对其施加压力,使其在外荷载作用时,预先施加在受拉区混凝土的压应力可以用来抵消或减小外荷载产生的拉应力,使结构在正常使用状态下不产生裂缝或延迟裂缝产生,可有效改善结构的正常使用性能。与普通外贴 FRP 加固技术相比,预应力 FRP 加固结构的开裂荷载、屈服荷载和极限荷载显著提高,加固构件的裂缝细密、间距小、分布均匀。预应力使结构产生反拱降低了结构的挠曲变形,提升了使用性能。预应力产生的轴向力可以提高结构的抗剪承载力。另外,对 FRP 施加预应力,使 FRP 材料尽早参与受力,从而在加固结构破坏前充分发挥 FRP 材料的强度。

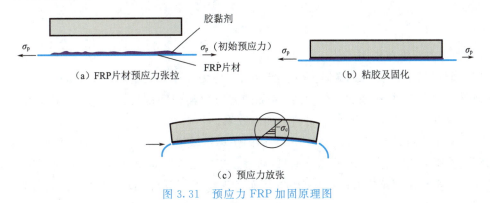

图 3.31 预应力 FRP 加固原理图

(2) 预应力 FRP 张拉工艺

预应力 FRP 的张拉方法有反拱法、独立床张拉法和构件上张拉法三种方式。值得注意的是,前两种方法主要应用于纤维布,而构件上张拉法具有张拉效率高、施工方便等优点,在FRP张拉中得到了广泛的应用。

反拱法的原理是在梁跨中或在梁跨内对称布置千斤顶,通过千斤顶的顶压作用使梁产生挠曲变形,在顶压侧粘贴浸渍后的纤维布,待浸渍纤维布固化后,除去千斤顶,从而实现FRP材料的张拉。其特点是施加的预应力大小有限,无法充分发挥FRP材料的高强性能,在实际工程中应用较少。

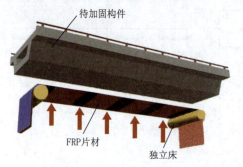

图 3.32 独立床张拉法

独立床张拉法是在结构外部使用独立床张拉浸渍后的纤维布,然后将张拉后的FRP材料粘贴在被加固构件受拉侧,待锚固完成后或树脂固化后拆除独立床的张拉方法,如图 3.32 所示。该方法主要应用于纤维布的张拉,施工工艺较复杂,对张拉设备要求较高。

构件上张拉法是最常用的一种预应力张拉形式。该方法将锚具、张拉设备等固定在被加固构件上直接进行张拉。该方法具有施工方便、张拉吨位高、应用广泛的特点。张拉完成后,张拉设备的一部分可固定在FRP材料的端部作为永久锚固,以减小预应力FRP材料放张时粘贴层的剪切变形,从而降低了传递给混凝土表面的剪力,有效避免加固梁因FRP材料剥离发生破坏,充分发挥FRP材料强度,如图 3.33 所示。

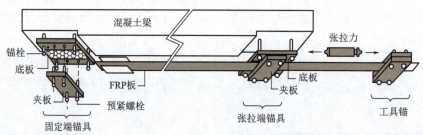

图 3.33 构件上张拉法示意图

(3) 预应力纤维布锚固工艺

FRP材料端部以及裂缝端部容易引起界面剪应力集中,导致界面剥离而使加固达不到预期效果。对FRP材料施加预应力后,端部的剪应力集中问题更为显著,因此采用良好的锚固方法可有效提高预应力FRP材料的加固效果。

常用的预应力纤维布锚固方法有梯度锚固法和机械锚固法。梯度锚固法即在加固材料端部附近使用低刚度、高强度的黏结材料,通过逐步减小纤维布厚度或逐步减小纤维布预应力的大小来实现端部拉应力的梯度分布,从而实现锚固,其原理如图 3.34 所示。该锚固技术对纤维布的不同区域建立了不同的预应力水平,从而在充分利用预应力的同时,又避免在锚固端部有过大的应力集中问题,防止剥离破坏。但该方法对于设备的要求高,难以在普通的小工程中得到较为广泛的应用。

作者团队通过在靠近端部的地方逐步减少纤维布张拉层数的方法来实现应力梯度,并使用纤维布U形箍进行锚固,如图3.35所示。厚度变化的间隔应超过剪应力传递的有效长度。同时采用真空泵装置来使纤维布和结构表面之间形成真空状态而保证界面的良好黏结,也可以保证纤维布与不平整或拱形结构表面的良好黏结。

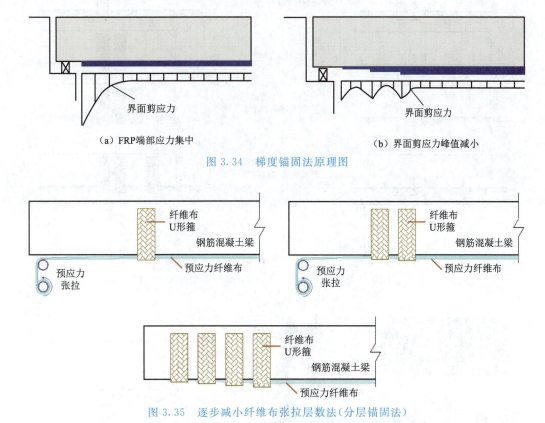

图3.34 梯度锚固法原理图

图3.35 逐步减小纤维布张拉层数法(分层锚固法)

EMPA试验室采用逐步释放预应力的方法实现应力梯度,近试件中部预应力水平大,近试件端部预应力水平小,并在应力变化处采用螺栓锚钉或U形箍加以锚固,如图3.36所示。

与FRP板不同的是,纤维布刚度小,柔软易变形。图3.37展示了几种不同形式的曲面挤压式锚具。该形式锚具的曲面设计既可使纤维布产生几何伸长(即实现预应力张拉),又可有效实现纤维布的锚固。

(4)预应力FRP板锚固工艺

与预应力纤维布锚固相比,预应力FRP板锚具张拉荷载更高,加固效果更优异。另外FRP板横向刚度大,不适合使用如图3.37所示的锚具进行锚固。

参考《预应力筋用锚具、夹具和连接器》(GB/T 14370—2015),FRP板-锚具组装件静载锚固性能应满足锚具效率系数不小于0.90的要求,其破坏模式应是FRP板的破断,而不是锚具的失效导致试验终止。FRP板-锚具组装件的疲劳荷载性能应满足经受200万次循环荷载后,锚具不应发生疲劳破坏,其中试验应力上限应为FRP板公称抗拉强度f_{ptk}的50%,

疲劳应力幅度不应小于 80 MPa。另外,FRP 板因锚具夹持作用发生疲劳破坏的截面面积不应大于总 FRP 板截面面积的 5%。

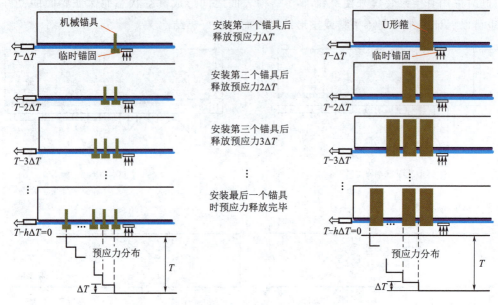

图 3.36　逐步释放预应力法(分步张拉锚固法)

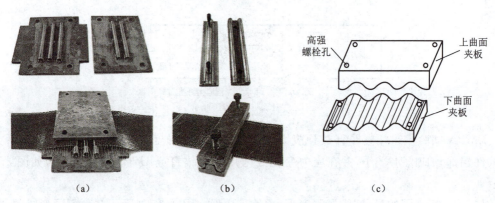

图 3.37　曲面挤压式预应力纤维布锚具

按锚固机理分,预应力 FRP 板锚具可以分为夹片式锚具、平板挤压式锚具、曲面挤压式锚具和一体化锚头式锚具等几种类型,部分锚具示意图如图 3.38 所示。

夹片式锚具的原理是通过楔形夹片跟进时在 FRP 板表面产生正向压力而实现锚固,夹片和锚板是其基本结构。其锚固性能可靠,结构简单紧凑,制作、施工操作方便,效率高,锚具形式多种多样,能够满足不同施工环境的要求;但是夹片内缩量不同易使 FRP 端部产生应力集中,造成 FRP 板提前破坏,且预应力损失较大。商用夹片式锚具有柳州欧维姆预应力碳纤维板锚固体系、北京中交铁建 CFPA 锚具体系、卡本预应力碳板加固系统和悍马预应力碳纤维板加固系统等。

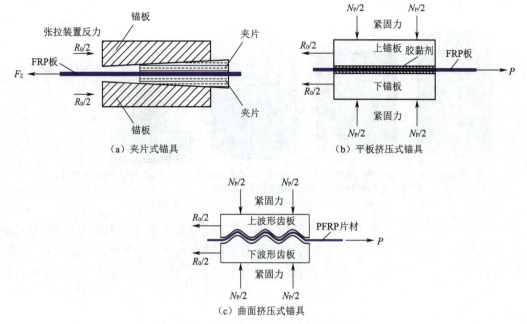

图 3.38　部分 FRP 板锚具示意图

平板挤压式锚具的原理是通过螺栓的紧固作用在 FRP 板表面产生正向应力,常常会在 FRP 板与锚具间的界面填充结构胶,摩擦力与胶粘力共同作用实现 FRP 板锚固。其特点为摩擦力的大小取决于夹板与 FRP 板的摩擦系数和紧固力,紧固力受螺栓机械松动的影响,且螺栓在高应力状态下有应力松弛现象,会造成紧固力损失。商用平板挤压式锚具有曼卡特预应力碳纤维板锚具系统、湖南磐固 PG-TB 预应力碳纤维板锚固系统、瑞士的 Sika LEO-BA Ⅱ 型锚具等。

曲面挤压式锚具的锚固机理与平板挤压式锚具相似。所不同的是锚具上下夹板为凸缘(或凹缘)结构,具有增加黏结面积和锚固长度的作用。FRP 板摩擦力除了由上、下夹板对 FRP 板的表面压力引起的摩擦力及由结构胶产生的胶粘力外,还包括由 FRP 板的弯曲效应引起的摩擦力。代表性商用曲面挤压式锚具为重庆纽劲波形齿夹具锚。

一体化锚头式锚具的原理是 FRP 板端部形成端部扩大头,与金属固定支座配合实现 FRP 板的锚固。该锚具在工厂里预制完成,锚固性能稳定,但对精度要求高,不可现场下料,施工不便。代表性一体化锚头式锚具为瑞士的 Sika Stresshead 型锚具。

3. 纤维布约束受压构件加固

混凝土受压性能优异,但受拉性能差,由于缺乏侧向约束,素混凝土柱在压力作用下会发生剪切破坏,抗压强度相对较低。钢筋混凝土柱中的箍筋为内部混凝土提供了一定的约束作用,抗压承载力有较大提高,但在低周往复荷载作用下,钢筋混凝土柱的破坏模式仍为脆性剪切破坏。使用浸渍树脂的纤维布对钢筋混凝土柱进行约束加固,由于纤维布所提供的环向约束作用,使被加固柱的承载力有效提高。在低周往复荷载作用下,柱子的破坏模式由脆性破坏转变为延性破坏。纤维布约束受压构件加固示意图及应力-应变曲线分别如图 3.39 和图 3.40 所示。

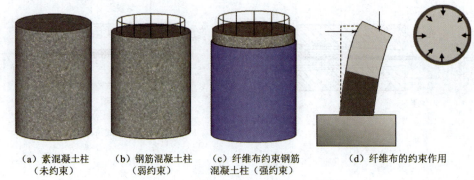

图 3.39　纤维布约束受压构件加固示意图

(a) 素混凝土柱（未约束）　(b) 钢筋混凝土柱（弱约束）　(c) 纤维布约束钢筋混凝土柱（强约束）　(d) 纤维布的约束作用

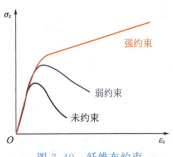

图 3.40　纤维布约束加固受压构件应力-应变曲线

FRP 的约束作用使混凝土处于三向应力状态，可有效避免钢筋屈曲，有效提高混凝土柱的塑性和韧性。采用 FRP 进行约束加固，具有自重轻、施工方便，基本不增加结构自重等优点，故可大量节约人工费用，从而降低工程造价。

4. 纤维布抗剥落加固

在隧道与涵洞等工程中，由于地基沉降、设计施工缺陷等原因，隧道上方混凝土会产生弯曲裂缝、剪切裂缝等病害，同时也由于隧道所处地质条件复杂，混凝土易劣化。在混凝土开裂及混凝土劣化等因素的作用下，隧道或涵洞上方混凝土易产生剥落。若未进行妥善处理，混凝土剥落会对通行车辆、作业人员和作业机械等的安全造成危害，故需对隧道或涵洞等进行抗剥落加固，如图 3.41 所示。

纤维布抗剥落加固是利用纤维布双向约束的特点与较高的界面抗剥离性能约束剥落块，如图 3.42 所示。沿着隧道内表面环向及纵向交错布置纤维布可有效实现抗剥落加固。该加固方法受隧道或涵洞腐蚀环境影响小，加固系统具有良好的耐久性。

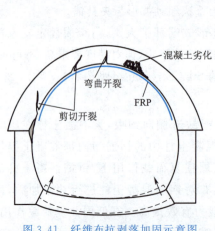

图 3.41　纤维布抗剥落加固示意图

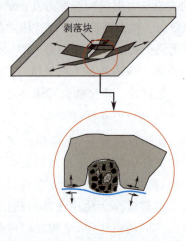

图 3.42　纤维布抗剥落加固原理图

3.6.2 纤维布/FRP 板加固应用现状

纤维布/FRP 板在梁抗弯、抗剪加固,楼板、桥板补强,砌体墙、剪力墙加固,桥墩、桩、柱补强,烟囱、隧道、水池、混凝土管等加固补强领域具有广泛的应用。不但可以用于既有结构升级改造、震后修复,也可以应用于新建结构抗震设计、初始设计缺陷加固补强等场景。

国外最早开始 FRP 加固技术研究的国家是瑞士和德国。1991 年,CFRP 板外贴加固技术首次应用于瑞士伊巴赫桥的加固。该桥为多跨连续梁桥,总长 228 m,因腹板中的数根预应力筋受损,原计划采用 175 kg 的钢板进行加固,后改用 3 块长度均为 5 m 的 CFRP 板进行补强,总重量仅为 6.2 kg。在日本,CFRP 加固技术广泛应用于公路/铁路桥梁、隧道、码头、房屋建筑等的加固。在阪神大地震维修工程、兵库县南部地震道路桥梁修复工程和首都高速道路桥梁抗震加固工程中都大量使用了碳纤维加固技术,并取得了显著的经济效益。我国的 CFRP 加固研究始于 20 世纪 90 年代中期。1999 年,我国完成了北京民族文化宫大修工程,首次使用 CFRP 材料对大型建筑屋架进行加固修复,成为国内结构修复中的一个典型实例。国内桥梁加固领域的一个典型实例是哈尔滨市东直桥加固修复工程,新建东直桥需利用 13 跨旧有桥梁,故对现有桥梁进行加固,总计加固 20 m 长的 T 形梁 130 榀,实际粘贴碳纤维布 240 m²,施工总时长 15 天。加固完成半年后经实地观测表明,纤维布与混凝土梁表面粘贴完整,无空鼓、无裂纹,取得了较满意的加固效果。

1. 纤维布/FRP 板抗弯加固

在梁、板、柱等构件的受拉侧用环氧树脂粘贴 FRP 材料进行加固的方法具有施工简便、性价比高、不减小构件下方净空、自重小、对结构影响小等优点。另外还可以克服粘贴钢板运输和施工不便、易锈蚀等问题。

1986 年至 1987 年,Rostasy 等人首次使用 GFRP 板对德国 Kattenbusch Bridge 进行加固。该桥为多跨连续桥,总长 478 m,中跨跨度 45 m,共 9 跨,两边跨跨度均为 36.5 m,总计 10 个联结点。由于反弯点处未考虑温度效应影响,桥梁出现了严重的开裂现象。研究者对每个联结点采用 20 根长 3.2 m、截面 150 mm×30 mm 的 GFRP 板进行加固。加固后的结构裂缝宽度降低 50%,同时应力幅降低了 36%,有效提高了结构疲劳强度。图 3.43(a)为波兰某建筑的钢筋混凝土梁采用 FRP 板进行抗弯加固;图 3.43(b)为在楼板底部纵横向布置 FRP 板对楼板进行加固。建造于 1964 年的德国海尔布隆市 Neckar 公路大桥使用预应力 CFRP 板进行加固,有效解决了桥梁联结处的裂缝问题,如图 3.43(c)所示。

原瑞士 Münchenstein 铁路桥建于 1875 年,建造师是大名鼎鼎的 G. Eiffel,随后他建造了巴黎埃菲尔铁塔。15 年后的 1891 年,一列火车经过 Münchenstein 铁路桥时,该桥突然倒塌。事故夺去了 73 位乘客的生命,是瑞士历史上迄今为止最严重的铁路交通事故。1892 年,EMPA 实验室在 Münchenstein 铁路桥原址建立了单跨铆接钢桥[图 3.44(a)]。新 Münchenstein 铁路桥由 10 榀框架组成,离水面约 5 m,总长 45.2 m。为了避免该桥发生疲劳破坏,延长桥梁使用寿命,EMPA 实验室的研究人员采用在体外张拉 CFRP 板的方法对该铁路桥进行加固[见图 3.44(b)]。

（a）CFRP板抗弯加固混凝土梁　　　（b）CFRP板抗弯加固楼板　　　（c）预应力CFRP板加固梁

图 3.43　FRP 板抗弯加固

 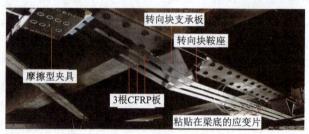

（a）铁路桥外景　　　　　　　　　（b）预应力CFRP板加固钢桥

图 3.44　瑞士 Münchenstein 铁路桥加固

天津港东环立交桥位于天津港北疆港区四号路与东环路相交处,是天津港内重要的交通枢纽之一。该桥于 1986 年和 1992 年分两期建成,由于常年大型集装箱车较高的通行频率以及环境腐蚀等原因造成了该桥严重的病害问题。2003 年,为了提高箱梁受力性能,工程人员采用碳纤维加固方法并辅以其他措施对主梁进行了加固补强,加固后的立交桥达到了设计要求。与新建一座同规模桥梁相比,费用节约 4 000 多万元,工期节约近半年。

澳大利亚西门大桥(West Gate Bridge)于 1978 年落成,是墨尔本重要的交通要道及代表性结构。经过 40 多年的运营,西门大桥日交通流量由刚开放时的 4 万辆增长至 16 万辆。为满足日益增长的交通需求,2009 年工程人员采用碳纤维布对西门大桥进行加固,加固里程达 40 余公里,是世界上规模最大的碳纤维布加固工程。

2. 纤维布/FRP 板抗剪加固

在桥梁腹板侧面外贴 FRP 材料,纤维主方向与构件轴线垂直或成 45°,可提高构件的抗剪承载力。2001 年,瑞士苏黎世 Duttweiler 桥腹板处粘贴预制 L 形 FRP 板进行抗剪加固[见图 3.45(a)];2003 年,波兰某高速公路桥梁受剪区粘贴碳纤维布进行抗剪加固[见图 3.45(b)]。

3. 纤维布/FRP 板抗震加固

纤维布不仅可用于提高受压构件的承载能力,也能在抗震加固中用于增加节点处塑性铰的变形能力,在非地震区使用也有良好的效果,例如:可在爆炸冲击作用下保证构件的正常使用性能,也可在现有结构改变用途或升级改造时提高柱的竖向承载力。2006 年 3 月,意大利 Reggio Emilia 足球馆因柱下部配箍不足,不满足新的抗震规范要求,故使用碳纤维布约束混凝土柱进行抗震加固[见图 3.46(a)、(b)]。位于希腊雅典的 Aigaleo 足球馆梁柱节点采用碳纤维布进行加固,并在纤维布端部安装钢压板对其进行锚固[见图 3.46(c)]。图 3.47 为葡萄牙某仓储楼使用预应力芳纶纤维布对混凝土柱进行加固。

(a) L形预制CFRP板抗剪加固梁(瑞士,2001)

(b) 碳纤维布抗剪加固梁(波兰,2003)

图 3.45　纤维布/FRP 板抗剪加固

(a) 纤维布约束混凝土柱1
(意大利,2006)

(b) 纤维布约束混凝土柱2
(意大利,2006)

(c) 纤维布加固梁柱节点
(希腊)

图 3.46　纤维布加固柱

瑞士 EMPA 实验室的研究者使用环氧胶粘贴 FRP 板对砌体剪力墙进行加固,并对 FRP 板进行有效锚固,静力往复加载试验结果表明,加固后的砌体剪力墙面内变形可提高 300% 以上。瑞士伯尔尼某教学楼的剪力墙采用 GFRP 板进行抗震加固,首先在墙体表面粘贴玻璃纤维布,然后交错布置 GFRP 板,FRP 板端部采用钢板锚固在砌体剪力墙上(见图 3.48)。

德国法兰克福兰根银行大楼,需在已有混凝土墙上新增两个门洞。Sika 公司在新开门洞上方墙体安装了 8 条预应力 CFRP 板进行加固,有效解决了由于结构体系转变所产生的新开门洞过梁区域的拉应力问题。

纤维布/FRP 板在历史建筑加固方面具有广泛的应用。意大利、希腊和葡萄牙大量的历史建筑使用了 FRP 材料进行加固补强。1997 年 9 月底,意大利圣方济各大教堂在地震中严重受损,人们使用了 AFRP 和 GFRP 对它进行修复。位于意大利那不勒斯城的圣玛丽亚钟楼竣工于 17 世纪,该教堂总高 68 m,总计 7 层。钟楼里原本安装的钢板条因环境侵蚀作用受到了损伤,需要更换。基于古建筑高耐久性的要求及维修经济性的考虑,工程师采用 GFRP 板替代了原有的钢板条,如图 3.49 所示。

图3.47 预应力芳纶纤维布约束混凝土柱(葡萄牙)

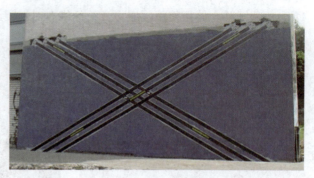
图3.48 砌体剪力墙抗震加固(瑞士,2002)

(b) GFRP板锚具

(a) 圣玛丽亚钟楼

(c) 结构内的GFRP板

图3.49 GFRP板加固圣玛丽亚钟楼(意大利)

4. 纤维布渗漏加固

延安至安塞高速公路墩山连拱隧道主体工程完工后,衬砌出现了不同程度的裂缝和渗漏水等病害,研究人员对衬砌裂缝特征、产生原因进行了分析,并根据裂缝的开裂程度与发展规律,采用碳纤维布对隧道衬砌裂缝进行了局部修复和整体加固补强。加固后,衬砌裂缝得到了有效控制,支护受力处于安全状态,围岩稳定,碳纤维布加固效果显著。2011年10月,位于湖北省南漳县蛮河上游的三道河水库低输水隧洞出口处出现渗漏现象,究其原因为隧洞内衬钢管在建设过程中,由于隧洞与内衬钢管间的块石混凝土填充不密实、焊接质量不高,导致多年运营后,在水的侵蚀下,缺陷及薄弱部位锈蚀洞穿,形成渗漏通道。工程人员对钢管漏水部位进行封堵找平,全断面粘贴碳纤维布补强加固,内衬钢管与隧洞间回填灌浆。该方案与拆除重建方案相比,施工更方便,经济效益更明显。

3.6.3 纤维布/FRP 板发展前景

1. 普通纤维布外贴加固技术

外贴纤维布加固技术具有施工方便、加固效果显著且长期耐久性能优异等特点,已被国内外广泛应用于建筑桥梁加固修复工程。近年来,随着外贴碳纤维布加固技术的不断实践,发现少数加固年限较短的工程相继出现碳纤维布断裂或剥离等问题,严重影响结构使用安全。作者团队从加固材料与现场施工过程两方面对外贴碳纤维布加固失效原因进行了分析,发现依据规范设计的加固工程受 FRP 材料长期性能影响较小,但对碳纤维布浸渍树脂、黏结面涂刷底胶和找平胶等现场工序特别敏感。复合材料受到拉伸荷载作用时,荷载主要由增强纤维承担,而树脂基体起着传递应力的作用。若树脂浸渍不足,会导致纤维之间的应力无法有效传递,从而削弱了复合材料的整体拉伸强度。底胶是一种低黏度和高浸润性的材料,既可以渗透到混凝土内部强化薄弱表面层,还能与上层找平胶之间形成化学键来辅助粘贴。由于混凝土表面多孔隙且表层砂浆强度较低,在剪切荷载作用下,未涂刷底胶的碳纤维复合材料-混凝土界面的剥离发生在较薄弱的表面砂浆层,表现出较低的黏结强度。未涂刷找平胶的结构黏结面可能存在局部凹陷或凸起,该缺陷易造成碳纤维布的剥离或断裂。外贴碳纤维布加固效果受现场施工过程影响大,特别是涂刷底胶、找平胶以及碳纤维布浸渍这几道工序。因此,现场施工监理应对这几道工序予以重点检查,验收合格后,方可进行下一道工序施工。

应该注意到,通常用于纤维布外贴加固的环氧树脂在恶劣环境及长期荷载的作用下,其受力性能会出现显著退化,导致纤维布-混凝土的黏结界面出现剥离破坏。因此,应该进一步深入研究典型恶劣环境及长期荷载下的纤维布-混凝土界面性能退化机理,在加固设计时对界面性能的退化进行必要考虑;同时,采用合适的锚固措施有效提升恶劣环境及长期荷载下纤维布-混凝土界面的受力性能;此外,针对服役环境特别恶劣的加固工程,应采用耐久性相对更好的水泥基材料替代环氧树脂作为黏结材料,以保证良好的长期耐久性能(参见本书第 6 章 FRP 网格加固技术的相关介绍)。

2. 预应力 FRP 板锚具

现有 FRP 板锚具仍存在锚固性能不稳定、体积大、质量重、施工不方便等问题。另外,现有锚具主要部件均为钢材制作,钢制锚具易腐蚀的缺点限制了预应力 FRP 板加固法在特殊环境下的应用。FRP 板-锚具组装件在不同工况下(如疲劳、蠕变、火灾条件)和不同环境下(如冻融循环、干湿循环、盐雾、酸性及碱性环境)的相关研究及设计规范也较为缺乏。在经济性方面,锚具成本占 FRP 板-锚具组装件总成本的比例居高不下。

因此,锚固性能稳定、体积小、耐久性能优良、经济性好的 FRP 板锚具是未来的发展趋势。同时,也应开展 FRP 板-锚具组装件在不同工况下和不同环境下的相关研究,用于指导特殊环境下钢筋混凝土结构的加固与设计。

3. 预应力 BFRP 板加固技术

BFRP 是一种绿色环保、性价比高、经济效益良好的新型材料。玄武岩纤维生产流程简单、总能耗仅为碳纤维生产能耗的 1/16,无二氧化碳等气体排放。BFRP 的强度一般超过 1 300 MPa,并且具有较高的蠕变断裂应力($0.54f_u$)和低蠕变率($<3\%$),是一种很好的预应力材料。BFRP 的弹性模量较低,仅为 CFRP 的 1/3 左右,由温度变化、混凝土收缩徐变等引起的预应力损失明显小于 CFRP。BFRP 的断裂伸长率可达 2.5% 以上,是 CFRP(1.7%) 的 1.5 倍,采用 BFRP 的预应力结构有望获得较高的变形能力。同等规格的 BFRP 板加固梁,加固效果是 CFRP 板的 70%~80%,而价格仅为 CFRP 板的三分之一,故 BFRP 板加固梁具有明显的性价比优势。因此,BFRP 板在预应力加固领域具有良好的应用前景。现有关于预应力 BFRP 板加固梁在疲劳、蠕变等长期性能、酸碱盐腐蚀等耐久性能以及在多作用耦合条件下的性能研究均较少,应加强相应的长期耐久性能研究,为预应力 BFRP 板加固混凝土构件设计理论的建立提供必要基础。

4. 自传感 FRP 板

在拉挤成型等工艺的基础上,将光纤传感材料封装在 FRP 板内部可以制成自传感 FRP 板。利用 FRP 板封装光纤,可有效保护光纤,保证其在结构中的耐久性能;与此同时,预置光纤的 FRP 板,可作为一种智能元件。自传感 FRP 板具备普通 FRP 板的基本力学性能,能够满足对工程结构的增强效果;除此之外,自传感 FRP 板还可以通过自身的传感功能直接感知被加固结构应变的变化,使被加固结构具有感知状态变化、自我诊断、自适应等功能。自传感 FRP 板可以将结构健康监测和结构加固等技术有机结合,可更好地实现结构全生命周期管理,创造更好的社会及经济效益。

目前,自传感 FRP 板相关研究较少,其性能设计及形式可参考第 4 章自传感 FRP 筋相关内容。

参考文献

[1] ASCIONE L,BERARDI V P,D'APONTE A. Creep phenomena in FRP materials[J]. Mechanics Research Communications,2012,43:15-21.

[2] CAO S,WU Z S,WANG X. Tensile properties of CFRP and hybrid FRP composites at elevated temperatures[J]. Journal of Composite Materials,2009,43(4):315-330.

[3] CERONI F,PROTA A. Case study:seismic upgrade of a masonry bell tower using glass Fiber-Reinforced Polymer ties[J]. Journal of Composites for Construction,2009,13(3):188-197.

[4] CHEN J F,TENG J G. Anchorage strength models for FRP and steel plates bonded to concrete[J]. Journal of structural engineering,2001,127(7):784-791.

[5] CORREIA L,TEIXEIRA T,MICHELS J,et al. Flexural behaviour of RC slabs strengthened with prestressed CFRP strips using different anchorage systems[J]. Composites Part B:Engineering,2015,81:158-170.

[6] DAI J G,GAO W Y,TENG J G. Finite element modeling of insulated FRP-strengthened RC beams exposed to fire[J]. Journal of Composites for Construction,2015,19(2):04014046.

[7] ELDRIDGE A,FAM A. Environmental aging effect on tensile properties of GFRP made of furfuryl alcohol bioresin compared to epoxy[J]. Journal of Composites for Construction,2014,18(5):04014010.

[8] GHAFOORI E,MOTAVALLI M,NUSSBAUMER A,et al. Design criterion for fatigue strengthening

of riveted beams in a 120-year-old railway metallic bridge using pre-stressed CFRP plates[J]. Composites:Part B,2015,68:1-13.

[9] KAJORNCHEAPPUNNGAM S,GUPTA R K,GANGARAO H V S. Effect of aging environment on degradation of glass-reinforced epoxy[J]. Journal of composites for construction,2002,6(1):61-69.

[10] LIU F,HE G,XIONG J. Experimental study on durability of FRP sheets under wet-dry cycles in various solutions[J]. Procedia engineering,2017,210:61-70.

[11] MCELLIGOTTS. West gate bridge strengthening project[EB/OL]. https://www.mcelligotts.com.au/projects/westgate-bridge-strengthening-project/.

[12] MOHEE F M,AL-MAYAH A,PLUMTREE A. Anchors for CFRP plates:State-of-the-art review and future potential[J]. Composites Part B:Engineering,2016,90:432-442.

[13] MOTAVALLI M,CZADERSKI C. FRP composites for retrofitting of existing civil structures in Europe:State-of-the-art review[C]//International Conference of Composites & Polycon. American Composites Manufacturers Association Tampa,FL,USA,2007:17-19.

[14] SAYED-AHMED E Y,BAKAY R,SHRIVE N G. Bond strength of FRP laminates to concrete:state-of-the-art review[J]. Electronic Journal of structural engineering,2009,9(1):45-61.

[15] SHI J W,ZHU H,DAI J G,et al. Effect of toughening modification on the tensile behavior of FRP composites in concrete based alkaline environment[J]. Journal of Materials in Civil Engineering,ASCE,2015,27(12):04015054.

[16] SHI J W,ZHU H,WU G,et al. Tensile behavior of FRP and hybrid FRP sheets in freeze-thaw cycling environments[J]. Composites Part B:Engineering,2014,60:239-247.

[17] SILVA M A G,CIDADE M T,BISCAIA H,et al. Composites and FRP-strengthened beams subjected to dry/wet and salt fog cycles[J]. Journal of Materials in Civil Engineering,2014,26(12):04014092.

[18] TENG J G,SMITH S T,YAO J,et al. Intermediate crack-induced debonding in RC beams and slabs [J]. Construction and building materials,2003,17(6/7):447-462.

[19] WU Z S. Interface Crack Propagation in FRP-Strebthened Concrete Structures[C]//Proceedings of the Third Inte. Symp. of Non-Metallic(FRP)Reinforced for Concrete Structures,1997,1:295-302.

[20] WU Z S,KIM R J,DIAB R,et al. Recent Developments in Long-Term Performance of FRP Composites and FRP-Concrete Interface[J]. Advances in Structural Engineering,2010,13(5):891-903.

[21] WU Z S,MURAYAMA D,YOSHIZAWA H. An Experimental Study on Bonding Behavior and its Improvement Approach of CFRP Sheets in Anchorage Zone[J]. Proceedings of the Japan Concrete Institute,1999,21:211-216.

[22] WU Z S,WANG X,IWASHITA K,et al. Tensile fatigue behaviour of FRP and hybrid FRP sheets [J]. Composites Part B:Engineering,2010,41(5):396-402.

[23] WU Z S,YIN J. Fracturing behaviors of FRP-strengthened concrete structures[J]. Engineering Fracture Mechanics,2003,70(10):1339-1355.

[24] YOU Y C,CHOI K S,KIM J H. An experimental investigation on flexural behavior of RC beams strengthened with prestressed CFRP strips using a durable anchorage system[J]. Composites Part B Engineering,2012,43(8):3026-3036.

[25] 邓宗才,李建辉,张建军,等. 芳纶纤维布应力松弛试验研究[J]. 建筑结构,2008(6):110-112.

[26] 黄丽. 聚合物复合材料[M]. 北京:中国轻工业出版社,2012.

[27] 李世宏.碳纤维布应力松弛试验研究[J].建筑结构,2009,39(4):72-75.
[28] 刘长源.预应力BFRP板外贴加固RC梁抗弯性能研究[D].南京:东南大学,2019.
[29] 卢毅,张誉,贾彬,等.预应力玄武岩纤维布加固钢管的预应力损失研究[J].工业建筑,2015,45(06):22-26.
[30] 田安国.预应力FRP加固混凝土受弯构件试验及设计理论研究[D].南京:东南大学,2019.
[31] 王海涛.CFRP板加固钢结构疲劳性能及其设计方法研究[D].南京:东南大学,2016.
[32] 吴智深,汪昕,吴刚.FRP增强工程结构体系[M].北京:科学出版社,2016.
[33] 吴智深,岩下健太郎.一种预应力纤维布外粘结加固的锚固方法:200910232633.4[P].2010-06-16.

第4章 FRP筋和预应力FRP筋

4.1 概　述

由于钢筋与混凝土能够通过黏结力协同工作并发挥各自的优势，因此钢筋混凝土结构在工程结构领域得到了系统研究和广泛应用，但在沿海等环境恶劣地区，混凝土内部的钢筋易发生锈蚀膨胀，严重威胁结构安全性和耐久性。采用耐腐蚀的 FRP 筋替换传统钢筋是实现混凝土结构耐久的有效方法。虽然 FRP 筋混凝土结构的初始材料费用较高，但由于结构维护成本低，因此结构全寿命周期费用显著低于传统钢筋混凝土结构。既有研究表明，考虑 100 年使用寿命，钢筋混凝土桥梁的总费用将比 FRP 筋混凝土桥梁的总费用高 53%～205%。自 20 世纪 70 年代以来，美国、加拿大、日本和欧洲等国陆续开展了 FRP 筋在混凝土结构的应用研究，并相继颁布了 FRP 筋混凝土结构的相关设计规范。现在，国外已将 FRP 筋广泛应用于桥梁工程、港口工程、建筑工程和市政工程等。由于 GFRP 筋的价格在各类 FRP 筋中相对较低，且具有热膨胀系数与混凝土接近的特点，因此用于混凝土结构增强的 FRP 筋以 GFRP 为主，加拿大和美国部分桥梁的桥面板内部配筋均采用了 GFRP 筋，我国南通洋口 15 万 t 级港区防波堤也采用全 GFRP 筋建造，满足了港口工程对严酷环境下结构安全性、耐久性的严苛要求。近年来我国自主研发了玄武岩纤维复合筋（BFRP 筋），并对其基本性能和增强结构的力学性能进行了全面而深入的研究，BFRP 在基本力学性能、蠕变性能和耐久性等方面相比于 GFRP 具有显著优势。BFRP 筋已在南海三沙市岛礁混凝土灯塔建设和南京长江大桥加固改造中得到应用，显著提升了工程结构的耐久性，降低了全寿命成本。但由于 FRP 的线弹性及低弹性模量，简单替代钢筋用于混凝土会导致结构刚度不足、FRP 材料利用率低等问题，这一问题可通过 FRP 筋部分替换钢筋以及采用预应力 FRP 筋解决。

FRP 筋部分替换钢筋是将 FRP 筋布置在混凝土保护层内的钢筋外侧，利用 FRP 筋与混凝土之间良好的黏结性能，有效控制裂缝扩展，提升结构耐久性。同时，部分 FRP 筋增强混凝土结构的刚度和延性均优于全 FRP 筋增强混凝土结构。FRP 筋普遍具有线弹性、高强度的力学特性，适合用作预应力材料，通过施加预应力，保证 FRP 筋的高强度得到充分利用，大幅提高结构整体刚度和抗裂能力，可有效解决 FRP 筋增强混凝土结构刚度不足、FRP 材料利用率低等问题。美国 ACI 440.4R 规范推荐 CFRP 筋和 AFRP 筋作为预应力 FRP 筋使用。近十年来的相关研究表明，BFRP 筋也适用于预应力工程，且与 CFRP 筋和 AFRP 筋相比具有显著的价格优势。GFRP 筋由于蠕变断裂应力低（约 $0.29f_u$，f_u 为拉伸强度），不适合用作预应力材料。预应力 FRP 筋既可作为新建结构的增强材料用于混凝土中,又可用于既有混凝土结构加固,FRP 加固既有混凝土结构技术主要包括 FRP 筋嵌入式加固和体外预应力 FRP 筋加固技术。

本章将首先介绍 FRP 筋的生产制备工艺,包括通用工艺以及智能筋、混杂筋、一体化成型螺纹筋、二次缠绕螺纹筋、箍筋等不同 FRP 筋的生产技术。从常用 FRP 筋、混杂纤维 FRP 筋、钢-连续纤维复合筋(SFCB)、自传感 FRP 筋和热塑性树脂基 FRP 筋等方面介绍 FRP 筋的种类和特点;详细论述 FRP 筋材料本身及其应用技术相关的性能指标,以及 FRP 筋的标准化历程和标准化重要内容;最后,论述 FRP 筋在建筑、港口、桥梁、路面等基础设施建设中的相关应用,并展望了 FRP 筋的发展前景。

4.2 生产制备工艺

4.2.1 直线型 FRP 筋生产工艺

FRP 筋按结构应用需求可制成直筋、箍筋等形式。直线型 FRP 筋制造工艺可分为拉挤法、编织法等。其中拉挤法(见图 4.1)在第 1 章已有简单介绍,该方法是将纤维束浸胶后通过特有的热成形模在一定张力下拉挤成型,具有生产速度快、质量控制好、生产成本低等特点,是制造 FRP 筋的普遍方法,所生产的 FRP 筋纤维体积分数最高可达 75%。采用拉挤工艺制备的 FRP 筋一般直径为 12 mm 以下时可以盘卷(FRP 筋常用直径在 4~25 mm 之间),以便于运输。我国和欧美等国大多都采用该法生产 FRP 筋。

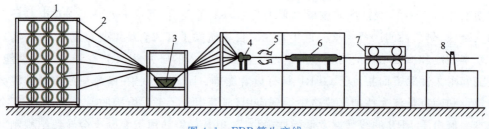

图 4.1 FRP 筋生产线

1—纱架;2—纤维粗纱;3—胶槽;4—拉挤型模;5—电动缠绕塑胶带;6—恒温固化炉;7—牵引装置;8—盘卷机

虽然纤维是 FRP 筋中的主要受力部分,但树脂的性能也会显著影响 FRP 筋产品的物理力学特性。FRP 筋常用的基体有环氧树脂、乙烯基树脂和不饱和聚酯树脂(邻苯型、间苯型、乙烯基型)等。根据工艺、性能、成本等因素,对性能要求一般的 FRP 筋采用乙烯基、间苯型不饱和聚酯树脂,性能要求高的采用环氧树脂。为了进一步降低成本,筋材生产时可在基体材料中添加填料。填料包括氧化硅和硅酸盐类(滑石粉等)、碳酸盐类(碳酸钙)、硫酸盐类(硫酸钡或硫酸钙)以及氧化物类(氢氧化铝)。总体来说,FRP 筋中原材料的基本配比为:增强材料 50%~78%,树脂 20%~30%,填料 5%~30%,固化剂 1%~4%,辅助剂适量。

在拉挤工艺生产 FRP 筋的过程中,树脂黏度对 FRP 筋性能有较大影响,黏度过大会导致产品纤维含量少和纤维浸润不充分。生产过程中为了保证充分浸润,除了选择合适的树脂黏度,还应合理设计浸胶槽以保证足够的浸胶时间和浸胶压力。此外,树脂的固化度也对产品质量的影响较大,在生产前应提前测量树脂的放热峰并估算树脂固化时间,在生产过程中应严格控制加热温度,温度过高会在产品中产生气泡或裂纹,温度过低则会导致树脂固化不完全。除了树脂本身外,还应选择与所用树脂种类匹配的浸润剂对纤维表面进行处理,以保证良好的纤维-树脂界面性能。

在拉挤工艺的基础上,将光纤传感元件封装在FRP筋内部可制成FRP自传感筋(自传感的概念见第2章),将长标距光纤或纤维封装的光栅导入FRP筋的规模化生产流程如图4.2所示,该流程主要包括光纤复合状态控制、FRP自传感筋的外形控制等主要工艺,并通过剥离固化的FRP筋,引出隔胶层内的光纤用于连接其他光纤。在纤芯和包层外面直接涂覆一层树脂涂层,该涂层的刚度相对较大,与包层紧密黏结,一方面保护内部的传光元件(即纤芯和包层),另一方面保证树脂涂层与传光元件之间变形的有效传递。树脂涂层可采用环氧树脂等作为基体,并可以适当添加复合材料工业中经常使用的浸润剂(其主要成分有偶联剂、黏结剂和成膜剂等)或其他类似产品,以增强光纤与纤维的界面。最后利用FRP材料各向异性的特征,直接将光纤接口从FRP筋中剥离出来。需要注意的是,由于光纤等自传感材料耐热性差,自传感FRP筋生产时的固化温度应适当降低(不得低于树脂固化温度的下限),或采用放热峰较低的树脂。

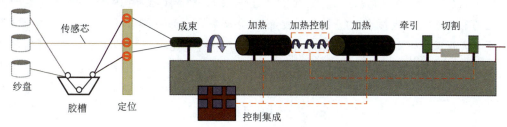

图 4.2 FRP自传感筋生产工艺

按照表面形状可将FRP筋分为光面筋和螺纹筋,螺纹筋按照成型方式又分为一体化成型螺纹筋和二次缠绕螺纹筋。对于不同表面形态的FRP筋,生产过程的细节有所区别,具体介绍如下。

1. 一体化成型螺纹筋

一体化成型螺纹筋通过与拉挤法类似工艺,在FRP筋固化前在其表面缠绕塑料绳形成螺纹(见图4.3)。生产过程中,通过调节表面缠绕绳的张力控制螺纹深度,张力越大则螺纹深度越大;通过调节牵引速度和缠绕速度控制螺纹间距,牵引速度越快、缠绕速度越慢则螺纹间距越大,反之则螺纹间距越小。在FRP筋经过高温固化箱固化后,通过机械或人工拆除缠绕的塑料绳,FRP筋的表面即可形成连续螺纹。该工艺的关键技术在于缠绕塑料绳的张力控制,张力过大或过小都会造成FRP筋截面的非正常变形。

2. 二次缠绕螺纹筋

二次缠绕螺纹筋在生产过程中,先通过拉挤法或类似工艺生产光面筋,再将浸润树脂的纤维粗纱通过特制设备缠绕在初固化的FRP筋表面(见图4.4),树脂固化后,缠绕的粗纱可与筋共同受力,肋纹的形状包括单向肋纹和双向交叉肋纹。该工艺的关键技术在于通过生产设备的合理设计和调试,保证粗纱缠绕的均匀性。

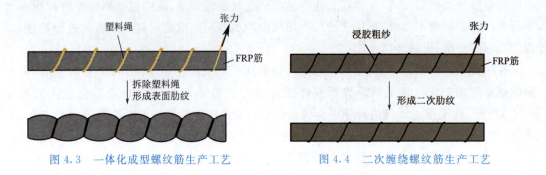

图4.3　一体化成型螺纹筋生产工艺　　　　图4.4　二次缠绕螺纹筋生产工艺

3. 光面筋

光面筋的生产工艺分为两种,第一种是拉挤工艺,利用拉挤生产机器制造FRP筋,需针对不同的FRP筋直径加工相应的模具,因此生产成本较高;并且为了拉挤过程的顺畅,往往需要较高的树脂含量,从而限制了FRP筋产品的强度。

除了拉挤工艺外,作者团队采用与一体化螺纹筋生产工艺类似的方法,无须拉挤工艺中的模具,仅需将浸润树脂后的纤维粗纱穿过一根无缝钢管,钢管内径根据所需生产的FRP筋直径确定,在未固化的FRP筋表面密绕塑料绳,每一圈塑料绳之间无缝隙(见图4.5),从而保证FRP筋的截面形状为圆形,密绕塑料绳还可以挤掉多余树脂,所生产的FRP筋纤维含量高,强度高于拉挤FRP筋。需要指出的是,由于光面筋与混凝土的黏结性能不足,需在表面喷砂后方可用于增强混凝土结构(见图4.5)。

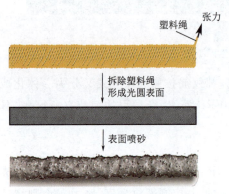

图4.5　光面筋生产工艺

4. 热塑性树脂基FRP筋

由于热塑性树脂熔点较高,熔体黏度非常大,一般超过100 Pa·s,同时表面极性低,纤维浸渍困难,因此解决树脂与增强纤维的浸渍问题是热塑性FRP制备中的关键技术。热塑性复合材料发展早期,国内外科研人员为实现树脂在纤维上的均匀分布和解决树脂对纤维的连续浸渍问题展开了大量研究。各类拉挤成型工艺的区别主要在于浸渍方法和浸渍工艺的不同,热塑性FRP制品的浸渍工艺主要包括溶液法、熔融法、流化床法、薄膜镶嵌法、混合纱法、悬浮熔融法等。成型工艺与热固性FRP筋大体类似,所不同的是增加了相应的浸渍工艺,以溶液法为例,如图4.6所示。

5. 混杂纤维FRP筋

混杂FRP材料在第2章中已有介绍,混杂FRP筋的生产工艺与上文的拉挤法类似,但

由于生产过程中纤维方向极易发生变化，因此混杂FRP筋的工艺难点在于保证不同纤维的

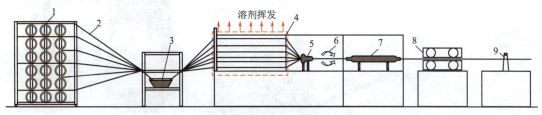

图4.6　热塑性FRP筋生产线

1—纱架；2—纤维粗纱；3—胶槽；4—溶剂挥发箱；5—拉挤型模；6—电动缠绕塑胶带；7—恒温固化炉；8—牵引装置；9—盘卷机

相对位置不变。其中图4.7(a)的同心圆形式较容易实现，纤维位置和方向的控制比较简单；图4.7(b)的散点形式较难实现，生产时可对穿纱孔板上相邻层孔距以及穿纱孔和浸后模之间的距离进行优化调节，从而保证各层纤维排布在指定位置。同时，在生产过程中要保证不同纤维的张力相同，避免纤维发生弯曲。一旦纤维弯曲，不同截面的混杂纤维相对位置就发生改变，从而导致FRP筋不同截面的性能差异。

　　(a) 同心圆型截面　　　(b) 散点型截面

图4.7　混杂FRP筋截面

6. 钢-连续纤维复合筋(SFCB)

第2章中介绍了SFCB的概念，该产品是将多股连续纤维采用基底树脂材料浸渍后，通过排纱器将纤维纵向排布在钢筋外围，然后采用拉挤成型的工艺制成。其生产工艺与普通FRP筋类似，但需在牵引机中预先安装钢筋。生产前必须先对钢筋进行除锈处理，除去螺纹钢筋的两条纵向通长肋，采用无捻粗纱对钢筋进行环向缠绕后方可进入排纱器进行工业化制备。这一方面是为了填补钢筋螺纹间的凹陷，另一方面也可以保证纵向FRP与钢筋之间的黏结性能和整体性，减小钢筋肋纹对纵向FRP的剪切效应。在无捻粗纱缠绕在钢筋表面的过程中，要使粗纱充分浸渍以保证钢筋和横向纤维之间的整体性。在拉挤生产线上进行制备时，需注意钢筋的温度较低，会对树脂的固化造成影响，应适当提高生产温度以保证树脂充分固化。

4.2.2　FRP箍筋生产工艺

1. 非一体化箍筋

非一体化箍筋的生产步骤主要分为两步。第一步与一体化螺纹直线筋的生产方式类似，将多股粗纱合成一股并缠绕塑料绳。与直线筋生产不同的是，缠绕塑料绳后的材料不进行固化，而是人工缠绕在如图4.8(a)所示的装置上。从图中可以看出，装置的立柱上有很多弧形槽，这种特殊设计可以减小FRP箍筋在弯折处的挤压变形。第二步，缠绕完毕后，放入烘箱中进行固化，固化完成后，取出并切割成箍筋。该方法的优点是生产工艺简单，缺点是箍筋不连续，力学性能不足。

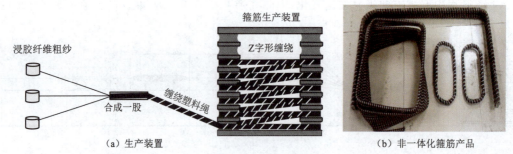

图 4.8 非一体化箍筋生产工艺

2. 一体化箍筋

试验研究发现,虽然非一体化箍筋在混凝土梁中能有效提高构件的抗剪承载力,但对混凝土柱的约束效果较差,在较大的轴向压力下无法有效防止混凝土内部钢筋屈曲。一体化箍筋采用模压方式生产,将充分浸润树脂的纤维粗纱连续地紧密缠绕在模具中,模具的大小根据箍筋的尺寸进行设计,模具中需预留多余树脂挤出的空间。模压成型后的一体化箍筋如图 4.9(b)所示,其对混凝土柱的约束作用远高于非一体化箍筋。由于需要设计制作专门的模具,该方法的生产效率有待提升。

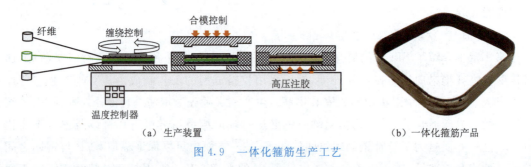

图 4.9 一体化箍筋生产工艺

4.3 种类及特点

4.3.1 常用 FRP 筋

FRP 筋(见图 4.10)按照纤维种类可分为 CFRP 筋、BFRP 筋、GFRP 筋和 AFRP 筋。虽然 CFRP 筋的拉伸强度和弹性模量高,长期性能(蠕变、疲劳、松弛等)优异且耐久性好,但断裂延伸率低,热膨胀系数与混凝土相差较大,因此不适宜作为增强筋用于混凝土结构。但 CFRP 筋具有导电性,可用于一些特殊需求的工程结构。BFRP 筋和 GFRP 筋的热膨胀系数与混凝土接近,与混凝土之间的共同受力性能较好,且二者价格仅为 CFRP 筋的 1/10,其中 BFRP 筋的拉伸强度和弹性模量比 GFRP 筋高 20%~30%,蠕变断裂应力远高于 GFRP 筋,且具有良好的耐碱性,因此在混凝土结构中更具优势。AFRP 筋价格昂贵,蠕变变形较大,在土木工程中的应用较少。

按照表面形状可将 FRP 筋分为光面筋和螺纹筋[见图 4.11(a)～(d)],光面筋需经表面喷砂[见图 4.11(e)]后方可用于增强混凝土结构。FRP 筋的表面形态对黏结性能有显著影响,具体将在 4.4 节中介绍。需要说明的是,与钢筋类似,FRP 筋截面形状主要为圆形,虽然方形截面 FRP 筋也有少量研究,且具有便于施工、存放等优点,但因圆形的受力比其他形状更合理,不会出现明显的应力集中,且在截面积相同的情况下,圆形截面与混凝土的接触面积大,与混凝土的黏结力也较大,因此量产的 FRP 筋的截面形状仍以圆形为主。

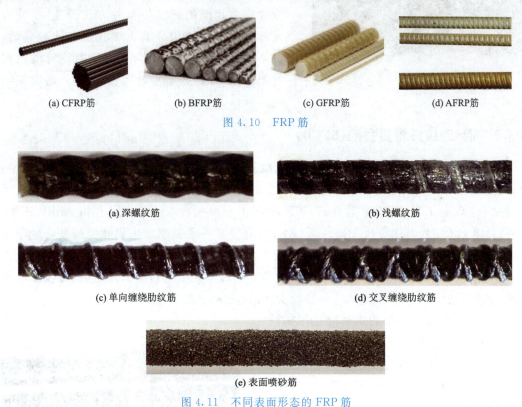

(a) CFRP 筋　　(b) BFRP 筋　　(c) GFRP 筋　　(d) AFRP 筋

图 4.10　FRP 筋

(a) 深螺纹筋　　　　　　　　　　(b) 浅螺纹筋

(c) 单向缠绕肋纹筋　　　　　　　(d) 交叉缠绕肋纹筋

(e) 表面喷砂筋

图 4.11　不同表面形态的 FRP 筋

4.3.2　混杂纤维 FRP 筋

单一纤维 FRP 筋的力学性能存在不足,如弹性模量低、延伸率较低等,因此,研究人员也开发了兼备多种纤维性能优势的混杂 FRP 筋。第 2 章介绍过,混杂纤维增强聚合物/塑料(hybrid fiber reinforced polymer/plastic,简称 HFRP)是由两种或两种以上的纤维增强相与一种树脂基体复合而成的材料(见图 4.12),纤维混杂技术极大地扩展了复合材料的性能和使用范围。一方面,混杂可使材料在充分保留单种增强材料优点的基础上,增加材料的可设计性,实现单种增强物所不能达到的效果;另一方面,混杂还可以降低复合材料的成本,对其性价比进行有效控制。

在混杂纤维 FRP 筋的应用中,应注意混杂效应。混杂效应是指混杂纤维的某些性能偏离了混合定律计算结果的现象,可分为正向混杂效应和负向混杂效应两种情况。其中正向混杂效应是指性能高于混合定律计算值的现象,负向混杂效应是指性能低于混合效应计算值的现象。纤维混杂后,由于材料具有多种性能,因此这些性能不可能同时表现出正向或负向混杂效应,在某些性能获得负向混杂效应的同时,另一些性能将产生正向混杂效应。相关研究资料表明,当两种延伸率、抗拉强度和极限应变均不相同的纤维按某种方式混杂时,若高延伸率纤维的体积分数大于其临界体积分数,混杂后 FRP 筋的应力-应变关系曲线可能出现类似于钢筋的"屈服平台",提升 FRP 筋增强结构的延性。

图 4.12 混杂 FRP 筋

4.3.3 钢-连续纤维复合筋(SFCB)

研究指出,FRP 筋面临的弹性模量较低、抗剪强度不足以及脆性破坏等缺点,可通过与钢材的复合弥补,钢材面临的锈蚀问题亦可以通过与 FRP 材料的复合来避免。香港科技大学通过手工制备了钢丝-FRP 复合筋,其所用 FRP 材料包含 CFRP、GFRP 和 AFRP 三种。另外,韩国土木工程与建筑技术研究所(KICT)开发了一种新型的编织和拉挤复合生产工艺,并以此制备了钢丝-FRP 复合筋,采用纤维为玻璃纤维。此外,一批国内学者针对玄武岩纤维-钢丝复合筋和碳纤维-高强钢丝复合拉索的力学性能进行了试验研究,研发了玻璃纤维-钢绞线复合筋,并对其基本力学性能、在混凝土中的黏结性能等进行了测试。

钢材-FRP 复合筋中的钢材除选用钢丝外,还可以选用普通钢筋。如图 4.13 所示,作者团队研发了以普通钢筋为内芯,外包纵向连续纤维的钢-连续纤维复合筋(SFCB),其所用纤维为新型玄武岩纤维,并对其力学性能、增强混凝土梁性能、嵌入式(NSM)加固梁性能、增强混凝土柱抗震性能以及增强高铁无砟轨道板性能等进行了系统研究,验证了 SFCB 增强结构优越的力学性能和绝缘性能。

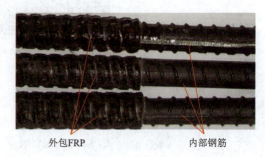

图 4.13 SFCB

4.3.4 自传感 FRP 筋

另外,利用 FRP 筋具有可塑性强的特点,作者团队开发了能够与传感元件结合的自传感 FRP 筋(也称"智能筋",见图 4.14),以实现结构的智能化设计,其概念在第 2 章中已有介绍。自传感 FRP 筋具备普通 FRP 筋的基本力学性能,能够满足对工程结构的增强效果;除此以外,自传感 FRP 筋还可以通过其自身的传感功能直接感知结构内部应变变化,并结合分布传感技术的损伤识别及动静态分析理论,获知结构自身应力分布、荷载、变形等结构状态参数,使结构具有感知状态变化、自我诊断、自适应等功能。针对不同应用需求,主要有3种类型的FRP智能筋:①全分布式[见图4.15(a)],光纤外直接编织纤维,应用时传感区内的光纤与外部结构全面粘贴;适用于对局部变形感知传感,如用于裂缝位置的识别等,但是应变传感精度不高,一般在30 με左右;②长标距式[见图4.15(b)],光纤首先穿过隔胶管,再在外围编织纤维管,光纤通过两个锚固区传递应变,而标距内的光纤不与结构粘贴,处于均匀受力状态;对复杂变形的测量精度高,如裂缝、接缝区域;③长标距FBG[见图4.15(c)],裸光栅FBG的栅区处于隔胶管的中部,外部纤维浸胶固化时只有锚固区的光纤与外部粘贴,并传递外部变形;优点是动静态应变测量精度高,但传感材料成本高,测试范围有限。

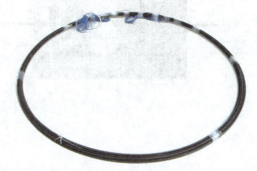

图4.14 智能筋

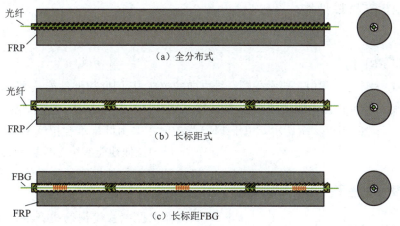

图4.15 FRP智能筋的类型

4.3.5 热塑性树脂基FRP筋

对热塑性树脂基FRP筋加热,当树脂温度接近玻璃化温度时即可再次转换为熔融状态,通过施加约束与外力即可根据施工现场实际需求实现对FRP筋的二次加工和塑形(见图4.16),从而得到不同弯曲角度和弯曲半径的FRP弯筋和箍筋,整个过程不发生化学变化,周期短、成型速度快,可多次重复加工。在热塑性FRP材料中,树脂的作用主要是固定、黏结纤维和传递应力,同时,树脂自身的物理特性和特殊分子结构赋予了材料特殊热性能、耐腐蚀性能和加热性能等。因此,热塑性FRP材料除具有一般热固性FRP材料轻质、高强、耐腐蚀等优点外,还克服了热固性FRP材料的诸多缺陷,具有良好的力学性能和可焊接性,与混凝土黏结性能优异,耐磨耗,化学稳定性优良。

(a) 定位　　　　　　　　　　　　　　　(b) 加热二次成型

图 4.16　热塑性树脂基 FRP 筋现场弯曲装备

4.4　关键性能指标

4.4.1　FRP 筋材料性能

1. 拉伸性能

(1) 常用 FRP 筋

FRP 筋在大部分工程中主要承受顺纤维方向的拉应力,因此拉伸性能是 FRP 筋力学性能中的重要指标。拉伸性能的测试可参考《纤维增强复合材料筋基本力学性能试验方法》(GB/T 30022—2013),试件如图 4.17 所示。由于 FRP 受拉时主要由纤维承担拉应力,故纤维种类对 FRP 筋的拉伸性能有决定性影响;此外,不同规格的 FRP 筋拉伸性能的测量值差异也很大,这主要是由剪力滞后效应引起的。

在工程中替代钢筋提升混凝土结构耐久性是 FRP 筋的主要应用形式,且 FRP 筋还可替代钢绞线用于预应力加固或增强结构,表 4.1 对比了各类 FRP 筋与钢筋、钢绞线性能,图 4.18 反映了各类 FRP 筋与钢筋、钢绞线的应力-应变关系。

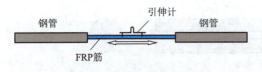

图 4.17　FRP 筋拉伸试件

表 4.1　FRP 筋与钢筋、钢绞线力学性能对比

类型	密度/ (g·cm^{-3})	抗拉强度/ MPa	弹性模量/ GPa	延伸率/%	纵向热膨胀 系数/[10^{-6}℃$^{-1}$]
CFRP 筋	1.5	1 500～2 500	120～160	0.5～1.7	−2～0
BFRP 筋	2.0	800～1 800	50～60	1.6～3.0	6～8
GFRP 筋	2.0	500～1 200	40～50	2.0～3.0	8～10
AFRP 筋	1.4	1 000～2 000	40～120	1.9～4.4	−6～−2
钢筋	7.85	490～700	200	>10	11.7
钢绞线	7.85	1 400～1 860	180～200	>4	11.7

(2) 混杂纤维 FRP 筋（HFRP）

根据作者团队的试验结果，BFRP、CFRP、B/CFRP(1∶1)及 B/CFRP(3∶1)的极限抗拉强度如图 4.19 所示。从图中可以看出，筋材极限抗拉强度随混杂比不同而发生变化。当 BFRP、CFRP 混杂比为 1∶1 时，筋材极限抗拉强度较 BFRP 提高了 6.9%；而当 BFRP、CFRP 混杂比为 3∶1 时，混杂了碳纤维的 FRP 筋强度反而退化，比 BFRP 强度降低了 20.1%。

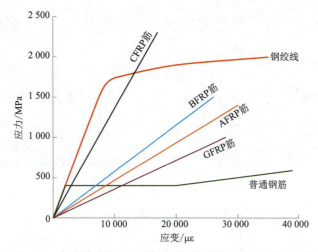

图 4.18　各类代表性 FRP 筋、钢筋、钢绞线的应力-应变关系

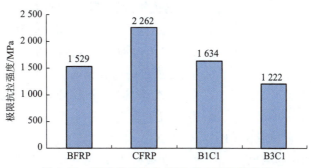

图 4.19　FRP 筋及混杂 FRP 筋极限抗拉强度

这种混杂效应是 HFRP 所特有的一种现象，不仅与材料的组分结构、性能有关，还与混杂的结构类型、受力形式、界面状况以及对能量不同的响应有关。通过对 CFRP 和 GFRP 混杂而成的 FRP 筋（HFRP 筋）进行拉伸试验，概括出如图 4.20 所示的强度和混杂比关系。

图 4.20 中水平坐标轴代表碳纤维（carbon fiber，简称 CF）所占纤维总量的体积分数，ACD 折线代表 HFRP 的平均强度随碳纤维相对体积比的变化规律，A 点和 D 点分别代表 GFRP 和 CFRP 的极限抗拉强度。因为 CFRP 的极限拉应变小于 GFRP，所以当 HFRP 的应变到达 CFRP 的极限拉应变时，CF 部分先发生断裂。BD 连线表示当 CF 发生断裂时 HFRP 中的应力值。当 CF 含量较低时，在 CF 部分发生断裂后，剩余的玻璃纤维（glass fiber，简称 GF）可以继续承担荷载而不发生断裂。AC 连线表示在这种情况下 HFRP 的承载能力。

在 C 点之前，HFRP 的失效模式一般是多级破坏，CF 断裂后剩余纤维仍能继续承担部分荷载，如图 4.21 曲线 a 所示，HFRP 出现多次断裂。在 C 点之后材料发生单级破坏，因 CF 首先断裂，承担荷载的 GF 体积分数相对较小，承载力不足，如图 4.21 曲线 b 所示。在 HFRP 破坏过程中断裂伸长率比单一纤维 FRP 要大得多。基于此现象，研究人员分别提出了破坏约束理论和纤维束理论和抑制裂纹传播理论。

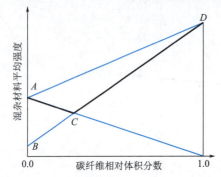

图 4.20　玻璃/碳纤维混杂复合材料的理论强度

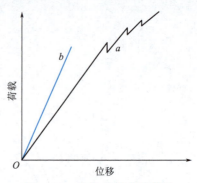

图 4.21　荷载-位移曲线简图

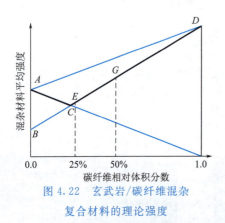

图 4.22　玄武岩/碳纤维混杂复合材料的理论强度

如图 4.22 所示，假设 A 点为 BFRP 极限抗拉强度。当 BFRP、CFRP 混杂比为 3∶1，即 CF 所占比例为 25% 时，推测此时 CF 含量位于 C 点右侧区域，且非常接近 C 点，此时 HFRP 的承载能力虽然依赖于 CF 的抗拉强度，但由于此时 CF 与 BF 的破坏荷载十分接近，故并未表现出明显的分级破坏现象。当混杂比为 1∶1，即 CF 所占比例为 50% 时，推测此时 CF 含量位于 C 点右侧区域，当到达 CF 极限拉应变时，CF 发生破坏，剩余 BF 部分没有能力承担剩余荷载，材料发生破坏。

(3) 钢-连续纤维复合筋 (SFCB)

根据作者团队的试验结果，在单调拉伸加载初期，内芯钢筋和纤维外包覆层共同承担荷载，SFCB 应力和应变的增量相当；当拉伸应变约为 0.002 时内芯钢筋屈服，在位移加载下，SFCB 在相同应变增量下的应力增量较屈服前减小，SFCB 表现出较高的屈服后刚度（二次刚度）。虽然内芯钢筋已经屈服，但增加的荷载可由纤维外包覆层承担；随着荷载继续增加，当试件中部的纤维外包覆层断裂失效时达到其承载力峰值。SFCB 单调拉伸荷载-应变曲线如图 4.23 所示，破坏模式是从试件内芯的钢筋屈服，到屈服钢筋附近的纤维断裂，最后是纤维断裂破坏处附近区段内的钢筋被拉断。

图 4.24 为 SFCB 循环拉伸试验的荷载-应变关系曲线。从图中可以发现：在应变较小时，SFCB 的卸载曲线可以近似地看作一条直线，再加载曲线与卸载曲线基本上重合，再加载曲线能穿过前次的峰值点，循环加载对 SFCB 的抗拉承载能力没有明显削弱；而当塑性应变发展较大时，SFCB 的卸载曲线呈现出越来越明显的非线性特征，表现为卸载的过程

中,其卸载刚度逐渐减小,再加载曲线与卸载曲线也不再重合,但仍能穿过前次的峰值点,与卸载曲线形成一个闭合的滞回环。与两个钢筋试件的循环加载曲线进行对比,发现在相同的应变水平下,钢筋试件的卸载曲线一直保持近似直线的形状,再加载曲线与卸载曲线基本保持重合。

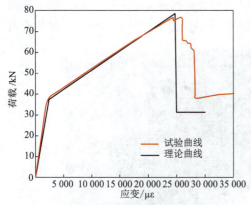

图 4.23　SFCB 单调拉伸荷载-应变曲线　　图 4.24　SFCB 筋循环加载下的荷载-应变曲线

将 SFCB 与普通钢筋循环加载下的试验曲线进行比较可以发现:在屈服后达到同样的峰值应变后卸载,SFCB 的残余变形远小于普通钢筋,这表明 SFCB 屈服后的可恢复性能比钢筋优越,其增强的混凝土结构也具有比普通钢筋混凝土结构更强的结构屈服后恢复能力。分析可知,SFCB 屈服后可恢复性能好的特点是由其恢复力模型的特征(稳定的二次刚度和屈服后卸载刚度退化)决定的,其中二次刚度的存在是其根本原因,并且二次刚度水平越高,其可恢复性能越好。

2. 剪切性能

工程应用中主要是发挥 FRP 沿纤维方向拉伸强度高的特性,然而在实际工程结构中,FRP 在承受纵向拉力的同时,也可能承受横向剪力。以 FRP 筋材为例,混凝土梁剪跨段出现弯剪斜裂缝后,裂缝处纵向 FRP 筋发生剪切变形,产生的销栓力可对混凝土梁抗剪承载力作出贡献;又例如采用 FRP 筋为主缆的悬索桥,吊杆传来的横向集中荷载在使主缆受拉的同时,也在主缆内产生不可忽略的剪力;在 FRP 螺栓接头、轴承等构件中,横向剪切力是主要荷载之一。相对拉伸强度,FRP 筋/管的横向剪切强度相对较低。抗剪性能中除树脂的作用外,更多需要考虑纤维弯曲对抗剪承载力的贡献。作者团队依据美国规范 ACI 440.3R-04,并参照我国《销　剪切试验方法》(GB/T 13683—1992),采用横向剪切试验方法来测试 FRP 的剪切性能,该方法是剪切试验方法中使用最为广泛的一种,其结果可用作材料力学性能的确定,也可用于结构设计。剪切装置如图 4.25 所示,通过装置上、下刃的相对移动来实现剪切。

典型的剪应力和变形的关系如图 4.26 所示,其发展过程可以抽象为三个阶段:第一阶段,FRP 内纤维树脂黏结良好,两者共同工作抵抗剪力;第二阶段,部分树脂发生破裂,整体抗剪刚度削弱;第三阶段,纤维发生弯曲变形,通过拉应力继续抵抗剪切变形,抗剪刚度得到提升(见图4.27)。最终部分纤维拉断,发生整体破坏。因为每根试件有2个剪切面,所以剪断面个数有0、1、2三种可能。因为筋材表面并不是理想的圆柱面,有肋有凹痕,且剪切装置上下刃之间可能有空隙,导致两个剪断面受力情况并不相同;此外,试样不同位置的剪切抗力也不同。在剪断面可以明显地看到纤维撕裂的情况,即剪断面有一部分凸起,另一部分较为平整或稍微凹陷,被剪断的两段试样可以比较紧密地咬合拼接起来,如图4.28(a)所示。剪断面上纤维撕裂的现象印证了在剪切面上不仅存在剪应力,还作用有正应力,剪切强度中应有

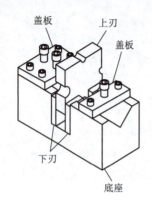

图 4.25 FRP筋剪切试验装置

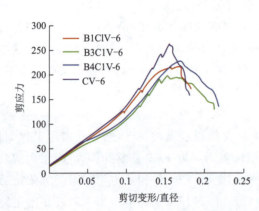
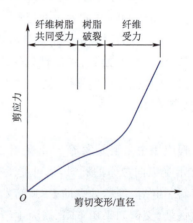

图 4.26 FRP筋典型剪应力-相对变形关系及模型图

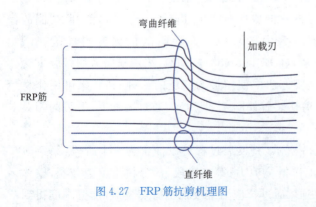

图 4.27 FRP筋抗剪机理图

纤维的贡献。没有剪断的剪切面两侧试样发生了明显的相对错动,如图4.28(b),说明此时纵向纤维并未全部断裂。

根据试验结果来看,剪切强度与FRP筋直径和树脂种类的相关性不大,纤维种类对剪切强度的影响较大。BFRP筋、CFRP筋、混杂B1C1筋(玄武岩和碳纤维体积含量比为1:1)、B3C1筋(玄武岩和碳纤维体积含量比为3:1)的剪

切强度分别 200 MPa、242 MPa、233 MPa 和 211 MPa。在 BFRP 筋剪切强度中去除乙烯基树脂所占部分，剩余的即为纤维的贡献。为方便比较，将其除以对应的纤维体积分数，即得到玄武岩纤维的剪切强度，计算得到的玄武岩纤维的剪切强度约为 325 MPa，变异系数为 1.91%，结果比较稳定。据此，作者团队提出 BFRP 筋剪切强度的预测模型。假定纤维和树脂对 BFRP 筋剪切强度的贡献相互独立，则筋材的剪切强度可看作纤维和树脂剪切强度线性相加，即在纤维和树脂种类确定的情况下，FRP 筋剪切强度仅为纤维体积分数的线性函数：

（a）断面　　　　　　　　　　（b）未剪断

图 4.28　FRP 筋剪切破坏模式

$$f_b = f_f \varphi_f + f_r (1 - \varphi_f) \quad (4.1)$$

由式(4.1)，若假定不同纤维对剪切强度的贡献也是线性相加的，如图 4.29 所示，纵坐标为混杂 FRP 筋的剪切强度 f_b，横坐标为玄武岩纤维的体积分数 φ_{fB}。树脂的贡献是稳定的水平线，如图中绿色网格部分；红色网格部分是玄武岩纤维的贡献；水平虚线部分是碳纤维的贡献。A 点表示全 CFRP 筋（体积分数 $\varphi_{fC} = \varphi_f$，$\varphi_{fB} = 0$）剪切强度，B 点表示 BFRP 筋（$\varphi_{fB} = \varphi_f$，$\varphi_{fC} = 0$）剪切强度，则不同混杂比的 BFRP/CFRP 筋抗剪强度可由混杂比计算出玄武岩纤维体积分数在直线 AB 插值得出。混杂 FRP 筋剪切强度预测公式可表示为

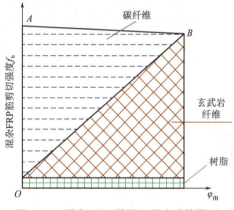

图 4.29　混杂 FRP 筋剪切强度计算模型

$$f_b = f_{fB} \varphi_{fB} + f_{fC} \varphi_{fC} + f_r (1 - \varphi_f) \quad (4.2)$$

3. 严酷环境下的耐久性

FRP 筋材在服役过程中会遭受多种环境作用，从而引发筋材产生宏-微观损伤，导致其力学性能出现退化。环境作用主要包括：各类酸碱盐腐蚀环境、紫外线环境、干湿循环、冻融循环以及极端温度环境等。通常采用实验室加速模拟真实环境的方法对 FRP 筋的长期力学性能退化规律进行研究，包括单纯模拟环境作用的加速试验和模拟荷载-环境耦合作用的加速试验。

(1) 溶液浸泡环境

FRP 筋在土木工程中应用时会经常遭遇到的环境包括混凝土碱性环境、氯盐侵蚀环境

(海洋环境、除冰盐环境等)以及潮湿水环境等。一般认为,碱性环境对 FRP 耐久性的影响最为恶劣,尤其是 GFRP 筋。这是由于玻璃纤维的主要成分 SiO_2 在碱性环境中会发生化学反应;中性潮湿环境对 FRP 耐久性的影响低于碱性环境的影响,但其水化作用造成的纤维-树脂界面剥离也会导致 FRP 材料性能劣化;酸性环境下的试验结果表明 FRP 筋的耐久性能较好。另外,氯盐环境中的氯离子不会对 FRP 筋的性能带来显著的不利影响,有分析认为海水中的盐离子会在材料外表面形成一层盐膜,阻碍水分的继续渗入。下面结合既有试验研究,说明不同纤维和不同树脂的 FRP 筋在各类腐蚀介质浸泡环境中的耐久性。

试验研究表明,浸泡在 60 ℃ 模拟混凝土孔隙液中 70 天后,GFRP 筋的抗拉强度退化严重,退化率为 36%～50%,而 CFRP 筋几乎没有受到影响(仅降低 4%),当温度为 40 ℃ 时,GFRP 筋的退化程度明显减缓。浸泡在 60 ℃ 的自来水和盐水中 70 天后,GFRP 筋的抗拉强度下降了 26%～29%。将 BFRP 筋分别浸泡在三种 pH(pH=7、pH=9 和 pH=13)和三种温度(20 ℃、40 ℃ 和 60 ℃)的溶液中 100 h、200 h、1 000 h 和 5 000 h 后开展拉伸力学性能测试。试验结果显示,在温度为 60 ℃、pH 为 9 的溶液中浸泡 5 000 h 后,强度损失最大,达到 31%;pH 值由 7 提升至 13 会带来 8% 的额外强度损失。在强酸性环境中,FRP 筋在 80 ℃ 的温度下才表现出少许的退化,而在 40 ℃ 以下退化不明显,由此可见酸性环境对 FRP 筋的影响较小。上述结果表明,纤维种类对 FRP 筋在腐蚀环境中的耐久性影响至关重要。

树脂的微裂纹是腐蚀介质向 FRP 筋内部渗透的渠道,因此树脂种类也会影响 FRP 筋耐久性。乙烯基 GFRP 筋在 60 ℃ 的碱溶液中浸泡 180 天后性能稳定,退化不明显。基于试验数据的预测结果表明,在 10 ℃ 的温度下服役 100 年后,聚酯基和乙烯基 GFRP 筋的横向抗剪强度分别降低 26% 和 10%。除了抗拉性能外,树脂种类对 FRP 筋的抗弯、横向抗剪和层间剪切性能均有影响,乙烯基 BFRP 筋的横向抗剪性能受侵蚀环境影响较大(5 000 h 后降低了 33%),而侵蚀环境对环氧基 BFRP 筋的横向抗剪性能影响较小(5 000 h 后降低了 9%);乙烯基 BFRP 筋和环氧基 BFRP 筋的抗弯性能受环境影响较大(5 000 h 后分别降低 37% 和 39%);乙烯基 BFRP 筋和环氧基 BFRP 筋的层间剪切性能在 5 000 h 的环境作用后分别降低了 22% 和 14%。

为了进一步接近实际服役环境,研究人员将 FRP 筋先包裹于混凝土(或者砂浆)中,然后再浸泡于溶液中(或置于 100% 相对湿度环境中)。置于在 100% 相对湿度环境中的混凝土包裹层中的 GFRP 筋在 60 ℃ 的环境下 1.5 年后的强度损失约为 10% 左右。有砂浆包裹层的 GFRP 筋在 50 ℃、40 ℃ 和 23 ℃ 的自来水中浸泡 8 个月后,其强度损失分别为 16%、10% 和 9%,对同型号的 GFRP 筋进行直接碱溶液浸泡试验,当溶液温度分别为 60 ℃、40 ℃ 和 23 ℃ 时,浸泡 300 天后的强度损失分别为 51%、25% 和 32%。可以看出,在相似环境下,裸筋直接碱溶液浸泡的强度损失约为带砂浆包裹层浸泡时的 3 倍。

在既有文献中,由于各国学者的试验材料特性和试验条件不尽相同,对 FRP 筋在各类腐蚀环境中的耐久性评价结果差别较大。我国《纤维增强复合材料工程应用技术标准》(GB 50608—2020)中统一给出了考虑各类环境因素的 FRP 筋强度设计值,即 $f_{fd}=f_{tk}/(\gamma_f \gamma_e)$,其中 f_{tk}、γ_f 和 γ_e 分别是 FRP 筋强度标准值、材料分项系数和环境影响系数,其中环境影响系数

γ_e 考虑了各类环境对 FRP 筋力学性能的影响,γ_e 取值见表 4.2。

表 4.2　FRP 筋环境影响系数 γ_e

环境条件	FRP 筋类型	γ_e
室内环境	CFRP	1.00
	BFRP	1.00
	AFRP	1.20
	GFRP	1.25
一般室外环境	CFRP	1.10
	BFRP	1.20
	AFRP	1.30
	GFRP	1.40
海洋环境侵蚀性环境	CFRP	1.20
	BFRP	1.60(强碱环境中取 2.00)
	AFRP	1.50
	GFRP	1.60(强碱环境中取 2.00)

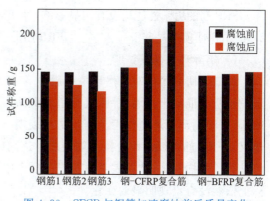

图 4.30　SFCB 与钢筋加速腐蚀前后质量变化

SFCB 筋中包含钢筋,因此其耐久性研究可采用通电加速腐蚀的方法,将 SFCB 放置于电化学腐蚀环境中,观察其腐蚀情况,并与相同条件下钢筋的腐蚀情况进行比较。作者团队的试验发现,经过 96 h 的加速腐蚀后,钢筋试件的外表面已坑蚀,截面明显变细,而 SFCB 试件除了表面胶层有些许泛白外,无明显变化。通过腐蚀前后试件的质量变化来衡量腐蚀的程度,发现钢筋试件腐蚀后质量明显减小,而 SFCB 试件质量无明显变化(见图 4.30)。加速腐蚀试验从一定程度上反映了 SFCB 具有优越的耐腐蚀性能,在耐腐蚀性方面可替代 FRP 筋。

(2)干湿循环

FRP 筋在服役过程中有可能会经历干燥环境和潮湿环境的循环作用,如海洋的潮汐区和浪溅区等。试验结果表明,经过 60 天干湿循环后,AFRP 筋和 GFRP 筋的强度损失相对较大,分别为 13.74% 和 29%,弹性模量损失分别为 7.21% 和 13.29%。经过 72 天干湿循环后,GFRP 筋在 pH 为 13.6 和 12.7 的碱溶液中的强度损失分别为 27% 和 20%,在自来水和盐溶液中的强度损失分别为 16% 和 14%。

(3)紫外线环境

尽管 FRP 筋在混凝土内部时不会受到紫外线的影响,但在运输和施工过程中,FRP 筋可能暴露于日照环境下,紫外线的照射会使树脂基体中的分子长链发生断裂,导致纤维-树脂的界面黏结性能降低,从而影响 FRP 筋宏观力学性能。借助紫外线加速试验机对 CFRP 筋、AFRP 筋和 GFRP 筋开展的干湿循环和紫外线照射耦合试验表明,在 1 250 个干湿循环(每个循环包括 102 min 的干燥状态和 18 min 的潮湿状态)后,AFRP 筋的强度损失为 13%,GFRP 筋的强度损失约为 8%,而 CFRP 筋基本未受影响。因此,AFRP 筋对紫外线较为敏感,而 GFRP 筋和 CFRP 筋对紫外线的抵抗能力较好。

(4) 冻融循环

在高纬度寒冷地区,工程结构经常会遭遇冻融循环的作用。对于北方道路、桥梁等,还经常会遭遇到冻融和除冰盐环境的耦合作用。试验结果表明,在潮湿环境下的冻融循环对 CFRP 和 GFRP 筋的力学性能均没有明显影响,经历 300 次冻融循环后,CFRP 筋的抗拉强度降低了 2.16%,弹性模量提升了 5.38%。GFRP 筋的抗拉强度降低了 9.4%,弹性模量提升了 5.79%。

(5) 实际环境暴露试验

加拿大研究团队对自然环境下服役 5~8 年的 GFRP 筋进行了现场取样测试,GFRP 筋服役于桥面混凝土挡墙、桥面人行道和码头混凝土桩帽等处,在服役期间遭受冻融循环、除冰盐、干湿循环等环境作用。测试结果表明,GFRP 筋并没有出现明显的性能退化,并以此建议 GFRP 筋可以用作受拉主筋使用。迈阿密大学研究团队对某混凝土桥面板中的 GFRP 筋进行了取样测试,结果表明内置于混凝土中 15 年的 GFRP 筋在物理和化学等各项性能指标上依然没有出现明显的变化。

(6) 腐蚀环境-应力耦合作用

当 FRP 筋作为受力筋应用于工程结构中时,实际上处于环境和应力的耦合作用下。应力的存在会加速 FRP 筋中微裂缝的扩张,提升腐蚀离子的侵蚀速率。为此,近年来越来越多的研究开始关注耦合作用下 FRP 筋的性能退化。试验结果表明,当耦合的应力水平相对较低时,应力对筋材性能退化的加速效应不明显,纤维-树脂界面脱粘是 FRP 筋性能退化的主要内在原因。作者团队采用如图 4.31 所示的定制钢架对 CFRP 筋、BFRP 筋、B/CFRP 混杂筋以及 B/SFRP(玄武岩纤维-钢丝混杂筋)在荷载和盐溶液(温度为室温)共同作用下的长期性能进行了试验研究。试验结果表明,有应力耦合情况下(应力水平

图 4.31 应力-盐溶液耦合试验装置

为 30%的极限抗拉强度),在盐溶液中浸泡 120 天后,CFRP 筋、BFRP 筋、B/CFRP 筋以及 B/SFRP 筋的极限强度分别损失 3.46%、6.92%、6.83%和 12.86%。相同条件下,无应力耦合的极限强度损失分别为 1.28%、3.28%、1.35%和 7.23%。可以看出,虽然 30%的应力水平加速了筋材的性能退化,但影响较小。类似地,紫外线老化试验结果表明,无应力耦合试件经历 32 个月的暴露后,其性能基本没有发生变化;应力耦合试件在经历 42 个月的暴露后,应力松弛值达到 50%以上,抗拉强度降低了 40%,而同条件下未经光照暴露的试件的抗拉强度仅降低 20%。

4. 极端温度环境下的性能

对于 FRP 材料,树脂基体由玻璃态向黏弹态转变过程中,树脂的黏结性能与剪切刚度发生急速下降,不利于传递剪切应力,因此建议将树脂基体的玻璃化转变温度 T_g 定义为 FRP 材料的上限使用温度。作者团队研究了三种基体的 FRP 筋力学性能随温度的变化规

律。通过筋材高温拉伸试验,发现影响 FRP 筋在高温下力学性能的关键因素是树脂基体在高温下的性能。其中环氧基 FRP 筋高温性能较差,耐高温树脂基 FRP 高温表现性能相对较好。筋材在温度达到树脂基体的玻璃化温度 T_g 后仍然能保持相当高的强度,其中耐高温乙烯基树脂 FRP 筋在 350 ℃ 仍能保持 70% 左右的拉伸强度。在混凝土结构中,应通过一定的防火措施使 FRP 筋材的温度控制在 400 ℃ 以下,从而提高 FRP 筋增强混凝土结构在火灾下的安全储备。

试验研究表明,在 $-40\sim50$ ℃ 的区间内,GFRP 筋的性能较为稳定,当温度低于 -50 ℃ 时,GFRP 筋的力学性能都得到了提高,其中当温度为 -100 ℃ 时,GFRP 筋的抗拉、抗剪和抗弯性能分别提高了 19%、44% 和 67%。当温度超过树脂的玻璃化温度($T_g=120$ ℃)后,筋材力学性能急剧降低。同时,温度对 FRP 筋抗拉性能的影响小于其对抗剪和抗弯性能的影响。

5. 蠕变及环境耦合蠕变

蠕变是材料在恒定应力下应变随时间的推移而增加的现象,FRP 材料的蠕变由材料本身的黏弹性变形引起。虽然在实际工程的设计基准期内,结构承受的荷载并非严格的恒定荷载,但是,当可变荷载与恒定荷载的比值足够小时,可忽略可变荷载。在预应力结构中,预应力 FRP 筋的蠕变往往会给结构长期性能带来不利影响。首先,在长期应力过大的情况下 FRP 筋在服役期间会发生断裂,该现象被称为蠕变断裂,从开始承受荷载到发生蠕变断裂的时间被称为蠕变断裂时间。其次,与钢材不同,FRP 材料的蠕变变形较大。蠕变变形越大,作为预应力材料使用时的应力松弛也越明显。一般采用蠕变率来衡量 FRP 材料的蠕变变形,蠕变率是特定时刻的蠕变应变相对于初始应变的增长率。

对于 FRP 筋的蠕变性能,一般从蠕变断裂性能和蠕变率两方面来进行评价。一方面,对于蠕变断裂性能,国内外很多学者经过研究提出了 CFRP、AFRP、GFRP 的蠕变断裂应力,见表 4.3,其中,f_u 是极限拉伸强度。

表 4.3　FRP 材料的蠕变断裂应力

CFRP	AFRP	GFRP	BFRP	备注
$0.93f_u$	$0.47f_u$	$0.29f_u$	/	Yamaguchi
$0.55f_u$	$0.3f_u$	$0.2f_u$	/	ACI 440.1R-15
$0.70f_u$	$0.55f_u$	/	/	ACI 440.4R-04
/	/	/	$0.54f_u$	作者团队

从表 4.3 中可以看出,各国对 FRP 蠕变断裂应力的评价相差较大,这主要由各国学者采用的 FRP 材料生产工艺的差异引起。总体上说,CFRP、BFRP 和 AFRP 适合用于预应力筋,GFRP 由于蠕变断裂应力过低,因此不建议用作预应力筋。

另一方面,FRP 材料的蠕变率往往较大,容易造成 FRP 筋过大的预应力损失。AFRP 的蠕变率最大,在 $0.5f_u$ 应力下 1 000 h 蠕变率达到 7%;GFRP 的蠕变率在 $0.23f_u$ 应力下约为 5%;CFRP 的蠕变率最小,在 $0.4f_u$ 应力下约为 1%。一些学者提出了混杂以及添加偶联剂、增韧等改性措施,用来降低 FRP 的蠕变率,但是在成本、稳定性和力学性能控制等方面仍存在问题。由于纤维本身的蠕变量可以忽略(芳纶纤维除外),而树脂的蠕变量则较大,因此,FRP 较大的蠕变率主要是由于原本弯曲的纤维在蠕变初期被拉直造成的,此后由于纤维被拉直,蠕变率趋于稳定。综上所述,如果能够控制 FRP 在蠕变初期弯曲纤维拉直造成的较大蠕变率,就可以很大程度地控制 FRP 的总体蠕变率。

针对上述问题,作者团队提出了通过预张拉提升 FRP 材料蠕变性能的方法(见图 4.32)。经过一系列蠕变试验,得到 BFRP 筋的最佳预张拉应力值为 $0.6f_u$,最佳预张拉时间为 3 h,预张拉处理后的 BFRP 筋,第一阶段蠕变率降低 50%~70%(见图 4.33),考虑 95% 可靠度的蠕变断裂应力从处理前的 $0.52f_u$ 提高到 $0.54f_u$(见图 4.34)。此外,作者团队的试验表明,盐腐蚀后,由于纤维-树脂界面发生水化作用,BFRP 筋的静力强度和蠕变断裂应力均出现下降,但降低率在 10% 以内,且蠕变断裂应力与静力强度的比值不随腐蚀而退化。

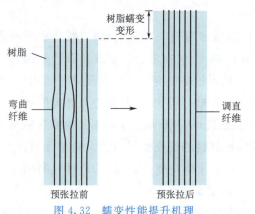

图 4.32 蠕变性能提升机理

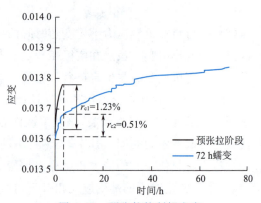

图 4.33 预张拉控制蠕变率

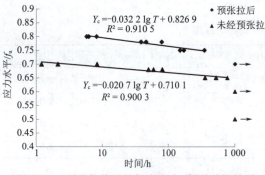

图 4.34 预张拉前后的蠕变应力-断裂时间关系

6. 松弛及环境耦合松弛

与蠕变相反,松弛是材料在恒定的变形下应力随时间的推移而减少的现象,和蠕变一样,FRP 的松弛也由材料本身的黏弹性变形导致。在实际工程中,由于混凝土的徐变收缩,预应力 FRP 筋的恒定变形很难实现,但 FRP 筋在寿命期内的松弛依然会发生。FRP 的松弛性能是直接反映其预应力损失的重要指标。现有的研究主要针对适用于预应力的 CFRP 和 AFRP 筋,其中 CFRP 的松弛率非常小,百万小时的松弛率基本控制在 3% 以内,而 AFRP 松弛率较大,往往高于 10%。但大部分松弛试验无法解决锚固端滑移所造成的应力下降对松弛的影响。对于新型 BFRP 松弛率的研究发现,在 $0.5f_u$ 的应力下 50 年的松弛率为 11%,这一过大的松弛率可能由试验中的锚固问题以及采用了强度较低的 BFRP 筋导致。而在预应力混凝土梁试验中,由于耦合了混凝土的徐变收缩效应,BFRP 筋的松弛率高达 20%。

针对上述问题,作者团队提出的松弛装置(见图 4.35)能够有效地排除锚固端滑移对 FRP 筋长期应力的影响,从而得到较为准确的松弛率,BFRP 筋在 $0.4f_u$、$0.5f_u$ 和 $0.6f_u$ 初始应力下 1 000 h 松弛率分别为 4.2%、5.3% 和 6.4%,预张拉处理后在 $0.5f_u$ 初始应力下 1 000 h 松弛率仅为 2.6%,接近预应力钢绞线在 $0.7f_u$ 初始应力下 1 000 h 松弛率(2.5%)。利用蠕变松弛相关性提出的通过蠕变率预测松弛率的方法具有较高的精度。此外,盐腐蚀对 BFRP 筋的蠕变率和松弛率的影响可以忽略。

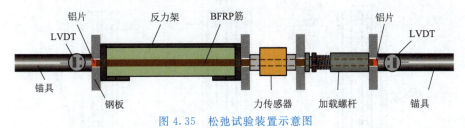

图 4.35　松弛试验装置示意图

7. 疲劳及环境耦合疲劳

疲劳是材料在交变荷载作用下某些部位产生局部的不可恢复的损伤,进而扩展为宏观裂纹并进一步导致材料破断的现象。材料在远低于其极限荷载水平的交变荷载作用下,随着内部的初始缺陷或损伤的扩展所发生的破坏称为疲劳破坏。保证材料在无限次交变荷载作用下不发生疲劳破坏的最大应力(疲劳应力水平或应力幅),称为疲劳强度。国内外的大量研究已表明 FRP 材料的疲劳性能远好于钢材。然而,不同纤维的 FRP 材料的疲劳损伤和破坏机理不尽相同,因此疲劳性能也有所差异。对于传统的适用于预应力的 CFRP 筋和 AFRP 筋,很多学者已经对其疲劳性能进行了全面的研究。研究结果表明,CFRP 筋在 $0.9f_u$ 的最大疲劳应力以及 $0.05f_u$ 的应力幅下能够保持 200 万次疲劳循环后不发生破坏,而 AFRP 筋相应的最大疲劳应力及应力幅的限值则较低,分别为 $0.5f_u$ 和 $0.025f_u$。并且,研究人员确定应力幅为控制疲劳寿命的关键因素。对于 BFRP 筋,加拿大 Laval 大学的试验研究得出了 40 MPa 这一疲劳应力幅限值,当应力幅大于 80 MPa 时均发生锚固区的疲劳破坏而非筋材本身破坏,但其结果仍然不能反映材料真实的疲劳性能。

如上所述,锚固的有效性是 FRP 筋疲劳试验结果有效性的重要保证,锚固区的提前破坏使得 FRP 筋真正的疲劳性能无法通过试验直接获得。为此作者团队提出了一种通过在 FRP 筋锚固区缠绕双向纤维布(200 g/m²)来实现可靠锚固力的方法。如图 4.36 所示,首先将双向纤维布裁剪成直角梯形状,这主要是

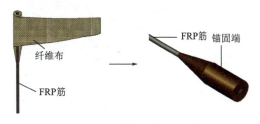

图 4.36　BFRP 筋锚固方法示意图

为了最终成型的锚固端能够形成一个圆锥形倒角,从而避免锚固区张拉端的应力集中,这一点在大直径 FRP 拉索的锚固中已得到充分证明。由于缠绕的玄武岩纤维布与 BFRP 筋为同源材料,因此作者团队将该锚固方法命名为"同源一体化锚固"。

BFRP 筋的疲劳损伤始于树脂内的微裂纹,疲劳破坏由纤维-树脂界面剥离控制(见

图 4.37)。疲劳应力幅对 BFRP 筋疲劳寿命有较大影响,在 $0.05f_u$ 的疲劳应力幅和 $0.6f_u$ 的最大疲劳应力下,材料能够在 200 万次疲劳荷载循环后不发生破坏。此外,在宏观疲劳破坏发生前,BFRP 筋的弹性模量不会随着疲劳荷载循环的增加而发生变化。根据 Whitney 模

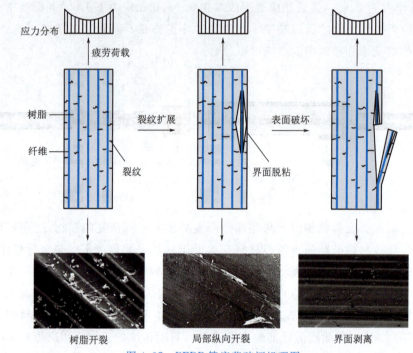

图 4.37　BFRP 筋疲劳破坏机理图

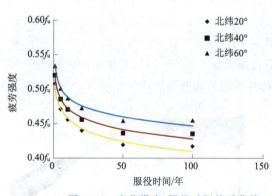

图 4.38　疲劳强度-服役时间关系曲线

型的可靠度分析结果,BFRP 筋的疲劳应力幅限值和最大疲劳应力限值分别为 $0.04f_u$ 和 $0.53f_u$。在海洋环境中,腐蚀温度为 55 ℃、腐蚀龄期为 63 天时疲劳强度的退化率为 12%。采用 Arrhenius 公式(具体在第 2 章有介绍),以北纬 20°、40° 和 60° 的年均温度预测三种纬度下设计使用期为 100 年的疲劳强度分别为 $0.41f_u$、$0.43f_u$ 和 $0.45f_u$(见图 4.38)。该结果为海洋环境下的预应力 BFRP 筋疲劳设计提供了指导和依据。

4.4.2　FRP 筋应用技术相关性能

1. 黏结性能

(1)拉拔试验

FRP 筋-混凝土黏结性能测试可按 ACI-440.3R 的拉拔试验方法执行,将拉拔试件的

FRP筋穿过一个加载钢板,该钢板在加载过程中保持固定(见图4.39)。在FRP筋的加载端和自由端各固定一个引伸装置,通过位移计测量加载端和自由端的黏结滑移的数值(为试验方便,加载端位移亦可不测)。测试中要保证加载装置具备足够的刚度,否则滑移时会造成筋材反弹,测量结果与实际情况不符。为更真实地模拟FRP筋在梁端部的黏结锚固情况,可采用梁式试验。梁式试验中的混凝土分为两半,梁底部纵向FRP筋在加载点和支座处分别有一段无黏结区,梁的受压区用铰连接。

(2)破坏形式

FRP与混凝土之间常见的破坏形式有FRP筋拔出破坏和混凝土的劈裂破坏两种。

①FRP筋拔出破坏。FRP筋拔出破坏主要有两种形式。一种是光圆FRP筋直接从混凝土试件中被拔出。由于光圆FRP筋与混凝土的黏结应力主要由化学胶着力和摩擦力组成,而且化学胶着力又很小,所以光圆FRP筋与混凝土结构的黏结性能很差,容易发生黏结破坏。在实际的FRP筋增强混凝土工程应用中,不应采用未经表面处理的光圆FRP筋。

拔出破坏的另一种形式是螺纹FRP筋表面的横肋(或螺纹、凸肋、压痕等)被混凝土剪坏或发生挤压变形而使FRP筋被拔出。发生这种破坏形式,一方面是由于设计不当,如把强度较低、直径较小的FRP筋锚固在强度等级较高、保护层较厚的混凝土中;另一方面是由于FRP筋的生产工艺还不够完善,生产的变形FRP筋的性能不稳定,其表面的横肋容易脱落。其中,直径较小的FRP筋的肋刚度与混凝土接近,被拔出时肋保持完好;而直径较大的FRP筋则会发生肋的剪切破坏(见图4.40)。相比于FRP筋,钢筋则一律以肋削平混凝土为主要破坏特征。

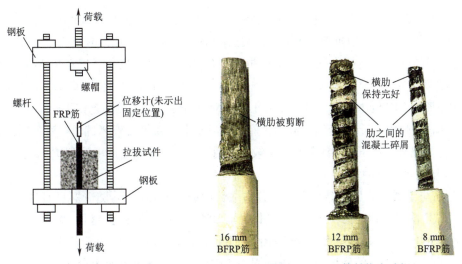

图4.39 拉拔试验装置　　图4.40 FRP筋材拔出破坏

②混凝土的劈裂破坏。混凝土的劈裂破坏是指在变形FRP筋混凝土结构中,FRP筋本身并没有破坏,但由于FRP筋周围的混凝土纵向劈裂使FRP筋被拔出的破坏形式。发生这种破坏的内在机理是变形FRP筋的横肋(或螺纹、凸肋、压痕等)与混凝土形成机械咬合,

在混凝土中产生环向拉力。界面混凝土因环向拉应力的作用而产生内裂缝,若混凝土保护层较薄或混凝土的强度过低,环向拉应力超过混凝土抗拉强度时,试件内形成纵向裂缝,这种裂缝由筋表面沿径向往试件外表面发展,同时由加载端往自由端延伸,最后导致混凝土劈裂破坏(见图 4.41)。该破坏形式比较容易发生在简支梁试验中,这是由于混凝土处于受拉状态,更容易产生裂缝。

(a)

(b)

图 4.41　混凝土劈裂破坏

2. 黏结性能影响因素

国内外学者针对 FRP 筋混凝土结构黏结性能的影响因素开展了大量研究工作,主要可归纳为以下几个方面。

(1)混凝土强度等级

研究表明,钢筋与混凝土的黏结强度与混凝土抗压强度的平方根呈线性关系。对于 FRP 筋,试验研究表明 FRP 筋肋抗剪强度低于混凝土的抗压强度,在一定混凝土抗压强度范围内,FRP 筋平均黏结强度与混凝土抗压强度平方根成正比;当混凝土抗压强度在 15 MPa 左右时,FRP 筋与混凝土的黏结强度直接受混凝土强度的影响,当混凝土抗压强度高于 30 MPa 时,黏结破坏则主要由 FRP 筋的表面决定,混凝土强度对 FRP 筋的黏结强度无明显影响。可以看出,由于 FRP 筋弹性模量远小于钢筋,两种筋材与混凝土界面黏结破坏机理有所不同,因此钢筋黏结强度与混凝土抗压强度的平方根呈线性关系这一结论不完全适用于 FRP 筋。

(2)黏结长度与筋材直径

FRP 筋与混凝土的界面黏结强度随着黏结长度的增长而减小,随着筋材直径的增大而减小。前者是由于黏结应力沿 FRP 筋全长呈非线性分布,黏结长度越长,受力后黏结应力的分布就越不均匀,严重影响黏结强度;由于 FRP 筋的尺寸效应,FRP 筋外表面纤维所受应力显著大于横截面中心的纤维,在拉拔过程中 FRP 筋横截面的正应力分布也是不均匀的,导致应力集中现象,且随着 FRP 筋直径的增大,与混凝土的相对黏结面积减小,也降低了 FRP 筋与混凝土的黏结强度。

(3)FRP 筋表面形状

国内外学者研究发现,合理改变 FRP 筋的表面形状可以有效提高 FRP 筋与混凝土的界面黏结强度,螺纹 FRP 筋的黏结强度明显高于光圆 FRP 筋,且肋高对黏结强度的影响显著;哈尔滨工业大学通过大量试验与分析工作,提出针对 GFRP 筋的最佳肋参数,即肋间距为 1 倍 FRP 直径,肋高度为直径的 6%,并认为在此肋参数下 GFRP 筋与混凝土的黏结强度最大。

(4) 混凝土保护层厚度

混凝土保护层厚度定义为筋材外表面到构件混凝土边缘的最小距离。在筋材拉拔过程中混凝土受到环向拉应力,因此增大混凝土保护层厚度可以提高 FRP 筋外围混凝土的抗劈裂能力,延缓甚至避免筋材在被拔出前发生混凝土劈裂,从而提高 FRP 筋与混凝土界面的极限黏结强度。当采用较厚的混凝土保护层厚度时,试件发生 FRP 筋横肋剪切破坏,FRP 筋被拔出。

(5) 环境温度

相关试验结果表明,在 100 ℃ 左右时黏结强度损失与普通钢筋相近,而在 200～220 ℃ 时试件残余的黏结强度仅为室温时的 10%。这是由于 FRP 筋依靠基体材料传递界面黏结应力,而基材本身的玻璃化温度较低,当环境温度超过基体材料的玻璃化温度时黏结强度将大幅降低。

(6) 顶部筋效应

顶部筋效应指在水平浇筑混凝土时由于气泡上浮、砂浆分布不均匀等,导致构件顶部的 FRP 筋与混凝土的黏结强度低于底部 FRP 筋。国内外学者通常将底部筋黏结强度与顶部筋的黏结强度比值定义为顶部筋修正系数,以此评估顶部 FRP 筋效应的影响。该修正系数随着 GFRP 筋直径的增大而增大,对于普通强度(30 MPa)混凝土的修正系数建议值约为 1.23～1.25。

(7) 其他影响因素

除上述影响因素外,混凝土浇筑方向、筋材弯钩等也会对黏结强度产生影响。在制作拉拔试件过程中,混凝土浇筑方向垂直于 FRP 筋与平行于 FRP 筋所制成的拉拔试件,测量的黏结强度存在差异,前者黏结强度低于后者,这与钢筋-混凝土黏结的情况一致。此外,弯曲半径和 FRP 筋直径的比值不得低于 3,对于 90°弯钩的 GFRP 筋,建议锚固长度取为筋材直径的 16 倍。

3. 锚固性能

预应力筋锚具是指预应力混凝土中的永久性锚固装置,是在后张法预应力结构或构件中,为保持预应力筋的拉力并将其传递到混凝土构件上所设置的锚固工具。锚具是预应力传递的重要部件,锚具的质量对预应力 FRP 筋混凝土结构受力性能有较大影响。钢材具有良好的横向抗剪性能,因此预应力钢筋、钢绞线通常采用夹片锚等机械式锚具进行锚固,其主要依靠锚具与预应力筋之间的挤压力来提供锚固力,预应力筋的拉应力越大则挤压力也越大。和钢材不同,FRP 材料的横向剪切强度很低,在锚固区的复杂受力情况下,FRP 筋往往在达到极限拉伸强度之前就发生锚固区破坏,因此 FRP 筋不能像钢筋一样简单地利用横向挤压的方法进行锚固。

预应力 FRP 筋锚具主要分为黏结型锚具、摩擦型锚具和夹片式锚具。黏结型锚具[见图 4.42(a)]是一种广泛使用的 FRP 筋锚固方法，即利用锚固端黏结材料(树脂、水泥等)与 FRP 筋之间产生的黏结力进行锚固，这种锚固的优点是不会对筋材造成挤压，从而不会引起筋材的强度降低。然而，由于黏结材料大多数为黏弹性材料，其长期蠕变变形会使 FRP 筋发生较大的预应力损失，并且黏结材料在长期荷载下的蠕变和疲劳破坏也是不容忽视的问题，因此径向应力对于保证预应力 FRP 筋锚固区的长期力学性能十分重要。

产生径向应力的锚固方法有膨胀水泥锚固[见图 4.42(b)]、楔形夹片式锚固[见图 4.42(c)]以及黏结挤压型锚固。但是，由于 FRP 筋的横向强度低，径向应力造成的 FRP 筋锚固区的强度下降限制了这几种锚固方式的应用，因此研究人员提出了诸多改进措施来减小径向应力集中。例如对于楔形夹片锚具，通过楔形夹片与外钢套筒之间的微小倾角差[见图 4.43(a)]，或者将楔形夹片与外钢套筒之间的接触面由直线形改为弧形[见图 4.43(b)]，均能显著降低径向应力值。从既有的文献可以看出，虽然国内外学者致力于降低锚固位置的径向应力，但无法完全避免钢夹片刚度过大造成的应力集中问题。

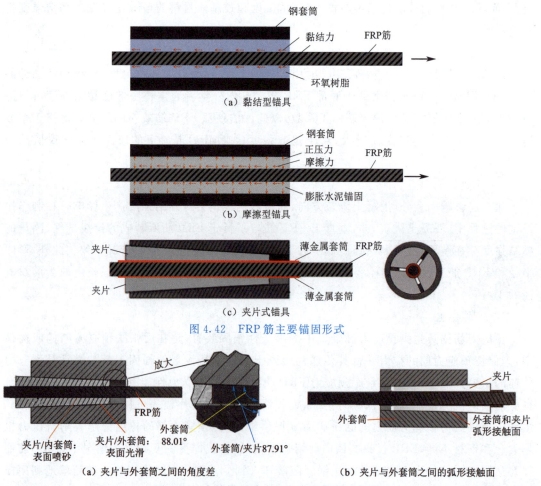

图 4.42　FRP 筋主要锚固形式

图 4.43　夹片锚具减小径向应力集中的方法

针对上述问题,作者团队开发了分段式同源材料夹片锚具。有限元分析表明,相比于等刚度夹片,分段式同源材料夹片能够更有效地减缓应力集中(图 4.44)。分段式同源材料夹片采用模压工艺生产,原材料包括短切纤维、树脂、石英砂等。采用分段同源材料夹片锚分别对 BFRP 拉索进行静力、疲劳和蠕变试验,结果表明,分段同源材料夹片锚固-BFRP 拉索系统的锚固效率达到 90%。在最小疲劳应力为 $0.45f_u$ 的情况下,分段同源材料夹片锚固-BFRP 拉索系统 200 万次疲劳应力幅限值为 $0.05f_u$,BFRP 拉索-锚具体系的疲劳、蠕变试验所得到的疲劳应力限值、蠕变率等参数与拉索本身的试验结果一致。并且,夹片长期跟进量与传统钢架片在疲劳荷载下的跟进量接近。上述成果为 BFRP 单根拉索的锚固提供了有效、可靠的新方法。

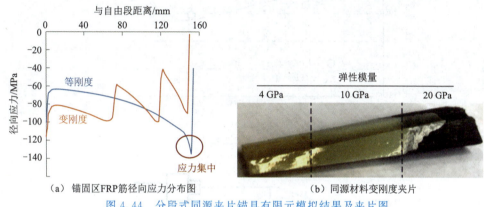

(a) 锚固区FRP筋径向应力分布图   (b) 同源材料变刚度夹片

图 4.44　分段式同源夹片锚具有限元模拟结果及夹片图

4. 转向块处的弯折性能

体外预应力筋仅在锚固和转向位置处与结构的竖向位移相协调,因此体外预应力筋的偏心距会随着构件的弯曲挠度变化而发生改变,这种现象被称为"二次效应"。为了减小二次效应,体外预应力结构一般需设置转向块(见图 4.45),预应力筋与转向装置接触,筋的轴线方向发生改变。传统的预应力钢筋是各向同性材料,虽然 FRP 筋在沿纤维方向具有高强度,但垂直纤维方向的抗压强度和抗剪强度较低(仅为抗拉强度的 1/10 左右),这使得 FRP 筋在转向块处更容易产生应力集中而导致破坏。Dolan 认为转向区预应力筋应力集中的主要影响因素是转向半径,转向区的预应力筋应力与转向角度无关,并提出了转向区预应力筋的应力计算公式。但一些试验研究表明,转向角度也会对 FRP 筋的应力产生影响,例如,CFCC 筋(一种 CFRP 筋)的拉伸强度和转向角度的关系如图 4.46 所示,当转向角度介于 5°~25°之间

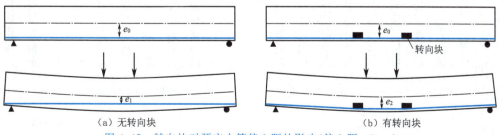

(a) 无转向块   (b) 有转向块

图 4.45　转向块对预应力筋偏心距的影响(偏心距 $e_2 > e_1$)

时,拉伸强度的降低比较明显;转向角度大于 25°时,强度降低趋势明显减缓。

作者团队对 FRP 筋转向块处的静力和疲劳性能(见图 4.47)的研究表明,弯折造成的 FRP 筋的强度下降率随转向角度的增加而增大,随转向半径的增加而减小,并且,转向半径对弯折 FRP 筋的影响比较明显(见图 4.48)。同时指出,筋材弯折段外侧纤维疲劳性能对筋材整体疲劳寿命起控制作用。

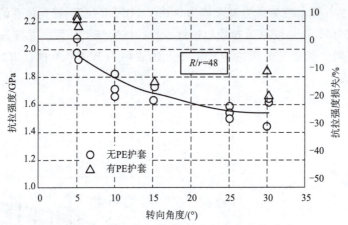

图 4.46 FRP 筋转向区强度与转向角度的关系

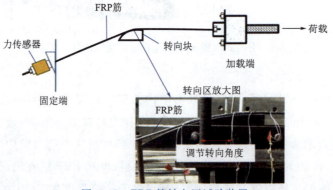

图 4.47 FRP 筋转向区试验装置

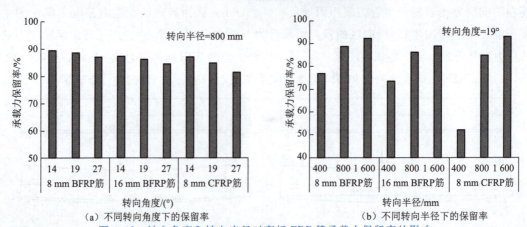

(a) 不同转向角度下的保留率　　(b) 不同转向半径下的保留率

图 4.48 转向角度和转向半径对弯折 FRP 筋承载力保留率的影响

根据上述试验结论,建议设计中转向半径和 FRP 筋半径的比值 R/r 不宜小于 200,FRP 筋的转向角度不宜超过 5°,但转向角度限制可根据 FRP 筋的种类适当放宽。

5. 箍筋性能

FRP 箍筋的弯曲部位强度损失较为严重,主要原因在于 FRP 筋经过弯曲之后,弯曲部位内侧纤维发生弯折、皱缩和堆积,导致受力时存在局部应力集中现象;弯曲部位内侧和外侧纤维分别被压缩和拉伸,纤维发生损伤;同时 FRP 筋弯曲过程中树脂向外表面溢出,造成筋材内部树脂分布不均。作者团队研究了箍筋直径和弯曲半径对箍筋弯折段力学性能的影响,结果如下:

(1)直径的影响

由图 4.49 可以看出:在其他试验条件相同下,直径越大强度保留率越低,6 mm、8 mm、10 mm 直径的 BFRP 筋强度保留率分别为 0.39、0.30、0.21。直径越大,弯曲部位由于纤维的皱缩与拉伸变形导致的纤维损伤更多;同时树脂与纤维之间的应力传递存在剪力滞后效应,这种现象随直径增大而更加明显,影响树脂与纤维的同步受力。对 CFRP 弯筋弯曲部位拉伸强度的试验研究中发现,在筋材弯曲半径、尾部长度、嵌入长度等其他因素相同的情况下,弯曲部位损失随直径增大更严重。

(2)弯曲半径的影响

由图 4.50 可以看出:在其他试验条件相同下,增大弯曲半径与筋直径的比值 r/d,弯曲部位强度有一定提高,但提高幅度不明显。$r/d=3、4、5$ 时,弯曲部位强度保留率分别为 0.29、0.30、0.33。r/d 由 3 增大至 5 时,强度保留率提升了 15% 左右,但 r/d 由 3 增大至 4 时,提升效果并不明显。对于热固性树脂基 FRP 筋,增大 r/d 可以提高弯曲部位强度,主要是因为在弯曲成型过程中,其内部纤维排布更好,发生皱缩和扭曲的纤维更少;同时纤维内部的树脂由于弯曲造成的溢出量更少,因此表现出更高的弯曲后强度。图 4.50 中随 r/d 增大,强度提升不显著的原因在于当前热塑弯筋生产制作采用的二次折弯工艺较为简单粗糙,无法精确控制加热温度,生产得到的 U 形筋试件质量有待提升。因此决定 U 形筋试件弯曲部位性能的控制因素是成型工艺,而非 r/d 的值。

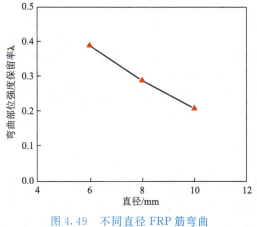

图 4.49 不同直径 FRP 筋弯曲
部位强度保留率

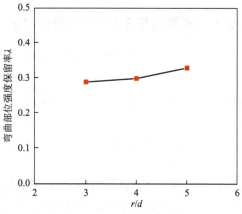

图 4.50 不同 r/d 的热塑性树脂基
FRP 筋弯曲部位强度保留率

6. 智能 FRP 筋传感性能

光纤本质上也是一种纤维,因此与 FRP 之间存在天然的匹配特性。利用 FRP 封装光纤,可以有效保护光纤,保证其在结构中的耐久使用;同时,埋入光纤的智能 FRP 制品,是制备智能结构的智能元件。例如,智能 FRP 筋可以和普通钢筋一样绑扎、浇筑在混凝土中,可以监测结构的骨架信息,更加准确、有效地掌握结构的性能。

自传感 BFRP 筋作为一种新型材料,不仅具有普通 BFRP 筋的高强力学性能,还具有应变、温度传感的自传感特性。针对这些特点,作者团队通过试验对自传感 BFRP 的应变和温度传感性能进行了验证,主要结论如下:

(1)通过光纤的长标距设计,提高了布里渊光时域分析(BOTDA)在复杂应变区域的测试精度,实现了光纤布拉格光栅(FBG)在自传感 FRP 内的分布式测量。针对 BOTDA,标距大于 20 cm 可获得较高的精度,传感系数误差小于 1‰;锚固段大于 0.5 cm 可保证 2 000 με 以内的有效测量,实际应用时锚固段一般不小于 3 cm,以保证 7 000 με 以上的量程。

(2)自传感 BFRP 筋的布里渊频移或波长与应变、温度之间线性关系良好,线性度大于 0.99。BOTDA 和 FBG 的应变传感系数分别为 50 MHz/0.1‰(每发生 0.1‰的应变)和 1.2×10^{-12} m/με 左右,与封装前的实测值接近,表明 BFRP 的封装工艺没有改变应变传感特性。结构正常使用范围内,基于 BOTDA 的应变监测精度为 ±15 με,基于 FBG 的应变监测精度可达±(2~3) με。BOTDA 和 FBG 的温度系数分别为 1.4 MHz/℃和 21 pm/℃左右,大于封装前的实测值,考虑了 BFRP 的热胀效应后,可采用自由光纤实施温度补偿。与封装前相比,自传感 FRP 的应变和温度的传感精度没有明显改变,其中基于 BOTDA 的自传感 FRP 筋大应变测量的相对精度比小应变的测量精度高,传感的稳定性和可重复性更好。尺寸效应和纤维含量对应变传感的影响较小,对自传感 BFRP 筋的温度传感系数影响较大。

4.5 标 准 化

4.5.1 主要国家 FRP 筋规范化发展历程

FRP 的耐腐蚀、线弹性等特性与传统金属材料完全不同,且 FRP 制品性能受生产工艺等因素的影响较大,因此须针对 FRP 制定产品和相应测试标准。在设计标准方面,由于 FRP 筋增强工程结构力学性能和传统结构的差异较大,不能沿用既有规范,须制定 FRP 筋在土木工程中应用的相关标准。从 20 世纪 80 年代起,一些发达国家开始制定土木工程用 FRP 筋的规范和标准。

1. 日本

从 20 世纪 80 年代起,日本投入大量精力加紧制定 FRP 筋增强混凝土结构设计和施工标准,主要包括:混凝土结构采用《FRP 筋(索)设计与施工建议》(以下简称 DCCSCFRM)、《FRP 筋(索)增强混凝土结构设计指南》(以下简称 GSDFRPCB)和《预应力 FRP 筋(索)增强混凝土结构设计方法》(以下简称 DPFRPCBS)。标准 DCCSCFRM 作为建议稿,1997 年由日本土木工程师协会出版,目的在于指导FRP增强混凝土结构设计与施工。该建议稿既包括FRP筋(索)的产品规格、试验方法,同时又包括FRP筋(索)的设计与施工说明;材料质量条款规定了工程实践所需的FRP筋(索)的特征与性能。FRP筋(索)的性能包括轴向纤维的体积配筋率、FRP筋的横截面面积、抗拉强度、弹性模量、延伸率、蠕变断裂强度、松弛率和耐久性等。上述性能大多根据标准DCCSCFRM中建议的试验方法确定。

混凝土结构采用的《FRP筋(索)设计与施工建议》以JSCE的混凝土结构设计与施工规范为基础,该标准的施工篇涉及FRP筋(索)组成、FRP材料的贮存、FRP筋的绑扎与配置方式以及质量控制等,标准GSDFRPCB和DPFRPCBS针对建筑结构,于1993年根据当时的研究成果进行了修订,该研究得到了日本建设省的资助。GSDFRPCB采用极限状态设计方法,一些细节规定与DCCSCFRM不同。

2. 美国

美国对FRP筋增强混凝土结构进行了长期研究。从20世纪80年代开始,在美国国家科学基金和联邦公路管理委员会的资助下,研究人员加速了对该领域的研究与开发。1991年美国混凝土协会(ACI)成立了ACI 440委员会,即FRP补强、加固委员会,该委员会1996年出版了FRP补强混凝土结构发展水平报告。此后,ACI 440委员会推出了系列标准,2001年获得了技术活动委员会批准,该标准包括:《FRP筋增强混凝土结构设计与施工指南》、《FRP结构形式》、《混凝土结构用FRP耐久性》和《FRP预应力混凝土构件设计与施工指南》。上述规范与标准中FRP筋的纤维种类主要包括:碳纤维、芳纶纤维和玻璃纤维。

3. 欧洲

欧洲从20世纪60年代开始进行FRP应用的研究。1993年提出了欧洲合作研究计划,该计划于1997年结束,旨在研究FRP增强混凝土结构,参与者包括英国、瑞士、法国、挪威和荷兰。国际混凝土结构联盟93工作组,即FRP增强混凝土结构工作组于1993年成立。93工作组又分为材料测试组、钢筋混凝土组、预应力混凝土组、外贴FRP组、市场营销和应用组。该工作组由从事FRP补强混凝土结构研究的大学、研究院和公司构成,发布了《FRP增强钢筋混凝土结构设计指南》。在英国,结构工程师协会出版了《关于FRP增强钢筋混凝土结构临时设计指南》,该指南以英国相应的设计规范为基础,采用的设计方法与日本和美国的标准类似。

4. 中国

国内对FRP筋混凝土结构的研究起步稍晚,始于20世纪90年代末。但近年来,国内学者对FRP筋增强结构展开了较为广泛且深入的研究,并已经形成一定的系统和规模。以国内学者的研究为基础,我国已于2010年发布《纤维增强复合材料建设工程应用技术规范》(GB 50608—2010),内容涵盖碳纤维、玻璃纤维、芳纶纤维复合筋增强混凝土结构设计及施工的相关规定,并于2020年对该标准进行了修订,更名为《纤维增强复合材料工程应用技术标准》(GB 50608—2020),对标准内容进行了大量扩充,并将BFRP筋纳入工程结构应用体系,详细给出了BFRP筋的力学性能指标、环境影响系数、锚固长度、张拉控制应力、预应力松弛损失率等重要参数。

4.5.2 FRP 筋产品及测试标准化

1. 拉伸和剪切性能

拉伸试验一般采用钢管灌胶黏结型锚固(见图 4.17),且应保证足够的锚固长度以避免锚固端先于拉伸自由段破坏,极限荷载为 FRP 筋正常破坏(纤维散开,锚固端完好)时对应的试验力。由于纤维弯曲等原因,当拉伸荷载较小时,FRP 筋的荷载与应变不成线性关系,而当荷载达到约 20% 极限荷载时,荷载-应变才基本呈线性关系,因此弹性模量采用 20% 极限荷载和 50%(或 60%)极限荷载及对应的应变值计算得到。一般情况下引伸计或应变片无法直接测量 FRP 筋断裂时的应变,故断裂应变值取断裂应力和弹性模量的比值。FRP 筋拉伸强度受尺寸效应影响,因此各国的产品标准中对不同直径的 FRP 筋规定了与之匹配的拉伸性能指标。

FRP 筋存在受剪的工作状态,产品标准中宜对相关性能提出要求,并对不同直径的 FRP 筋规定与之匹配的剪切性能指标,确定抗剪强度可采用双面剪切试验的方式;FRP 筋剪切试验装置如图 4.25 所示,应注意试样长度与 FRP 筋直径无关,一律取 300 mm。剪切试验对上刃与两个下刃之间的间隙总和不得超过 0.25 mm,且剪切面必须与 FRP 筋轴线垂直,否则会造成剪切试验结果误差较大。当前我国的产品标准中尚缺乏对剪切性能的要求,尤其是对不同直径的 FRP 筋的剪切性能指标。

2. 长期力学性能

FRP 筋长期力学性能试验包括蠕变、松弛和疲劳试验。其中蠕变试验方法较简单,通过蠕变试验机或持荷装置(砝码等)对 FRP 筋施加恒定荷载,主要测量指标包括 FRP 筋应变随时间的变化情况以及从恒定荷载开始施加到试件发生蠕变断裂的时间,试验最终通过蠕变断裂时间和相应应力水平的函数关系外推得到蠕变断裂应力预测公式,并形成应变-时间关系曲线以评价 FRP 筋蠕变率。当前各国标准已对 FRP 筋的百万小时或五十万小时蠕变断裂应力给出了具体数值。

松弛试验较难实现,因为规范中对松弛试验中的应变变化有严格的要求(一般不超过 25 $\mu\varepsilon$),因此松弛试验必须严格控制 FRP 筋的端部滑移,也可采用图 4.35 所示的方法修正滑移对所测力的影响。各国标准已对 FRP 筋的长期松弛率作出具体规定。

疲劳试验必须保证 FRP 筋的可靠锚固,普通的黏结型锚固在几千次疲劳荷载作用后就会因树脂发热软化而失效,一般的金属夹片式锚具则会对 FRP 筋锚固端产生较大的应力集中造成端部破坏。可采用图 4.36 所示的同源材料锚固方法,其有效性已得到试验证明。由于 FRP 筋疲劳寿命影响因素较多(疲劳应力幅、疲劳应力水平等),当前的标准中尚未对 FRP 筋疲劳性能进行统一的规定。

3. 黏结性能

FRP 筋黏结试验主要分为拉拔试验和梁式试验。拉拔试验(见图 4.39)的关键在于控制黏结段长度和保证装置的刚度,为了使黏结段的黏结应力满足均匀分布的假定,黏结段长度一般小于 FRP 筋直径的 5 倍;如果拉拔试验装置的刚度不足,则会造成拉拔试件随装置变形而发生较大位移,影响试验结果。虽然拉拔试验的结果可直接用于 FRP 筋增强混凝土受拉构件,但由于受力状态与 FRP 筋增强混凝土受弯构件不同,因此试验结果与实际受弯构件中的情况有所区别,梁式试验(见图 4.51)结果可更加准确地反映 FRP 筋在梁中的受力情况。

FRP 筋-混凝土黏结性能是影响 FRP 筋增强混凝土结构力学性能的重要因素,尤其是对结构抗裂性能有显著影响,美国 ACI 440.1R 和加拿大 CSA S806 规范在裂缝宽度计算中通过参数 k_b 反映 FRP 筋与混凝土的黏结性能,当 FRP 筋黏结性能高于钢筋时,k_b 大于 1.0,反之则小于 1.0。我国《纤维增强复合材料工程应用技术标准》(GB 50608—2020)通过黏结特征系数 v 表征 FRP 筋-混凝土黏结性能对裂缝宽度的影响,v 取黏结试验所得的 FRP 筋黏结强度与同条件带肋钢筋的黏结强度的比值,当 v 大于 1 时,取 1.0;无试验数据时,可取 0.7。

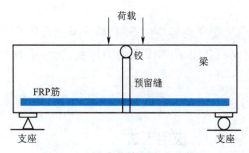

图 4.51 梁式黏结滑移试验装置

4.5.3 FRP 筋应用标准化

FRP 筋应用标准包括美国 ACI 440.1R《普通 FRP 筋及其增强混凝土结构》、ACI 440.4R《预应力 FRP 筋及其增强混凝土结构》、日本 ISTB 研究会规范、欧洲 fib 规范以及我国《纤维增强复合材料工程应用技术标准》(GB 50608—2020)规范,上述标准和规范针对 FRP 筋在混凝土结构中的设计、施工和质量检验给出了具体条文,其中设计方面的相关规定以下列结构基本性能为基础建立。

FRP 筋是线弹性材料,其在达到抗拉强度前几乎没有塑性变形产生,因此 FRP 筋混凝土(FRP-RC)梁的受弯破坏模式均为脆性破坏。此外,由于 FRP 筋的弹性模量通常低于钢筋,同等配筋率的梁的抗弯刚度比钢筋混凝土梁低,FRP-RC 梁的裂缝宽度更大、受压区高度更小,因此 FRP-RC 梁的抗剪承载力低于同等配筋率的钢筋混凝土梁。对于 FRP-RC 柱,由于 FRP 筋的弹性模量较低,FRP 筋对正截面承载力的贡献通常低于钢筋。

相比普通钢筋,FRP 筋的抗拉强度较高,但其弹性模量相对较低,因此 FRP-RC 梁的挠度和裂缝宽度均比同等配筋率的钢筋混凝土梁大,受弯构件设计通常是由挠度和裂缝宽度控制。施加预应力是提高构件抗弯刚度,充分利用 FRP 筋高抗拉强度的有效措施。根据预应力 FRP 筋与混凝土黏结形式的不同,预应力 FRP 筋混凝土(FRP-PC)梁通常可分为有黏结预应力 FRP 筋混凝土梁、无黏结预应力 FRP 筋混凝土梁、部分黏结预应力 FRP 筋混凝土梁和体外预应力 FRP 筋混凝土梁等。对于有黏结 FRP-PC 梁,预应力 FRP 筋沿全长与周围混凝土黏结在一起,荷载作用下梁截面的预应力 FRP 筋与周围混凝土应变协调。对于无黏结 FRP-PC 梁,预应力 FRP 筋沿全长与周围混凝土保持相对滑动,无黏结预应力 FRP 筋的应力沿全长较均匀分布。研究表明,相比有黏结 FRP-PC 梁,无黏结 FRP-PC 梁具有更好的延性和变形能力,但无黏结预应力 FRP 筋对锚具的要求更高。为改善 FRP-PC 梁的延性,同时降低对锚具的要求,国内外学者提出了部分黏结 FRP-PC 梁的方案,即预应力 FRP 筋部分区段为有黏结形式,而其他区段为无黏结形式。对于体外预应力筋混凝土梁,由于预应力筋和主体结构不能协同变形,因此设计方法与体内有黏结混凝土结构存在明显区别。国际上一些国家的规范中,体外预应力筋混凝土梁的设计方法是对无黏结预应力筋混凝土结构设计方法进行改进后建立的,我国《纤维增强复合材料工程应用技术标准》(GB 50608—2020)中对预应力 FRP 筋混凝土设计作了详细规定,并专门针对体外预应力 FRP 筋混凝土结构提出了 FRP 筋应力增量、抗弯承载力等关键参数的计算方法。

4.6 应用及前景

4.6.1 应用工法

1. 全 FRP 筋增强混凝土结构

由于 FRP 筋具有线弹性和弹性模量较低等特征,全 FRP 筋混凝土梁表现出与普通钢筋混凝土梁不同的结构性能特点。传统钢筋混凝土梁破坏前往往经历较大的塑性变形,并且裂缝间距和裂缝宽度较小;而 FRP 筋始终处于弹性状态,不存在屈服阶段,因此 FRP 筋混凝土梁破坏突然,延性比钢筋混凝土低(见图 4.52),裂缝间距和宽度较大;其破坏模式分为 FRP 筋拉断(少筋)和混凝土压碎两种(超筋),设计时应通过平衡配筋率 ρ_{fb} 判断结构的破坏模型并采用相应的计算公式,具体见《纤维增强复合材料工程应用技术标准》(GB 50608—2020)。除设计计算外,构造措施对于全 FRP 筋增强混凝土结构也十分重要。

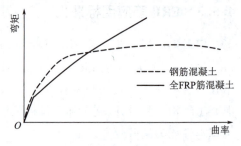

图 4.52 相同配筋率钢筋混凝土与全 FRP 筋混凝土的弯矩-曲率曲线

(1)配筋率、保护层厚度

当 FRP 筋配筋量过小时,抗弯构件会发生 FRP 筋拉断破坏,该破坏形态延性极小,应当予以避免。为了保证 FRP 筋增强混凝土构件不发生 FRP 筋拉断破坏,纵向 FRP 筋的配筋率不应小于最小配筋率 $\rho_{min}=1.1f_t/f_{fd}$,其中 f_t 和 f_{fd} 分别是混凝土和 FRP 筋的抗拉强度设计值。同时,为了保证 FRP 筋与混凝土之间的黏结性能,FRP 筋用于混凝土板时,最小保护层的厚度不应小于 15 mm;用于混凝土梁时,最小保护层厚度不应小于 20 mm。

(2)弯折、锚固、搭接

除了替换钢纵筋外,FRP 筋也可加工成箍筋,替换钢箍筋增强结构抗剪性能。然而,由于纤维弯曲、树脂挤压等因素,导致 FRP 箍筋弯折段强度低于直线段。为了防止箍筋弯折段强度下降幅度过大,FRP 箍筋的弯折半径与筋直径的比值 r_v/d 不应小于 3,且 FRP 箍筋应有锚固段。锚固可采用 90°弯钩(见图 4.53),弯钩处的搭接长度应符合 $l_{thf} \geqslant 12d$ 的规定。

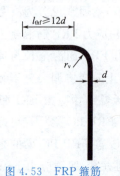

图 4.53 FRP 箍筋弯折构造要求

受拉 FRP 筋的锚固长度应通过试验确定。无试验数据时,锚固长度 l_a 可按 $l_a = f_{fd}d/(8f_t)$ 计算,其中 d 为 FRP 筋直径,且 GFRP

筋、BFRP 筋、AFRP 筋和 CFRP 筋的最小锚固长度分别不应小于 $20d$、$20d$、$25d$ 和 $35d$。当锚固长度不足时,应采用可靠的机械锚固措施。为了保证黏结性能,FRP 筋绑扎接头搭接长度一般大于锚固长度,例如受拉 BFRP 筋纵筋绑扎接头的搭接长度不应小于 $1.6l_a$;当 BFRP 筋的实际应力与抗拉强度设计值的比值小于 0.5,且搭接长度范围内配置的 BFRP 筋面积占计算所需总面积的 50% 以下时,搭接长度可折减为 $1.4l_a$。构件中纵向受压 BFRP 筋的搭接长度不应小于受拉 BFRP 筋搭接长度的 70%。

2. FRP 筋增强钢筋混凝土结构

传统钢筋混凝土结构在带裂缝工作时,若保护层较薄,则外部侵蚀介质容易渗透至钢筋表面;若单纯加厚保护层,则裂缝宽度会相应增加,侵入内部的腐蚀性介质数量会更多,无法彻底解决结构耐久性问题。4.4.2 节提到,FRP 筋具有优越的耐腐蚀性,并且和混凝土之间的黏结性能好(黏结强度不低于钢筋的黏结强度且黏结-滑移曲线的下降段高于钢筋的曲线),因此作者团队提出将 FRP 筋配置在混凝土结构的受力纵向钢筋外侧,一方面限制了混凝土裂缝开展,从而保护内部钢筋;另一方面由于 FRP 筋对保护层厚度的要求较低,可以适当减小混凝土保护层厚度,从而提升了钢筋的利用效率(见图 4.54)。

图 4.54 FRP 筋-钢筋混合配置示意图

除了提升结构耐久性之外,作者团队还提出了基于 FRP 筋增强钢筋混凝土实现结构损伤可控、灾后可修复的重要理念[图 4.55(a)],具体概念在第 2 章中已有论述。FRP 筋的线弹性使其增强结构在钢筋屈服后为结构提供二次刚度[图 4.55(b)],卸载后的结构残余变形明显小于相同位移下的普通钢筋混凝土结构,位于此阶段的结构可暂缓修复并可继续使用;当 FRP 筋和混凝土之间发生相对滑移时,FRP 筋黏结滑移曲线中稳定的滑移段可保证结构不发生倒塌,荷载-位移曲线出现稳定平台段;由于钢筋的作用,FRP 筋增强钢筋混凝土结构的延性远高于全 FRP 筋混凝土结构。需要注意的是,实现这一损伤可控机制有两个前提,首先,需要通过合理的设计使 FRP 筋的实际黏结强度不超过其拉断时的黏结应力,因为一旦 FRP 筋断裂,对滑移的限制作用也将完全消失;其次,FRP 筋必须具备稳定的滑移段,才能既保证结构的延性,又能实现较小的残余变形。FRP 筋增强钢筋混凝土结构的设计原理可以沿用普通钢筋混凝土的基本原理,基本的构造规定与普通钢筋混凝土和全 FRP 筋混凝土结构一致。需要注意的是,普通钢筋混凝土结构只有一种界限破坏,而 FRP 筋增强钢筋混凝土结构有两种界限破坏,界限相对受压区高度 ξ_{b1} 和 ξ_{b2} 的计算方法如下。

界限破坏 1,钢筋屈服的同时混凝土压溃:

$$\xi_{b1}=\frac{\beta_1\varepsilon_{cu}}{\varepsilon_{cu}+\varepsilon_y}=\frac{\beta_1}{1+\dfrac{f_y}{0.0033E_s}} \tag{4.1}$$

界限破坏 2，FRP 筋拉断的同时混凝土压溃：

$$\xi_{b2} = \frac{\beta_1 \varepsilon_{cu}}{\varepsilon_{cu} + \varepsilon_{fd}} = \frac{\beta_1}{1 + \frac{f_{fd}}{0.0033 E_f}} \tag{4.2}$$

式中，β_1 为混凝土应力图形系数；f_y 和 f_{fd} 分别为钢筋屈服强度设计值和 FRP 筋拉伸强度设计值；E_s 和 E_f 分别为钢筋和 FRP 筋的弹性模量；ε_{cu}、ε_y 和 ε_{fd} 分别为混凝土极限压应变、钢筋屈服应变和 FRP 筋断裂应变。

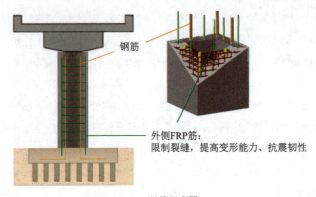

(a) 结构示意图

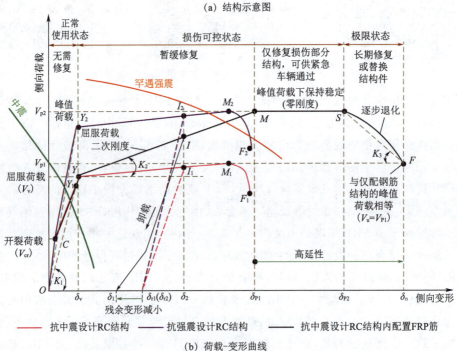

(b) 荷载-变形曲线

图 4.55　FRP 筋实现结构损失可控和灾后可修复概念图

3. 预应力 FRP 筋加固/增强混凝土结构

预应力 FRP 加固技术主要分为 FRP 筋嵌入式加固和体外预应力 FRP 筋加固。嵌入式 (near surface mounted，简称 NSM) 加固是在被加固混凝土结构的表面开槽 (保护层内)，将

FRP 筋或 FRP 板条嵌入其中进行加固的方法。采用无预应力的 FRP 材料进行嵌入式加固,虽然可以显著提高加固构件的极限承载力,但对加固构件早期裂缝的出现及限制作用不大,且在破坏阶段时嵌入式 FRP 的材料利用率也不高。因此作者团队提出了新型嵌入式预应力 FRP 筋加固技术(图 4.56),其关键工艺流程如图 4.57 所示。

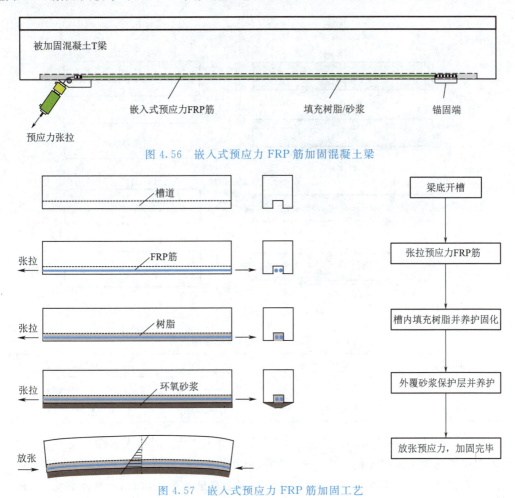

图 4.56 嵌入式预应力 FRP 筋加固混凝土梁

图 4.57 嵌入式预应力 FRP 筋加固工艺

体外预应力加固(见图 4.58)是将预应力筋布置在被加固结构之外并进行张拉,利用预应力筋的回缩对结构产生预加力,抵消外荷载产生的内力,从而达到限制裂缝、提高承载力和刚度的加固目的,适用于中小跨径桥梁加固和建筑结构加固。体外预应力 FRP 筋加固结构施工工艺如图 4.59 所示,主要工艺与体外预应力钢拉索加固类似,但应注意 FRP 筋张拉控制应力的选择,见表 4.4,表中 f_{fk} 为 FRP 筋抗拉强度标准值。此外,体外预应力 FRP 筋仅依靠锚具和转向块传递预应力,因此锚具性能对结构安全性的意义十分重要,应选择安全可靠的锚固形式。需注意体外预应力 FRP 筋混凝土梁,由于预应力 FRP 筋和主体结构不能协同变形,因此设计方法与体内有黏结混凝土结构存在明显区别。

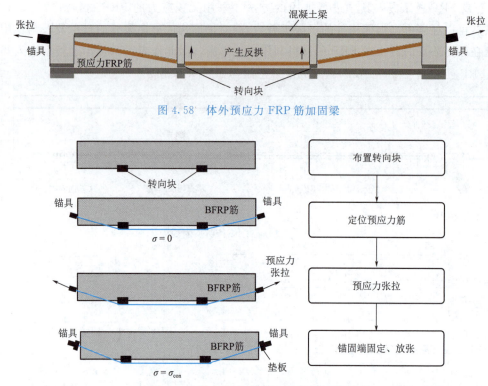

图 4.58　体外预应力 FRP 筋加固梁

图 4.59　体外预应力 FRP 筋加固工艺

表 4.4　预应力 FRP 筋张拉控制应力

FRP 筋类型	CFRP 筋	AFRP 筋	BFRP 筋
σ_{con} 上限值	$0.65 f_{fk}$	$0.55 f_{fk}$	$0.50 f_{fk}$
σ_{con} 下限值	$0.50 f_{fk}$	$0.35 f_{fk}$	$0.35 f_{fk}$

预应力 FRP 增强新建结构主要包括先张法、后张有黏结、后张无黏结等形式。其中先张法是在浇筑混凝土前张拉预应力 FRP 筋并临时锚固在台座或钢模上,然后浇筑混凝土,待混凝土养护达到一定强度,保证预应力筋与混凝土有足够的黏结时,放松预应力 FRP 筋,借助混凝土与筋的黏结,对混凝土施加预应力的施工工艺。由于先张法是通过黏结来传递预应力,因此对 FRP 筋锚固长度有严格的要求,锚固长度应取预应力 FRP 筋直径的 65 倍。该方法一般仅适用于生产中小型构件,在固定的预制厂生产。后张法是先制作构件(浇筑混凝土),并在构件体内按预应力 FRP 筋的位置留出相应的孔道,待构件的混凝土强度达到规定的强度后,在预留孔道中穿入预应力 FRP 筋进行张拉,利用锚具把张拉后的预应力筋锚固在构件的端部,依靠锚具将预应力筋的预张拉力传给混凝土,使其产生预压应力。若孔道为曲线,则为了防止预应力 FRP 筋出现过分弯折,曲线预应力 FRP 筋的曲率半径应大于 5 m,并应大于孔道直径的 100 倍。有黏结预应力在张拉完毕后须在孔道中灌入水泥浆,使预应力筋与混凝土构件形成整体,无黏结预应力则省去了灌浆工序。对于有黏结预应力梁,预应力 FRP 筋沿全长与周围混凝土黏结在一起,荷载作用下梁截面的预应力 FRP 筋与周

围混凝土应变协调。对于无黏结预应力FRP筋,与体外预应力类似,FRP筋变形与周围的混凝土不协调,其预应力仅通过锚具传递给混凝土,因此锚具的性能对结构安全有重要影响。施加预应力时,同条件养护的混凝土立方体抗压强度应符合设计要求,且不应低于设计强度等级值的75%。我国《纤维增强复合材料工程应用技术标准》(GB 50608—2020)中对预应力FRP筋混凝土设计作了详细规定,包括力学性能指标、环境影响系数、锚固长度、张拉控制应力、预应力松弛损失率等重要参数等。

4. FRP筋增强路面/桥面铺装层

(1) 设计原则

由于FRP筋在路面/桥面中的主要作用是限制铺装层开裂,因此作为构造配筋,纵向FRP筋全部截面面积宜根据等代强度法按 $A_f = A_s f_y / f_{fd}$ 计算,其中 A_s 是钢筋截面积,f_y 和 f_{fd} 分别是钢筋屈服强度设计值和FRP筋强度设计值。可以看出,由于FRP筋的强度远高于钢筋,因此FRP筋的配筋面积理论上可大幅降低,且由于FRP筋的质量轻,总配筋重量进一步减小,如BFRP筋的理论配筋重量只有钢筋的1/10~1/12左右,BFRP筋单位重量的价格约为钢筋的10倍,因此采用BFRP筋增强路面/桥面可以在控制材料成本的同时,提升路面/桥面施工便利性以及耐久性、抗裂性、抗疲劳等综合力学性能。

(2) 保护层厚度、配筋直径、间距等

FRP筋最小保护层厚度不应小于15 mm,FRP筋直径不应小于6 mm,间距不宜大于100 mm,桥面铺装层中的纵向和横向筋宜采用相同或相近的直径,纵向和横向筋材间距宜一致。桥面水泥混凝土铺装层的筋网宜设在顶面下1/4~1/2厚度范围内,横向筋位于纵向筋之上,主要起支撑纵向筋的作用。

(3) FRP筋网制作

FRP筋网宜采用钢筋支架架设,并绑扎连接(见图4.60),支架数量应不少于5~8个/m²。复合筋的交叉点宜采用直径0.7~2.0 mm的不锈钢丝绑扎,其数量应占全部交叉点的60%以上,FRP筋网的允许偏差应满足表4.5的要求。复合筋搭接与绑扎应与全FRP筋增强混凝土结构中的要求相同。绑扎完毕后,需依照表4.6对FRP筋网进行质量检查。

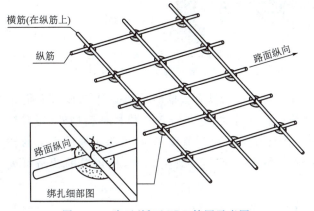

图 4.60 路面/桥面FRP筋网示意图

表 4.5 FRP筋网尺寸允许偏差

项 目	允许偏差/mm
网的长度与宽度	±10
网眼尺寸	±20
网眼对角线差	±15

表 4.6 FRP 筋网绑扎及安装质量要求

项次	检查项目		规定值或允许偏差	检查方法和频率
1	网的长/mm、宽/mm		±10	尺量；全部
2	网眼尺寸/mm		+10	尺量；每断面抽查 5 个网眼 长度小于等于 20 m 时，检查 2 个断面；长度大于 20 m 时，检查 3 个断面
3	网眼对角线差/mm		±15	尺量；每断面抽查 5 个网眼对角线 长度小于等于 20 m 时，检查 2 个断面；长度大于 20 m 时，检查 3 个断面
4	网的安装位置/mm	平面内	±20	尺量；测每网片边线中点
		距表面	±3	尺量；每断面抽查 3 处 长度小于等于 20 m 时，检查 2 个断面；长度大于 20 m 时，检查 3 个断面
		距底面	±5	
		平面外		

5. 自传感 FRP 筋增强智能结构

针对工程结构的大型化和长期监测困难等问题，虽然越来越多的工程师和研究人员提出利用智能材料的感知功能对既有结构材料进行智能化设计，为实施有效的结构健康监测提供解决方案，但如何在大型土木工程结构中设计、制造和使用智能材料以及相关技术手段，仍是一个重要问题。结合 FRP 以及长标距应变传感器的特点，作者团队开发出适合直接植入结构关键部位的 FRP 自传感材料，一方面可以代替原有的增强筋，满足结构的力学性能要求；另一方面，结合分布传感技术的损伤识别及动静态监测技术，使结构具有感知环境变化、自我诊断、自适应等功能，大幅度提高结构的安全性并延长使用寿命（见图 4.61）。

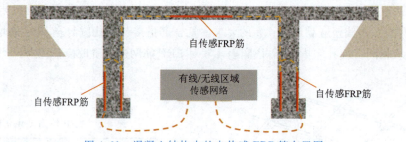

图 4.61 混凝土结构中的自传感 FRP 筋布置图

图 4.62 是一个自传感 FRP 筋增强混凝土柱，采用具有自监测功能的自传感 FRP 筋布设在柱体近表面位置。在对 FRP 自传感筋进行设计时，除了合理选择材料模型外，还需对结构或构件的变形进行细致的理论分析。例如在水平地震荷载作用下，除了弯曲产生的转角外，柱角与底座之间的裂缝会导致柱身刚体位移，产生额外的转角，柱顶总的转角可表示为

$$\theta = \theta_1 + \theta_2 \tag{4.3}$$

其中，弯曲转角 θ_1 可以通过累加各单元之间的相对转角获得：

$$\theta_1 = \sum_{i=1}^{n} \theta_i = \sum_{i=1}^{n} \varphi_i L_i \tag{4.4}$$

式中,φ_i 是第 i 单元的曲率;L_i 是第 i 单元的长度。

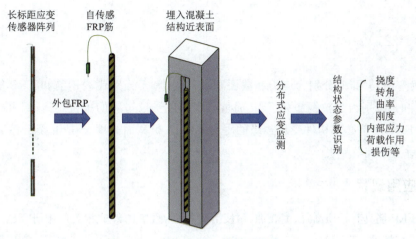

图 4.62　自传感 FRP 筋增强混凝土柱

柱角裂缝产生的刚体位移转角为

$$\theta_2 = \frac{\Delta_c}{B} \tag{4.5}$$

其中,Δ_c 是柱角裂缝宽度,$\Delta_c = \varepsilon_c l_c$,$\varepsilon_c$ 和 l_c 分别是柱角传感器的应变和标距;B 是转动方向的柱截面宽度。

如图 4.63 所示,根据传感单元在构件上的垂直高度,即可判断出裂缝产生位置,达到监测裂缝延伸过程的目的。

单元的弯曲变形量可由各单元的曲率计算得到,由此可根据自监测的应变计算出的曲率分布进一步计算挠度。常用的方法就是曲率积分法,如式(4.6)所示,将曲率进行两次积分就可得到挠度分布。

$$\delta_b = \iint_L \varphi(x) \mathrm{d}x \mathrm{d}x \tag{4.6}$$

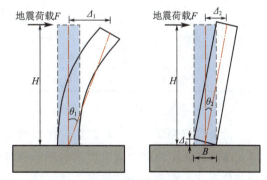

图 4.63　水平地震荷载下的混凝土柱变形

另一种方法是共轭梁法,只需要求解共轭梁的弯矩分布就可得到原结构的挠度分布。顶位移由弯曲位移和刚体位移两部分组成。弯曲位移的计算方法与上述一致,而刚体位移可表示成

$$\Delta_2 = \frac{\Delta_c}{B} H \tag{4.7}$$

根据结构材料性质和几何特性,在 FRP 自传感筋内部传感单元对应的截面内从压缩侧到张拉侧,以微小间隔将截面划分为多个纤维层次。在钢筋混凝土受弯构件的分析中,平截面假定是基本的分析原则。可以通过实测应变分布迭代计算中性轴位置,并计算单元内应

力分布。如式(4.8)所示,通过截面内钢筋、混凝土以及 FRP 自传感筋的应力分布,进而可以获得结构弯矩分布以及荷载。

$$\begin{cases} \sum M = \sum_{i=1}^{n} \sigma_i A_i z_i + \sigma'_s A'_s \left(\frac{h}{2} - a'\right) + \sigma_s A_s \left(\frac{h}{2} - a\right) + \sigma'_f A'_f \left(\frac{h}{2} - c'\right) + \sigma_f A_f \left(\frac{h}{2} - c\right) \\ P = \sum M/L \end{cases}$$

(4.8)

式中,M 为弯矩;σ 和 A 分别为应力和截面积;下标 s 和 f 分别代表钢筋和 FRP 筋;上标 $'$ 表示受压;a 和 c 分别为受拉钢筋和 FRP 筋重心到构件受拉边缘的垂直距离;a' 和 c' 分别为受压钢筋和 FRP 筋重心到构件受压边缘的垂直距离;h 是截面高度;z 是混凝土各层纤维距离中和轴的垂直距离。

4.6.2 应用现状

由于 FRP 筋具有轻质高强、耐腐蚀、耐疲劳等特性,且国内外的相关应用研究已日趋成熟并形成相应成套标准,FRP 筋在建筑、港口、桥梁、路面等基础设施建设中有着广泛应用(见表 4.7)。

表 4.7 FRP 筋应用形式分类

应用领域	应用形式	应用效果
海岸建筑及港口	全部或部分替代内部钢筋	提升耐久性
桥梁	桥面:全部或部分替代面层钢筋	提升耐久性
	桥墩:部分替代内部钢筋	提升耐久性和灾后可修复性
	主梁:预应力增强	提升综合力学性能
路面	全部或部分替代面层钢筋	施工便利、提升耐久性、无须维护
特殊用途	地震台、轨道板、连接件等	满足结构特殊建造需求
智能结构	结构内部配置自传感 FRP 筋	实现结构自传感、自监测

1. 海岸建筑及港口应用

沿海等严酷环境下的建筑结构往往处于较高的温度和湿度以及盐环境的恶劣条件下,因此结构在几年内就会发生严重的钢筋锈蚀问题。采用耐久性能优越的 FRP 筋全部或部分替代钢筋可有效解决结构耐久性问题。2015 年,在三沙市岛礁建筑中采用了 BFRP 筋结构,如图 4.64 所示。该建筑物高约 10 m,宽约 4 m,墙体和楼板配筋采用两层 BFRP 筋搭接而成的 100 mm×100 mm 网片,墙体的两层 BFRP 筋网片之间采用 BFRP 钩筋进行连接。在墙的边角采用 L 形 BFRP 筋进行固定。该建筑物已使用 5 年,目前各项指标正常,有望解决传统钢筋锈蚀造成的结构性能退化的问题。

南通洋口港 15 万 t 级航道工程包含东西两段防波堤,分别长 3 500 m 和 2 500 m,防波堤混凝土格栅板中采用总量达 400 t 的 GFRP 纵筋和箍筋,解决了传统钢筋锈蚀带来的安全隐患,为整个港口建设的长久性、安全性提供了保障(见图 4.65)。

(a)墙体配筋　　　　　　　(b)顶层板配筋　　　　　　(c)浇筑混凝土后的结构

图 4.64　岛礁建筑施工图

(a)防波堤实景　　　　　　　　　　(b)GFRP筋增强混凝土格栅板

图 4.65　南通洋口港航道工程

2. 桥梁结构应用

(1)桥面配筋

南京长江大桥因常年车辆荷载作用导致桥面开裂严重,于 2017 年进行加固,为避免后浇带开裂导致内部钢筋锈胀,北引桥双曲拱桥的混凝土后浇带中配置了高性能耐腐蚀 BFRP 筋,深螺纹 BFRP 筋与混凝土之间的黏结性能优于钢筋,可有效限制路面开裂,防止内部钢筋锈蚀(见图 4.66)。

(2)预应力 FRP 筋增强混凝土桥主梁

由于 FRP 具有线弹性力学特征、弹性模量低,简单替代钢筋用于混凝土会导致结构刚度不足、FRP 材料利用率低等瓶颈问题。预应力 FRP 筋技术是解决上述瓶颈的有效途径,通过施加预应力(见图 4.67),可保证 FRP 筋的高强度得到充分利用,大幅提高结构整体刚度和抗裂能力。其结构增强效果已得到国内外实际工程的证明。

1993 年日本建造的 Hisho 桥是较早采用体外预应力 FRP 筋的结构,该桥总长 111 m,净跨 75 m,桥宽 3.6 m。该工程中同时配置体内和体外 FRP 预应力筋,体内和体外 FRP 筋均采用 7 股 12.5 mm 直径的碳纤维绞线(carbon fiber composite cable,CFCC),体外索位于箱形截面的空厢顶部。结构中使用的体内索总量超过17 000 m,体外索总量为2 033 m。体内索及体外索的张拉控制应力分别为抗拉强度的65％和60％,通过施加预应力,该桥的裂缝和变形得到了有效控制。

图4.66 南京长江大桥加固改造工程(单位:cm)

图4.67 预应力FRP增强结构

美国第一座CFRP体外预应力混凝土公路桥是位于密歇根州的Bridge Street桥(见图4.68)。该桥于2002年完工,是一座斜交角为15°、跨径20.4 m的简支斜梁桥,桥梁截面为双T形,截面高1 220 mm,宽2 120 mm。结构同时配置体内、体外预应力筋束,体内预应力采用先张法张拉,预应力筋为10 mm的CFRP筋,张拉控制应力1 270 MPa,体内非预应力筋材均采用CFRP筋。体外预应力筋采用CFCC绞线,张拉控制应力608 MPa,最大转向角为5°。该桥为期五年的监测测量结果显示,运营过程中的各项指标均满足要求。

位于荷兰鹿特丹港的Dintelhaven桥(见图4.69)由2座平行钢箱梁桥组成,主跨185 m。该桥是国际上首个将CFRP体外预应力技术运用到大跨度混凝土箱梁桥的工程实例。桥梁在1996年进行改造时,采用4根CFRP体外预应力束代替了原先的4根预应力钢绞线束,每根 CFRP 预应力束由 91 根直径 5 mm 的 CFRP 筋制成,拉索长度 75 m,拉索应力 1 480 MPa。从效果上看,CFRP 预应力筋能够很好地代替原先的钢绞线,为结构提供有效的预应力,并有效提高结构的耐久性,该工程的实施证明了 FRP 筋体外预应力加固在大跨结构中的可行性。

(a) Bridge Street 桥全景

(b) 体外 CFCC 索

图 4.68　美国 Bridge Street 桥

图 4.69　荷兰 Dintelhaven 桥

于 2007 年建成的宁宿徐高速公路何圩桥是我国首个 CFRP 筋体外预应力混凝土公路桥(见图 4.70),跨径 20 m,截面为双 T 形。体外预应力筋为 8 根折线形 CFCC 索,最大弯折角度为 4.87°,8 根索均采用黏结型锚具对称地锚固在横梁上。单束体外索的截面积为 779 mm^2,张拉控制应力为 1 028 MPa。有限元分析表明,何圩桥 CFRP 筋体外预应力混凝土梁的承载力、筋束应力、挠度、裂缝宽度和延性等力学性能指标均满足要求,安全可靠。

3. 桥面/路面工程应用

连续配筋混凝土桥面/路面在施工过程中没有接缝,然而,由于温降和干缩等作用,仍会出现较多不规律的裂缝,当裂缝宽度足够大时,盐分等腐蚀介质会渗入并引起钢筋锈蚀,导致路面发生永久性的损坏。1986 年,美国混凝土协会对包括得克萨斯在内的六个州展开了调查研究,发现钢筋腐蚀是连续配筋混凝土桥面/路面最主要的破坏原因,会引起混凝土出现分层、剥落以及钢筋断裂,最后发生路面开裂等破坏。FRP 筋具有优异的耐腐蚀特性,可以从根本上解决钢筋腐蚀造成的桥面/路面开裂问题,且路面使用期间无须维护。并且,FRP 筋质量轻、易盘卷,可实现便捷化施工。GFRP 筋和 BFRP 筋由于热膨胀系数与混凝土相近,二者在路面工程中的应用较多(见图 4.71),如阳江公路、张石高速公路等。工程实践表明,FRP 连续路面配筋可减少混凝土桥面/路面板块的收缩裂缝,同时,解决了北方冬雪天气下的高速路面除冰盐对钢筋的腐蚀问题,提高了公路的质量和耐久性,降低造价,缩短施工时间。

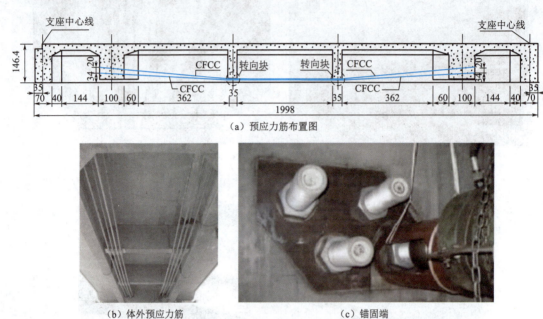

图 4.70 何圩桥(单位:cm)

4. 无磁/电绝缘混凝土结构

2007 年兰州、宁夏等五处地震局采用 BFRP 筋代替钢筋用于地震台建设工程(见图 4.72),是国内首个以 BFRP 筋完全替代铜棒的地震观测建筑结构。BFRP 筋作为混凝土的增强材料,有效地满足了地震台结构的强度、刚度等要求。并且,BFRP 筋的无磁性完全符合地震台相应的技术要求,而钢筋混凝土结构则无法实现这一要求。目前,该地震台各项功能运行正常。

图 4.71 路面配筋

图 4.72 BFRP 筋增强地震台

在高速铁路领域，无砟轨道板中的普通钢筋会和钢轨电流发生互感，影响高铁信号传输。采用绝缘的 BFRP 或钢-连续纤维复合筋增强高铁轨道板(见图 4.73)，可减弱钢轨电流与轨道板钢筋网络互感，保障高铁信号正常传输，同时可使轨道板的耐久性、力学性能得到提升。此外，日本磁悬浮列车轨道板配筋也将采用 BFRP 筋，其无磁性的优势对轨道磁力无影响，且耐久性好，并可通过施加预应力限制轨道板裂缝和变形。

图 4.73 BFRP 筋增强无砟轨道板

5. 预制保温绝热结构

连接件是连接预制混凝土夹心保温墙体内、外混凝土墙板与中间保温层的关键构件，其主要作用是传递荷载(外叶板自重、风荷载、地震作用等)，保证夹心墙板整体工作。与合金连接件相比，BFRP 轻质高强，造价低，导热系数低，节能保温效果好，已在诸多实际建筑工程中得到应用(见图 4.74)。

(a) 杭州城西三幼超低能耗装配式建筑　　(b) 安装连接件　　(c) 连接件放大图

图 4.74 FRP 连接件

6. 自传感 FRP 筋增强智能结构

南京某军用机场的飞机辅助跑道有两幅路面，每幅宽 5 m，长 70 m，板厚 15 cm。该跑道采用了连续配筋混凝土路面，在全长 70 m 范围内不设置任何的温度缝，希望通过配筋来控制裂缝的开展。路面采用纵向 BFRP 筋，距底面距离为 120 mm，每根 BFRP 筋的长度是 70 m。为了解混凝土的应力分布以及内部裂缝开展情况，布设了 2 根自传感 BFRP 筋(见图 4.75)，其中光纤与 BFRP 之间采用了全面粘贴的方式。自传感 FRP 筋所测得的裂缝位置与米尺测量结果比较，最大误差为 25 cm。

基于对桥梁不断老化和性能退化的关注，美国联邦公路局提出了 LTBP 项目，以发展一种对桥梁健康状况更准确、更及时的监测方法，掌握桥梁服役性能，提高公路交通系统的安全性和可靠性。作者团队针对一座给定的桥梁，综合应用各种技术进行诊断和性能预测，实现智能监测。该桥是位于纽约州 US202/NJ23 公路上的 Wayne 桥(见图 4.76)，建于 1983 到 1984 年之间，下部为"I"型钢梁，上部为现浇混凝土板，是典型的钢-混凝土组合梁桥。监测前出现了支座偏移、疲劳裂缝等常见病害。作者团队采用自传感 FRP 手段，通过模态方法计算的结果(变形、裂缝等)与静载实测值的误差只有 5%。

图 4.75 自传感 BFRP 筋的布设施工过程

图 4.76 传感器的布设安装及监测系统调试

作者团队研究了自传感 FRP 筋的布设施工工艺,并将其运用于混凝土机场跑道和桥梁等实际工程,通过工程实践证明,自传感 FRP 筋能够准确监测混凝土结构的施工、成型过程,在严酷工程环境中具备良好的适应性和耐久性,且能够准确捕捉随机裂缝位置和评估裂缝宽度。在随机交通荷载下,长标距 FBG 可以准确监测动应变和提取结构的固有频率、应变模态、中和轴高度等特征指标,对结构状态进行有效评估。

4.6.3 发展前景

FRP筋由于其轻质高强、耐腐蚀等优越特性,在建筑、港口、桥梁、路面等基础设施建设中已有广泛应用。除了充分发挥FRP筋优异的力学性能和耐久性外,将FRP筋的功能性运用到实际工程中也是其未来的应用发展方向。例如,由于FRP筋的绝缘性和透波性等特点(CFRP除外),有望大规模运用于防止电磁感应造成的人体伤害、保护敏感电子通信设备等用途的混凝土结构,如医疗保健部门的核磁共振基础设施、机场、通信大楼、防雷达干扰建筑物、电子设备厂房,甚至核聚变建筑物等。此外,随着全球能源与生态环境问题的突出,大众对建筑能耗问题也越发重视。欧美等一些发达国家首先提出了"被动式建筑"的理念,对建筑节能提出了具体要求,其中减少建筑热桥是被动式建筑设计中的一个关键点,合理运用FRP筋是实现建筑热断桥的有效途径。例如,将导热系数低、力学性能优异的BFRP筋配合保温材料XPS替代阳台悬臂端根部钢筋混凝土以减少热量在该处的集中传递,充分利用BFRP优良的力学性能和热工性能以及XPS的保温隔热能力,在减少热桥的同时保证荷载传力途径的完好。

随着工程结构需求的不断发展,FRP筋应不断进行制备工艺、加工工艺与设备改进,进一步提高施工效率,降低施工成本;同时应改进和优化FRP筋增强结构的设计计算方法,在满足结构安全性、适用性和耐久性的同时,兼顾考虑全寿命成本控制,为FRP筋的大规模应用提供理论基础。

参考文献

[1] ACI 440.4R-04. Prestressing concrete structure with FRP tendons(Reapproved 2011)[S]. American Concrete Institute,Farmington Hills,USA:ACI Committee 440,2011.

[2] ACI 440.1R-15. Guide for the design and construction of structural concrete reinforced with fiber-reinforced polymer(FRP)bars [S]. Farmington Hills,MI,USA:ACI Committee 440,2015.

[3] WU G,WU Z S,LUO Y B,et al. Mechanical properties of steel-FRP composite bar under uniaxial and cyclic tensile loads[J]. Journal of Materials in Civil Engineering,2010,22(10):1056-1066.

[4] BENMOKRANE B,ELGABBAS F,AHMED E A,et al. Characterization and comparative durability study of glass/vinylester,basalt/vinylester,and basalt/epoxy FRP bars[J]. Journal of Composites for Construction,2015,19(6):04015008.

[5] MUFTI A,BENMOKRANE B,BOULFIZA M,et al. Field study on durability of GFRP reinforcement [C]//International Bridge Deck Workshop,Winnipeg,Manitoba,Canada. 2005:14-15.

[6] GOORANORIMI O,NANNI A. GFRP reinforcement in concrete after 15 years of service[J]. Journal of Composites for Construction,2017,21(5):04017024.

[7] WANG X,WU G,WU Z S,et al. Evaluation of prestressed basalt fiber and hybrid fiber reinforced polymer tendons under marine environment[J]. Materials & Design,2014,64:721-728.

[8] WANG Y C,WONG P M H,KODUR V. An experimental study of the mechanical properties of fibre reinforced polymer(FRP)and steel reinforcing bars at elevated temperatures[J]. Composite Structures,2008,80(1):131-140.

[9] YAMAGUCHI T, NISHIMURA T, UOMOTO T. Creep rupture of FRP rods made of aramid, carbon and glass fibers[J]. Structural Engineering & Construction: Tradition, Present and Future, 1998, 2: 1331-1336.

[10] ZOU P X W. Long-term properties and transfer length of fiber-reinforced polymers[J]. Journal of Composites for Construction, 2003, 7(1): 10-19.

[11] SAADATMANESH H, TANNOUS F E. Relaxation, creep, and fatigue behavior of carbon fiber reinforced plastic tendons[J]. ACI Materials Journal, 1999, 96(2): 143-153.

[12] SAADATMANESH H, TANNOUS F E. Long-term behavior of aramid fiber reinforced plastic (AFRP) tendons[J]. ACI Materials Journal, 1999, 96(3): 297-305.

[13] SCHMIDT J W, BENNITZ A, TÄLJSTEN B, et al. Mechanical anchorage of FRP tendons - a literature review[J]. Construction & Building Materials, 2012, 32: 110-121.

[14] DOLAN C W. Design recommendations for concrete structures prestressed with FRP tendons: FHWA contract, final report[R]. USA: Federal Highway Administration, 2001.

[15] ZHU H, DONG Z Q, WU G, et al. Experimental evaluation of bent FRP tendons for strengthening by external prestressing[J]. Journal of Composites for Construction, 2017, 21(5): 04017032.

[16] KARBHARI V M. Use of composite materials in civil infrastructure in Japan[R]. University of California, 1998.

[17] GRACE N F, NAVARRE F C, NACEY R B, et al. Design-construction of bridge street bridge-first CFRP bridge in the United States[J]. PCI Journal, 2002, 47(5): 20-35.

[18] 鲁平印, 向星赟. 荷兰Dintelhaven桥的设计建造特色[J]. 中外公路, 2008, 28(9): 245-248.

[19] 王鹏, 丁汉山, 吕志涛, 等. 碳绞线体外预应力在桥梁中的应用[J]. 东南大学学报(自然科学版), 2007, 37(6): 1061-1065.

[20] 戴逸清, 陈阳利, 顾兴宇, 等. 玄武岩纤维筋连续配筋混凝土路面力学分析[J]. 公路交通科技, 2016, 33(6): 15-19.

[21] 吴智深, 唐永圣, 黄璜. 利用自传感FRP筋实现结构性能全面监测和自诊断研究[J]. 建筑结构, 2013, 43(19): 5-9.

第 5 章 FRP拉索

5.1 概 述

回顾拉索结构的历史,可以发现索材料的发展对这种结构的发展有着重要的推动作用。这一发展主要体现在跨度和结构形式两个方面:使用高强度钢索可以建造超大跨结构;也使新形式索结构成为现实。迄今为止已建成的大跨建筑结构、超大跨桥梁,其拉索和吊杆一般采用钢绞线和高强钢丝。对于大跨建筑而言,随着建筑跨度的增大以及使用年限的增长,拉索的耐久性不足、垂度过大以及强度难以进一步提升等问题愈发严峻。对于大跨桥梁结构而言,桥梁跨度的增加使得传统钢拉索的性能退化和寿命不足问题愈加显著。

FRP 具有抗拉强度高、质量轻、疲劳性能好、耐腐蚀、热膨胀系数低、无磁性等良好特性,是替代大跨建筑和桥梁结构中传统钢拉索的理想材料。图 5.1 为 FRP 拉索的几种常用结构形式。将 FRP 用于承受拉力为主的拉索结构,可以充分发挥 FRP 抗拉强度高的性能优势,从而有利于桥梁和大跨空间结构向更大跨度、更高寿命等方向发展。然而,FRP 拉索是各向异性材料,横向抗剪强度仅为纵向抗拉强度的十分之一左右。现有钢拉索的锚固方法不适用于 FRP 拉索的锚固,否则会因为"切口效应"导致 FRP 在锚固区的横向破坏先于纵向拉伸破坏,从而使结构过早失效。尽管如此,FRP 拉索仍被认为是有效替代钢索的极具发展前景的新型材料。早在 1987 年,国外就有学者就提出利用高性能 CFRP 拉索建造主跨 8 400 m 的横跨直布罗陀海峡的斜拉桥设想。自此以后,国内外学者研究并推动建造了不同形式的 FRP 桥梁和空间结构,见表 5.1。本章从 FRP 拉索的应用角度出发,首先讨论 FRP 拉索的制备工艺、锚固技术、不同 FRP 拉索的性能;其次介绍 FRP 拉索的关键性能,如拉伸性能、疲劳性能、蠕变性能、动力性能、锚固性能和振动性能,并提出 FRP 拉索全寿命设计方法、静/动力设计方法和设计评价方法;最后,总结了 FRP 拉索在国内外的工程应用情况。

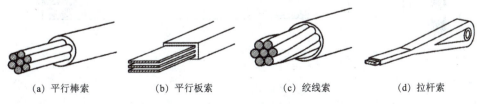

(a) 平行棒索　　(b) 平行板索　　(c) 绞线索　　(d) 拉杆索

图 5.1　FRP 拉索的几种常用结构形式

表 5.1　典型 FRP 桥和空间结构

桥名	年代	国家	类型	主跨度/m	长度/m
Aberfeldy 桥	1992	英国	人行桥	63	113
Stork 桥	1996	瑞士	公路桥	61	124
Tsukuba 市人行桥	1996	日本	人行桥	11	20
Neigle	1998	瑞士	人行桥	114	—
Herning 桥	1999	丹麦	人行桥	40	80
Laroin 市斜拉桥	1999	法国	人行桥	110	110
I-5/Gilman 桥	2002	美国	公路桥	95.3	137.2
江苏大学人行桥	2005	中国	人行桥	30	48.4
三亚市体育场馆	2020	中国	空间建筑	—	19

5.2　生产制备工艺

5.2.1　FRP 拉索制备工艺

1. 单筋 FRP 拉索制备工艺

图 5.2 为作者团队参与研发的单筋 FRP 拉索制备工艺。单筋 FRP 拉索通过拉挤制备而成,其制备特点是能够实现单筋 FRP 拉索的连续化生产。具体生产流程如下:首先,将多个纤维纱卷放置在纱轴上,以便实现纤维纱的连续拉出。随后将连续纤维纱穿过前集束板的集束孔,并经过浸胶槽,以便实现纤维纱的浸胶(浸完胶的纤维纱称为浸胶纱)。浸胶纱在牵引装置的牵引下分别经过预热管和中心管,实现单根 FRP 拉索的预成型。若对单筋 FRP 拉索的锚固要求高时,也可将其经过缠丝机,使单筋 FRP 拉索的表面形成一定的浅肋纹。随后单筋 FRP 拉索经过固化管,实现单根 FRP 拉索的固化和成型。最后将成品单筋 FRP 拉索缠绕在索盘上,同时也可根据需要进行切割。

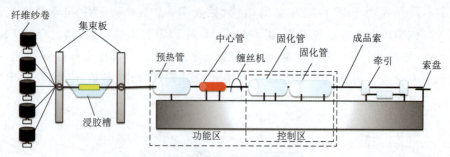

图 5.2　单筋 FRP 拉索生产制备工艺流程

2. 多筋 FRP 拉索制备工艺

图 5.3 为作者团队开发的多筋 FRP 拉索制备工艺。多筋 FRP 拉索是以多根 FRP 筋为制备基础,通过电机提供预张力,实现多根 FRP 筋的预调直和确定长度一致性。首先,将成

品索盘的多根 FRP 筋穿过预定位板,实现多筋 FRP 拉索整体形态的初步形成。然后,将多筋 FRP 拉索穿过定位板,实现 FRP 拉索最终形态的确定(如 FRP 筋横向间距等),利用切断机、分片式多孔夹具实现多筋 FRP 拉索的移动,从而制备出强度、平行度同时满足要求的平行索。

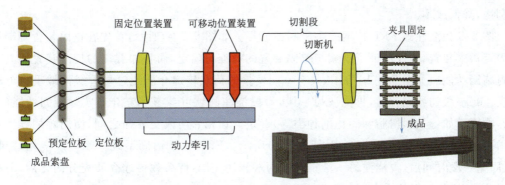

图 5.3　多筋 FRP 拉索生产制备工艺流程

5.2.2　锚固体系制备工艺

本节主要阐述作者团队研发的两种 FRP 拉索锚固体系制备工艺,分别为缠绕式 FRP 拉索锚固体系和分段灌注式 FRP 拉索锚固体系。通过研发 FRP 拉索整体制备装置(见图 5.4),可以大幅提升 FRP 拉索制备效果和有效克服制备过程中存在的初始损伤问题。缠绕式 FRP 拉索生产制备工艺如下:第一步,利用分片式多孔夹具分段夹持 FRP 拉索,使其每根筋材的位置保持固定;第二步,将分片式多孔夹具分别固定在直径稍大的金属圆盘上,使得能够在两根转动管之间实现转动;第三步,利用皮带使从动电机与转动管实现动力连接,将 FRP 拉索绕纱端与主动电机连接;第四步,利用变频器调整两个电机的转速,保证 FRP 拉索两端同步转动。该缠绕式 FRP 拉索生产制备工艺的主要特点在于:

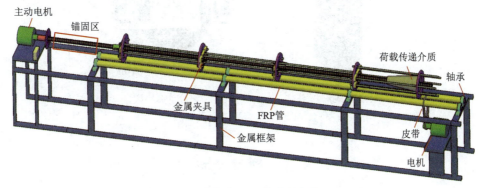

图 5.4　缠绕式 FRP 拉索制备装置

(1)通过分片式多孔夹具和金属圆盘对 FRP 拉索进行分段固定,为 FRP 拉索提供抗弯刚度,可以实现 FRP 拉索的自由起吊和移动,使 FRP 拉索在模压过程中仍能保持直线。

(2)通过多个金属圆盘的作用,利用金属圆盘与圆管接触,通过圆管转动,带动金属圆盘转动,从而带动整个 FRP 拉索转动,进行缠绕工作,有效地避免 FRP 拉索制备过程中发生扭绞、错位、磨损，而且可以根据需求，调节FRP拉索的转速和截面形状，通过调整浸胶纱缠绕时的张力，可实现纤维含量的变化，满足不同使用需求。

(3) 所用的分片式多孔夹具、金属圆盘、螺杆等部件，均可快速安装和拆卸，从而实现重复利用，降低成本。

图5.5为灌注式FRP拉索的生产制备流程。如图5.5(a)所示，首先在锚固装置两端设置固定对中装置，不仅保证了拉索与锚固装置的对准与固定，而且加载端的校准装置还具有密封堵漏功能。如图5.5(b)所示，具有不同模量的荷载传递介质通过导管缓慢地垂直分段浇注。每一段初始固化后，再浇注另一段，每段浇注间歇可参考填充介质实际凝固性能（主要影响因素如：温度，树脂和固化剂种类等）确定。在相邻两段交界面之间，使用短切纤维纱来增强荷载传递介质的整体性，如图5.5(c)所示。FRP拉索锚固系统一端完成浇注，并静置、固化一段时间后，再浇注另一端锚头。两端浇注完毕，待荷载传递介质充分固化后，即完成灌注式FRP拉索的生产制备。

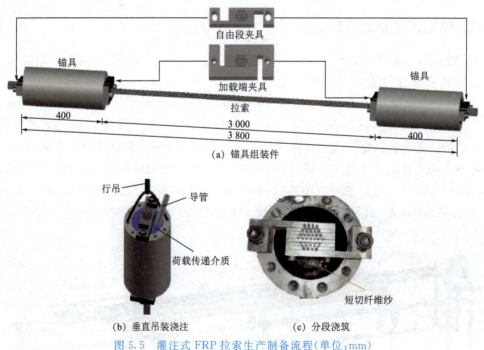

图5.5 灌注式FRP拉索生产制备流程（单位：mm）

5.3 种类及特点

5.3.1 FRP拉索种类及特点

多筋FRP拉索是指将多根FRP筋按照集束原理，遵循一定的排列规律而组成的拉索系统。如图5.6所示，FRP拉索一般分为四种形式，分别为混合索、混杂索、绞索和平行索。通常，组成FRP拉索的单根FRP筋的直径一般为4 mm或7 mm。FRP拉索的索体排布形式一般为平行排布或扭绞排布,这两种不同排布形式所对应的拉索即为平行索和螺旋索。相同条件下,平行索的刚度一般大于螺旋索,这是因为平行索仅受拉伸作用。然而,螺旋索的优势在于其具有张紧自密实的优良特性,使得其不需要专门的缠绕束缚即可实现远程运输和现场安装。由于平行拉索和螺旋索各有其性能优势,所以它们的主要应用领域也不相同。平行拉索主要应用于大跨悬索桥的主缆,而螺旋索主要应用于斜拉桥的斜拉索、大跨建筑结构索构件以及悬索桥的吊杆。

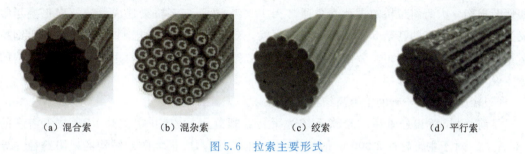

(a) 混合索　　　(b) 混杂索　　　(c) 绞索　　　(d) 平行索

图 5.6　拉索主要形式

根据纤维材料不同,主要有 CFRP、AFRP 和 BFRP 三种复合材料拉索。此外,还有基于性能优势互补的混杂拉索,如混杂碳/玄武岩拉索、混杂玄武岩/钢丝拉索等。上述不同材料拉索的基本力学性能见表 5.2。

表 5.2　常见 FRP 拉索分类及基本力学性能

拉索种类	拉伸强度/MPa	弹性模量/GPa	疲劳性能(基于200万次疲劳)	蠕变性能(基于1 000 h蠕变预测)	制品特点
碳纤维(CFRP)拉索	2 200～3 500	140～160	$0.75 f_u$	断裂应力 $0.7 f_u$,蠕变率<2%	短长期力学性能优,造价高
玄武岩纤维(BFRP)拉索	1 600～1 800	60～70	$0.55 f_u$	断裂应力 $0.54 f_u$,蠕变率<2.5%	综合性能高,性价比高
芳纶纤维(AFRP)拉索	1 200～2 550	40～125	$0.53 f_u$	断裂应力 $0.58 f_u$,蠕变率<7%	能满足某些特殊要求,造价较高
混杂碳/玄武岩(B/CFRP)拉索	1 400～2 000	80～110	$0.70 f_u$	断裂应力 $0.6 f_u$,蠕变率<2%	强度/模量可设计性强,综合性能较高
混杂玄武岩/钢丝(B/SFRP)拉索	1 500～1 700	80～100	$0.45 f_u$	断裂应力 $0.6 f_u$,蠕变率<2.5%	非线性性能,自重较大

CFRP 拉索具有高弹性模量、高疲劳强度以及不吸水等优点,但是生产成本较高,其各向异性、与钢接触潜在的电偶腐蚀对应用有一定限制。AFRP 拉索具有较高的静力和冲击强度,然而疲劳和蠕变强度较低,具有对紫外线辐射敏感的缺点。BFRP 拉索具有抗拉强度高、耐酸碱、耐腐蚀、耐辐射、耐紫外线、抗电磁性能好的优点,但弹性模量较低,一般只能在应力要求不高的结构上应用。GFRP 材料与其他类型的 FRP 材料相比,成本相对较低,因而成为建筑行业常用的材料。然而 GFRP 抗蠕变性能差,弹性模量较低,通常不用做 FRP

拉索索体材料。

相比于钢拉索,FRP 拉索具有如下优势:

(1)耐腐蚀、耐疲劳——有助于提高结构的长期服役寿命

大跨度桥梁经常处在海湾、海峡等腐蚀环境中,海洋环境中存在着大量氯离子,对钢材具有很强的腐蚀性。同时,车辆荷载的增加和交通量的提升也在不断加快桥梁拉索的疲劳累积损伤。不仅如此,桥梁和大跨结构在耦合作用下会相互激励,从而加速结构的腐蚀破坏和疲劳损伤。大跨斜拉桥的设计寿命通常为 100 年,然而许多桥梁建成后的拉索更换年限仅为 20~30 年,有的甚至 5~10 年就需要更换。现有的研究已经证明 FRP 拉索相比钢拉索具有优异的耐腐蚀和耐疲劳性能,使用 FRP 拉索更换部分钢拉索有助于提高桥梁结构的整体设计寿命。

(2)轻质高强——有助于提高结构的极限跨径

目前,斜拉桥和悬索桥的拉索系统为平行或螺旋钢拉索,其密度是 FRP 拉索密度的 5 倍左右。对于主跨超过 2 000 m 的桥梁,由于垂度效应,会极大限制结构的极限跨径并导致其承载效率降低。而 FRP 拉索具有轻质高强的特性,可以很好地缓解以上问题,在桥梁结构中具有极强的竞争力和潜在的应用价值。

(3)易于安装维护——有助于降低维护管理成本和施工难度

提高斜拉桥承载效率和极限跨越能力的方法之一是降低上部结构的荷载比例。对于钢拉索桥梁,由于受到技术和材料的限制,恒载降低效果不明显。采用 FRP 拉索不仅可以有效提高承载效率,而且能够使结构长期维护费用降低。斜拉索自重减轻易于构件吊装并且可以简化施工程序和设备。桥梁上部结构恒载比例降低可以使下部结构设计构造大为简化,在一定程度上减小了水下施工的难度和复杂性,有利于缩短施工周期。尤其对于跨江、跨海峡等超长跨度桥梁,FRP 拉索寿命周期内的总体经济指标优于传统钢拉索。

5.3.2 锚固体系及特点

目前,普通钢筋和钢拉索的锚固系统都较为成熟,并已广泛应用于实际工程中。与钢拉索锚固系统相比,FRP 拉索锚固系统的开发和研究还很不成熟,能够应用到实际工程中的偏少,尤其是大型空间索结构。FRP 拉索的广泛应用需要可靠的锚固系统,其锚固方式和张拉体系是预应力技术的关键组成部分。

如图 5.7 所示,FRP 拉索锚固系统根据荷载传递介质和受力机理的不同,主要分为黏结型、摩擦型、机械挤压型和黏结挤压型。首先,黏结型锚固体系是通过树脂等黏结材料将 FRP 筋/索与外部套管黏结成一个整体,工作时主要依赖于黏结材料的抗剪切变形能力。该锚固体具有受力明确、黏结材料对 FRP 筋/索本体无损伤的特点。只要保证足够的锚固长度以及拉索表面的粗糙程度,基本能够实现筋/索的有效锚固。然而,该锚固体系仍存在灌胶工艺复杂、树脂蠕变变形过大和抵抗疲劳性能较弱等不足。并且,随着锚固力的增大,锚固长度和安装难度也会相应地增加。其次,摩擦型锚固体系是在 FRP 筋/索与套管之间灌注膨胀材料,固化后的膨胀材料会对套管内的 FRP 筋/索表面形成预压力,以增大 FRP

筋/索表面的摩擦力,从而实现 FRP 筋/索的有效锚固。目前,该锚固体系主要存在膨胀材料抗压强度有限、锚固长度较长以及所需空间较大等诸多不足。再者,机械型挤压型锚固体系是依靠楔形夹片挤压拉索产生摩擦来平衡索力。然而,由于夹片刚度大,极易对锚固区筋材造成损伤,难以充分发挥筋材的真实强度,因而只适合锚固索力较小的拉索体系。最后,黏结挤压型锚固体系综合了摩擦型和黏结型锚固体系的性能优点,利用黏结剂的黏结力和摩擦力来提供锚固力,是最具发展潜力的锚固体系。此外,该锚固体系也广泛运用于钢拉索的锚固。

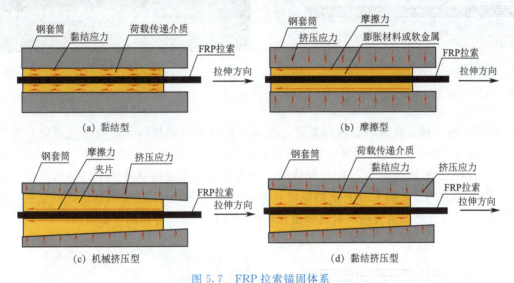

图 5.7 FRP 拉索锚固体系

通常,FRP 拉索索体材料种类较多、性能各异,其相应的锚固方法也不尽相同。同时使用多个指标来评价 FRP 拉索的使用性能显得十分烦琐,难以快速判断 FRP 拉索及其锚固体系使用性能的好坏。而 FRP 拉索的锚固性能可以有效表征 FRP 拉索材料使用效率,同时也是评价 FRP 拉索锚固体系使用性能的核心指标之一。此外,FRP 拉索的锚固性能亦可用锚固效率系数来表征,即 FRP 拉索的真实索力与理论索力的比值。

目前,国内外现行的规范均对锚具组装件静载试验后的锚具效率系数(η_a)做出了要求,通过该指标评价锚具的锚固性能。《预应力筋用锚具、夹具和连接器》(GB/T 14370—2015)第 6.1.1.1 条针对纤维增强复合材料筋用锚具的锚具效率系数(η_a)的计算公式如下:

$$\eta_a = \frac{F_{tu}}{F_{ptk}} \geqslant 0.95 \tag{5.1}$$

式中,F_{tu} 为 FRP 拉索实测极限抗拉力;F_{ptk} 为 FRP 拉索公称极限抗拉力。为了实现上述锚固效率系数的计算,还应事先测算单根 FRP 筋的极限抗拉强度标准值。单根 FRP 筋的抗拉性能测试应根据不同 FRP 筋的性能要求以及不同测试规范的规定来选择相应的锚固长度。由此可见,FRP 拉索的锚固性能可以由 FRP 拉索的锚固效率系数进行量化,并为 FRP 拉索的使用提供评估依据。

图 5.8 为 19 根 CFRP 筋组成的内锥式黏结挤压型锚具。采用高目数石英砂和环

氧树脂混合料作为锚具的黏结介质。试验证实了在填充介质密实度相同的情况下，CFRP 筋越集中锚固性能越好。其中，19 根 CFRP 筋在锚固区横向间距为 1 mm 时，锚具锚固效率达到 94.8%。该锚固系统由于内锥度较小(2.5°)，存在黏结介质整体楔进位移较大的问题。

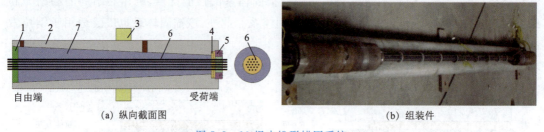

图 5.8　19 根内锥形锚固系统
1—封盖板；2—锚筒；3—螺母；4—端堵；5—螺套；6—CFRP 筋；7—填充介质

图 5.9 是一种直筒黏结型锚固系统。该锚固系统的黏结材料采用收缩率低的水泥砂浆，对 9 根 $\phi 7.9$ mm CFRP 筋组成的平行拉索进行拉伸性能试验。结果表明 400 mm 的黏结长度可以至少发挥拉索 90% 的拉伸强度。该锚固系统中黏结材料对 CFRP 筋的径向挤压作用较小，有利于发挥 CFRP 筋的纵向拉伸强度。由于其索力主要依靠水泥砂浆的抗剪强度提供，所以该锚固系统很难对更多根大吨位 CFRP 拉索进行长期可靠锚固。

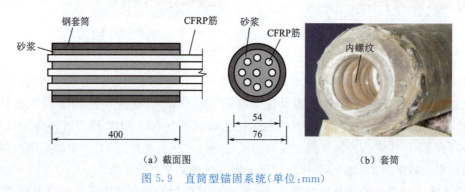

图 5.9　直筒型锚固系统(单位:mm)

图 5.10 是一种直筒＋内锥黏结挤压型锚固系统，其中黏结剂采用了 lica 建筑结构胶。该锚固系统结合了直筒型锚具直径小和内锥型锚具黏结长度小的优势，并且有助于在加载端缓解应力集中效应。利用该锚固系统分别对 6、11、16 根($\phi 7.9$ mm)CFRP 拉索进行了锚固系统静力性能试验，结果表明筋材均在自由段发生了断裂，锚固效率系数都超过了 100%。该锚固系统已经成功应用到我国第一座 CFRP 拉索人行桥上。但还是存在着锚具长度过长的问题，有待进一步优化设计尺寸。

图 5.11 是一种多筋 CFRP 拉索黏结挤压型锚固系统，该系统采用抗压强度为 130 MPa 的超高性能活性粉末混凝土(RPC)作为黏结介质。对 CFRP 拉索(9 根 $\phi 12.6$ mm)锚固系统进行了足尺拉伸性能试验，研究人员发现，多筋 CFRP 拉索受力不均匀导致其承载能力降低，并给出了相应承载力降低系数。此外，建立了单根或多根 CFRP 筋在 RPC 中的黏结强

度和临界黏结长度计算模型。对于抗拉强度为 2 300 MPa 的表面螺纹 CFRP 筋,当筋材横向间距不小于单根直径时,黏结长度取单根直径的 25 倍可以确保 9 根筋材(ϕ12.6 mm)锚固在活性粉末混凝土中。

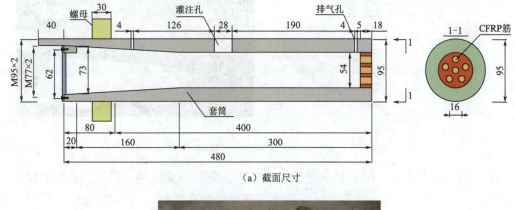

(a) 截面尺寸

(b) 灌注黏结材料

图 5.10 直筒+内锥型锚固系统(单位:mm)

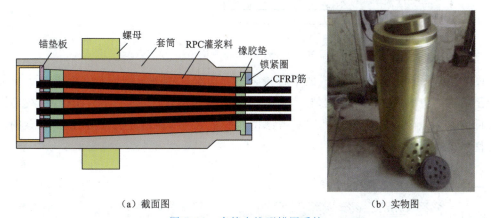

(a) 截面图　　　　　　　　　(b) 实物图

图 5.11 多筋内锥型锚固系统

图 5.12 是一种单根大直径(最大 ϕ32 mm)GFRP 拉索黏结挤压型锚固系统。GFRP 拉索的每个端部嵌入到锥形聚合物头部,该聚合物头部尺寸与锚固装置内的锥形孔相匹配。聚合物头部采用的是石英砂与环氧树脂混合物。锚固区的 GFRP 拉索进行了表面喷砂处理。测试表明拉索在锚具之间断裂,而树脂头部始终保持完好无损且与拉索黏结良好。该

锚固系统简单、经济且有效。但是可能存在长期性能问题，比如蠕变较大。

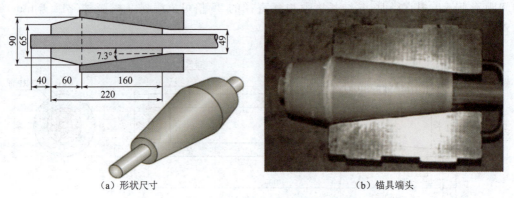

图 5.12　单根大直径内锥型锚固系统（单位：mm）

图 5.13 是一种新型 CFRP 拉索黏结挤压型锚固系统，该系统将 CFRP 筋在钢套筒内分叉布置以减小锚固系统径向尺寸。试验验证了所选择的高效黏结剂的黏结能力，模拟了黏结行为并确定了套筒内黏结长度，得到了 CFPR 拉索拉伸应力分布的均匀性随黏结刚度增加而提高的结论。试验发现 CFRP 筋分散布置会存在弯曲缺陷，导致其拉伸强度出现退化，因此建议 CFRP 筋最大允许弯曲角度为 9°。该锚固系统存在拉索和黏结剂在加载端整体挤压破坏的情况，说明锚固区径向应力过大。

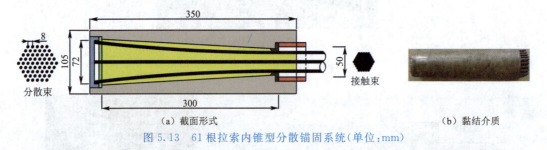

图 5.13　61 根拉索内锥型分散锚固系统（单位：mm）

图 5.14 是一种由 7 根筋构成的平行拉索直筒内锥黏结挤压型锚具。由于静力拉伸过程中平行索的应力分布十分不均匀，产生了逐根破坏的模式，协同工作性能较差，故锚固效率较低。对于多根平行索的锚固，除了考虑拉索和黏结剂的黏结性能外，保证平行索的应力均匀性是提高锚固效率的有效措施。

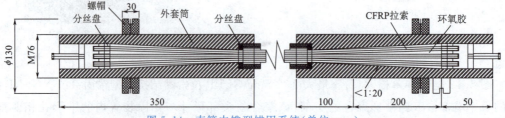

图 5.14　直筒内锥型锚固系统（单位：mm）

图 5.15 是一种荷载传递介质（LTC）刚度梯度渐变的黏结挤压型锚固系统，LTC 由

直径为 2 mm 的氧化铝陶瓷(Al_2O_3)颗粒组成。内锥形钢套筒提供了必要的径向压力，以提高 CFRP 筋材之间的层间剪切强度。通过涂抹不同厚度环氧树脂涂层来实现刚度的梯度变化，然后由真空辅助环氧树脂填充颗粒之间的空隙。该锚固系统静载锚固效率达到 92%，在循环荷载作用下具有优越的抗疲劳性能，已成功应用到瑞士 Stork 斜拉桥上。

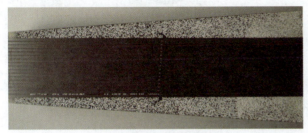 

(a) 荷载传递介质刚度梯度变化　　　　　　(b) CFRP 平行拉索

图 5.15　黏结挤压型锚固系统

作者团队针对碳纤维拉索和玄武岩纤维拉索的不同特性提出了两种适用于大吨位 FRP 拉索的锚固方式。一种是采用变倾角缠绕浸胶纤维粗纱和高温模压技术，实现荷载传递部分(LTC)弹性模量梯度变化的方法，如图 5.16 所示。锚固区内 37 根 $\phi 4$ 筋周围缠绕纤维有利于筋材间紧密结合，锚固效率达到 99%。锚固区拉索表面剪应力分布平缓，所提出的锚固系统可以充分发挥拉索潜在拉伸强度。但是存在制造工艺复杂和 LTC 刚度难以精确控制的问题。

(a) 纤维缠绕　　　　　　　　　　　(b) 锚固系统

图 5.16　变倾角连续纤维缠绕黏结挤压锚固

另一种是分段变刚度黏结挤压型锚固系统，通过分段浇筑不同材料实现锚固区荷载传递材料的变刚度，从而有效缓解应力集中(见图 5.17)。CFRP 拉索($37\phi 4$ mm)锚固系统静力性能试验的锚固效率均值达到了 97%。拉索同步受力性能良好，锚固区拉索的应力和位移分布平缓。疲劳试验结果分析表明，该锚固系统在 200 MPa 应力幅下疲劳寿命可以达到 1.26 亿次。在满足 200 万次疲劳荷载循环的条件下，CFRP 拉索的最大设计应力幅为 473 MPa。

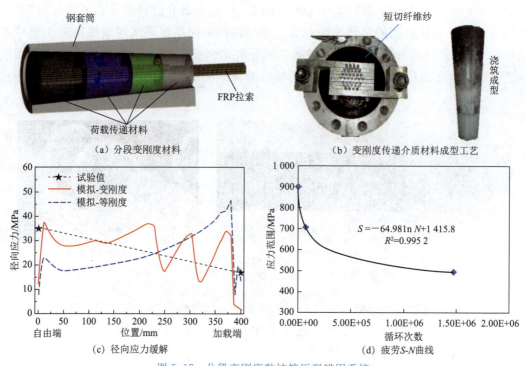

图 5.17 分段变刚度黏结挤压型锚固系统

5.4 关键性能指标

5.4.1 静力性能

1. 静力性能评价

钢拉索主要由高强钢丝束按照一定的形状排列组合而成,而 FRP 拉索主要由 FRP 筋组合而成,不同 FRP 拉索的基本力学性能可根据《预应力纤维增强复合材料用锚具和夹具》(T/CECS 10112—2020)进行评价,通过 FRP 筋材的拉伸力学性能试验获得。在此基础上,根据拉索设计需要,组合不同根数的 FRP 单筋形成 FRP 拉索,FRP 拉索的拉伸性能需要通过配合一定的锚固方法,测试整体强度。一般特定种类的锚固方法具有明确的锚固效率系数,因此,FRP 拉索的强度可通过单筋强度、FRP 筋根数和锚固效率系数的乘积表征。各种类型 FRP 拉索的拉伸性能如图 5.18 所示。CFRP 拉索具有相对高的拉伸强度和弹性模量,而

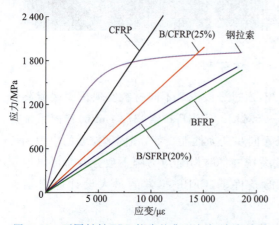

图 5.18 不同材料 FRP 拉索的典型应力-应变关系

BFRP 拉索的拉伸强度、弹性模量与芳纶纤维拉索类似,所以,在跨度和刚度要求不是特别高的情况下,BFRP 拉索是性价比最高的选择。另外,以玄武岩纤维为混杂基础,混杂少量碳纤维或钢丝也是进一步提升 BFRP 拉索性能的有效方法。如混杂碳纤维,不仅可以提升拉索弹性模量,同时还能更充分发挥碳纤维潜在强度(约 20%)。另外,混杂少量高强钢丝,可形成具有延性破坏特征的混杂拉索,在提升弹性模量的同时形成类似钢丝的多次屈服特性。因此,纤维混杂是一种提升 FRP 拉索性能设计的重要方法。作者团队分别对 37φ4 mm 的 BFRP 拉索(索力 600 kN)和 37φ4 mm 的 CFRP 拉索(索力 1 020 kN)的静力性能进行了评价,静力拉伸试验结果如图 5.19 所示,两种 FRP 拉索在不同加载阶段具有更小的变异系数和离散程度,表明该锚固技术具有多筋 FRP 拉索同步受力性能好的优点。上述两种 FRP 拉索的锚固效率均大于 95%。

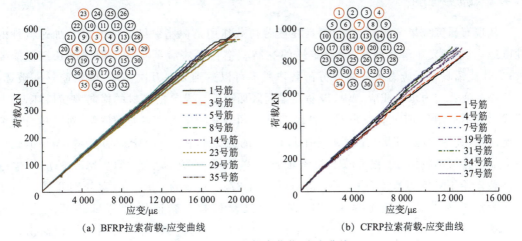

(a) BFRP拉索荷载-应变曲线　　(b) CFRP拉索荷载-应变曲线

图 5.19　FRP 拉索荷载-应变曲线

2. 5 000 kN 足尺大吨位 FRP 拉索静力拉伸设备

如图 5.20 所示,为了对抗拉强度超过 3 500 MPa 的 FRP 拉索静力性能进行评价,作者团队自主研发和设计了一套 5 000 kN 的 FRP 拉索静力拉伸设备。拉力法兰千斤顶的拉伸吨位可达 5 000 kN,活塞杆最大行程 400 mm,活塞最大移动速率为 50 mm/min。反力架的顶板尺寸为 1 000 mm×1 000 mm×200 mm,其中自由端顶板的开孔直径为 220 mm。厚壁钢管尺寸为 φ232 mm×30 mm,长为 3 780 mm,其设计安全系数超过 4。通过 5 000 kN 数显泵站与千斤顶配套使用,可以实现分级加载和位移加载,满足多种加载要求。其中位移速率范围 0.5~50 mm/min,位移测量精度为示值的±1,力测量精度为示值的±1。

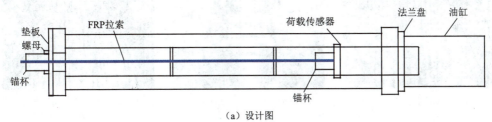

(a) 设计图

图 5.20　作者团队自主设计的 5 000 kN 足尺大吨位静力拉伸设备

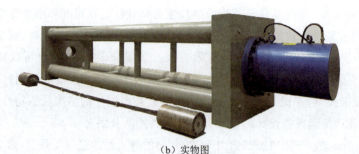

(b) 实物图

图 5.20　作者团队自主设计的 5 000 kN 足尺大吨位静力拉伸设备(续)

5.4.2　疲劳性能

从现有研究成果来看,黏结型锚具在疲劳荷载作用下树脂黏结层的升温会加速构件的性能退化,进而发生滑移破坏,因此单纯的黏结型锚具无法满足实际工程中的长期性能要求;夹片式锚具在低应力水平的疲劳荷载作用下可以达到 200 万次循环,单根筋材不破坏,一旦提高疲劳应力水平或应力幅,极易在锚固区加载端造成单根筋材的横向剪切破坏,且夹片式锚具不适用于 FRP 拉索群锚。德国 DSI 公司开发的压力注浆群锚体系,对其进行疲劳性能试验,其中 7 根 CFRP 拉索锚具在 $0.65f_u$ 的应力水平、200 MPa 的应力幅循环荷载作用下 200 万次不破坏;91 根 CFRP 拉索锚具在 $0.45f_u$ 的应力水平、160 MPa 的应力幅循环荷载作用下 200 万次不破坏。作者团队针对 37ϕ4 mm 的 CFRP 拉索分别开展了验证性疲劳试验和探索性疲劳试验,图 5.21 为试验过程。验证性疲劳试验的应力幅为 200 MPa、应力上限为 $0.45f_u$(FRP 拉索极限强度),200 万次疲劳循环后无任何损伤。探索性疲劳试验表明,作者团队研发的变刚度树脂石英砂锚固体系,在应力幅不大于 470 MPa 时,可以确保 CFRP 拉索的疲劳寿命大于 200 万次。如图 5.22 所示,CFRP 拉索在循环 40 万次以后,刚度提升了 5%,而在循环 100 万次之后,刚度退化了 8%。

(a) 张拉端

(b) CFRP 拉索自由段

(c) 受荷端

图 5.21　CFRP 拉索疲劳破坏

5.4.3 蠕变性能

FRP 拉索的蠕变性能也是决定拉索设计应力的重要因素，关键的蠕变性能参数主要包括蠕变断裂应力和蠕变率。前者决定拉索长期持荷下的最大应力，后者决定拉索在持荷作用下的伸长量，同时也反映拉索的松弛率。不同材料 FRP 拉索的蠕变率见表 5.3，其中部分数据来源于作者团队多年的研究结果。CFRP 拉索的蠕变率最小，其次为 BFRP

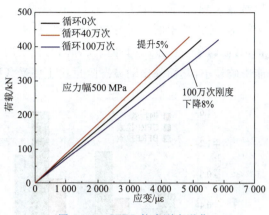

图 5.22 CFRP 拉索刚度退化

拉索，AFRP 由于纤维本身就是一种合成材料，其蠕变率最大，BFRP 的蠕变性能优异，能有效提高拉索结构的长期性能。

表 5.3 FRP 拉索蠕变性能参数表

FRP 拉索类型	蠕变断裂应力	松弛率	
		初始拉应变（占极限应变百分比）	荷载持续（应变增量）
CFRP	$0.70 f_u$	$\varepsilon = 0.69\% (57\%)$	1.77 万 h（1%～2%）
AFRP	$0.55 f_u$	$\varepsilon = 1.38\% (42\%)$	1.68 万 h（8%～10%）
BFRP	$0.54 f_u$	$\varepsilon = 1.25\% (50\%)$	1 000 h（2%～3%）
钢绞线	$0.85 f_u$	$\varepsilon = 0.59\% (70\%)$	1 000 h（2.5%）

5.4.4 动力特性

1. 拉索振动特性

由于钢拉索弹性模量高、材料密度大，而 FRP 拉索的弹性模量小、材料密度也较小，因而钢拉索相比 FRP 拉索而言，其对外部激励作用下引起的振动敏感性较低。从拉索振动特性研究角度考虑，FRP 拉索的振动特性研究与钢拉索类似，一般采用缩尺模型振动试验和自由衰减振动试验得到。作者团队以长度为 575 m 的拉索为研究对象，对比分析了钢拉索、CFRP 拉索以及 BFRP 拉索的面内振动与面外振动的自振频率，如图 5.23 所示，FRP 拉索由于具有轻质高强的特性，其自振频率高于钢拉索，能够有效地减小发生索桥耦合振动的可能性。

2. 阻尼性能

拉索作为柔性结构，在外荷载（如交通荷载、风荷载等）的激励下，易发生大幅振动，严重威胁着索结构的安全性，拉索良好的阻尼性能能够耗散拉索的振动能量，抑制拉索的大幅振动，是评价拉索力学性能的重要指标之一。FRP 拉索的阻尼性能同样可以通过拉索的缩尺模型振动试验得到。以 575 m 拉索为代表，不同拉索的模态阻尼比如图 5.24 所示。作者团队通过研究发现，CFRP 与 BFRP 拉索面内振动的各阶模态阻尼比均大于钢索，因此相比钢拉索，FRP拉索能够更有效耗散斜拉索的振动能量，抑制拉索大幅振动，有效保证拉索的使用性能，延长拉索的使用寿命。CFRP拉索与BFRP拉索面外振动的阻尼比大部分小于钢索，其原因在于拉索的面外振动方向与拉索的重力方向正交，重力对拉索面外振动的阻尼耗能影响较小，其面外振动模态阻尼比主要受各阶模态自振频率的影响。

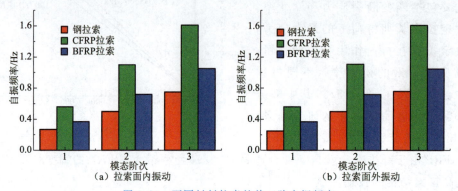

图5.23　不同材料拉索的前三阶自振频率

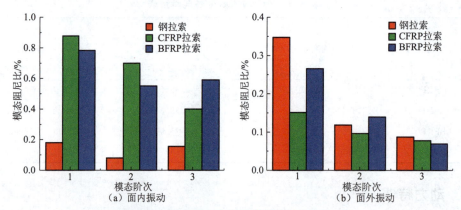

图5.24　575 m模型索的各阶模态阻尼比的对比

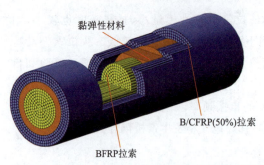

图5.25　FRP自减振拉索整体结构示意图

图5.25为作者团队研发的自减振FRP拉索，由内部拉索、外部拉索以及黏弹性材料构成。内部拉索为BFRP拉索，位于FRP自减振拉索的中间。外部拉索为B/CFRP（50%）混杂拉索，分布在自减振拉索的外围，在内部拉索与外部拉索中间形成一个空腔，在其中填充黏弹性材料，形成自减振B/CFRP混杂拉索。FRP自减振拉索应用了混杂FRP拉索的可设计性以及不同材料FRP拉索振动特性相异的特点，同时又发挥了黏弹性材料的阻尼特性。FRP自减振拉索能够根据压缩量的大小（即振幅的大小）发挥减振耗能的作用，增加FRP拉索的结构阻尼，进而达到自减振的目的。FRP自减振拉索的阻尼性能如图5.26所示，相比FRP非自减振拉

索的阻尼性能，FRP自减振拉索的面内、面外模态阻尼比均随着拉索振幅的增加而增加，因此FRP自减振拉索能够根据拉索振幅的大小调整自身的阻尼特性，有效地抑制拉索的大幅振动，达到自减振的目的。

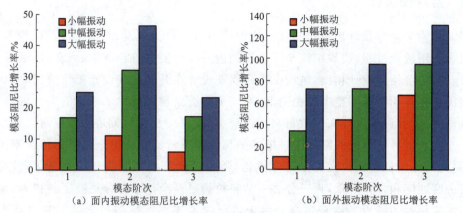

图5.26　FRP自减振拉索的模态阻尼比增长率

5.5　设计与评价方法

1987年，瑞士EMPA实验室的Meier教授首次提出应用CFRP拉索实现8 400 m超大跨度斜拉桥跨越直布罗陀海峡的构想，开创了FRP拉索应用于大跨桥梁研究的先河。之后，EMPA实验室开发了基于弹性模量渐变材料的CFRP拉索锚固系统，并首次将两根CFRP拉索成功应用在主跨63 m的Stork斜拉桥上。进入2000年后，随着世界范围内大跨斜拉桥的兴建，尤其是千米级跨径斜拉桥的建成，如2008年建成的苏通大桥（主跨1 088m，中国）、2009年建成的昂船洲大桥（主跨1 018 m，中国香港）和2012年建成的Russky Island大桥（主跨1 104 m，俄罗斯），传统钢拉索的耐久性和拉索垂度问题越发显现。FRP拉索能从根本上解决了传统钢拉索所面临的问题，因此国内外对FRP拉索大跨斜拉桥的关注与研究开始逐渐增多。在国内，东南大学吕志涛院士团队最早开始CFRP拉索大跨斜拉桥的研究，并设计建成了国内首座总长48.4 m的CFRP拉索单塔斜拉桥。为了讨论CFRP拉索大跨斜拉桥的风动稳定性和拉索的阻尼性能，浙江大学荀昌焕、谢旭等对主跨1 400 m的CFRP拉索大跨斜拉桥有限元仿真模拟与CFRP拉索振动试验的方法进行了探讨。由于CFRP拉索优异的力学性能，其在大跨斜拉桥中的应用仍是目前探讨的主流，但是CFRP拉索居高不下的成本阻碍了其在大跨斜拉桥上的应用。作者团队在以往研究的基础上，针对钢拉索和CFRP拉索的应用瓶颈问题，提出了混杂FRP拉索的设计思想，以满足各种材料在最佳利用效率下的不同经济跨度，并从理论、仿真、实验、结构设计等方面，较全面的探讨了混杂FRP拉索大跨斜拉桥的结构设计方法、锚固体系、静动力性能、振动响应和控制方法等，通过对混杂FRP拉索大跨斜拉桥的系统研究，证明以玄武岩纤维为主的混杂FRP拉索在6 000 m跨度下，相对于CFRP拉索具有更高的性价比和独特的可设计性,因此混杂 FRP 拉索为优化大跨斜拉桥的力学性能与经济性能提供了有效的解决途径。

5.5.1 全寿命设计

FRP 拉索全寿命设计理论是指在结构设计中,针对规划、设计、施工、运营、管养、拆除和回收再利用的全过程,实现结构全寿命周期内总体性能(功能、成本、人文、环境等)的最优设计。与传统结构设计相比,结构全寿命周期设计在开展传统设计工作的同时,将结构设计范围从建设期拓展到整个寿命周期,增加了传统结构设计中未考虑的设计内容,比如耐久性设计、管养设计、拆除、回收再利用设计、风险评估及保险策略和全寿命周期成本分析等。迄今全世界已建成的跨径超过千米的超大跨缆索支撑桥梁全部采用传统钢拉索建造,但是大部分未进行钢拉索的全寿命设计,随着超大跨桥梁服役环境的恶化,传统钢拉索的疲劳腐蚀问题日益严重,近三分之一的斜拉桥已经全部或部分更换了斜拉索,悬索桥钢拉索维修保养的频率也越来越高。由于传统缆索支撑桥梁的拉索选型和设计理念限制,导致现有缆索支撑桥梁存在使用性能差、寿命短、全寿命经济指标差等问题,给后期的运营维护带来了巨大的经济负担,无形中也增加了社会负担。FRP 拉索虽然具有抗疲劳、耐腐蚀等优异的力学性能,但是为了满足结构在整个使用寿命内可持续发展的要求,仍然需要进行 FRP 拉索的全寿命周期设计。基于结构全寿命设计理念,作者团队从业主、社会和使用者的需求出发,分三个阶段(工程可行性研究阶段、初步设计阶段和施工图设计阶段)对 FRP 拉索进行全寿命周期设计,总体框架如图 5.27 所示。在全寿命周期设计过程中,综合采取适当的方法和措施分别进行使用寿命设计、美学设计、环境生态设计、性能设计、监测养护与维修设计及成本分析等六大方面的设计,最终实现 FRP 拉索结构良好的服役性能。

5.5.2 静/动力性能设计

1. 静力性能设计

FRP 拉索应用于大跨斜拉桥能够明显降低拉索的垂度效应,提高拉索的承载效率和整桥的承载能力,有利于提升大跨斜拉桥的静力性能。作者团队按照等强度理论设计的主跨 1 400 m 的 CFRP 拉索斜拉桥,CFRP 拉索的垂度为传统钢拉索的 1/6,如图 5.28 所示。基于等刚度理论设计的主跨 1 088 m、2 176 m 的 BFRP 以及 B/CFRP、B/SFRP 拉索大跨斜拉桥,在交通荷载作用下,其加劲梁的跨中挠度均小于钢拉索斜拉桥,如图 5.29 所示。同时由于 FRP 材料提高了拉索等效刚度,大跨斜拉桥索塔水平位移也因此得到减小,如图 5.30 所示。

2. 动力性能设计

FRP 拉索相比传统钢拉索对风荷载更敏感,但是利用 FRP 拉索替换传统钢拉索,能够有效减小整桥的质量,提高各拉索与整桥的自振频率,有利于改善大跨斜拉桥的动力学性能。作者团队通过研究跨径 1 400 m 的 CFRP 拉索大跨斜拉桥发现,全桥拉索的基频分布

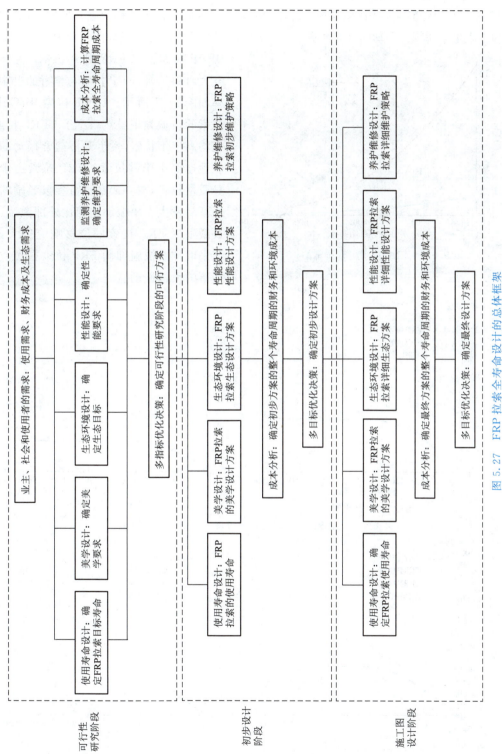

图 5.27　FRP拉索全寿命设计的总体框架

在 0.43~2.15 Hz,大多高于大跨斜拉桥的主要自振频率;传统钢拉索的基频则分布在 0.16~0.79 Hz,覆盖了大跨斜拉桥低阶振型的频率。因此相比传统钢拉索斜拉桥,FRP 拉索斜拉桥发生索桥耦合振动的可能性更小。作者团队根据等刚度理论设计的主跨为 1 088 m 的 BFRP 拉索、B/CFRP 或 B/SFRP 混杂拉索大跨斜拉桥,FRP 拉索与整桥的自振频率如图 5.31 所示。BFRP 拉索、B/CFRP 拉索的自振频率虽然略小于 CFRP 拉索,但均高于钢拉索,发生索桥耦合振动的可能性也都小于钢拉索。FRP 拉索由于自身质量较轻,在外部激励与参数激励的作用下易发生大幅振动。相比外部激励,参数激励下 FRP 拉索的位移响应偏大,应该采取控制措施抑制 FRP 拉索在参数激励下的大幅振动。

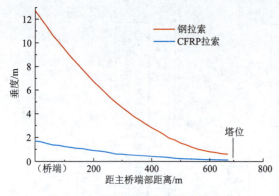

图 5.28　CFRP 拉索与钢拉索的垂度

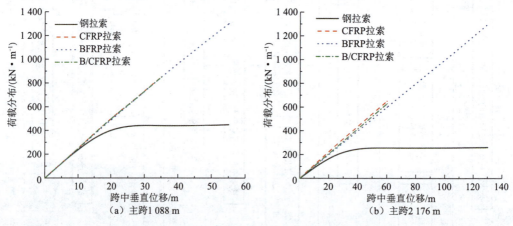

图 5.29　FRP 拉索超大跨斜拉桥加劲梁的竖向位移

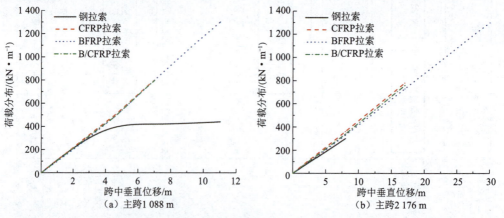

图 5.30　FRP 拉索大跨斜拉桥索塔的水平位移

与各向同性材料制备的钢拉索相比,FRP拉索横向抗压强度与剪切强度较低,传统钢拉索阻尼器无法直接应用于FRP拉索。因此,作者团队提出了一种适用于FRP拉索的阻尼装置,如图5.32所示。FRP自减振拉索是基于混杂FRP拉索的设计理念,应用了内部阻尼器的原理,实现了FRP拉索的自减振控制,是一种具有自减振功能的新型FRP拉索。如图5.33所示,以苏通大桥实际拉索为原型,根据相似准则设计了FRP自减振模型拉索,然后分别采用小、中、大三种不同的振幅激励FRP自减振拉索,获得其耗能减振特性,不同振幅激励下FRP自减振拉索的前三阶模态阻尼比见表5.4。FRP自减振拉索的模态阻尼比随着拉索振幅的增加而增大,因此FRP自减振拉索能够根据拉索振幅的大小智能地调整其自身阻尼性能,进而实现对FRP拉索振动的智能控制。

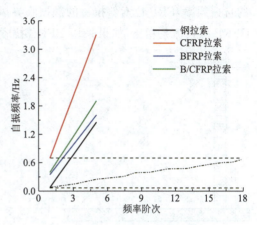

图 5.31　FRP 拉索与整桥的自振频率

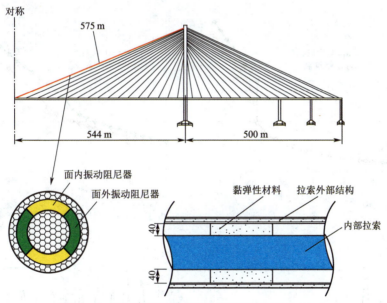

图 5.32　带智能阻尼器的混杂 FRP 拉索(单位:mm)

表 5.4　FRP 自减振拉索模态阻尼比

振动类型	一阶面内	二阶面内	三阶面内	一阶面外	二阶面外	三阶面外
小幅振动	0.61	0.59	1.03	0.09	0.06	0.05
中幅振动	0.66	0.70	1.14	0.11	0.07	0.06
大幅振动	0.71	0.78	1.21	0.14	0.08	0.07

FRP 拉索由于垂度较小,面外刚度比钢拉索斜拉桥大,有助于减小大跨斜拉桥的抗风响应。作者团队研究发现,主跨 1 400 m 的 FRP 拉索大跨斜拉桥在稳定的风速范围内其扭转角相比传统钢拉索大跨斜拉桥减小了约 10%,如图 5.34 所示。由于 FRP 拉索提高了整桥的自振频率,FRP 拉索斜拉桥的颤振临界风速、扭转发散临界风速均大于钢拉索斜拉桥。与 CFRP 拉索体系相比,如果采用 BFRP 拉索、B/CFRP 拉索进行大跨斜拉桥的设计,拉索的 Scruton 参数从 7 提高至 11、12,且整桥对涡激振动的敏感度降低。因此运用 BFRP 拉索、B/CFRP 混杂拉索有利于提高大跨斜拉桥结构的抗风稳定性。一般地震响应的卓越频率大多低于 0.8 Hz,相比传统钢拉索,FRP 拉索的局部振动频率较高,因此 FRP 拉索大跨斜拉桥不易发生多阶振型的索桥耦合振动现象。此外,减小大跨桥梁结构卓越振型的参与系数,可以有效减小 FRP 拉索大跨斜拉桥的地震位移响应,如图 5.35 所示。

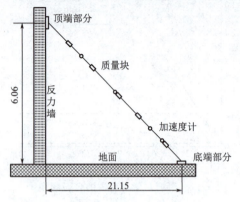

图 5.33　FRP 自减振拉索模型振动(单位:m)

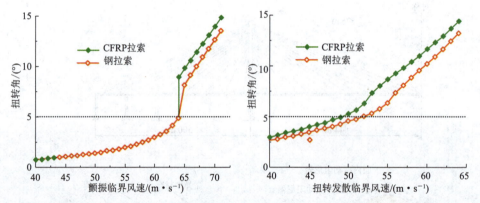

图 5.34　CFRP 拉索大跨斜拉桥主梁中点扭转角

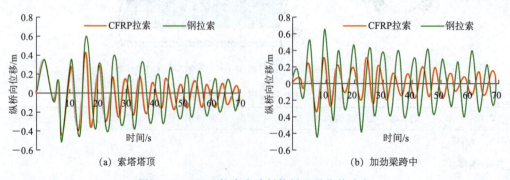

(a) 索塔塔顶　　　　　　　　　(b) 加劲梁跨中

图 5.35　CFRP 拉索大跨斜拉桥地震位移响应

5.6 应用及前景

5.6.1 应用设计工法

FRP拉索作为受拉构件用于桥梁结构的部位主要为悬索桥的主缆、斜拉桥的斜拉索、拱桥的吊杆等。一般而言,不同形式的拉索需要配套相应吨位和形式的锚固系统,只有这样才能充分发挥FRP拉索的性能优势。FRP拉索用于桥梁结构时应充分考虑其刚度和稳定性,综合采用等强度、等刚度、三阶段设计以及拉索混合布置等方法,使结构在服役期间具有足够的刚度和稳定性。此外,FRP拉索用于建筑空间结构可以显著降低建筑结构的自身重量,同时大幅提升结构的承载能力和耐久性能。目前,FRP拉索大多与钢拉索混合使用于大型建筑空间结构中,且一般运用对象大多为大型体育场馆、剧院等建筑。

1. 等强度设计方法

等强度设计方法是一种以传统钢拉索的承载力设计为基础,在不改变原有索力和结构形式的基础上,对FRP拉索的截面进行设计。由于在设计中需要考虑的因素较少,因此该方法属于一种简单的FRP拉索设计方法。尽管FRP拉索采用等强度设计方法可以较好保持大跨桥梁成桥后的整体线形,但是由于FRP拉索的弹性模量小于传统钢拉索,采用等强度设计方法的FRP拉索容易引起桥梁整体刚度不足,导致在自重和车辆荷载作用下挠度过大,进而对大跨桥梁的正常服役造成威胁。上述现象对弹性模量低的FRP拉索影响尤为显著,特别是高性价比BFRP拉索,其弹性模量大约只有钢拉索的1/3。此外,等强度设计方法还应通过试验、理论及仿真等综合分析手段来确定FRP拉索的安全系数,从而为FRP拉索的工程设计提供依据。综上所述,FRP拉索等强度设计方法的优点在于简单易用,但是不足之处在于难以保证结构刚度和获得可靠的安全系数,因此该方法不能作为FRP拉索的设计方法。

2. 等刚度设计方法

等刚度设计方法是以钢拉索的轴向刚度为设计依据,在保证拉索刚度不变的前提下,对FRP拉索的截面进行设计。等刚度设计方法具有简单易用的优点,可以方便地进行不同材料的替换设计。对于FRP拉索而言,由于其弹性模量往往小于钢拉索,将导致FRP拉索截面积过大,造成FRP拉索材料利用率降低以及成本增加的问题。此外,随着桥梁跨度的增加,等刚度设计方法的弊端将被进一步放大。综上所述,等刚度设计方法虽然简单,但是未充分考虑不同材料的综合性能,仅仅根据钢拉索刚度计算结果进行简单换算,考虑因素单一,无法发挥FRP拉索轻质高强的性能特点,因而同样不适合作为FRP拉索的设计方法。

3. 基于利用效率的FRP拉索三阶段设计方法

基于等强度和等刚度两种设计方法分析结果可知,FRP拉索的设计方法与钢拉索的设计方法所需考虑的因素有所不同。大跨桥梁用FRP拉索的设计方法应当充分考虑材料的综合性能、功能需求和结构非线性要求,因此,在前述两种FRP拉索设计方法的基础之上,进一步提出新型FRP拉索设计方法,旨在解决FRP拉索的材料利用率、综合性能和结构使用要求问题,以便实现FRP拉索的优化设计。如图5.36所示,作者团队提出了以材料利用率与轴向刚度为设计目标,基于不同材料 FRP 拉索等效弹性模量比,根据 FRP 拉索长度分三个阶段选取不同的设计安全系数对 FRP 拉索进行设计。图 5.36 中,α 为常数安全系数,β 为保守常数安全系数,L_c 为经济适用跨度,L 为拉索水平长度,γ 为拉索每米重量。FRP 拉索三阶段的设计理念旨在满足不同桥梁跨度的需求,实现不同 FRP 材料的高效利用。根据长度的不同,主要分为小于 1 000 m、1 000~2 000 m 和大于 2 000 m 三个长度区间,具体分析如下:

(1) 跨度在 1 000 m 范围内,FRP 拉索的垂度效应不明显,可以不考虑拉索的非线性设计要求;

(2) 跨度在 1 000~2 000 m 范围内,拉索的设计需同时考虑非线性和使用性能要求;

(3) 跨度大于 2 000 m,由于桥梁整体活载和恒载比例发生变化,FRP 拉索容许设计应力将进一步提升,因此 FRP 拉索的材料利用率将进一步提高。

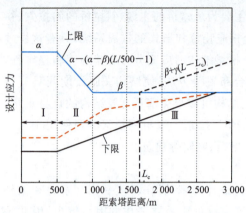

图 5.36　FRP 拉索安全系数的三阶段模型

此外,图 5.36 的上限(容许设计应力)是考虑了 FRP 拉索的有效疲劳强度和变形,一般取值范围为 $(0.55 \sim 0.7) f_u$;下限(有效等刚度设计应力)是考虑 FRP 拉索材料非线性垂度效应和等刚度设计。优化设计是综合考虑桥梁在一定跨度下的横活荷载比例、非线性性能要求以及 FRP 拉索的垂度效应,最终确定合理的设计应力。

4. FRP 拉索适用跨径

根据上述 FRP 拉索设计理念和方法,作者团队分析了不同类型材料 FRP 拉索的适宜跨径,即在最大程度上发挥该类材料 FRP 拉索综合性能的适宜跨径。如图 5.37 所示,考虑到不同材料 FRP 拉索的性能差异,不同材料 FRP 拉索的适宜跨径各不相同,根据 FRP 拉索等效弹性模量比与等效刚度比来确定不同材料 FRP 拉索的适宜跨径,图中 λ^2 为不同材料 FRP 拉索跨度适用性设计的关键参数。钢拉索的适宜主跨长度为 1 200 m,混杂 B/SFRP(1:4,其中 B/SFRP 表示 BFRP 筋与钢筋的比例)与 B/SFRP(3:7)的适宜主跨长度为 2 000 m,

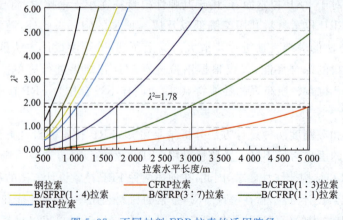

图 5.37　不同材料 FRP 拉索的适用跨径

混杂 B/CFRP(1∶3)的适用主跨长度为 3 500 m,混杂 B/CFRP(1∶1)的适宜主跨长度为 6 040 m,CFRP 适宜主跨长度为 10 000 m 及以上。

5. 基于 FRP 拉索设计理念的 FRP 拉索混合布置体系

在大跨 FRP 拉索斜拉桥的结构设计中,大都只采用某一种 FRP 拉索的等刚度设计方法,该设计方法虽然保证了 FRP 拉索大跨斜拉桥的力学性能,但是整体造价成本下降有限,且经济性能提升不明显。因此,作者团队基于不同材料 FRP 拉索的基本性能以及多种 FRP 拉索的适宜跨度的相关研究,通过综合考虑不同材料 FRP 拉索的力学性能与经济效益,进一步确定不同材料 FRP 拉索的合理适宜跨度区间,提出一种将不同材料 FRP 拉索在同一桥梁不同跨度区域混合布置的 FRP 拉索体系,简称 FRP 混布拉索体系。FRP 混布拉索体系可以充分发挥不同材料 FRP 拉索的力学性能与经济性能,实现其在力学性能与经济效益上的深度优化。

根据 FRP 拉索混布原理,基于拉索的关键力学性能、经济性能参数,作者团队分析确定了不同材料 FRP 拉索的合理适宜跨度区间,见表 5.5。以设计主跨为 2 038 m 的跨海大桥为设计案例,通过在其不同区域内混合布置不同材料 FRP 拉索,可以形成 FRP 混布拉索大跨斜拉桥,如图 5.38 所示。优化设计的 FRP 混布拉索斜拉桥不仅能够满足大跨桥梁结构静力设计的要求,而且与传统钢

表 5.5　不同材料 FRP 拉索的合理应用跨度区间

斜拉索的水平投影长度/m	FRP 拉索类型
0～200	BFRP 拉索
200～400	B/SFRP(0%～30%)混杂拉索
400～600	B/SFRP(30%～60%)混杂拉索
600～800	B/CFRP(20%～100%)混杂拉索
800～1 000	B/CFRP(40%～60%)混杂拉索

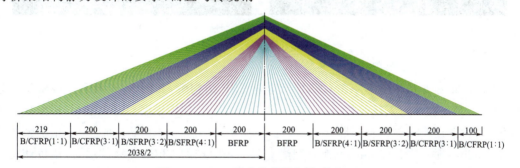

图 5.38　FRP 混布拉索斜拉桥(单位:m)

拉索大跨斜拉桥相比,整体桥梁的自振频率得到了提高,地震位移响应进一步减小。同时该方案的应用还显著改善了桥梁的抗风稳定性,是 2 000 m 级大跨斜拉桥的优选方案之一。如图 5.39 所示,如果考虑大跨斜拉桥的全寿命周期成本,FRP 混布拉索斜拉桥将是综合性能最优的设计方案。

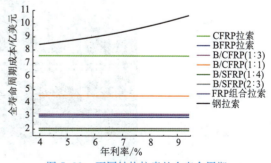

图 5.39　不同结构拉索的全寿命周期成本随年利率变化图

5.6.2　工程运用

1. FRP 拉索在拱桥中的应用

如图 5.40 所示,坐落于德国 A8 高速公路上的斯图加特城轨大桥,是世界上第一座完全悬挂在 CFRP 张力元件上的网状拱桥。这 72 个悬挂构件是由瑞士 CarboLink 公司采用帝人公司的 Tenax® 碳纤维制成的,与传统钢桥的设计不同。总体来说,碳纤维拉索比钢制拉索更有优势。同时,碳纤维拉索能够在没有支撑柱的情况下横跨 A8 高速公路的车道,完全满足理想化网状拱桥拉索的要求。与钢制拉索相比,碳纤维拉索的横截面积仅为其四分之一。此外,由于重量轻,不需要起重机,仅需要三个建筑工人就可以完成 72 个碳纤维张力元件的安装。这座 127 m 长、采用了碳纤维复合材料的城轨桥,在可持续发展方面也树立了典范。经瑞士联邦材料测试研究所(EMPA)验证,碳纤维制造过程中的二氧化碳排放量仅是钢材的三分之一,而能源消耗则降低了一半以上。

（a）全景　　　　　　　　　　　（b）近景

图 5.40　CFRP 拉索网状拱桥

2. FRP 拉索在小跨度桥梁中的应用

Tsukuba 桥是世界上第一座 CFRP 拉索全 FRP 结构桥,如图 5.41 所示。该桥位于日本茨城县,是一座三跨人行斜拉桥,于 1996 年 3 月完工。主塔采用 GFRP 型材,桥面使用了 GFRP 型材并用 CFRP 薄板加固,所有 24 根斜拉索由两种 CFRP 筋构成[三菱化学公司生产的 Leadline 筋(直径 12 mm)和东京制绳有限公司生产的 CFCC-7 束绞线]。该桥使用了

（a）实景

图 5.41　Tsukuba 斜拉桥

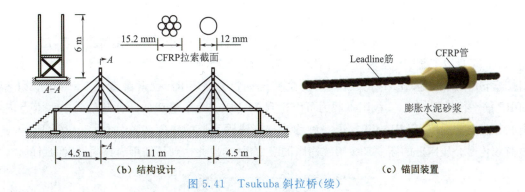

图 5.41 Tsukuba 斜拉桥(续)

一种黏结型锚固系统,如图 5.41(c)所示。在该锚固系统中,利用 CFRP 管作为锚固套筒,使用膨胀水泥砂浆产生足够的黏结力和挤压力来共同锚固 CFRP 筋。

江苏大学 CFRP 人行桥是一座双索面独塔人行桥,由东南大学、江苏大学和北京 TXD 科技公司共同设计,如图 5.42(a)所示。所有 16 根拉索都是由 CFRP 筋平行束组成。采用的 CFRP 筋是由日本三菱化学公司生产的 $\phi 8$ mm 的 Leadline 筋。根据不同承载要求,采用了三种不同形式的拉索,如图 5.42(b)所示。这三种形式拉索的承载能力分别为 720 kN($16 \times \phi 8$ mm)、1 320 kN($11 \times \phi 8$ mm)、1 920 kN($16 \times \phi 8$ mm)。为此设计了直筒内锥黏结型锚具对 CFRP 拉索进行锚固,如图 5.42(c)所示。设计思想是通过锚固区加载端直通段来缓解应力集中对锚固区拉索的不利影响。

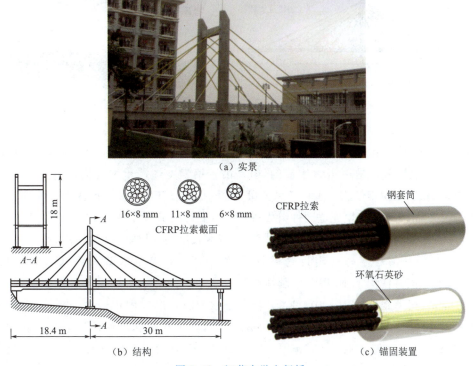

图 5.42 江苏大学人行桥

3. FRP 拉索在大跨度桥梁中的应用

Stork 桥是世界上第一座采用 CFRP 拉索的公路斜拉桥,位于瑞士的温特图尔市,已于 1996 年 10 月 27 日竣工通车。这座桥采用了单索塔双索面布置,如图 5.43 所示。桥梁上布置了 24 根斜拉索,其中两根是 CFRP 拉索,其余的是传统钢拉索。CFRP 拉索由直径 5 mm 的 241 根 CFRP 筋平行排列组成,其极限承载力可以达到 12 MN。为了承载如此大吨位的拉索索力,瑞士联邦材料实验室(EMPA)开发了一种称为梯度锚固系统的锚固装置,如图 5.43(c)所示,通过荷载传递介质刚度的渐变来缓解锚固区的应力集中,以此达到长期可靠锚固拉索的目的。

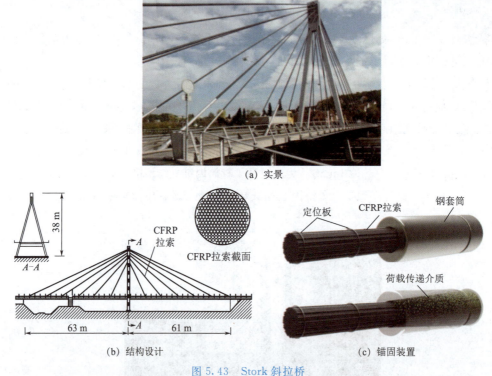

图 5.43 Stork 斜拉桥

Neigles 人行桥是世界上第一座 CFRP 拉索悬索桥,位于瑞士弗里堡的萨那河上,如图 5.44 所示。该桥最初是用钢索建造的,但是由于钢索主缆严重腐蚀而被拆除,并由两根 CFRP 拉索取代。该拉索使用了东京缆绳公司为 CFCC 绞线开发的黏结型锚固系统,该系统由一个锚固端头和 16 个树脂填充锚固件组成,如图 5.44(c)所示。每根 CFCC 绞线由 7 股 CFRP 丝构成,直径为 12.5 mm。钢套筒固定在锚头上,锚固长度约为拉索直径的 13.5 倍。

Herning 桥是在丹麦海宁附近跨越铁路调度站的一座单塔双索面人行斜拉桥,如图 5.45 所示。该桥使用了 16 根东京制绳有限公司生产的 CFCC 拉索。每根拉索由 37 根 CFRP 筋构成,其承载能力为 1 070 kN。所有拉索均由工厂以固定长度与树脂填充锚固。该锚固系统主要由直筒型钢套筒和树脂组成。螺母安装在钢套筒后部并连接到桥梁的主梁或者索塔上。这种锚固装置与 Neigles CFRP 人行桥上的树脂填充锚固类似,区别是该锚具尺寸更大,可以锚固更大直径和拉力的 CFCC 拉索。

(a) 实景

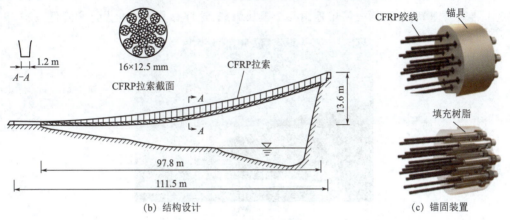

(b) 结构设计   (c) 锚固装置

图 5.44 Neigles 人行桥

(a) 实景

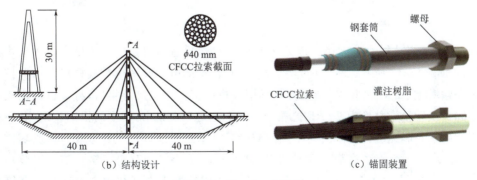

(b) 结构设计   (c) 锚固装置

图 5.45 Herning 人行桥

Laroin 人行桥建造在法国拉鲁万市一条河上。该桥是一座单跨双索塔双索面斜拉桥，桥面由 8 对 CFRP 斜拉索支撑，如图 5.46(a)所示。每个单元组件由 7 根 CFRP 筋组成。根据不同荷载条件，靠近索塔的 8 根拉索每根包含两个组件单元，靠近主跨的 8 根拉索包含三个组件单元，如图 5.46(b)所示。CFRP 筋由法国 SOFICAR 公司生产。为了有效锚固这种 CFRP 拉索，Freyssinet 开发了一种模块化夹片锚具，如图 5.46(c)所示。7 根 CFRP 筋组成的拉索通过楔形锚具装置被夹持形成一组模块。为了防止直接夹持 CFRP 拉索造成横向损伤，每根筋材都用铝护套进行保护。该模块化锚具主要有两个优势：首先，可以使锚固件紧凑，减小尺寸；其次，有利于标准化施工。由于每个模块都经过成熟的研究，不同拉索尺寸的锚具不再需要重新设计，而是简单地由几个模块组成，这样有利于快速设计和降低成本。

图 5.46　Laroin 人行桥

Penobscot 海峡桥是美国第一座采用 CFRP 拉索建造的斜拉桥。该桥布置为单索面双索塔形式，如图 5.47 所示。有 40 对斜拉索，所有拉索都由 7 股平行绞线构成。这些拉索没有固定在索塔上，而是穿过索塔上的支架锚固在桥面上。在建成半年后，将穿过西面索塔的三对不同长度钢拉索替换为 CFRP 拉索。在每个选定的拉索中，卸下两根钢绞线，并在相同地方安装由东京制绳股份有限公司生产的 CFCC1×7 股绞线。在现有 CFCC 树脂填充锚固基础上，开发了一种新的"高膨胀材料填充"锚固方式，如图 5.47(c)所示。该锚固装置是一个中空螺纹套筒，套筒外部有一个螺母用于将该锚固装置固定到结构上。绞线和套筒之间的空间被高膨胀性水泥砂浆所填充。通过在固化过程中的膨胀产生足够径向压力(约为75.8 MPa)以锚固 CFRP 拉索。

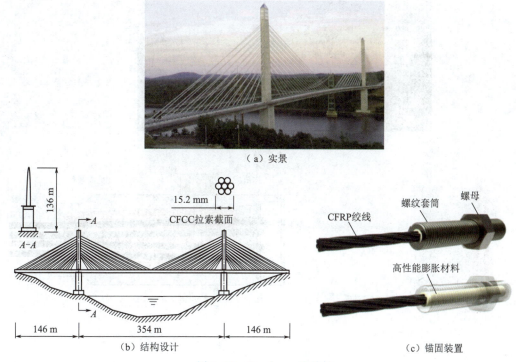

图 5.47 Penobscot 海峡桥

矮寨大桥位于湖南省矮寨镇境内,为观光通道两用、双层四车道钢桁加劲梁单跨悬索桥,如图 5.48 所示。该桥的主跨为 1 176 m,采用岩锚吊索结构,并用 ϕ12.6 mm 的碳纤维筋材作为拉索,以抵御潮湿环境引起的钢绞线锈蚀问题。该 CFRP 拉索岩锚体系使用活性粉末混凝土(RPC)作为黏结材料对 CFRP 筋进行锚固,如图 5.48(c)所示。该拉索是目前国内应用于岩锚结构承载力最大的 CFRP 拉索,其承载力达到了 4 100 kN。

4. FRP 拉索在其他领域中的应用

图 5.49 为瑞士 CarbonLink 公司生产的实体 FRP 拉索在帆船上的应用。与钢拉索相比,该实体 FRP 拉索具有更轻质量、更高的抗拉刚度和更好的耐腐蚀性能。

CFRP 连续缠绕系统是一种在拉索屋顶和拉索立面上使用碳纤维复合材料的新设计。正如其名称所表明的,在这种系统中使用的 FRP 拉索呈连续带状,将其缠绕在所有中间节点,最后锚固在末端节点。此外,还可以在没有任何锚固的情况下形成闭环锚固。图 5.50 给出了该类拉索应用的实景图,其最大优势在于能够充分利用 FRP 拉索轻质、高强的性能。

如图 5.51 所示,中冶建研院牵头研发的波形锚 CFRP 平行板索在三亚体育场索结构中成功应用。该项目是 CFRP 板索在大跨体育场馆工程中的首次大规模应用,属于国际首创。对于 CFRP 材料在大跨空间结构乃至于新建结构中的推广应用具有重要的引领作用和里程碑意义。三亚体育场总建筑面积 8.8 万余平方米,体育场屋盖为轮辐式索桁架结构,平面投

(a) 实景

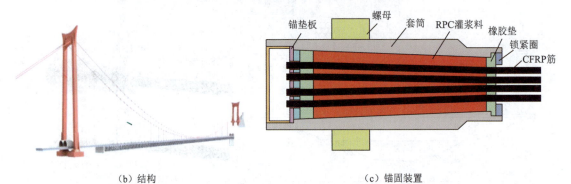

(b) 结构　　　　　　　　　　　　　(c) 锚固装置

图 5.48　矮寨大桥

(a) Baltic 142拉索　　　　　　　　　(b) Off shore specialist拉索

图 5.49　实体 FRP 拉索在帆船上的应用

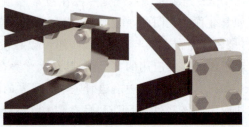

(a) 结构外形　　　　　　　　　　　(b) 结点放大图

图 5.50　德国柏林工业大学校园内的一处空间结构

影短轴 224 m,长轴 261.8 m,中心开口短轴 134 m,长轴 171.8 m。为提升结构抗风能力,屋盖结构布置有内环交叉索;为降低内环交叉索对索夹造成的不平衡力,该项目创新应用了强模比远高于普通钢索的 CFRP 平行板索,其索力达到 3 000 kN,索长 19 m,以新材料、新构件完美解决了结构问题。

(a) 三亚市体育场施工现场　　　　　　(b) CFRP 拉索

图 5.51　波形锚 CFRP 拉索应用于大跨空间结构体育场馆

5.6.3　常泰过江通道主航道桥主跨稳定索方案设计

常泰过江通道兼具高速公路、城际铁路双重功能,不仅满足了城际出行的迫切需求,而且对加快构建长江经济带立体走廊意义重大。主航道桥为斜拉桥,主跨为 1 176 m,拟采用 FRP 索来提升主跨稳定性,见图 5.52。下面从 FRP 索的总体技术方案和可行性分析两个方面进行阐述。

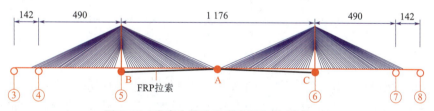

图 5.52　常泰大桥稳定索布置方案(单位:m)

首先,在斜拉桥上配置拉索的核心目标在于提升主跨梁的稳定性,而选用 FRP 作为索体材料的理由在于其具有轻质、高强、耐腐蚀、热膨胀系数低等优异性能。从当前国内外研究与应用现状来看,选择 CFRP、AFRP 或 BFRP 作为索体材料是可行的,但是 AFRP 的蠕变率过大,且热膨胀系数为负值,导致其在长期持荷和温度交变作用下难以有效提升主跨梁的稳定性。因此,CFRP 和 BFRP 更适合作为索体材料。

(1)CFRP 索具有优异的各项性能指标,如强度高、弹模高、耐疲劳蠕变、热膨胀系数低、耐腐蚀等特点,因而是制备稳定索的首选材料。不过,CFRP 的极限延伸率较低,在极端荷载工况下,有发生脆性破坏的可能。

(2)BFRP 索具有突出的综合性能,如强度高、延伸率高、耐腐蚀、耐疲劳蠕变、价格低、热膨胀系数只有钢材的一半等特点,且其在温度作用下的应力损失较小,是制备稳定索的良好备选材料。

(3)混杂索综合了 CFRP 索和 BFRP 索的性能优点。C/B 为 4∶1 的混杂索侧重于强度和刚度控制,C/B 为 1∶4 的混杂索侧重于延性破坏。

基于上述 3 种 FRP 索的性能和特点,提出了 3 种稳定索技术方案,见表 5.6。

表 5.6　常泰大桥 3 种拉索技术方案

编号	索体类型	布置形式	优　势	不　足	推荐顺序
方案 1	CFRP		强度高,弹模大,温度敏感性低	极限延伸率低,有脆性破坏隐患,锚固难度大	1
方案 2	混杂 C∶B=4∶1		强度高,弹模较大,温度敏感性较低	延伸率较低,脆性破坏	2
	混杂 C∶B=1∶4		延伸率较高,延性破坏	弹模较小,强度较低	3
方案 3	混合 CFRP BFRP		弹模较大,温度敏感性较低,强度较高	延伸率较低,BFRP 可作为极端情况下安全储备	4

5.6.4　前景

当前,土建交通结构由于钢筋/钢索的腐蚀导致耐久性不足的问题日益突出,已引起各界的广泛关注。为了避免因结构损坏导致的安全问题,世界上许多国家都投入了大量资金来维护。例如美国为了维护既有腐蚀结构,每年需投入 170 亿美元;而日本用于维护基础设施的费用已达 30 兆日元,与基础设施新建结构总预算相当。我国土建交通基础设施建设规模目前已超过世界其他国家的总和,并且我国大规模建设高峰期至少还将再持续 20～30 年,将来面临的结构安全和维护费用巨大的问题将更加严峻。因此,急需采用高耐腐结构材料替换传统钢筋/索以解决新建结构耐久性引起的安全和维护问题。根据可持续发展需求,土建交通结构正在向高性能和长寿命方向快速发展,例如韩国已明确提出"Super Bridge 200",即桥梁 200 年寿命计划。传统钢索由于耐久性能不足,使其设计寿命一般仅为 30 年。在设计寿命周期内需 3 次更换拉索才能保证桥梁结构的安全性能,导致寿命周期内成本巨大,同时影响交通运营。此外,我国大量的中小型索承桥梁和体外预应力梁结构使用 10～20 年后都需要进行索替换,对交通和国民经济产生了巨大影响。如我国广州海印大桥、济南黄河大桥、北京西直门桥等大量桥梁均因拉索疲劳/锈蚀原因,使用期在十年左右即需更换拉索。我国目前是世界上拥有斜拉桥等预应力筋(索)桥最多的国家,而且与发达国家相比仍处于建设的高峰期,未来10～20年内将有大量的索桥和体外预应力结构拉索达到使用寿命需要更换,高耐久性的FRP拉索将为解决这一难题提供有效措施。同时,世界范围内大跨桥梁结构正在向更大跨度发展,如意大利墨西拿海峡大桥、印尼Sunnda海峡大桥、我国的琼州海峡、台湾海峡等正在计划建设一系列大跨桥梁。因此,FRP拉索在桥梁工程建设中具有广阔的应用前景。

参考文献

[1] 汪昕,周竞洋,宋进辉,等. 大吨位FRP复合材料拉索整体式锚固理论分析[J]. 复合材料学报,2019,36(5):1169-1178.

[2] PATRICK X W Z. Long-term properties and transfer length of fiber-reinforced polymers[J]. Journal of Composites for Construction,2003,7(1):10-19.

[3] SAADATMANESH H,TANNOUS F E. Relaxation,creep,and fatigue behavior of carbon fiber reinforced plastic tendons[J]. ACI Materials Journal,1999,96(2):143-153.

[4] WANG X,SHI J Z,WU Z S,et al. Fatigue behavior of basalt fiber-reinforced tendons for prestressing applications[J]. Journal of Composites for Construction,2016,20(3):04015079.

[5] SHI J Z,ZHU H,WU Z S,et al. Bond behavior between basalt fiber-reinforced polymer sheet and concrete substrate under the coupled effects of freeze-thaw cycling and sustained load[J]. Journal of Composites for Construction,2013,17(4):530-542.

[6] WANG X,SHI J Z,LHI J,et al. Creep behavior of basalt fiber reinforced polymer tendons for prestressing application[J]. Materials and Design,2014,59(7):558-564.

[7] WANG X,WU Z S. Modal damping evaluation of hybrid FRP cable with smart dampers for longspan cable-stayed bridges[J]. Composite Structures,2011,93(4):1231-1238.

[8] WANG X,WU Z S,WU G,et al. Enhancement of basalt FRP by hybridization for long-span cable-stayed bridge[J]. Composite Part B:Engineering,2013,44(1):184-192.

[9] WANG X,WU Z S. Evaluation of FRP and byhrid FRP cables for super long-span cable-stayed bridges[J]. Composite Structures,2010,92:2582-2590.

[10] SHI J Z,WANG X,WU Z S,et al. Effects of radial stress at anchor zone on tensile properties of basalt fiber-reinforced polymer tendons[J]. Journal of Reinforced Plastics and Composites,2015,34(23):1937-1949.

[11] WANG X,XU P C,WU Z S,et al. A novel anchor method for multi-tendon FRP cables manufacturing and experimental study [J]. Journal of Composites for Construction,2015,19(6):04015010.

[12] MEIER U,FARSHAD M. Connecting high-performance carbon-fibre-reinforced polymer cables of suspension and cable-stayed bridges through the use of gradient materials[J]. Journal of Computer-Aided Materials Design,1996,3(1-3):379-384.

[13] 汪昕,吴智深,周竞洋,等. 大吨位FRP拉索锚固方法:108004926A[P]. 2018-05-08.

[14] WANG X,ZHOU J Y,DING L N,et al. Static behavior of circumferential stress-releasing anchor for large-capacity FRP cable[J]. Journal of Bridge Engineering,2020,25(1):04019114. https://doi.org/10.1061/(ASCE)BE.1943-5592:0001504.

第6章 FRP网格与纤维格栅

6.1 概　　述

　　FRP 网格是将碳纤维、玄武岩纤维、玻璃纤维或聚酰胺纤维等高性能连续纤维浸渍于耐腐蚀性良好的树脂中,经固化形成的二维网格状 FRP 制品(见图 6.1),具有轻质、高强、耐疲劳以及耐久性好等优点。FRP 网格属于一体成型制品,其纵横向筋处于同一平面,是一种施工方便且适用性强的结构增强与加固材料。

(a) BFRP网格　　　　　(b) GFRP网格　　　　　(c) CFRP网格

图 6.1　FRP 网格制品

　　20 世纪 80 年代末,日本 Shimizu 公司开始 FRP 网格研究,研发出名为 NEFMAC 的网格(所用纤维包括玻璃纤维、芳纶纤维以及碳纤维),并成功商业化。随后,韩国和加拿大等国家开始对 FRP 网格进行试验和应用研究。加拿大 Alberta 大学曾进行过 FRP 网格-混凝土双向板的试验性能研究,并通过试验证明了 FRP 网格材料有着高于普通钢筋和 FRP 筋的抗界面破坏能力,同时对板的承载力和板柱节点处的抗剪切能力有很大的提升作用。加拿大国家研究委员会建筑研究协会(IRC)联合 AUTOCON 复合材料公司于 20 世纪 90 年代开始对日本生产的 NEFMAC 网格进行合作研究。通过一系列试验和理论分析后认为,FRP 网格是一种具有良好综合性能的加固材料,其可以有效提高加固构件的承载力,并提升结构的耐久性能。中国国家工业建筑诊断与改造工程技术研究中心自 2001 年 11 月起,陆续进行了一系列 FRP 网格加固技术试验研究,包括 FRP 网格加固钢筋混凝土板抗弯试验等。试验表明,FRP 网格的加固效果显著,加固构件的承载力和刚度均有大幅增长,且都没有出现脆性剥离破坏,整体加固效果明显优于外部粘贴 FRP 片材。

　　纤维格栅是以高强度玻璃纤维、玄武岩纤维或碳纤维为主要原料,采用一定的编织工艺制成的平面网状结构材料,如图6.2所示。与FRP网格不同,纤维格栅双向由未浸渍树脂的纤维干丝编织而成,其具有较好的柔韧性,较高的抗拉和抗撕裂强度,与土壤、碎石结合力强。作为道路增强材料时,纤维格栅能有效减小路面的弯沉量,保证路面不会发生过度变形。此外,纤维格栅由于其结构上的特殊性,纬向格肋有一定的滑移性但结构不松散,可以将原剪切力分散至数层格栅上,有效控制滑移层的产生。因此,纤维格栅(特别是玻璃纤维格栅)被广泛应用于道路工程。此外,纤维格栅在建筑结构加固领域也有一定应用,美国混凝土协会也发布了纤维格栅加固设计与施工指南ACI 549.4R。不过,由于纤维格栅强度相对于FRP网格较低、整体性较差且耐久性不足,因此其在加固领域正逐渐被FRP网格所取代。

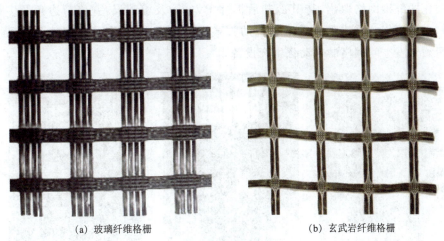

(a) 玻璃纤维格栅　　　　　　　(b) 玄武岩纤维格栅

图6.2　纤维格栅制品

本章将从制备工艺、种类特点、关键性能指标、标准化及其应用现状和发展前景等方面对FRP网格及纤维格栅在土木工程中的应用进行系统介绍。

6.2　生产制备工艺

6.2.1　FRP网格制备工艺

1. 手工成型

FRP制品最初是以手工成型为主进行制备的,其主要方法是将加有固化剂的树脂混合料和纤维制品手工逐层铺放在涂有脱模剂的模具上,浸胶并排除气泡,然后固化形成制品。但采用手工成型工艺易受操作人员的影响,且难以保证其密实性,难以控制界面的树脂含量,易导致产品质量不稳定,达不到设计的性能要求。因此,近年来部分手工成型FRP制品已采用机械化制备。但对于机械制备难以实现的FRP制品,如异型与空间FRP制品,手工成型依然是主要的制备方法。

对于曲面、异形混凝土结构增强或加固的需求,可制备整体式空间曲面网格。图6.3所示为一种典型的空间网格制作方法。制品生产所用的材料主要包括纤维原丝、乙烯基树脂、热固型固化剂、保鲜膜、橡胶层以及PVC管。PVC管作为模具骨架,为方便脱模,可预先将PVC管的一侧沿纵向切开。随后,将一定厚度的橡胶切割成与PVC管外表面大小一致的圆形,并缠绕固定于PVC管表面。接着,根据所设计网格间距在橡胶层表面画出定位线,并在橡胶层表面包裹一层保鲜膜,以便于脱模。为防止加热过程中模具变形或燃烧,橡胶层与PVC管应选用耐高温、阻燃型材料。浸渍树脂采用乙烯基树脂,配制前按比例精确称量树脂与固化剂,并将两者混合均匀。然后,将混合好的浸渍树脂放入树脂槽中,并使纤维原丝缓慢匀速地穿过树脂槽,以完成纤维原丝浸胶。接着,将浸渍好的纤维原丝按模具上的定位尺寸进行缠绕编织。编织完成后,将纤维网格连同模具一起放入烘箱中,以完成树脂固化。最后,将固化的纤维网格取出,待其冷却后拆除PVC管及橡胶层,并修剪边角及多余的树脂。目前,空间网格几乎均采用手工缠绕的方式进行生产,但生产速度较慢且制品质量较差,因此亟须开发空间网格的自动化生产设备。

(a) 空间模具制作　　　　　(b) 浸胶纤维编织　　　　　(c) 加热固化成型

图6.3　手工成型空间曲面网格主要制作步骤

2. 真空辅助成型

真空辅助成型(VARI)工艺是在真空下利用树脂的流动与渗透实现对纤维及其织物的浸渍,同时利用真空设备吸出纤维内部空气及多余树脂,并在真空下固化成型的一种FRP制造工艺。采用该工艺生产网格时,先在制作好的模具上涂脱膜剂,再将纤维束有序布置在模具内。铺设完毕后在其上表面铺上真空袋,在真空袋一端预铺管路,从另外一头抽出该模具与真空膜之间的空气,此时由于模具内部形成负压状态,树脂可通过预铺管路进入纤维层中。上述采用的树脂多为常温固化树脂,待树脂固化成型即可拆除模具。

FRP网格所用的模具可根据需要选用木模具、塑料模具或钢模具,模具表面要有较高的硬度和较高的光洁度,并且模具边缘至少要保留一定的宽度,以便进行密封条和管路铺设。图6.4所示为一种采用真空辅助成型工艺制备FRP网格的过程。为便于后期脱模以及网格质量控制,首先在模板表面均匀涂刷了一层脱模剂。随后,按设计所需的强度要求与截面要求,在模板表面进行纤维编织并涂刷浸渍树脂。完成后迅速铺上预先按实际尺寸裁剪的脱模布,铺设导流网,布上导流管,并盖上真空袋。接着,将脱模布与模板用密封胶带粘紧,并采用导管抽出两者之间的空气以形成负压。在压力作用下,纤维将被浸渍树脂充分浸润,多余的树脂也会被挤出。待浸渍树脂达到固化时间后,对网格进行脱模处理。

图 6.4　真空辅助工艺制备 FRP 网格

相比手工成型工艺,真空辅助成型工艺制备的 FRP 网格的性能更加稳定且树脂损耗小,但是存在外观截面尺寸与设计差别大、网格厚度难以控制以及网格分层现象明显等缺点。

3. 模压成型

模压成型工艺是将一定量的模压料加入预热的模具内,施加较高的压力使模压料填充在模腔。在一定的压力和温度下使模压料逐渐固化,然后将制品从模具内取出,再进行必要的辅助加工。图 6.5 所示为一种典型的 FRP 网格模压成型设备,上模板为带凸肋阳模,下模板为带凹槽阴模。制备 FRP 网格的主要流程为:刷脱模剂—纤维纱束浸渍树脂—编制网格—合模—螺栓旋紧—固化—脱模。具体工艺描述如下:在使用前将模具表面完全干燥,并对上下模具涂抹脱模剂。然后,在阴模凹槽中手工布设浸润过树脂的纤维纱束。当纤维布设完毕时,合并上下模具,并利用加热棒对模具均匀加热以固化树脂。为控制加热温度,在模具上均匀布置了许多温度传感器,以保证实际加热温度满足网格树脂固化温度需求。

相比真空辅助成型工艺，采用模压成型工艺生产的 FRP 网格具有更好的外观质量与力学性能，且生产速度有一定提升。但由于是人工布纱，同样存在不同批次性能离散大的缺点。此外，由于模具尺寸的限制，FRP 网格尺寸有限，当采用 FRP 网格作为结构加固材料时必然存在多处搭接，不仅浪费材料，还会降低加固系统整体性。

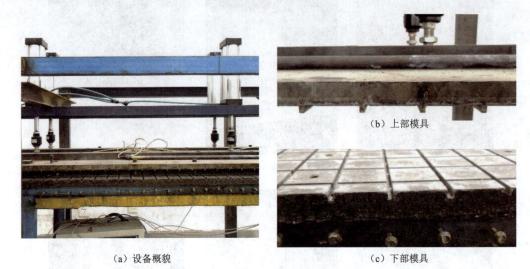

(a) 设备概貌　　　　　　　　　　(b) 上部模具　　(c) 下部模具

图 6.5　模压成型工艺制备 FRP 网格

4. 连续一体化成型

尽管我国陆续开展了 FRP 网格相关的研究与应用，但 FRP 网格在工程中的大量应用并未真正实现。这主要是由于国内无成熟的 FRP 网格生产设备，既有真空辅助成型与模压成型工艺生产效率低，平均一片网格的生产周期为 4 天，且单片网格面积有限，仅为 3 m^2/片。此外，采用这两种工艺生产的网格时，网格节点易发生纤维弯曲和浸胶不均匀，网格性能表现出较大的离散性。

目前，作者团队研发了一种双向浸胶一体化 FRP 网格生产设备，如图 6.6 所示。网格生产主要流程为：纤维粗纱预浸胶处理—浸胶纱双向多层编织—连续循环模压—快速高温固化。该工艺实现了 FRP 网格连续自动化生产并显著减小了制品强度离散。与采用真空辅助成型与模压成型工艺生产的 FRP 网格制品相比，连续一体化成型 FRP 网格力学性能提升 30% 以上，离散率由 9% 降至 5% 以内，其良好的纤维协同变形能力极大改善了传统 FRP 网格蠕变性能差的问题，可以实现 FRP 网格作为预应力材料的高效应用。但是，该设备中模具设计与制造复杂，一次性投资较大。

5. 拉挤成型

拉挤成型工艺是指在牵引设备的牵引下，将连续纤维或其织物进行树脂浸润并通过成型模具加热使树脂固化，以生产 FRP 型材的一种工艺方法。拉挤成型主要用于连续生产横截面相同的制品，如 FRP 板、管以及型材等。目前，市场中也有部分 FRP 网格制品采用拉挤成型的薄片材分层粘贴而成，如图 6.7 所示。采用该工艺生产的网格强度较低，受拉过程中网格易发生分层破坏，整体性能还需进一步提升。

图 6.6 连续化网格生产

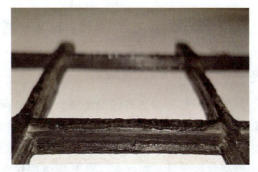
图 6.7 多层片材粘贴制备 FRP 网格

6.2.2 纤维格栅制备工艺

1. 沙罗组织绞织成型

纱罗组织绞织是纤维格栅制备的常用方法之一,其中经纱分为两个系统(绞经和地经)相互扭绞并与纬纱交织。制织时,地经位置不动,绞经有时在地经的右方,有时在地经的左方与纬纱进行交织。当绞经从地经的一方转到另一方时,绞、地两经纱相互扭绞一次,使扭绞处经纱及纬纱间的空隙增大,在格栅上形成网孔(见图 6.8)。此后,纤维格栅还需进行抗碱液与增强剂等高温热定型处理,并通过不干胶水涂层烤制。

2. 经编成型

采用经编制备纤维格栅的一般生产流程为:原料—织造—涂层—检验—成品,其中织造与涂层工艺描述如下:通过双轴向经编机的纱线系统把衬经纱和衬纬纱两个纱组捆绑在一起,从而编织成双轴向经编网格。在双轴向经编网格中,衬经纱和衬纬纱各自平直排列,相互无交织,并以较细的连接纱将衬经纱和衬纬纱的交叉点捆绑结合以形成牢固的结点(见图 6.9)。经编土工格栅编织成型后,为减小经纬纱滑移与保护表面纤维,还需经过一道涂层工艺。涂层工艺常采用直接涂层法或浸渍涂层法。其中,直接涂层法一般用于涂覆高黏度的涂层溶液。而对于黏度不大的涂覆液则选用浸渍涂层法,这种方法可以完全浸透纱线,起到很好的保护固定作用。涂层后需在 120~140 ℃范围内烘干 10~15 min,以去除涂覆液中的水分。

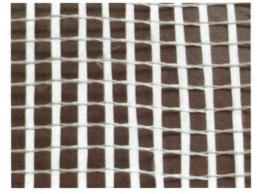
图 6.8 绞织玻璃纤维格栅

图 6.9 经编玻璃纤维格栅

6.3 种类及特点

6.3.1 单纤维网格/格栅

FRP网格按增强纤维种类分为CFRP网格、BFRP网格、GFRP网格。FRP筋中增强材料约占50%~78%,而对于FRP网格,其单肢含有的增强材料仅为25%~35%。这是由于FRP网格存在交叉节点,节点处的纤维含量为单肢含量的2倍,为保证节点的有效性,单肢中增强材料含量不能过高。FRP网格按外观形态可分为光面、压纹和粘砂。相比光面FRP网格,表面有压纹或粘砂的FRP网格与混凝土界面之间具有更好的黏结性能。

常用纤维格栅按纤维种类分为玻璃纤维格栅、玄武岩纤维格栅以及碳纤维格栅。纤维格栅理化性能稳定,并具有强度大、模量高以及优异的耐磨性与热稳定性。格栅用于路面时,由于其为二维网状结构,因此沥青混合料的集料可贯穿其中,形成一个复合的力学嵌锁体系。这种嵌锁体系阻碍了集料的运动,使沥青混合料可以得到更好的压实与更大的承载能力。相比玻璃纤维与玄武岩纤维格栅,碳纤维格栅力学性能更好,对路面性能提升更大。同时,在寒冷季节,利用碳纤维通电后产生的热量可以快速提升路面温度,以融化路面积雪,保障行车安全。

6.3.2 混杂纤维网格/格栅

目前,FRP网格/纤维格栅基本采用碳纤维、玄武岩纤维或玻璃纤维单种纤维制备。通过适当混杂配比,多种纤维的共同作用可以提高材料的综合力学性能,如高刚度、高承载能力以及高延性等,从而可以解决单种纤维制品延性不足所带来的一些问题。其中,混杂设计总的原则是在一种纤维出现断裂破坏后所产生的冲击以及原先由其所承担的荷载能够平稳地被其他纤维承担,如混杂纤维FRP网格/纤维格栅中的高弹性模量纤维断裂时所产生的荷载和冲击可以有效地由高强度和高延性纤维承担。

高弹模、高强度和高延性纤维,通过一定的混杂比例,可实现初期高刚度,中期高强度和后期高延性。但是,在混杂纤维格栅/FRP网格中由延伸率较低的纤维断裂造成的荷载降低会引起应力波动现象,这种应力波动会造成对剩余纤维材料和结构的冲击,因而在设计中要尽量降低这种波动的幅度,于是在混杂设计中提出了主动控制应力波动的设计方法,即通过合理的混杂设计和配比来对应力波动进行有效的控制,并降低其给其他纤维和结构所带来的冲击,另外还可以选用能量吸收能力(高耐冲击性)好的纤维材料来吸收较低延性纤维断裂所产生的冲击能来控制应力波动。研究发现,通过混杂延性较好的玻璃纤维和玄武岩纤维,可以明显将碳纤维干丝的拉伸应力从原先的30%提升到50%~60%。可见,高延性纤维对高强纤维的连续断裂具有良好的控制和限制作用。

6.3.3 智能网格/格栅

分布式光纤传感技术具有分布性、网络性以及稳定性等优点,近年来在结构健康监测中得到应用。目前,国际上分布式光纤传感技术依据其测试原理的差异主要分为强度型、干涉型和散射型等。其中,基于布里渊散射机理的 BOTDR 与 BOTDA 等传感技术由于其对温度、应变测试精度高,测试距离长等方面的巨大优势,受到国内外学者的青睐。将分布式传感光纤复合进网格/格栅中,可以形成一种智能结构材料。应用智能网格/格栅可以实现在结构补强的同时还能对结构实时监测,以便更好地评价结构的安全性能。

图 6.10 为一种智能网格/格栅的横截面示意。在经纬向丝束的铺设过程中,将光纤光栅传感器埋设在同向的纤维丝束中。对于 FRP 网格,光纤光栅传感器与经纬向纤维丝束一同浸渍树脂、固化成型。其中,为了克服光纤在实际操作过程中容易产生的脆断问题,需要通过用纤维套管对光纤进行封装,提高光纤在生产过程中的完好率。

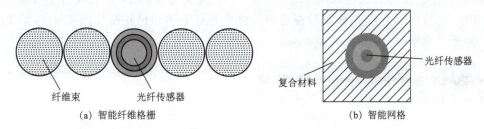

图 6.10 智能网格/格栅横截面

6.3.4 钢丝-纤维复合网格

由于土木工程的特殊性,FRP 在该领域的应用除了具有高强、轻质、耐腐蚀等优点外,还具有共性的缺点,如弹模低、延性差、抗剪能力差等,阻碍了其进一步推广应用。为此,对于增强或加固材料刚度与剪切性能要求较高的结构,可采用内部布设钢丝的 FRP 网格,如图 6.11 所示。采用 FRP 和高强钢丝复合,可以结合 FRP 的线弹性特征,并利用钢丝的高弹性模量提升 FRP 的整体弹性模量。同时,由于钢丝具有一定的屈服特性(与普通低碳钢筋的屈服平台明显不同),将其与 FRP 复合后,FRP 整体也具有了弹性模量变化的特征,这对结构的损伤控制有一定作用。此外,通过 0.25 mm、0.3 mm 和 0.5 mm 直径钢丝和玄武岩纤维的复合试验,发现采用较细直径的钢丝能够较好保证纤维和钢丝之间的黏结性能,而直径相对较大的钢丝在高应力状态下则会发生滑移,影响材料整体性能。因此,钢丝与 FRP 复合设计时需要控制界面滑移强度,保证整体工作性能。

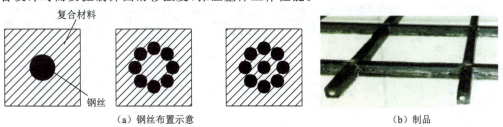

图 6.11 钢丝-纤维复合网格

6.4 关键性能指标

6.4.1 拉伸性能

FRP 网格/纤维格栅一般仅作为受拉材料使用,因而拉伸性能是网格/格栅作为增强与加固材料的重要指标。其中,玻璃纤维格栅与玄武岩纤维格栅的力学性能可分别依据《玻璃纤维土工格栅》(GB/T 21825—2008)与《公路工程 玄武岩纤维及其制品 第 3 部分:玄武岩纤维土工格栅》(JT/T 776.3—2010)进行测试。FRP 网格力学性能测试相对特殊,其拉伸性能可取单肢网格进行评价。图 6.12 与图 6.13 分别为 FRP 网格典型拉伸试验破坏模式与应力-应变曲线。从加载到破坏,表现出线弹性特征。根据 FRP 网格单肢横截面积可计算得出网格抗拉强度 f_g 与弹性模量 E_g。但是,为避免网格表面缺陷引起的单肢横截面积测量误差,也可根据 FRP 网格单肢横截面纤维面积计算得出网格抗拉强度 f_f 与弹性模量 E_f,从而更准确地表征网格的力学性能。

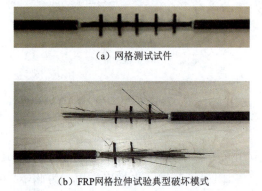

图 6.12 网格拉伸试验

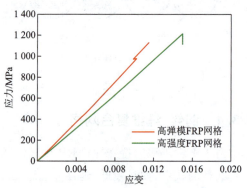

图 6.13 FRP 网格典型应力-应变曲线

表 6.1 为文献中 BFRP 网格与 GFRP 网格的实测数据。随着 BFRP 网格厚度增加,抗拉强度不断降低,这是由于网格经纬向纤维纱含量随网格厚度增加而逐步增大,不同束纤维纱协同变形能力下降。与相同厚度的 BFRP 网格相比,GFRP 网格抗拉强度与弹性模量较小,这是因为试验中的玻璃纤维本身力学性能低于玄武岩纤维,且单束玻璃纤维纱含丝多导致树脂基体难以浸润,因此,GFRP 网格力学性能较低。

表 6.1 FRP 网格力学性能

网格种类	厚度 d/mm	单肢横截面积 A_g/mm²	抗拉强度 f_g/MPa	弹性模量 E_g/GPa	单肢纤维面积 A_f/mm²	抗拉强度 f_f/MPa	弹性模量 E_f/GPa
BFRP	1	10	386	16	1.81	2 130	88
	3	30	502	21	7.24	2 080	86
	5	50	520	22	12.67	2 054	87
GFRP	3	30	376	17	7.24	1 560	71
CFRP	3	45	495	41	7.24	3 075	256

6.4.2 耐久性

FRP 网格/纤维格栅用作混凝土结构增强或加固材料时长期处于强碱环境中,因此,良好的耐碱性能也是网格/格栅长期服役的基础。目前,国内外学者除了将网格/格栅直接暴露在室外环境中腐蚀外,更多的是在试验室中通过配制各种化学溶液模拟实际严酷环境。在碱溶液侵蚀下,大多数增强纤维容易与腐蚀介质发生反应,出现坑蚀或点蚀等腐蚀现象,如图 6.14 所示,因此多数纤维格栅的耐久性相对较差。碳纤维由于具有极为稳定的化学结构,即使纤维浸泡在腐蚀环境下,也不会发生明显的上述侵蚀现象,因此碳纤维格栅具有较好的耐久性。相对纤维而言,树脂的耐腐蚀性能要较强,在碱溶液侵蚀下,基体基本能够保持 80% 以上的拉伸强度,因此,腐蚀介质对基体本身的力学性能侵蚀作用较弱。由于树脂的保护,FRP 网格在碱腐蚀下的性能退化率相对于纤维格栅而言要缓慢得多,其微观形态上也表现出稳定的状态。从图 6.15 可以看到,FRP 网格在碱溶液浸泡后,表面形态上并未发现明显的坑蚀现象,但树脂表面明显变得粗糙。

(a) 原始纤维

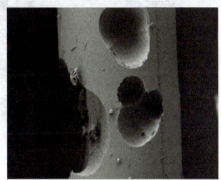
(b) 碱腐蚀纤维

图 6.14　纤维在酸碱盐溶液中的典型腐蚀形态

(a) 未腐蚀FRP

(b) 碱腐蚀FRP

图 6.15　FRP 在碱作用下的腐蚀形态

此外,在碱溶液侵蚀作用下,BFRP 网格前几周内强度退化速率较快,而后强度退化速率减缓,如进行更长时间腐蚀试验可以发现退化进入一个平台阶段。另外,在不同腐蚀时间内,虽然 BFRP 网格强度发生了不同程度的退化,但 BFRP 网格的弹性模量却几乎没有变化,其原因在于腐蚀介质主要侵蚀纤维和基体的黏结界面,黏结界面削弱的影响只会体现在 BFRP 网格接近极限状态时,在较低应力下,没有连续的界面剥离,不会导致纤维断裂,也因此不会影响弹性模量。相比 BFRP 网格,GFRP 网格在碱腐蚀作用下性能退化更快,而 CFRP 网格强度受碱溶液影响更小。

6.4.3 网格-混凝土黏结性能

FRP 网格可作为新建混凝土结构的增强材料与既有混凝土结构的加固材料。两种情况下,FRP 网格与混凝土的黏结性能都是保证两者协同受力的基础。FRP 网格作为新建结构增强材料时,布置于混凝土内部,部分学者认为网格二维纵横向构造使其在混凝土内部具有优异的黏结锚固性能。典型的黏结性能测试如图 6.16 所示,网格在产生微小滑移后,发生网格断裂破坏,因此作为结构增强材料,网格强度可以充分发挥。

图 6.16 网格黏结性能测试

FRP 网格用作既有结构加固材料时,常外贴于结构受拉侧。混凝土与网格之间采用环氧结构胶或聚合物砂浆作为黏结材料。FRP 网格与混凝土界面的黏结性能可用双剪试验评价,如图 6.17 所示。当采用聚合物砂浆作为黏结材料时发生界面剥离破坏,而采用环氧结构胶作为黏结材料时,试件发生劈裂破坏。典型 BFRP 网格-混凝土界面黏结滑移曲线如图 6.18 所示。部分试验研究表明,与玄武岩纤维布/BFRP 板-混凝土界面黏结相比,BFRP 网格应变由荷载端到自由端下降更缓,应变传递范围更大且平均剪应力峰值更高。因此,相同条件下 BFRP 网格-混凝土界面可以承受更大荷载,从而表现出更好的黏结性能。

部分学者通过对 CFRP 网格与混凝土界面黏结研究发现,低弹模聚合物砂浆作为黏结材料时,变形能力优于高强度聚合物砂浆,但与混凝土之间更易出现剥离破坏。纵向受拉网格的应变均呈现出从加载端到自由端逐渐减小的趋势,应力则是通过逐个结点依次传递给聚合物砂浆和混凝土,靠近加载端的结点的抗拉效果最明显。网格的横向网格在抗拉中起到约束作用,且随着网格间距的增加,横向网格的约束作用越显著。为了使网格与聚合物砂浆及混凝土之间有较好的黏结性能,则网格结点至少需要 3 个以上,且随着网格间距的减小,网格结点的数量需要增加。

(a) 聚合物砂浆试件破坏模式

(b) 环氧结构胶试件破坏模式

图 6.17　FRP 网格-混凝土界面黏结性能测试

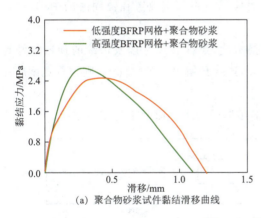
(a) 聚合物砂浆试件黏结滑移曲线

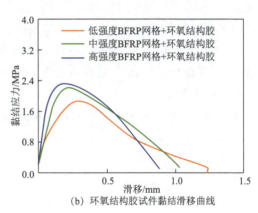
(b) 环氧结构胶试件黏结滑移曲线

图 6.18　黏结滑移曲线

6.4.4　张拉锚固性能

FRP 网格强度高,但弹性模量相对较小,普通粘贴加固存在一定的应变滞后且材料利用率低的缺点。对网格施加预应力可有效提升材料利用率并提升结构使用性能。目前针对 FRP 网格开发了分散张拉与整体张拉两种张拉锚固装置。

分散张拉锚固装置如图 6.19 所示。该夹片式锚具采用棱台形夹片与锚杯配合来对 FRP 网格筋进行逐根夹持,使用螺栓和连接件将同一个方向的网格逐个连接到已锚入混凝土中的锚条,再通过千斤顶对穿过锚条螺孔的螺栓按照一定顺序进行分段张拉,进而实现预应力纤维网格的张拉。FRP 网格棱台形夹片式锚具包括棱台形夹片、锚杯、连接件、螺栓以及锚条。

FRP 网格分散张拉锚具利用了波纹形夹片对 FRP 网格进行锚固,如图 6.20 所示。但由于网格呈现网状的特殊构造,夹片锚具需要有一定的尺寸限制。以 50 mm×50 mm 规格的 FRP 网格为例,以节省材料为原则,可以按照以下要求设计:

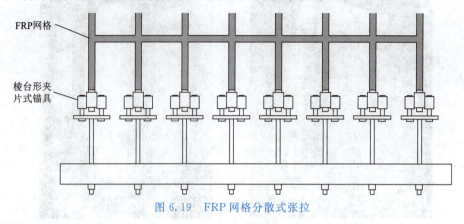

图 6.19　FRP 网格分散式张拉

(1)锚具锚固长度不大于 50 mm。锚固长度过长会使锚固区横跨两个网格节点,力学性能与经济方面都比较浪费,锚固长度过小则会使锚固效果不佳,将锚固长度设计为 50 mm 最佳。此外,节点是网格的薄弱位置,因此锚固时应尽量将节点放置在锚固区的中部,以避免锚固区端部较大的集中应力对节点造成损伤。

(2)锚具宽度在 20～25 mm 之间。根据网格宽度、螺栓孔尺寸以及边缘的预留尺寸计算,网格宽度在 6～8 mm,螺栓孔直径为 5～6 mm,边缘预留尺寸 1～2 mm,则锚具宽度应在 20～25 mm 之间。

(3)锚具厚度 15 mm 左右。可以根据网格的单肢受力大小以及工程经验估计。

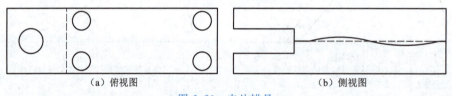

图 6.20　夹片锚具

图 6.21 所示为锚具的受力示意图,其中 α 为齿纹弧度圆心角,按照竖向压应力等效的原则,并结合《混凝土结构加固设计规范》(GB 50367—2013)11.3.5 条中有关圆齿齿纹锚具单齿的计算公式知,网格筋在单齿距离内所受摩擦力的大小可按式(6.1)计算。

$$f = \mu F \frac{\alpha}{\sin(\alpha/2)} \quad (6.1)$$

锚具锚固性能试验如图 6.22 所示。采用位移控制加载,加载速度为 0.2 mm/min。试件均发生网格断裂,且锚固端未出现滑移,表现出优异的锚固性能。

除了对 FRP 网格分散锚固外,还可以对其进行整体

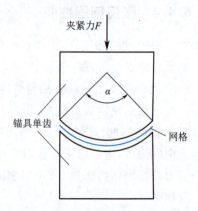

图 6.21　锚具单齿受力示意图

张拉锚固,如图 6.23 与图 6.24 所示。该张拉装置包括下衬板、上压板与紧固两块板的连接件组成。下衬板与上压板厚度均不宜小于 15 mm。下衬板的上表面设置有与 FRP 网格纵横肢间距相等的凹槽,上压板的下表面设置有卡入凹槽的凸肋。下衬板凹槽的底面和承受网格剪力一侧的凹槽侧面,上压板凸肋的凸面均设有橡胶垫层,其厚度不应小于 1 mm。由于张拉时主要是对网格的纵向纤维材施加预应力,因此每条纵肋上粘贴贯穿的整片条形垫层,保证其完整性,横肋上则粘贴间断的条形垫层。在凹槽底面粘贴纵横的条形垫层,粘贴方式与带凸肋钢板上的条形垫层相同,当网格被夹在两块钢板中进行张拉时,条形垫层可以消除部分由于 FRP 网格制造误差产生的应力集中现象,并且可以避免网格节点直接与钢槽之间相互挤压而遭到破坏。采用该装置对 FRP 网格施加预应力时,装置至少有一端可以自由伸缩。对于单肢强度为 975 MPa、厚为 2 mm 的 BFRP 网格,在采用该张拉锚固装置进行拉伸时,网格拉伸强度为 805 MPa,达到了单肢 BFRP 网格强度的 82.6%,因此该装置具有较好的锚固性能。

(a) 试验机加载

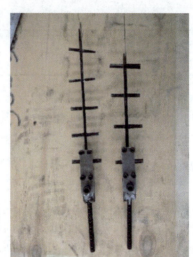
(b) 网格筋拉断

图 6.22 分散锚具锚固性能测试

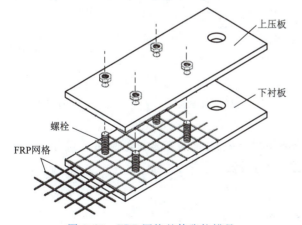

图 6.23 FRP 网格整体张拉锚具

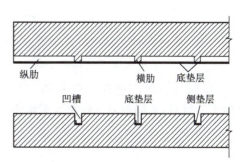

图 6.24 上压板与下衬板剖面

6.5 标准化

6.5.1 FRP网格

我国发布了《结构工程用纤维增强复合材料网格》(GB/T 36262—2018),其中规范了结构工程用FRP网格的术语和定义、分类和标记、要求、试验方法、检验规则、标志、包装、运输和贮存等,以下列举FRP网格制品的主要规定。

1. 制品外观要求

压纹FRP网格表面纹路应清晰且深度一致,无重复压纹痕迹。光面FRP网格外观应色泽均匀,表面干净无毛刺。粘砂FRP网格表面喷砂应均匀,无明显砂粒堆叠,无其他可见夹杂物。此外,FRP网格制品尺寸偏差应符合表6.2的要求。

表6.2 FRP网格尺寸偏差

项 目	网眼尺寸	网格幅宽	网格厚度
偏差范围	−5%~5%	0~2%	0~10%

2. FRP网格拉伸性能测试方法

测试试件由测试部分和锚固部分组成。其中,测试部分试件取不小于40倍单肢网格宽度作为测试长度,锚固部分的锚具应符合FRP网格试件截取面的几何形状,单侧锚固长度不小于300 mm。锚具宜采用钢管,填充材料宜采用环氧树脂。试件垂直方向的长度应一致,且每侧长度为1~2倍单肢网格宽度。每卷FRP网格经向与纬向试件均不少于5个。测试时在试件的中部安装引伸计或应变片,引伸计或应变片距锚固端至少8倍单肢网格宽度。安装试件到试验机时,应尽量保证试件的纵轴和两端的锚具中心连线重合。试验中应保持均匀加载,加载速率不大于2 mm/min,加载至FRP网格受拉破坏。对比FRP网格经向拉伸强度与纬向拉伸强度,取最低值作为FRP网格的拉伸强度取值。拉伸弹性模量与断裂伸长率取拉伸强度取值方向的值。FRP网格经向与纬向拉伸强度均按式(6.2)计算,取同方向试件的算术平均值,取三位有效数字。

$$\sigma_u = \frac{F_u}{A} \tag{6.2}$$

式中 σ_u——拉伸强度,MPa;
F_u——拉伸断裂荷载,N;
A——单肢网格纤维面积,mm^2。

经向与纬向拉伸弹性模量通过(20%~50%)F_u之间的荷载-应变曲线确定,均按式(6.3)计算,取同方向试件算术平均值,取三位有效数字。

$$E = \frac{\Delta F}{\Delta \varepsilon \cdot A} \tag{6.3}$$

式中 E——拉伸弹性模量,MPa;

ΔF——20% F_u 和 50% F_u 的拉伸断裂荷载差值,N;

$\Delta \varepsilon$——对应 20% F_u 和 50% F_u 的应变差值,无量纲。

当引伸计或应变片能够测量到拉伸强度时的应变,则该应变为断裂伸长率;如果引伸计或应变片不能测量到拉伸强度时的应变,则断裂伸长率可通过拉伸强度和拉伸弹性模量按式(6.4)计算,取同方向试件算术平均值,取三位有效数字。

$$\varepsilon_u = \frac{F_u}{E \cdot A} \tag{6.4}$$

式中 ε_u——断裂伸长率,%。

试件出现以下情况视为试验无效,应从同一卷 FRP 网格中补做相应数量的试件,以保证经向与纬向均具有不少于 5 个有效测试数据:

(a)FRP 网格从锚具中滑出;

(b)试件在距锚具 2 倍单肢网格宽度内发生破坏。

对比 FRP 网格经向拉伸强度与纬向拉伸强度,取最低值作为 FRP 网格的拉伸强度取值。拉伸弹性模量与断裂伸长率取拉伸强度取值方向的值。

碳纤维网格(CFG)、玄武岩纤维网格(BFG)以及玻璃纤维网格(GFG)三类常用网格材料的拉伸性能应满足表 6.3 中的要求。

表 6.3　FRP 网格拉伸性能

FRP 网格种类与等级代号		拉伸强度/MPa	拉伸弹性模量/GPa	断裂伸长率/%
CFG	CFG2500	≥2 500	≥210	≥1.2
	CFG3000	≥3 000	≥210	≥1.4
	CFG3500	≥3 500	≥230	≥1.5
BFG	BFG2000	≥2 000	≥85	≥2.3
	BFG2400	≥2 400	≥90	≥2.6
GFG	GFG1500	≥1 500	≥75	≥2.0
	GFG2500	≥2 500	≥80	≥3.0

3. FRP 网格耐碱性能测试方法

FRP 网格耐碱性能测试可采用加速试验,试件与拉伸试件尺寸相同,且试件切割端部宜采用与网格相同的基体树脂封边,也可采用环氧树脂封边。FRP 网格耐碱性能测试时,首先在恒温浸泡箱中配制碱溶液,碱溶液配比为每 1 L 去离子水中加入 118.5 g 的 $Ca(OH)_2$、0.9 g 的 NaOH 与 4.2 g 的 KOH,溶液 pH 值应在 12.6～13.0 之间。溶液量应为试件质量的 30 倍以上,并应使试件完全浸没。试件放置在恒温浸泡箱中,试件之间、试件与恒温浸泡箱之间以及试件与液体表面之间的距离至少为 10 mm。保持碱溶液温度在(55±3) ℃以内。试件在碱溶液中浸泡 7 天。浸泡过程中,碱溶液应每隔 12 h 搅拌一次并采用 pH 计测定、记录液体 pH 值,试验中维持 pH 值恒定。液体与试件应避光放置。浸泡达到 7 天后,取出试件,用清水将试件上残留的碱溶液冲洗干净,擦干并在室温下放置7 天,之后对浸泡后的 FRP 网格进行拉伸性能试验。

依据规范要求 FRP 网格耐碱性能应满足表 6.4 的规定。

拉伸强度保留率按式(6.5)计算,取试件的算术平均值,取三位有效数字。

表 6.4　FRP 网格耐碱性能

FRP 网格耐碱等级	拉伸强度保留率
Ⅰ级	≥70%
Ⅱ级	≥50%

$$R=\frac{\sigma_{u2}}{\sigma_{u1}}\times 100 \tag{6.5}$$

式中　R——拉伸强度保留率,%;

　　　σ_{u1}——未浸泡碱溶液试件的拉伸强度,MPa;

　　　σ_{u2}——浸泡碱溶液试件的拉伸强度,MPa。

6.5.2　纤维格栅

《玻璃纤维土工格栅》(GB/T 21825—2008)与《公路工程　玄武岩纤维及其制品　第 3 部分:玄武岩纤维土工格栅》(JT/T 776.3—2010)分别对玻璃纤维格栅与玄武岩纤维格栅的各项性能进行了要求,以下列举其中的几项主要规定。

1. 制品外观要求

外观疵点分类见表 6.5。凡邻近的各类疵点应分别计算,疵点混在一起的按主要疵点计。测量断续或分散的疵点长度时,间距在 10 mm 以下的取其全部长度累计。五个次要疵点记为一个主要疵点,每百平方米主要疵点数不应超过 8 个。

表 6.5　纤维格栅外观疵点分类

序号	疵点名称	疵点特征	疵点种类
1	断经、断纬 缺经、缺纬	单根长度<50 mm	次要疵点
		单根长度≥50 mm 或两根长度<20 mm	主要疵点
		两根或大于两根,长度≥20 mm	不应有
2	斜纬(每米宽幅)	5 mm≤歪斜长度<30 mm	次要疵点
		30 mm≤歪斜长度<80 mm	主要疵点
		歪斜长度≥80 mm	不应有
3	网眼抽缩(每米宽幅)	纬向宽<10 cm	主要疵点
		纬向宽≥10 cm	不应有
4	浸渍不良	面积小于 0.01 m²	主要疵点
		面积大于 0.01 m²	不应有

2. 纤维格栅断裂强力与断裂伸长率测试

试样为长 350 mm 的单组经纱或纬纱。每个样品至少测试 5 个经向和 5 个纬向试样,任何两个试样都不应属于一根经纱或纬纱。测试时,先调节夹具之间的距离,使试样在夹具间的有效长度为 20 mm±1 mm。加载速率为 100 mm/min,加载至材料受拉破坏。

纤维格栅的断裂强力按式(6.6)计算。

$$P = \frac{p \times N}{25.4} \tag{6.6}$$

式中　P——纤维格栅断裂强力，kN/m；
　　　p——单组纱线断裂时的力值，N；
　　　N——纤维格栅的网眼数目。

纤维格栅的断裂伸长率按式(6.7)计算。

$$\varepsilon = \frac{\Delta L}{L} \times 100 \tag{6.7}$$

式中　ε——纤维格栅的断裂伸长率，%；
　　　ΔL——单组纱线的断裂伸长，mm；
　　　L——单组纱线的原始有效长度，mm。

玻璃纤维格栅与玄武岩纤维格栅应分别满足表 6.6 与表 6.7 中的要求。

表 6.6　玻璃纤维格栅技术性能指标

规　格	网眼尺寸，不小于/mm		网眼目数(两孔中心距/mm)		断裂强力，不小于/(kN·m^{-1})		断裂伸长率，不大于/%	
	经向	纬向	经向	纬向	经向	纬向	经向	纬向
EGA1×1(30×30)	19	19	1±0.15 (25.4±3.8)	1±0.15 (25.4±3.8)	30	30	4	4
EGA1×1(50×50)	19	19	1±0.15 (25.4±3.8)	1±0.15 (25.4±3.8)	50	50	4	4
EGA1×1(60×60)	19	19	1±0.15 (25.4±3.8)	1±0.15 (25.4±3.8)	60	60	4	4
EGA1×1(80×80)	19	19	1±0.15 (25.4±3.8)	1±0.15 (25.4±3.8)	80	80	4	4
EGA1×1(100×100)	19	19	1±0.15 (25.4±3.8)	1±0.15 (25.4±3.8)	100	100	4	4
EGA1×1(120×120)	17	17	1±0.15 (25.4±3.8)	1±0.15 (25.4±3.8)	120	120	4	4
EGA1×1(150×150)	17	17	1±0.15 (25.4±3.8)	1±0.15 (25.4±3.8)	150	150	4	4
EGA2×2(50×50)	9	9	2±0.15 (12.7±3.8)	2±0.15 (12.7±3.8)	50	50	4	4
EGA2×2(80×80)	8	8	2±0.15 (12.7±3.8)	2±0.15 (12.7±3.8)	80	80	4	4
EGA2×2(100×100)	8	8	2±0.15 (12.7±3.8)	2±0.15 (12.7±3.8)	100	100	4	4

表 6.7　玄武岩纤维格栅技术性能指标

规　格	网眼目数(网孔中心距)/mm		断裂强力,不小于/(kN·m^{-1})		断裂伸长率,不小于/(%)	
	经向	纬向	经向	纬向	经向	纬向
BFG1×1(40×40)	1±0.15	1±0.15	40	40	4.0	4.0
BFG1×1(60×60)	1±0.15	1±0.15	60	60	4.0	4.0
BFG1×1(70×70)	1±0.15	1±0.15	70	70	4.0	4.0
BFG1×1(90×90)	1±0.15	1±0.15	90	90	4.0	4.0
BFG1×1(110×110)	1±0.15	1±0.15	110	110	4.0	4.0
BFG1×1(130×130)	1±0.15	1±0.15	130	130	4.0	4.0
BFG1×1(160×160)	1±0.15	1±0.15	160	160	4.0	4.0
BFG2×2(60×60)	2±0.15	2±0.15	60	60	4.0	4.0
BFG2×2(90×90)	2±0.15	2±0.15	90	90	4.0	4.0
BFG2×2(110×110)	2±0.15	2±0.15	110	110	4.0	4.0

6.6　应用及前景

6.6.1　应用方法

1. FRP 网格加固混凝土结构

目前,混凝土结构常用的加固方法都存在一些难以克服的缺点:如增大截面加固法中新增截面存在应力滞后,同时现场施工的湿作业时间长,加固后影响结构净空;粘贴钢板加固质量很大程度上取决于胶黏剂质量和施工的水平,粘贴钢板一旦出现空鼓,进行补救比较困难,且钢板耐久性较差,后期维护成本高;体外预应力加固对原结构外观有一定影响,且不宜用于混凝土收缩徐变较大的结构。相对而言,外贴 FRP 片材加固优势明显,如其强度高、质量轻、耐腐蚀,但采用 FRP 片材加固后的结构对温度较为敏感,加固常用树脂玻璃化温度为 45～80 ℃,其耐火性较差。此外,黏结树脂长期处于暴露环境下容易产生材料老化,同时黏结树脂的透气性较差,易造成水分或湿气在 FRP-混凝土黏结界面滞留,进而劣化黏结材料及黏结界面的力学性能。

钢筋混凝土结构采用 FRP 网格-聚合物砂浆(PCM)薄面粘贴加固(见图 6.25)可以克服上述外贴 FRP 片材加固的缺点。该方法中采用 PCM 作为黏结材料,其具有良好的抗老化性、透气性、抗冲击性以及耐火性能,特别适用恶劣环境中。此外,该加固技术中 FRP 网格被 PCM 完全包裹,PCM 可以为 FRP 网格提供良好的黏结力,并且 FRP 网格每个网孔中均有 PCM 填充,固化后的 PCM 在网孔中形成类似剪力键的结构,可以为 FRP 网格提供有效的机械锚固力,从而更好地发挥 FRP 网格高强度的特点。

FRP 网格加固方案中包括 FRP 网格、聚合物砂浆以及底涂 3 种材料。其中聚合物砂浆是由水泥、骨料和可以分散在水中的有机聚合物搅拌而成,具有耐高湿、耐老化、抗冻性好等特点。底涂一般为渗透性高的环氧基材料,用于增强砂浆与混凝土表面的黏结。网格性能要求见表 6.3,聚合物砂浆与底涂的性能要求见表 6.8 与表 6.9。

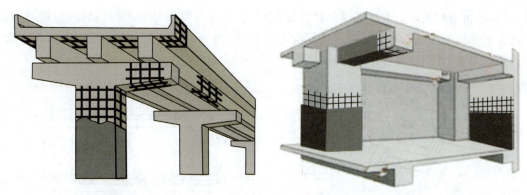

（a）FRP网格加固桥梁结构　　　　　（b）FRP网格加固房屋建筑结构

图 6.25　FRP 网格加固示意图

表 6.8　聚合物砂浆物理力学性能要求

项　目			技术指标		
			A 型	B 型	C 型
凝结时间		初凝/min	≥45	≥45	≥45
		终凝/h	≤12	≤12	≤12
抗压强度/MPa		7 d	≥30.0	≥18.0	≥10.0
		28 d	≥45.0	≥35.0	≥15.0
抗折强度/MPa		7 d	≥6.0	≥6.0	≥4.0
		28 d	≥12.0	≥10.0	≥6.0
拉伸黏结强度/MPa	未处理	28 d	≥2.0	≥1.50	≥1.0
	浸水	28 d	≥1.50	≥1.0	≥0.80
	25 次冻融循环	28 d	≥1.50	≥1.0	≥0.80
收缩率/%		28 d	≤0.10		

表 6.9　底涂力学性能

项　目	技术指标
钢对钢拉伸抗剪强度/MPa	≥20,且为底涂内聚破坏
钢对混凝土正拉黏结强度/MPa	≥2.5,且为混凝土内聚破坏
钢对钢 T 冲击剥离长度/mm	≤25
耐湿热老化能力	与对照组相比,其强度降低率不大于 12%

对于一般混凝土结构,FRP 网格-聚合物砂浆加固法宜采用以下工艺:

(1)混凝土基层处理。为保证良好的黏结,应充分清除原有混凝土表面的薄弱层和污渍。基层处理可采用喷砂工艺或手工打磨,采用超高压水洗或气压吸尘去除附着物、油污等污垢以及已经脆弱的水泥外层,对结构表面进行清理,直到露出坚实混凝土表面。

(2)网格临时固定。通过机械栓钉固定网格,为了在拧紧栓钉时不损伤纤维网格,应采用橡胶垫等保护措施。安装时应尽可能避免 FRP 网格与原有混凝土间出现间隙。网格宜连续通长布置,若网格需要搭接,则搭接长度不应小于 3 个节点,如图 6.26 所示。

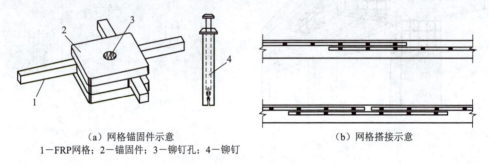

(a)网格锚固件示意
1—FRP网格;2—锚固件;3—铆钉孔;4—铆钉

(b)网格搭接示意

图 6.26　FRP 网格固定

(3)涂刷底涂。使用渗透性高的树脂作为底涂,增强混凝土表面与聚合物砂浆界面黏结。底涂应涂抹均匀,厚度 0.1~0.5 mm。

(4)聚合物砂浆封涂。网格加固配套使用的聚合物水泥砂浆一般应满足黏结强度、协调变形和良好的施工性能等方面的要求,主要使用喷射工艺。喷射施工前,应先进行砂浆流动性试验。喷射砂浆的厚度宜超过网格表面 10 mm,并用镘刀进行充填、抹平、压实。当采用人工抹灰工艺时,一次搅拌的聚合物砂浆不宜过多,要根据施工进度进行制备,以免制备的砂浆存放时间过长,砂浆存放时间不得超过 30 min。

(5)养护。施工现场的环境温度以 5~35 ℃ 为宜。冬季、通风场所、有阳光直射的施工场地,砂浆表面易干燥,容易产生干缩裂缝,此时应采取适当的养护和防裂措施。

与水上结构相比,桥梁水下结构(如桥墩、桩基础)的服役环境更加恶劣。在荷载与环境的双重作用下,水下结构更容易出现各类损伤,其性能的退化将严重影响桥梁寿命,并危及行车安全。对于性能退化的桥梁水下结构,常采用钢围堰(或钢套管)隔离结构与水流,并采用增大截面法对结构进行加固。该加固方式需要进行弃水与防水处理,且需要较长的时间将新浇混凝土养护至设计强度。对于交通运输繁忙的河道,该加固方式的适用性较差。为实现桥梁水下结构的快速加固,可利用 FRP 网格结合钢套管及不分散砂浆或水下环氧树脂进行水下结构的不排水加固。例如,对于性能退化的水下结构,对其表面缺陷进行预处理后,沿结构周围安装 FRP 网格。随后,在网格外侧按节段拼装下沉钢套管,并对钢套管的底部进行封堵。通过高压灌浆机将配制好的水下不分散砂浆或水下环氧树脂灌入钢套管内,待水下不分散砂浆或水下环氧树脂凝固后即可拆除钢套管。该加固方法无须进行排水处理,养护时间短且施工成本低,部分学者对其开展了深入研究,并将加固工艺进行了标准化,如下所示:

(1)表面处理[见图 6.27(a)]。对水下结构四周存在较大高差处抛填碎石和砂进行初步整平,以满足钢套管下方的水平需要;对底部一些凸出大块石,采用钢钎结合钢丝绳牵引进行清除处理。

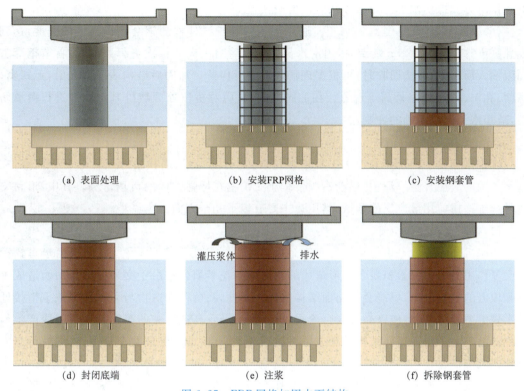

图 6.27　FRP 网格加固水下结构

(2)安装 FRP 网格[见图 6.27(b)]。按设计要求的尺寸进行 FRP 网格下料,并围绕结构安装 FRP 网格,完成后采用水下检测设备进行网格安装情况检测。

(3)安装钢套管[见图 6.27(c)]。钢套管由 2 个半圆组成,采用较厚钢板卷制,外设横向与竖向加劲肋,每节长度应满足安装方便的需要。主要的标准节段为 1 m,多节套管通过法兰螺栓拼装连接。钢套管的连接处应垫上橡胶或泡沫垫层等防水装置以提高钢套管的密封性。为保证加固工程完成后钢套管拆除方便,在钢套管安装前应对其内部均匀涂抹隔离剂,为确保钢套管底面的封闭,首节钢套管底部应插入河床以下。

(4)封闭底端[见图 6.27(d)]。所有钢套管沉入设计标高就位后,对钢套管底部进行整平,利用碎石及砂袋在钢套管的底部四周堆填,对钢套管的底部进行初步的堵塞封底。

(5)灌压不分散砂浆[见图 6.27(e)]。水下不分散砂浆的制备是将以絮凝剂为主的水下不分散剂加入新拌砂浆中,使其与水泥颗粒表面生成离子键或共价键,起到压缩双电层、吸附水泥颗粒和保护水泥的作用;同时,水泥颗粒之间、水泥与骨料之间,可通过絮凝剂的高分子长链的"桥架"作用,使拌合物形成稳定的空间柔性。在无排水的情况下,水下不分散砂浆是一种很好的选择,其施工性好,抗分散能力强,强度损失小(水下不分散砂浆的强度为普通砂浆的 80% 以上)。砂浆由高压灌浆机自带的搅拌机搅拌完成后压入导管,导管伸入钢套管底部,在灌压过程中,保证不分散砂浆的高流动性,随时检查钢套管底部及侧面有无漏浆现象,如果出现漏浆,立刻减慢灌浆速度或停止灌浆,进行漏浆处理。在灌注 24 h 后,通过水下触摸的方式探明水下不分散砂浆灌注的密实性。

(6)拆除钢套管[见图 6.27(f)]。通过同条件养护试件检测钢套管内浆体的强度,达到设计强度,并不少于 28 d 龄期时,由潜水员对钢套管自上向下依次进行回收时,首节钢套管如因嵌入河床中,无法回收时,可根据现场情况进行保留。加固后结构表面应光滑,无蜂窝、麻面、孔洞、FRP 网格外露等现象。在加固完成后,应对桥位处区域桩基础周围进行抛填防护,减小水流对桩基础的冲刷。

2. 纤维格栅增强道路

纤维格栅是一种重要的土木工程增强材料,具有高强度、高模量以及低蠕变等优点,在欧美各国的应用日益广泛,并逐渐占领传统土工织物在增强领域的市场份额。其中,道路交通是纤维格栅应用最广泛的领域,其用途主要有以下几个方面。

(1)控制土质路基沉降

路基沉降一方面是由于路堤堤身和地基排水固结变形引起的,另一方面是由于车辆荷载反复作用下引起的累积残余变形造成的。对于半挖半填公路由于交通荷载作用而造成挖方和填方的差异沉降,可能会使路面结构破坏。此外,在桥台构造物与引道路堤填土衔接处产生较大差异沉降,将使路面形成台阶式纵坡变化,导致高速行驶的车辆在这一区段产生颠簸跳跃的现象。出现路面结构破坏或桥头跳车现象,不仅难以保证乘车舒适性,同时行车安全性大大降低。

现场试验表明格栅具有调节和改善路基不均匀沉降的作用,如图 6.28 所示。格栅相对土体的刚性和弹性使荷载的分布范围扩大,更好地将应力分散,从而减小路堤的下沉。当受力区的材料被挤压而向侧向挤出时,由于格栅的约束作用使格栅与土之间产生很大的剪切阻力作用,限制了土的横向移动。格栅的这一作用不但可以减小路堤的下沉量,而且可提高路堤的压实作用。格栅作为路基增强材料,已在欧洲、北美、日本等地得到了广泛应用,一些国家基于经验还编写了相应的规范。在我国,纤维格栅以其优良的性能和应用的简便性也引起了工程界的广泛关注。

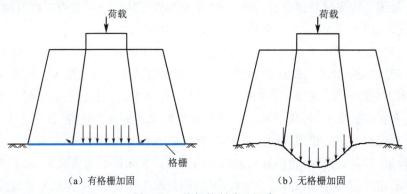

图 6.28 格栅控制路基沉降

(2) 提升路堤稳定性

如图 6.29 所示,当格栅置于堤身土体中时,由于格栅表面与土粒的摩擦作用,格栅筋肋对土粒的阻抗作用,以及格栅孔眼对土体的"锁定"作用,均能充分约束土粒的侧向位移,从而大幅提高地基与堤身的整体稳定性,并对路堤的沉降和侧向位移有一定的调节和减缓作用。同时,格栅和土体相互之间的联锁作用和应力传递机理对路堤的构筑很有利,它能加快路堤土中孔隙水压力的消散,使路堤强度迅速增长。此外,由于格栅具有一定的强度,使路堤的稳定性得到提升,使得压实机械可以在填土层的坡肩安全运行,从而使堤内和边坡获得相同的压实度。

(3) 稳定边坡

格栅的网格式构造不但可以保护边坡,而且可以保护育苗少受风雨的冲蚀。格栅像天然拖载物一样将植物的根部牢牢吸附住。植物和格栅的相互纠结作用可使边坡得到永久性保护,限制边坡土体侧移,如图 6.29 所示。

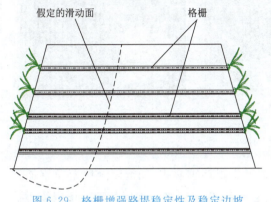

图 6.29 格栅增强路堤稳定性及稳定边坡

(4) 防治面层反射裂缝

混凝土路面在长期的使用过程中,由于诸多因素的影响,不可避免地会出现断裂、边角碎裂、错台、表面光滑等病害,极大地影响行车的舒适性和安全性。在旧混凝土上直接加铺沥青混凝土罩面是对旧水泥混凝土路面进行加固补强的有效措施之一。但直接在混凝土路面上加铺沥青类面层后,往往由于混凝土板在温缩及荷载作用下产生变形,使加铺的面层在原有接缝处反射开裂,导致表面水下渗,引起面层剥落,产生新的病害。使用格栅是减缓沥青类加铺层反射开裂的有效且经济的方法,这主要是由于格栅具有较高的抗拉强度,旧混凝土裂缝位移可通过格栅使应力扩展至更大范围,从而缓解了裂缝处的应力集中。同时,格栅是网状结构,沥青加铺层中的集料可以贯穿其中,这样就形成了机械嵌锁。这种嵌锁阻碍了集料的运动,使沥青混合料在受荷载作用的情况下能够达到更好的压实状态,更高的承载能力,具有更好的荷载传递性及较小的变形。

6.6.2 工程应用

1. FRP 网格加固混凝土结构

(1) BFRP 网格加固南京长江大桥双曲拱桥(图 6.30)

南京长江大桥修建于 20 世纪 60 年代,2017 年检测发现该桥梁的使用性能已严重退化,其中双曲拱桥段出现拱轴线变形,拱肋拱波等主要构件普遍开裂,整体刚度退化明显。此外,拱肋混凝土碳化深度已超过 16 mm,混凝土强度实测值普遍低于设计值。为此,采用了增加截面加固法对双曲拱桥进行加固,并在保护层中铺设了 2 mm 厚 BFRP 网格,有效改善了拱肋新浇混凝土拉应力分布,并减小了保护层厚度。

(a) 拱肋开裂　　　　　　(b) 钢筋锈蚀　　　　　　(c) 拱顶渗水　　　　　　(d) 加固处理

图 6.30　南京长江大桥双曲拱桥病害与修复

(2) BFRP 网格加固公路桥梁水下桩基

2007 年检测发现,孙姜大桥部分水中桩基础已出现严重病害,如混凝土脱落及钢筋锈蚀等。该桥技术状况评定为四类,存在严重的安全隐患,应进行维修加固处理。根据该桥桩基础的病害以及病害对结构耐久性、安全性的危害情况,并结合该桥桩基础的工程水位深、水流大等特点,孙姜大桥采用了钢套管结合 BFRP 网格的加固方法。其中,BFRP 网格具有强度高、轻而薄、耐久性好、施工性能好的优点;钢套管施工技术先进,加固效果明显,施工工艺简单,所需设备较少,施工工期较短,因采用了钢套管将水下施工变为无水施工,故施工更为安全,施工周期短,施工可操作性及可控性强,钢套管所占空间小,对通航影响小,钢套管钢材用量较小,且可重复利用,经济投入较小,其加固施工如图 6.31 所示。

FRP 网格在日本已被广泛地使用,例如,建造于 1972 年的日本高速公路 Tedorigawa 桥,由于长期受到盐的侵蚀,混凝土桥面板的下表面发生了严重腐蚀,在其加固修复工程中使用了大量的碳纤维网格,有效地遏制了桥梁病害的进一步扩散。此外,日本 Niiborigawa 大桥同样因钢筋混凝土梁受到严重腐蚀而不得不进行加固,通过去除劣化混凝土,并采用 CFRP 网格和聚合物砂浆进行补强加固,取得了很好的效果。图 6.32 所示为 FRP 网格在日本应用的部分场景。

(a) 搭设现场操作平台　　　　　　(b) 钢套管拼接

图 6.31　孙姜大桥水下桩基础加固修复

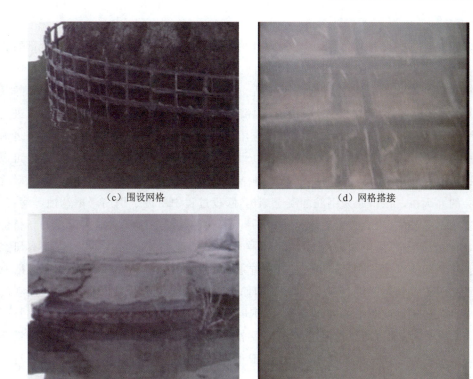

(c) 围设网格　　　　　　　　　(d) 网格搭接

(e) 砂浆灌注后　　　　　　　　(f) 钢套管拆除后桩身表面不分散砂浆

图 6.31　孙姜大桥水下桩基础加固修复（续）

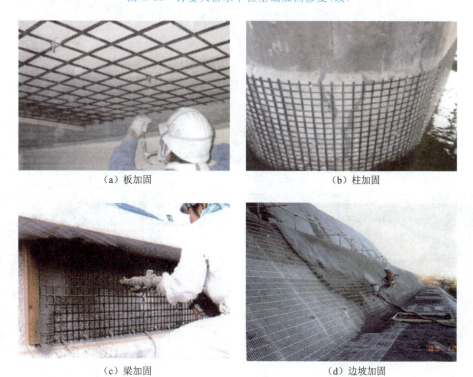

(a) 板加固　　　　　　　　　　(b) 柱加固

(c) 梁加固　　　　　　　　　　(d) 边坡加固

图 6.32　日本 FRP 网格工程应用

2. FRP 网格增强新建结构

FRP 网格除了用于结构加固外,也可以作为混凝土结构的增强筋,部分或者全部替代钢筋。加拿大魁北克省舍布鲁克市圣弗朗索瓦河上的大桥工程中使用了 CFRP 网格作为部分混凝土桥面板的增强筋。在运用到实际工程之前,对 CFRP 网格混凝土板进行了静载与 400 万次动载试验,对裂缝宽度、跨中挠度、混凝土和 CFRP 网格应变以及破坏模式进行了分析,验证了 CFRP 网格在混凝土桥面板中应用的可行性。此外,日本 Shikoku 岛的近海结构 Daio-Paper Mill 筒仓中采用了钢筋和 FRP 网格的双层配置,外层 FRP 网格不仅可以部分代替钢筋起到约束混凝土的作用,还能限制结构表面裂缝向内部扩展。图 6.33 所示为日本福岛县的弁天桥。该桥原为钢筋混凝土结构,服役过程中出现了钢筋严重锈蚀等病害,影响桥梁安全。鉴于此,当地政府对该桥进行了拆除,并在原址进行了新建。为提升新桥的使用寿命,新桥桥墩与桥面中均采用了 FRP 网格作为结构配筋。值得注意的是,既有研究表明,采用 FRP 网格作为结构配筋虽然能提升结构耐久性,但也存在一些问题。例如,既有研究对比了 CFRP 网格增强混凝土单向板与钢筋混凝土单向板的静载和低周反复加载的性能,结果表明,与钢筋混凝土单向板相比,CFRP 网格增强混凝土单向板的延性较小且刚度下降较快。此外,在动力荷载作用下,CFRP 网格增强混凝土单向板吸收的能量仅为钢筋混凝土单向板的三分之一。由此可知,采用 FRP 网格替换混凝土结构中的钢筋时需要进行合理的设计。

(a) 桥梁外观

(b) 网格增强桥面板　　　　　　　　　　(c) 网格增强桥墩

图 6.33　FRP 网格增强桥梁结构

3. 纤维格栅增强路面

格栅在道路面层中的作用是提高路面的抗拉强度，改变路面的力学性能并控制局部拉应变，因此能减少车辙，防止疲劳破坏和反射裂缝。加拿大皇家军事学院（RCM）的试验结果表明，当铺设土工格栅于沥青层底部时，可减少沥青层底部的弹性拉应变50%以上。以车辙为例，沥青层厚 150 mm，层底设土工格栅的情况下可以承受 80 000 次荷载作用；而未设土工格栅，当沥青层厚为 250 mm 时也只能承受 92 000 次荷载的作用。根据等效原理，铺设土工格栅，沥青层的厚度可减少 100 mm。此外，在北美、欧洲和远东进行的大量足尺试验路段结果表明，从减少反射裂缝和车辙的角度而言，铺设格栅比未铺时可使路面结构的使用寿命平均提高 3 倍以上。就疲劳开裂而言，铺设格栅的路面能令使用寿命延长 10 倍。

20世纪 80 年代初英国和加拿大经过多年的试验和研究，首次将 10 000 m² 格栅用于已开裂的混凝土面层，以控制反射裂缝。此外，美国威斯康星的垂直挡墙工程、加利福尼亚的斜坡防震增强工程、亚特兰大的哈斯菲尔德国际机场的斜坡和地基增强工程以及德国的高速公路路基增强工程等，都是比较成功的应用实例。我国格栅的应用起步较晚，与世界水平相比仍有较大差距，不过格栅应用已在全国各地开展，例如上海虹桥机场、上海外环路、青藏铁路、广东高速公路及路面改造等。图 6.34 所示为部分工程应用案例。

(a) 深茂高速

(b) 国道332

(c) 神河高速

(d) 张石高速

图 6.34　纤维格栅增强道路

6.6.3 前景

我国基础建设已进入快速发展的历史阶段,对高性能材料的需求日益迫切。其中,FRP网格与纤维格栅由于其优异的性能而具有广阔前景。

对于新结构浇筑,工程中一般采用木模板或钢模板,但木模板周转率低且浪费严重,钢模板成本较高且在周转过程中易损耗。这两种常见的可拆模板需要拆模作业,工序复杂,影响施工进度。永久性模板是一种免拆模板,不仅模板具有一定的强度,可以提高结构整体力学性能,而且永久模板还有一定的特殊性能,能给结构一定的防护,如保温和耐腐性能。已有研究探讨了 BFRP 网格水泥砂浆薄板作为永久模板的可行性,其在永久荷载和施工荷载作用下都可以满足要求。

此外,部分工程已采用 FRP 网格作为预制混凝土夹芯保温墙体中的连接件,如图 6.35 所示。预制混凝土夹芯保温墙体由内外层混凝土墙板、中间保温层及连接件组成,该墙体具有良好防火及耐久性能,适用于工业化生产,是今后建筑工程围护墙体的发展方向之一。连接件是连接预制混凝土夹芯保温墙体内、外混凝土墙板与中间保温层的关键构件,其主要作用是抵抗两片混凝土墙板之间的层间剪切作用。按照材料的不同,常用的预制混凝土夹芯保温连接件主要分为普通钢筋连接件、金属合金连接件以及 FRP 连接件三种。普通钢筋连接件造价低、安装方便,但其导热系数高,墙体在连接件部位易产生热桥,难以满足墙体节能指标要求。钢筋连接件抗腐蚀性能较差,易造成墙体的安全隐患。金属合金连接件抗腐蚀性能好、耐久性高、导热系数较低,但连接件的价格较高。FRP 连接件具有导热系数低、耐久性好、造价低、强度高的特点,可有效避免墙体在连接件部位的冷(热)桥效应,提高墙体的保温效果与安全性。

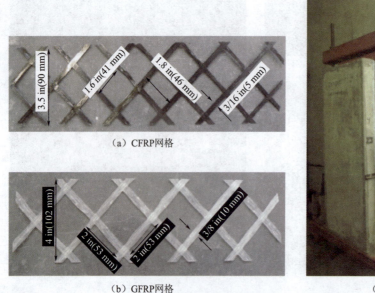

图 6.35　FRP 网格连接件应用

目前,路面融雪抑冰最常用的方式有人工法、机械法以及化学剂法等,但是每种方式都存在不足之处。国内外学者都在不断寻求能实时清除冰雪、绿色环保、低成本、不降低道路强度和耐久性、气候适应性强的融雪抑冰方法。相对于传统融雪抑冰方法,电热法是目前研究较多且较为实用的方法。采用电热法时,通常需在路面铺设发热电缆或导电混凝土,其中发热电缆的效率较高且施工更方便。因此,美国、丹麦、芬兰、挪威以及日本等发达国家在使用电热法融雪抑冰时均采用了发热电缆。我国在哈尔滨文昌桥上也进行了首次路面电热融雪技术的应用。不过,尽管基于发热电缆或导电混凝土的电热融雪技术已在国内外逐渐开始应用,但发热电缆或导电混凝土依然存在成本较高且通电时功率消耗较大等问题。目前,国内外研究机构开始研发基于高强玻璃纤维、碳纤维和玄武岩纤维,以实现道路增强、融雪抑冰和监测预警功能于一体的多功能纤维格栅,以满足高速铁路、高速公路、桥梁工程、隧道地铁工程、海洋工程、轨道交通以及风力发电等国家重大工程建设对加筋加固材料提出的功能化应用需求。

参考文献

[1] 国家市场监督管理总局,中国国家标准化管理委员会. 结构工程用纤维增强复合材料网格:GB/T 36262—2018[S]. 北京:中国标准出版社,2018.

[2] HE W D,WANG X,WU Z S. Flexural behavior of RC beams strengthened with prestressed and non-prestressed BFRP grids[J]. Composite Structures,2020,246:112381.

[3] HE W D,WANG X,AHMED M,et al. Shear behavior of RC beams strengthened with side-bonded BFRP grids[J]. Journal of Composites for Construction,2020,24(5):04020051.

[4] WU Z S,IWASHITA K. Size effect on bond properties of interface between FRP sheets and concrete[J]. Journal of the Society of Materials Science,2008,57(3):269-276.

[5] WU Z S,IWASHITA K. Strengthening prestressed-concrete girders with externally prestressed PBO fiber reinforced polymer sheets[J]. Journal of Reinforced Plastics & Composites,2003,22(14):1269-1286.

[6] WU Z S,ISLAM S M,SAID H. A Three-parameter bond strength model for FRP-concrete interface[J]. Journal of Reinforced Plastics & Composites,2009,28(19):2309-2323.

[7] SAYED A M,WANG X,WU Z S. Modeling of shear capacity of RC beams strengthened with FRP sheets based on FE simulation[J]. Journal of Composites for Construction,2013,17(5):687-701.

[8] WU Y F,JIANG C. Quantification of bond-slip relationship for externally bonded FRP-to-concrete joints[J]. Journal of Composites for Construction,2013,17(5):673-686.

[9] FUKUYAMA H. FRP composites in Japan[J]. Concrete International,1999,21(10):29-32.

[10] ZHANG B R,RADHOUANE M,BRAHIM B. Behaviour of one-way concrete slabs reinforced with CFRP grid reinforcements[J]. Construction and Building Materials,2004,18(8):625-635.

[11] SHARBATDAR M K,SAATCIOGLU M,BENMOKRANE B. Seismic flexural behavior of concrete connections reinforced with CFRP bars and grids[J]. Composite Structures,2011,93(10):2439-2449.

[12] 吴刚,吴智深,蒋剑彪,等. 网格状FRP加固混凝土结构新技术及应用[J]. 施工技术,2007,36(12):98-99.

[13] MEISAMI M H, MOSTOFINEJAD D, NAKAMURA H. Punching shear strengthening of two-way flat slabs with CFRP grids[J]. Journal of Composites for Construction, 2013, 18(2):04013047.

[14] SHAO Y, MIRMIRAN A. Control of plastic shrinkage cracking of concrete with carbon fiber-reinforced polymer grids[J]. Journal of materials in civil engineering, 2007, 19(5):441-444.

[15] RAHMAN H, CHEKIRED M, NICOLE J F. Use of fibre reinforced polymer reinforcement integrated with fibre optic sensors for concrete bridge deck slab construction[J]. Canadian Journal of Civil Engineering, 2000, 27(5):928-940.

[16] BANTHIA N, YAN C, SAKAI K. Impact resistance of concrete plates reinforced with a fiber reinforced plastic grid[J]. Aci Materials Journal, 1998, 95(1):11-18.

[17] BALLIM Y, REID J C, KEMP A R. Deflection of RC beams under simultaneous load and steel corrosion[J]. Magazine of Concrete Research, 2001, 53(3):171-181.

[18] CAPOZUCCA R. Damage to reinforced concrete due to reinforcement corrosion[J]. Construction and Building Materials, 1995, 9(5):295-303.

[19] PANTAZOPOULOU S J, PAPOULIA K D. Modeling cover-cracking due to reinforcement corrosion in RC structures[J]. Journal of Engineering Mechanics, 2001, 127(4):342-351.

[20] 朱洪庆, 潘洛春. 预应力钢拱架承托法在曹州桥加固中的应用[J]. 公路, 2010(11):39-42.

[21] 黎毅, 刘祥. 粘贴钢板法在维修加固工程中的应用[J]. 低温建筑技术, 2012, 34(6):78-79.

[22] KENTARO I, WU Z S, KOUJI S. Investigating and upgrading anchorage performances of FRP grids bonded internally in concrete with underwater epoxy putty[J]. Doboku Gakkai Ronbunshuu E, 2007, 63(2):214-222.

第7章 FRP型材

7.1 概 述

传统工程结构材料(混凝土、钢材等)由于自重大而造成结构变形大、运输困难、施工速度慢等问题,FRP型材具有强度质量比高、耐腐蚀性好等特性,既可以替代钢材用于全FRP桁架结构,又可应用于FRP-混凝土组合结构,是实现结构轻量化和高耐久的良好选择,具有广阔的发展前景。

FRP型材是一种可连续生产、生产速度快且质量稳定的复合材料,最初多用于加固既有结构。近些年来,随着FRP型材性能的提升以及生产成本的降低,逐步替代传统钢材在桁架、网架网壳、桥面板及FRP-混凝土组合结构(板、梁、柱)等新建结构中取得应用。尤其是对耐腐性及耐久性要求较高的地区(冷却塔、海洋平台等所处区域),FRP型材结构具有其他传统材料无法比拟的优势。虽然FRP型材的应用可有效解决钢材易腐蚀和后期不断出现的维护、维修问题,但其在民用工业建筑中的应用发展仍较为缓慢。一方面,是由于FRP材料高昂的材料和生产成本。目前CFRP复合材料的价格居高不下,BFRP材料价格虽然逐步接近GFRP,但仍远高于钢材。另一方面,是关于FRP在结构工程中的应用进展目前主要停留在试验研究阶段,缺乏成熟可靠的理论基础以及有效的设计规范指导。但若考虑结构全寿命周期成本设计的理念,即综合考虑结构使用过程中的初期成本和后期维护成本,FRP型材在结构全寿命使用过程中的成本优势便显现出来;而且随着研究的不断推进,人们对于FRP型材的性能已经形成越来越充分且系统的认识。

结构用FRP型材时,在设计中需要考虑FRP型材的拉、压、弯、剪等短期性能以及耐久、疲劳等长期性能。由于GFRP和BFRP型材弹性模量相对钢材较低,结构设计时主要以变形控制为主,可能需要较多的材料或从结构布置方面进行弥补;另外,FRP型材构件的连接效率和便利性也是设计应用的关键。因此,FRP型材结构是一种有着明显优点和一定局限性的结构形式,合理选择应用对象和正确设计,对FRP型材的轻量化结构应用起到关键作用。为更好地推进FRP型材在结构中的应用,本章对FRP型材的基本性能进行全面的介绍,包括FRP型材的短期力学性能(拉伸、压缩、弯曲、剪切等)及长期性能(耐久性、疲劳等),最后就FRP型材在结构中的应用及前景进行了分析。

7.2 生产制备工艺

FRP型材根据生产工艺可分为以下几种类型。

7.2.1　FRP 拉挤型材

FRP 型材的拉挤生产工艺是将纤维束或纤维织物通过纱架连续传送,经过一个树脂胶槽将纤维浸渍,再穿过热成型模具后进入牵引机构,形成连续的 FRP 制品,如图 7.1 所示。

图 7.1　FRP 现场拉挤成型工艺

拉挤工艺可以生产出截面形状复杂的连续型材,纤维体积含量可达到 50%～60%,但纤维主要沿轴向布置。相对 FRP 筋材制备,由于 FRP 型材的成型位于热成型模具中,所需模具较长,且牵引力较大,故需添加一定的辅剂以便于拉挤,同时增加纤维毡以控制表面性能,所以一般而言型材的纤维含量远低于 FRP 筋材,力学性能也相对较低。

FRP 拉挤型材可实现自动化连续生产,充分发挥增强材料连续性和定向强度高的特点,成本较低,性能优良,质量稳定,外表美观,适用于各种固定截面的型材等。但制品性能具有明显的方向性,其横向强度较低。

FRP 拉挤成型所用的树脂基体要求有较高的耐热性能、较快的固化性能和较好的浸润性能。目前所用的树脂主要是环氧树脂、高性能热塑性树脂等。

7.2.2　FRP 缠绕型材

FRP 缠绕工艺是将连续纤维束或纤维织物浸渍树脂后,按照一定的倾角规律缠绕到芯模(或衬胆)表面,再经过固化形成以环向纤维为主的型材,如图 7.2 所示。FRP 缠绕型材不仅可以承受沿型材长度方向的荷载,同时还具有良好的抗剪、抗弯性能。

FRP 缠绕型材能够按产品的受力状况设计缠绕规律,比强度高、可靠性高、生产效率高。但是,缠绕成型适应性小,不能缠任意结构形式的制品,缠绕成型需要有缠绕机、芯模、固化加热炉、脱模机及熟练的技术工人,需要的投资大,技术要求高,且一个芯模只能使用一次,故仅适用于单件和小批量生产。

图 7.2　FRP 现场缠绕成型工艺

FRP 缠绕成型对基体树脂的要求是:固化温度低、黏度小、浸润性好,同时要能满足制品的性能要求。常用的树脂有:环氧树脂、酚醛树脂、聚酰亚胺树脂。

7.2.3　FRP 手糊型材

FRP 手糊成型工艺是以掺有固化剂的树脂混合液为基体,以纤维及其织物为增强材料,在涂有脱模剂的模具上以手工一边铺纤维增强体,一边涂刷树脂,使二者粘接在一起达到所需的厚度的一种工艺方法,如图7.3所示。这种方法可以生产出形状复杂、纤维铺设方向任意、大尺寸的FRP产品,但是产品质量不易稳定。随着袋压法、真空法、喷射法等加压方法的应用以及一些辅助设备的出现,使得手糊工艺的产品质量和工作效率大幅提高。

FRP手糊工艺是树脂成型技术中最基本、最简易、最普遍,同时也是技术最复杂的一项工艺技术。在手糊成型工艺中,使用的机械设备较少,而且不受制品种类和形状的限制,具有很强的灵活性及可设计性,但生产效率低、周期长、生产环境差、劳动强度

图7.3 FRP现场手糊成型工艺

大、产品质量不易控制、性能稳定性不高。适于多品种、小批量、体积大、强度要求不高制品的生产。目前国内80%手糊制品均用不饱和聚酯,其次是环氧树脂。

7.2.4 FRP夹层板、蜂窝板

FRP夹层板、蜂窝板由上下的FRP面板和夹心材料组成,上下的FRP面板处于受拉或受压状态充分利用了FRP的拉压性能好的特点,是非常合理的构件形式。FRP夹层板、蜂窝板的生产成型方法主要有两种:一次成型和二次成型。一次成型方法有手糊和真空辅助树脂传递模塑法(见图7.4);二次成型方法主要是型材粘接。FRP夹层板、蜂窝板在飞机结构、船舶结构中得到了广泛应用。随着材料成本的降低,FRP夹层板、蜂窝板在土木工程中作为面板结构使用具有广阔的发展前景。

FRP夹层板及蜂窝板质量很轻,便于安装,而且能够抵抗除冰盐、海水的侵蚀,维护费用低。但由于产品尺寸较大,故成型过程较复杂,质量难控制。常用的树脂类型为环氧树脂、聚酯或乙烯基树脂等。

图7.4 FRP现场夹层板成型工艺

7.2.5 变曲率FRP拉挤型材

变曲率FRP拉挤型材是在传统FRP拉挤型材设备的基础上,采用一种变曲率连续热成型模具,特别添加变曲率模具以及变曲率加热牵引机组拉挤而成。该生产工艺满足了拉挤设备对变曲率产品加工的需求,如图7.5所示。变曲率FRP拉挤型材的生产,满足了航空、交通、汽车、土木等领域轻量化的发展要求。

变曲率FRP拉挤型材在具备常规拉挤型材轻质、高强、耐腐蚀等性能的同时,还丰富了复合材料拉挤型材构件的形式,增强了造型和截面的可设计性。在结构使用中,变曲率FRP拉挤型材相当于预起拱,将原本以挠度为主要控制的设计转化为以承载力控制的设计,在充分发挥材料力学性能的同时,还可以实现更大跨度的设计。常用的树脂为环氧树脂。

如上所述，不同的工艺限制了 FRP 型材中的树脂类型、纤维体积含量以及纤维方向等，导致制品的性能有较大差异。本章将以目前轻量化结构用 FRP 型材中主要的拉挤制品性能为例，介绍 FRP 型材的主要性能。在实际设计和应用中，需要针对不同结构受力和生产等各方面的要求先进行材料设计，提出制品的相关参数要求并对制品进行测试，满足要求后才能推广应用到土木工程结构中。

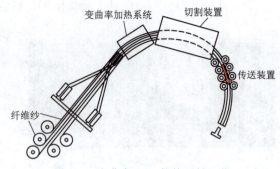

图 7.5　变曲率 FRP 拉挤型材工艺

7.3　种类及特点

FRP 型材按照截面形式可分为实心截面、空心截面（矩形管、方管等）、I 形、C 形以及 L 形等，如图 7.6 所示。FRP 型材按照纤维种类不同可分为 CFRP 型材、GFRP 型材、AFRP 型材以及 BFRP 型材等。其中 CFRP 及 AFRP 型材因成本较高，在土木工程结构中应用较少，而成本较低的 GFRP 型材获得了广泛的应用。BFRP 作为一种绿色无污染且性价比高的新型材料逐步在土建结构中得到应用。各种 FRP 拉挤型材具有相对于普通钢材更轻的质量和更高的抗拉强度，但弹性模量相对钢材较低。抗压强度方面，FRP 型材的抗压性能受横向纤维的局部屈曲控制，如纵向纤维能受到横向纤维很好的约束，其抗压性能也能够接近抗拉性能，但一般情况下只能达到抗拉强度的 50%～70%。抗剪强度方面，纵向纤维能对横向抗剪性能起到一定作用，类似 FRP 筋材的剪切性能。

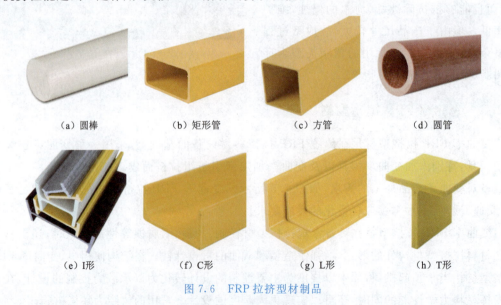

(a) 圆棒　　(b) 矩形管　　(c) 方管　　(d) 圆管

(e) I 形　　(f) C 形　　(g) L 形　　(h) T 形

图 7.6　FRP 拉挤型材制品

7.4 关键性能指标

土木工程结构中常用型材为 CFRP、GFRP 和 BFRP，具有 FRP 通用的特征（轻质、高强以及耐腐蚀性能好），但各自的力学、物理和化学性能还具有显著的差异性。如 CFRP 具有高强度、高弹性模量特征，但成本较高；BFRP 和 GFRP 具有较好的延伸率，模量相对于 CFRP 较低，其中 BFRP 具备中等的强度和模量。因此，应根据结构中使用需求选择不同的 FRP 制品。在单向受力下，FRP 拉挤型材的基本力学性能见表 7.1。

表 7.1 FRP 拉挤型材力学性能

型材	纤维方向	密度/(g·cm^{-3})	抗拉强度/MPa	抗压强度/MPa	抗剪强度/MPa	拉伸弹性模量/GPa
BFRP 型材	沿纤维方向	2.1	600~1 200	300~600	150~200	40~55
	垂直纤维方向		50~60	150~200		8~12
CFRP 型材	沿纤维方向	1.5	1 000~2 400	500~1 000	200~300	120~180
	垂直纤维方向		60~80	150~200		8~12
GFRP 型材	沿纤维方向	1.8	300~800	250~350	120~170	20~45
	垂直纤维方向		40~50	100~150		8~12
型钢		7.8	345	345	207~276	200

7.4.1 拉伸

FRP 型材由连续纤维制备而成，沿纤维方向的拉伸性能是 FRP 性能的重要体现。在实际工程结构中，例如 FRP 桁架结构、FRP 桥面板等，FRP 主要承受纵向拉力。将 FRP 型材结构设计在结构受拉部分或承担拉应力为主的区域，是有效利用 FRP 型材的关键。

1. FRP 型材拉伸性能特征

FRP 型材的纵/横向拉伸弹性模量、纵/横向拉伸强度和泊松比的测定一般是采用 FRP 型材拉伸试验。国内外都有相应的测试标准，如《纤维增强塑料拉伸性能试验方法》(GB/T 1447—2005)和《结构用纤维增强复合材料拉挤型材标准》(GB/T 31539—2015)，美国 Standard Test Method for Tensile Properties of Polymer Matrix Composite Materials (ASTM/D3039/D3039M-17)。一般常用的试件示意图如图 7.7 所示。

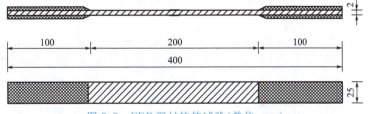

图 7.7 FRP 型材拉伸试验（单位：mm）

FRP 型材的拉伸强度与纤维种类、树脂类型以及纤维含量密切相关,其极限拉伸强度一般由纤维的断裂控制,即 FRP 中某根或某部分受力最大的纤维首先发生断裂,断裂处应力由树脂传递至附近纤维,如果附近纤维可以承受断裂纤维释放的应力,则 FRP 可以继续承载;如果附近纤维无法承受断裂纤维释放的应力,则附近纤维将发生连续断裂,导致 FRP 整体达到抗拉极限。图 7.8 显示了在拉伸极限状态下的纤维断裂。图 7.9 对三种 FRP 型材的拉伸性能进行了比较,可以发现:

(1) 拉伸强度:总体而言,三种 FRP 型材的拉伸强度均较高,新建结构中常用的 GFRP 及 BFRP 可超过 1 000 MPa,远高于普通钢筋的 300~500 MPa 级别。

(2) 弹性模量:三种 FRP 型材的弹性模量差异较大,高模量的 CFRP 型材可以达到 180 GPa,而 GFRP 及 BFRP 一般在 30~50 GPa,相对普通钢筋较低。

(3) 延伸率:CFRP 型材的断裂延伸率一般只有 1.4% 左右,而 GFRP 及 BFRP 型材可以达到 2% 以上。

采用混杂设计,可在强度、模量和延伸率之间取得一个较好的平衡,如玄武岩纤维或玻璃纤维与碳纤维混杂等方式。

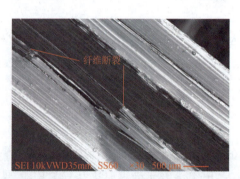

图 7.8　FRP 在极限拉伸状态下的纤维断裂控制

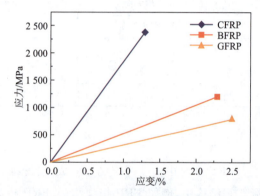

图 7.9　三种 FRP 型材拉伸性能对比

FRP 材料性能的另一个重要特征是具有可设计性。可设计性表现为以下两方面:一是铺层角度及顺序的可设计性;二是多种不同性能的纤维材料可以通过混杂和复合设计方法进行改造和提升。

2. 铺层设计对 FRP 型材拉伸性能影响

FRP 型材的拉伸性能主要由沿拉伸方向的纤维决定,随着纤维偏离角的变化,沿纵向的弹性常数会降低,但相应的沿横向方向的力学性能会得到提升。偏离角从 0°~90° 变化时,弹性模量呈下降趋势。当偏离 20° 时,拉伸弹性模量迅速下降,下降近 80%,之后继续增加偏离角度时,则下降十分缓慢。

作者团队以玄武岩手糊层合板为例,铺层顺序分别为 $[0]_{6S}$,$[0_3/45/0_2]_{1S}$,$[0/45/0_2/-45/0]_{1S}$,$[0/45/0/-45/0/45]_{1S}$,$[0_3/90/0_2]_{1S}$,$[0/45/90/0/-45/0]_{1S}$(下标的数字表示层数,S 表示对称铺层),六种不同铺层角度及比例设置如图 7.10 所示,其拉伸荷载-位移曲线如图 7.11 所示。试验结果表明:随着多轴向纤维布的加入,板材拉伸力学性能降低,表现为拉伸强度及模量的下降。但极限破坏位移相差不大,主要因为构件的拉伸性能主要由纵向纤维决定,故破坏的极限应变仍取决于纵向玄武岩纤维的极限应变。

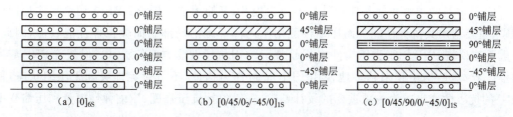

图 7.10　层合板铺层示意图

3. 混杂设计对 FRP 型材拉伸性能影响

由于结构对材料性能要求的多样性,单一 FRP 材料往往难以满足结构的综合性能要求,如强度、刚度、延性、长期性能等。基于多种性能不同的纤维材料可以通过混杂和复合设计方法对 FRP 进行改造和提升,如低弹性模量的玻璃纤维及玄武岩纤维通过混杂适当的碳纤维实现结构刚度要求。根据实际情况可以对混杂 FRP 材料中的纤维种类及混杂比例进行适当的调整。

作者团队通过合理设计玄武岩纤维与碳纤维混杂比,使得混杂的构件具有一定的延性,进而改善构件的脆性。玄武岩纤维(BFRP)和玄武岩/碳纤维(B/CFRP)混杂的构件力学性能见表 7.2,其荷载位移曲线如图 7.12 所示。通过混杂碳纤维,提高了构件刚度。

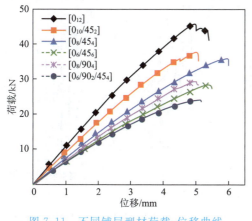

图 7.11　不同铺层型材荷载-位移曲线

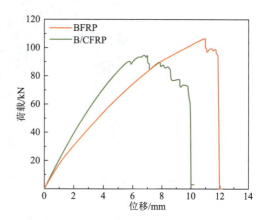

图 7.12　玄武岩纤维拉挤型材及玄/碳混杂拉挤型材荷载-位移曲线

表 7.2　玄武岩纤维拉挤型材及玄/碳混杂型材力学性能

类型	破坏荷载/kN	极限强度/MPa	弹性模量/GPa
BFRP 板材	105.2	971.2	41.7
B/C 混杂板材	96.5	889.8	56.4

7.4.2 压缩

FRP材料的压缩性能相比拉伸性能较少提及,其原因在于传统FRP多用于结构加固应用中,主要利用其拉伸性能。而压缩性能由于内部纤维的局部屈曲较拉伸性能较低,因此,一般不建议将FRP用于受压构件或不考虑FRP对抗压性能方面的贡献。但随着FRP应用的推广,新建结构中越来越多地使用FRP型材作为构件,不可避免地会处于压缩状态,使FRP的抗压性能也成为一项重要的设计参数,一般包括抗压强度、压缩弹性模量和压缩变形等指标。

目前FRP材料抗压强度测试方法相关的规范标准有:美国 *Standard Test Method for Compressive Properties of Rigid Plastics*(ASTM D695-15), *Plastics-Determination of Compressive Properties*(ISO 604:2002),《纤维增强塑料压缩性能试验方法》(GB/T 1448—2005)等。标准FRP材料试验往往采用局部小试样进行压缩性能的测试,但为能完全反映FRP拉挤型材全截面强度性能,也可采用全截面试验确定FRP型材的压缩强度,如圆管、工字型等截面。FRP型材的失效模式主要表现为强度失效和稳定性失效两种模式。

1. FRP型材压缩强度失效

FRP型材强度失效表现为端面压塌或板件层间分层剥离,如图7.13(a)和(b)所示。规范规定:为获得强度失效模式,试件构件长细比 λ 取值较小,如 $\lambda=10$;若试验过程中有失稳现象,则取 $\lambda=6$。

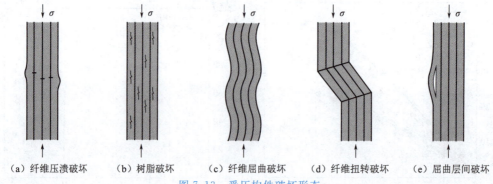

(a) 纤维压溃破坏 (b) 树脂破坏 (c) 纤维屈曲破坏 (d) 纤维扭转破坏 (e) 屈曲层间破坏

图7.13 受压构件破坏形态

作者团队进行了型材板的压缩试验,图7.14(a)所示为BFRP型材板压缩装置示意图,试件厚度为2 mm,高度为13 mm,宽度为13 mm。试件破坏模式为纤维中部压溃破坏,表现为强度失效模式,如图7.14(b)所示,极限压缩强度为221 MPa,远低于其拉伸强度(881 MPa)。

影响FRP型材压缩性能的因素包括纤维种类、试样的尺寸、纤维含量、长细比、树脂类型及试样的断面平整度等。

(1)纤维种类。从破坏形态看,具有高弹性模量的碳纤维和其他纤维形成的FRP破坏机理不同。碳纤维由于弹性模量高,与树脂的受压性能不协调,易导致二者黏结破坏,进而导致部分纤维局部失稳屈曲。而GFRP和BFRP由于纤维和树脂的弹性模量差异比碳纤维和树脂小,因此受压过程中两种材料的应变相对协调,其应力-应变曲线几乎呈现直线形,如

图7.15所示。当压应力较小时,纤维与树脂能够较好地协调工作;压应力较大时,树脂和玻璃纤维的横向变形不再保持协调,二者之间存在较大的横向拉应力,使得纤维与树脂间的黏结薄弱点出现剥离,随着压应力的不断增大,树脂与纤维的剥离区也不断加大,直至最后试样产生纵向连续剥离而破坏。

(a)压缩试件加载示意图

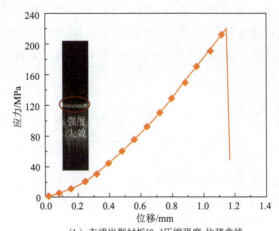

(b)玄武岩型材板[0₁₂]压缩强度-位移曲线

图7.14 加载示意图及强度-位移曲线

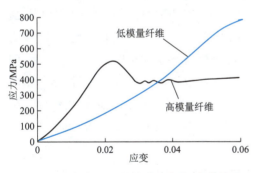

图7.15 多种FRP材料受压应力-应变关系

(2)尺寸影响。试样尺寸的任何微小变化都会引起偏心从而导致破坏。尺寸偏差引起的破坏模式有端部受压破坏、纵向纤维劈裂破坏、试样整体失稳、剪切破坏和局部纤维屈曲。

(3)纤维含量。一般而言,随着纤维含量的增加,FRP型材的弹性模量不断升高。

(4)长细比。随着长细比的增加,FRP的弹性模量有下降的趋势,强度随长细比的增加也下降。其机理为FRP边缘纤维与树脂首先产生裂缝后,裂缝沿纵向扩展,形成纤维束,导致纤维束间失去约束而失稳,进而整体失稳破坏。基于该原理,通过增加横向纤维约束FRP型材基体裂纹沿纵向的继续扩展,有利于提升其承载力。

2. FRP型材稳定性失效

FRP型材由于弹性模量低,在受压状态下,较钢材更容易发生失稳问题,FRP型材稳定性失效表现为局部失稳和整体失稳,如图7.13(c)、(d)及(e)所示。除材料抗压强度外,还需要测定基于稳定的抗压强度,即改变不同长细比,考虑稳定性的抗压强度。对于型材受压稳定性问题的研究,早在1969年,Goodman等就对3根硼纤维/环氧树脂FRP圆管进行了轴心受压试验研究,并将试验得到的受压承载力与按照Euler公式(7.1)理论计算的承载力进行比较,比值分别为0.81、0.97和1.06。其研究表明可采用欧拉公式计算型材受压稳定性,为型材设计提供一定参考。

$$P_E = \frac{\pi^2 EI}{L^2} \tag{7.1}$$

2007年,钱鹏等对拉挤GFRP圆管进行了轴心受压试验研究,杆件的截面外径41.2 mm,壁厚3.6 mm,长细比分别为35、45、55和90。对于受压杆件稳定系数的计算,可先参照冷弯薄壁型钢结构技术规范,拟合试验数据得到构件等效缺陷系数即等效偏心率(ε_0),然后根据修正的柏利(Perry-Robertson)公式来计算GFRP杆件的屈曲荷载值。在试验数据拟合的基础上可以得到不同类型FRP的轴心受压构件稳定系数的计算公式(7.2)及式(7.3)。

$$P_{cr} = \varphi f_y A \tag{7.2}$$

$$\varphi = \frac{\left(1 + \frac{1+\varepsilon_0}{\lambda_0^2}\right)}{2} - \sqrt{\frac{\left(1 + \frac{1+\varepsilon_0}{\lambda_0^2}\right)^2}{4} - \frac{1}{\lambda_0^2}} \tag{7.3}$$

式中　φ——杆件的稳定系数;

　　　P_{cr}——屈曲荷载;

　　　f_y——杆件纵向压缩强度;

　　　λ_0——相对长细比。

作者团队针对不同长细比BFRP管材的压缩稳定性进行了试验研究,构件长细比分别为30、50、70及90。试验结果表明:随着长细比的增加,BFRP管材极限承载逐步降低。破坏模式为:当长细比较小时,表现为试件管中间部位的纤维炸开;逐步增大长细比时,表现为明显的纤维弯折破坏行为;当长细比较大时,在试验过程中可观察到很明显的弯曲行为,随后发生整个管材的失稳破坏。先拟合试验数据得到构件等效缺陷系数ε_0,然后根据修正的柏利公式来计算BFRP杆件的屈曲荷载值,对BFRP稳定性能进行预测并进行线性回归拟合。为验证所拟合曲线的实用性,与已有的试验结果进行比较,如图7.16所示,表明拟合公式可较好地与其吻合,但较其他稳定系数偏高。

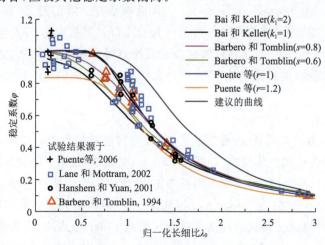

图7.16　拟合公式的曲线与试验结果的对比图

7.4.3 弯曲

FRP 型材在使用过程中不可避免地要承受弯曲应力的作用,弯曲强度和弯曲模量是必须要考虑的性能指标,甚至会作为 FRP 型材原材料性能检验的重要指标,并可能成为结构、构件破坏模式的控制因素。因此对 FRP 型材弯曲性能进行试验研究是十分必要的。弯曲强度是指材料在弯曲荷载作用下破裂或达到规定挠度时能承受的最大应力,如图 7.17 所示。

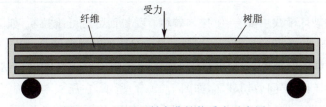

图 7.17 FRP 型材弯曲性能受力示意图

1. FRP 型材弯曲性能试验

FRP 弯曲性能可参考《定向纤维增强聚合物基复合材料弯曲性能试验方法》(GB/T 3356—2014)和美国 *Standard Test Method for Flexural Properties of Polymer Matrix Composite Materials*(ASTM D7264/D7264M-21)等。为了尽量消除剪切应力的影响,可采用纯弯曲加载方式(如四点加载),对试样加载的理想情况是在其端面施加力矩。该方法的优点是试样的应力状态在全长范围较为单一,同时避免了剪切变形。

FRP 的弯曲性能与破坏形式密切相关,脱离了破坏形式而谈弯曲性能没有实际意义。在弯曲试验中,可能出现的破坏形式有加载点局部损坏、外表面拉伸破坏、中间出现层间破坏、内表面纵向压缩破坏、边缘出现层间破坏、弯曲折断、脆断或几种破坏形式的组合,如图 7.18 所示。一般 FRP 型材弯曲试验方法设计时,往往以获得外表层的纤维拉伸/压缩破坏为目标,若出现层间剪切破坏,则不能作为有效数值。

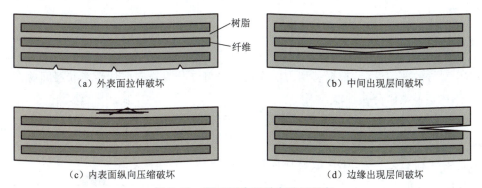

(a)外表面拉伸破坏　　(b)中间出现层间破坏
(c)内表面纵向压缩破坏　　(d)边缘出现层间破坏

图 7.18 FRP 层合板受弯破坏形态

2. 不同纤维种类层合板弯曲性能

根据作者团队的试验结果,表 7.3 列出了 CFRP、BFRP 和 GFRP 手糊层合板的弯曲强度及弯曲模量,其中包括玄武岩/碳纤维布层间混杂形式。其试样破坏模式如图 7.19 所示。

表 7.3　不同纤维种类层合板弯曲强度及模量比较

性能指标	BE 玄武岩纤维布 +环氧树脂	BV 玄武岩纤维布 +乙烯基树脂	BCV 玄武岩/碳纤维布 +乙烯基树脂	CV 碳纤维布 +乙烯基树脂	GV 玻璃纤维布 +乙烯基树脂
弯曲强度/MPa	468.7	539.6	839.5	1 209.8	559.4
弯曲模量/GPa	49.9	51.9	115.9	135.7	50.1

试验中出现的破坏模式主要有：①拉伸破坏。受拉面部分纤维拉断，如图 7.19（a）所示，但受拉面没有形成明显的、连续的裂缝。②屈曲破坏。受压面纤维束屈曲，如图 7.19（b）所示，屈曲也导致了最外层纤维束的剥离。这两种破坏模式为规范中可接受的试验结果，但试验中也出现了其他模式的破坏：①层间剪切破坏，如图 7.19（c）所示，在压头与其临近的支座之间，由于剪力较大，试样中的平面发生了分层。②局部受压破坏，如图 7.19（d）所示，压头范围内的纤维束被压断。但这两种破坏模式不能反映出真实的弯曲强度，故无效。

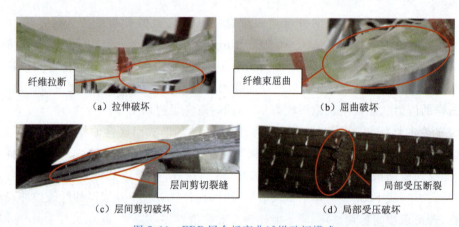

图 7.19　FRP 层合板弯曲试样破坏模式

7.4.4　剪切

FRP 型材的剪切性能，根据剪切力的作用方向可以分为横向剪切性能和层间剪切性能。

1. FRP 型材横向剪切性能

FRP 型材的横向剪切性能是指其承受垂直于纤维方向的荷载而具备的抵抗能力。一般在 FRP 型材结构的螺栓接头、轴承等构件中，横向剪切力是主要荷载之一。FRP 型材横向应力只能由抗剪性能较弱的基体和纤维弯曲变形来承担，所以相对拉伸强度，FRP 型材的横向剪切强度相对较低。图 7.20 是 FRP 剪切性能受力示意图。

FRP 型材横向剪切试验的主要困难是如何保证剪切应力在标距段上分布均匀，从而保证试验结

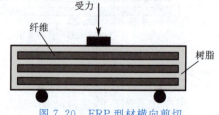

图 7.20　FRP 型材横向剪切性能受力示意图

果的处理方式具有足够的精度。目前使用最广泛的是双剪试验方法,可参考 *Guide Test Methods for Fiber-reinforced Polymers (FRPs) for Reinforcing or Strengthening Concrete Structures*(ACI PRC-440.3-12)。在这种方法中,剪切是通过构件上的一对剪切面在夹具中的相对位移来实现的。利用该方法,作者团队测试了 CFRP 及 BFRP 的横向剪切强度,见表 7.4。同等厚度的型材,CFRP 的剪切强度要略高于 BFRP。但由于尺寸效应,同等材料不同厚度的 BFRP 型材,表现出些许强度差异,其破坏模式如图 7.21 所示。FRP 型材的横向剪切试验往往发生两个剪切面完全断开的现象,如图 7.21(a)、(b)中的全部试件及(c)中的 3 个试件。但由于试验过程中夹头或者试件放置偏心的情况,图 7.21(c)中的 2 个试件出现一端被剪坏的情况,会导致试验结果略偏小。

表 7.4 FRP 型材双剪试验结果

板材类型	CFRP	BFRP	BFRP
厚度/mm	2	2	5
剪切强度/MPa	293	257	218
变异系数/%	3.86	2.68	4.60

(a) 50 mm×2 mm BFRP   (b) 50 mm×5 mm BFRP   (c) 50 mm×2 mm CFRP

图 7.21 FRP 板材双剪试验破坏模式

2. FRP 型材层间剪切性能

FRP 型材层间剪切强度是指复合材料纤维与树脂的界面产生相对位移时,作为抵抗阻力而在层间内部产生的应力,如图 7.22 所示。层间剪切强度由基体-纤维界面上的黏附力所决定。FRP 型材抵抗层间应力的能力与基体强度同量级,故层间应力的存在很容易导致层间的分层破坏,将会严重降低

图 7.22 FRP 型材层间剪切性能受力示意图

层合板的刚度和强度。如平板或梁在横向荷载作用下,将在横截面内产生剪应力,按照剪应力互等定律,也存在层间剪应力。若 FRP 型材连接节点采用螺栓连接,层间剪切强度过低时,很容易发生沿着剪切面的剪切破坏,出现节点承载力较低的现象。因此,FRP 型材层间剪切性能也是 FRP 型材设计性能重要指标。

多数情况下,FRP 层间剪切强度特征要靠直接试验的方法来获得。理想的试验方法应当使试样剪切段处于均匀的纯剪状态,但由于物理、几何等方面的限制很难实现。现有的大部分层间剪切试验的思路是:在目标段使剪应力最大,其余应力最小,只要剪应力远远超过

其他应力的影响,便可保证实验结果的准确性。目前,测试 FRP 型材层间剪切强度的试验方法主要有 V 形切口梁法、品字梁法、双切口拉伸/抗压法以及三点弯曲式短梁法等。其中三点弯曲式短梁法被普遍认为是最经济、方便的试验方法,如图 7.23 所示。

(1) FRP 型材层间剪切破坏形态和机理

典型 FRP 的层间剪切破坏模式如图 7.24 所示,由图可见,层间破坏一般会发生在加载的跨中位置或 FRP 端部,其破坏形态均为各层 FRP 的分离。对于弹性模量较低的纤维如玻璃纤维,其破坏形态除了中部的层间剪切裂缝外,还会同时发生塑性变形。

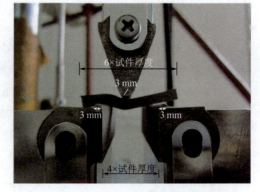

图 7.23　FRP 型材三点弯曲式短梁法层间剪切强度测试装置

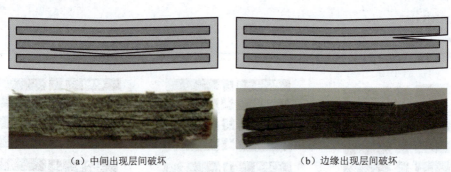

(a) 中间出现层间破坏　　　(b) 边缘出现层间破坏

图 7.24　典型 FRP 层间破坏形态

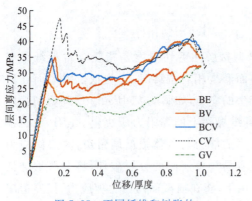

图 7.25　不同纤维和树脂的层间剪切应力-位移/厚度之比曲线

(2) 纤维种类及树脂类型对 FRP 型材层间剪切性能的影响

不同纤维和树脂匹配具有不同的层间剪切性能,其剪应力-位移/厚度之比曲线如图 7.25 所示。相对而言,碳纤维与乙烯基树脂(图 7.25 中 CV)的层间剪切强度最高,其次为玄武岩纤维(图 7.25 中 BV),玻璃纤维与乙烯基树脂的层间剪切强度(图 7.25 中 GV)最弱,其机理在于纤维与树脂的结合能力,图 7.26 反映了在层间剪切破坏面上,不同纤维和树脂的分布情况。碳纤维和玄武岩纤维局部均有大块树脂或树脂残留在破坏面上,并且没有观测到纤维和树脂的层间剥离现象。相反,玻璃纤维和树脂界面则出现较明显剥离,说明黏结性能弱于碳纤维和玄武岩纤维。

另外,同种纤维采用不同树脂,其层间剪切性能也不同,如玄武岩纤维采用环氧树脂(图 7.25 中 BE),其初期层间剪切性能比采用乙烯基树脂(图 7.25 中 BV)有明显提升。

此外，对于混杂纤维来说（图 7.25 中 BCV 为玄武岩纤维和碳纤维层合），混杂后的层间剪切性能相对玄武岩纤维 FRP 而言，其初期开裂层间剪切应力得到显著提升，同时，在塑性发展阶段，层间剪切应力得到进一步稳定提升，最终取得更高的层间剪切强度。相对碳纤维而言，混杂纤维的最终层间剪切强度提升显著。因此，混杂效应对于层间剪切性能具有一定的改善作用，特别是提高了层间开裂荷载和极限破坏荷载。

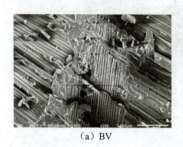 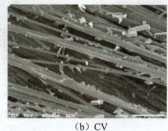 

(a) BV　　　　　　　　　(b) CV　　　　　　　　　(c) GV

图 7.26　不同纤维和树脂在层间面的破坏形态

(3) 不同铺层角度对 FRP 型材层间剪切性能的影响

不同铺层角度对层间剪切性能也有很大影响。作者团队采用手糊成型制作不同铺层比例及角度的玄武岩层合板，铺层数为 12 层，铺层顺序分别为 $[0]_{6S}$，$[0/45/0_2/-45/0]_{1S}$，$[0/45/0/-45/0/45]_{1S}$，$[0/45/90/0/-45/0]_{1S}$。不同铺层的荷载-位移曲线以及剪切强度如图 7.27 及图 7.28 所示。从中可以看出，随着多轴向纤维布的加入，沿剪切面的剪切承载能力得到提升，并表现出一定的延性。

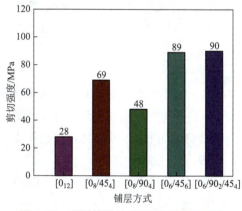 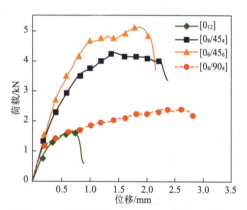

图 7.27　不同铺层的 FRP 剪切强度比较　　图 7.28　不同铺层的 FRP 剪切荷载-位移曲线

基于上述手糊成型层合板铺层角度对板材剪切性能的影响，作者团队基于 FRP 构件—节点一体化设计的理念（详述见 7.4.7 节）设计了多轴向拉挤型材，其中不同角度纤维比例为 0°/±45°/90°=70%/20%/10%，以单向拉挤型材为对照组（0°=100%），分别进行了面内剪切试验，其破坏模式如图 7.29 所示。单向拉挤型材的剪切性能主要反映纤维与树脂的界面性能，故表现为沿着界面的完全断开，如图 7.29(a) 所示；对于多轴向铺层的型材则表现为沿剪切面的损伤，但并未完全剪开，而表现出较好的延性，如图 7.29(b) 所示。剪切强度由单向拉挤型材的(57.6±4.5)MPa 提升到多轴向型材的(164.8±7.7) MPa,表明多轴向铺层纤维的加入提升了 FRP 型材的剪切性能。

（a）单向拉挤型材

（b）多轴向拉挤型材

图 7.29　不同铺层的 FRP 面内剪切破坏形态

7.4.5　耐久性

虽然 FRP 相对传统钢材具有更优异的耐腐蚀性能,但 FRP 本身仍会受到多种腐蚀介质侵蚀,也存在性能退化的趋势。酸碱盐等腐蚀溶液、相对湿度、应力状态、冻融循环以及紫外线和其他射线作用均会影响 FRP 材料的耐久性。

1. FRP 型材耐酸腐蚀性能

FRP 材料性能的退化由物理作用和化学作用共同引发。由物理作用引发的性能退化随着 FRP 材料的干燥而恢复,但是如果长期暴露在腐蚀环境下,化学作用则会对树脂、纤维以及纤维和树脂界面产生不可恢复的退化。作者团队分别对 BFRP 型材的耐酸雨、耐盐雾腐蚀以及耐紫外线腐蚀等性能做了试验研究。

(1)酸雨腐蚀对型材表面特征影响

BFRP 型材在常温状态下,酸雨腐蚀对 BFRP 型材 1～9 周都没有表现出非常明显的外观变化,在 40 ℃/pH=2 和 55 ℃/pH=2 条件下,BFRP 型材构件外观变化随腐蚀周期的加长而越来越明显。腐蚀后外观颜色偏向金褐色,这与原纱的颜色相近,可以判断出构件表面的树脂已经遭受了非常严重的腐蚀,并露出了表层的纤维。

将酸雨腐蚀后的 BFRP 型材切一小段放置在扫描电镜下进行观察,如图 7.30 所示。图 7.30(a)为未经腐蚀前的型材,构件表面相对光滑平整,表面大部分为树脂,只能看到极少纤维的痕迹。构件经 pH=2/55 ℃ 环境腐蚀 9 周后,如图 7.30(b)所示,构件表面发生了比较明显的变化,而且能看到大量纤维,这与宏观观测到的物理形态变化相一致。继续放大比例,如图 7.30(c)所示,可以看到在纤维与基体界面位置的树脂明显遭受到了侵蚀,但露出的纤维本身并没有发生腐蚀现象。进而揭示了 FRP 拉挤型材在不同环境下的腐蚀退化机理:酸雨对型材的腐蚀主要发生在纤维与基体的界面位置。

(2)酸雨腐蚀对型材力学性能影响

对腐蚀后的试件进行拉伸试验,图 7.31 为试件在相应腐蚀龄期、腐蚀温度以及不同 pH

(a) 未腐蚀BFRP型材

(b) pH=2/55 ℃/腐蚀9周BFRP型材

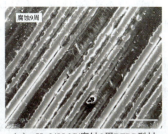
(c) pH=2/55 ℃/腐蚀9周BFRP型材（放大500倍）

图 7.30　BFRP 型材腐蚀前后对比

下的力学性能退化曲线。构件强度随着腐蚀龄期的增加,强度保留率呈缓慢下降趋势。弹性模量变化幅度较小,这主要是由于构件的弹性模量主要取决于纤维,而构件的强度主要取决于纤维以及纤维与树脂的界面性能。

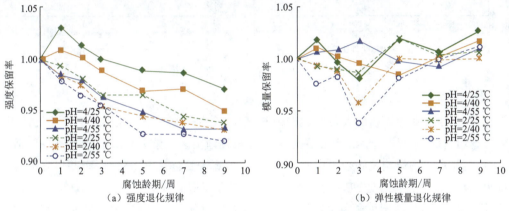

图 7.31　酸雨环境下型材力学性能退化规律

试验结果表明:酸雨环境下 BFRP 型材的强度保留率分别高达 81.5% 和 89.5%。根据 FHWA 寿命预测方法,利用 Arrhenius 退化模型对 BFRP 耐腐蚀性能寿命预测,结果表明,服役环境温度为 30 ℃时,在酸雨 pH=4 和 pH=2 的条件下,服役 300 年后,构件强度保留率可以达到 78.37% 和 77.28%。表明 BFRP 型材具有很好的耐腐蚀性能。

2. FRP 型材耐盐雾腐蚀性能

盐是一种地球上分布非常广泛的物质,它存在于海洋、湖泊、河流、大气、地面当中,尤其是沿海地区,大气中的含盐量尤为大。FRP 型材作为构件应用到新建结构中,不可避免地暴露在盐雾环境中。

以 BFRP 型材为例,参考《人造气氛腐蚀试验　盐雾试验》(GB/T 10125—2012),采用氯化钠浓度为 50 g/L 的腐蚀实验,与原构件相比,前 5 周的构件表面几乎看不出变化。当腐蚀龄期达到 7 周之后,可以看到构件表面有轻微的光泽度下降情况,构件表面颜色偏金色,推测构件表面已经发生了较为明显的腐蚀,有纤维露出。与酸雨腐蚀的情况类似,将盐雾腐蚀 1 周的试件通过 SEM 扫描放大 100 倍后观察,发现构件表面呈现出凹凸不平的现象；继续放大至500倍，发现构件表面树脂遭受到了比较严重的侵蚀，树脂出现了坑洼，同时有纤维露出，随着龄期的增长，这种现象越来越明显，露出的纤维也越来越多。在盐雾腐蚀试验箱内放置9周后，构件拉伸强度保留率为96%，弹性模量保留率为97%。试验结果如图7.32所示，试验结果表明，BFRP型材具有较好的耐盐雾腐蚀性能。

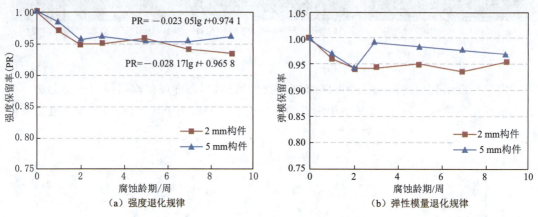

图7.32 盐雾环境下型材力学性能退化规律

3. FRP型材耐紫外线性能

目前，由于工业污染物的大量排放造成臭氧层，全球气候变化加剧，对于紫外线的阻挡也越来越弱，社会各界对于紫外线的关心和研究也逐渐增多。紫外线具有较高的辐照活性，对FRP型材产生的影响是必须考虑的，这些不利影响主要包括FRP中树脂基体降解老化、纤维表面的光氧化腐蚀以及基体和纤维之间黏结界面遭到破坏。对于FRP型材结构，如FRP桁架桥结构，材料不可避免地需要长期暴露在日照环境下，所以对于型材而言，耐紫外线性能的研究十分必要。

(1) 紫外线照射后的性能退化

为研究紫外线照射对FRP拉挤型材的性能影响，作者团队参考规范《结构用纤维增强复合材料拉挤型材》(GB/T 31539—2015)及《塑料实验室光源暴露实验方法 第3部分：荧光紫外灯》(GB/T 16422.3)进行测试。在达到腐蚀龄期后，取出试件进行物理观测、SEM微观观测和力学试验，并与未腐蚀的试件进行比较，以分析力学性能的退化随腐蚀龄期的变化情况以及各自的腐蚀机理。

以BFRP型材为例，经过3周的紫外线照射后，以肉眼观察，BFRP构件表面呈现出轻微的变色现象，5周之后构件表面变色现象加重，但变色现象远不如酸腐蚀的构件。通过扫描电镜观测，经过2周紫外线照射后的BFRP构件，在放大100倍的情况下，表面变化与酸雨腐蚀有些类似，呈现出凹凸不平的现象；继续放大至500倍，可发现构件表面树脂遭受到了一定的侵蚀，出现了坑洼，但并没有纤维露出来；3周后，可明显看到纤维与基体界面上的树脂剥落，内部纤维露出，同时周围树脂出现坑蚀的现象；再增加照射时间，可观察到纤维附近树脂开裂的现象，这是因为紫外线对树脂本身产生了破坏造成的。

与酸雨腐蚀不同,紫外线对 BFRP 型材的影响主要是对树脂产生侵蚀,酸雨腐蚀下构件的破坏则主要发生在纤维与基体的界面上,周围的树脂还保持着较为平整的状态。而经紫外线照射后的构件,除了在纤维与基体界面树脂较为薄弱的位置发生破坏外,周围的树脂也呈现出比较明显的坑蚀现象。

由图 7.33 可知,BFRP 型材有着较好的耐紫外线性能,在紫外线照射和淋雨循环的环境下腐蚀 9 周之后,2 mm 厚构件的拉伸强度仅下降了 5.91%;而 5 mm 厚的构件拉伸强度仅下降了 3.63%。弹性模量方面,经 9 周照射后,2 mm 厚的构件弹性模量下降了 5.16%;而 5 mm 厚的构件全龄期过程中弹性模量几乎没有变化。

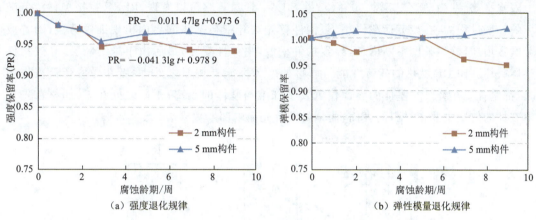

图 7.33 紫外线照射后型材力学性能退化规律

(2)涂层对 FRP 耐紫外线性能影响

虽然 FRP 型材本身具有较好的耐紫外线性能,但是在紫外线、环境温度及湿度等因素综合影响下,FRP 型材的耐候性能会受到影响。为了提高 FRP 的耐候性,使这种新型的复合材料在恶劣环境下能够更好地发挥作用,必须在其表面加保护层,例如外部涂抹保护材料,以阻挡紫外线。

对无机纤维(CF、GF)和有机纤维(PBO、AF)FRP 型材有、无涂料保护的耐紫外线性能进行试验,以有机纤维 PBO 为例(见表 7.5),在不同涂料覆盖保护情况下照射 2 000 h 后,有涂料保护比无涂料保护强度保持率有较大提高。

表 7.5 不同涂料 PBO 纤维强度保留率

纤维	涂料	照射时间/h	强度保留率/%
PBO	无	1 000	49.9
	PC-U	2 000	81.3
	RPKS	2 000	73.6
	PC-U+RPKS	2 000	92.7

7.4.6 疲劳

疲劳问题一直是工程界关心的重要问题之一。在土木工程领域,桥梁的疲劳问题尤为严重。许多桥梁由于构件疲劳产生了局部乃至整体破坏。近年来,由于人们对交通便捷的需求不断增大,桥梁修建的数量和跨径不断刷新历史纪录,FRP 桥面板结构也存在类似的疲劳问题。

作者团队亦针对较厚的 BFRP 拉挤型材板(厚度:5 mm,拉伸强度:688 MPa,弹性模量:36.8 GPa)进行了疲劳性能研究。参照 JSCE 规范,应力幅水平为 5%,共设置 5 个疲劳应力上限水平,分别为 70%、65%、60%、55%、50%。通过观察可以发现,BFRP 拉挤型材疲劳破坏的一般过程为:在疲劳荷载作用下,构件首先在纤维与基体的界面出现细微劈裂,随着疲劳次数增加,劈裂长度不断增长,导致构件松散,整体性变差,最后由于纤维断裂,导致构件整体破坏。BFRP 型材的疲劳性能与筋材的疲劳性能有相似之处,两者在受疲劳荷载作用时,都是首先在纤维与基体的界面位置发生纤维与基体的剥离;不同之处在于,筋材首先发生破坏的位置主要在材料的表面,而型材则首先在内部发生开裂(见图 7.34)。

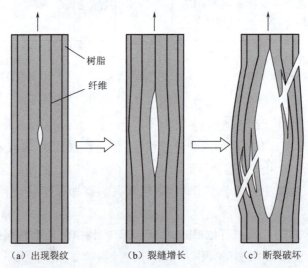

(a) 出现裂纹　　　　(b) 裂缝增长　　　　(c) 断裂破坏

图 7.34　BFRP 型材疲劳破坏示意图

BFRP 型材疲劳破坏形式与静力破坏形式较为相似,都是内部纤维断裂、炸开,但疲劳破坏时炸开现象更为明显。静力破坏试件的外包纤维布呈现出比较均匀的断裂现象,如图 7.35(a)所示,而疲劳破坏时,外包纤维布一般会连带部分纤维集中在某一位置发生破坏,且破坏位置比较接近固定端的锚固区域,有时会在锚固铝片的边缘位置断裂[见图 7.35(b)]。主要原因是锚固段的铝片在夹持力作用下会对构件产生一定的剪切力,而疲劳荷载作用下构件对剪切力较为敏感,故导致表层纤维布的断裂集中在靠近锚固段的位置,但内部纤维的破坏位置一般都集中在构件中部。

依据应力幅为 5% 以及不同应力水平下的疲劳寿命,拟合得出的 BFRP 拉挤型材 S-N 曲线如图 7.36 所示。结果表明 BFRP 拉挤型材的疲劳性能略低于 BFRP 筋材。这是因为,虽然在本质上两种材料都由拉挤而成，但筋材体积要远小于型材，质量缺陷问题更少，而且拉挤型材在拉挤过程中需掺杂填料，方便通过模具成型和机器牵引，并不像筋材那样仅由树脂纤维组成，故型材疲劳性能相对筋材较低。

（a）静力破坏

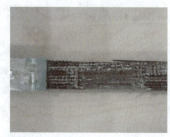
（b）疲劳破坏

图 7.35　BFRP 型材静力与疲劳破坏对比

7.4.7　FRP 型材连接

1. FRP 型材构件连接概述

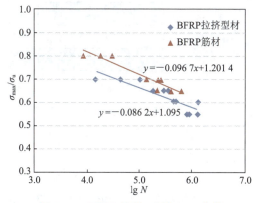

图 7.36　BFRP 筋材、型材 S-N 曲线

在结构中，节点起着连接汇交构件、传递荷载的作用，是工程结构中的关键部位。设计合理的节点能够增加结构的承载力、整体性以及使结构的自重最小化。

目前 FRP 型材结构中节点连接的主要形式按受力方式分，有胶结连接、螺栓连接、胶栓混合连接等，如图 7.37 所示。表 7.6 对比分析了三种连接形式的优缺点，可根据连接形式的特点结合实际工程设计节点形式。目前，胶结连接往往是无预兆的脆性破坏，但选用有延性的胶结可实现胶结的延性破坏。螺栓连接由于拉挤型材的各向异性，大多表现为脆性破坏，若通过合理设计例如增加边距或改变铺层等可实现螺栓连接的延性破坏。对于胶栓混合连接，一方面胶层的存在降低了孔洞附近的应力集中，另一方面，螺栓连接所施加的预紧力可以帮助胶层更好地固化以及增强其抗剥离能力。通过合理设计亦可以实现胶栓混合连接的延性破坏。但是不管何种形式的节点连接方式，其节点连接效率与胶类型、表面处理、固化过程、侧向约束、铺层、边距以及其他一些几何参数相关。

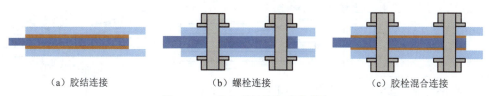

（a）胶结连接　　　　　（b）螺栓连接　　　　　（c）胶栓混合连接

图 7.37　FRP 型材结构连接形式

表 7.6　FRP 型材结构连接方法

连接方法	优　点	缺　点
胶结连接	较高的连接刚度及强度， 连接零件数量少，结构轻， 抗疲劳、密封、减振及绝缘性能好， 有较光滑的连接外形	不可拆卸， 需特殊及较为严格的表面处理， 强度及质量检测困难， 受湿、热、腐蚀介质等环境影响
螺栓连接	不需要特殊的表面处理， 可拆卸， 便于质量检测	应力集中导致低连接效率， 节点不封闭性，容易受液体及天气影响， 有金属连接件的腐蚀问题
胶栓混合连接	刚度大、延性及疲劳性能好， 螺栓对胶层提供支撑和压力， 可改善胶层缺陷， 螺栓荷载分配均匀	缺乏可靠有效的理论设计方法， 胶栓很难共同工作，承载提高有限， 强度及质量检测困难， 施工工艺烦琐

(1) 胶结连接节点破坏模式和分析

FRP 型材的胶结接头破坏模式主要有搭接端部胶层界面破坏、胶层破坏以及 FRP 型材破坏等，如图 7.38 所示。胶层界面破坏主要是由于胶层材料与 FRP 型材的性能不匹配以及表面处理较差导致的，在工程实践中应该避免发生这种破坏模式；胶层破坏主要是由于外力超过胶层的抗剪切能力。

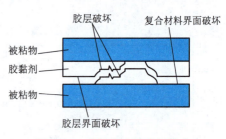

图 7.38　胶结接头的破坏模式

FRP 型材破坏主要是因为外荷载超过了 FRP 的承载能力，在层合板结构中主要表现为外层的层合板与树脂之间的界面破坏。

(2) 螺栓连接破坏模式和分析

FRP 型材螺栓连接节点在荷载作用下，其构件主要有孔边拉断、剪切、劈裂、局部挤压等破坏形式[图 7.39(a)、(b)、(c)、(d)中粗蓝线代表破坏位置]，以及螺栓拉脱、剪切或弯曲破坏。这几种破坏形式可能单独出现也可能组合出现。

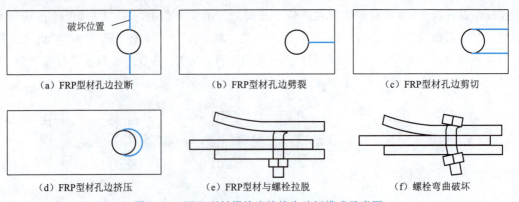

图 7.39　FRP 型材螺栓连接接头破坏模式示意图

对于给定的纤维、基体类型及连接形式,影响连接强度的主要因素有:连接几何参数、纤维铺层方向及铺层顺序、紧固件的拧紧力矩等。

对层合板螺栓连接节点的研究发现,螺栓节点的强度受螺栓直径的影响较小,受t/d(板厚/孔径)、e_2/d(边距/孔径)及e_1/d(端距/孔径)的影响则较大(见图7.40)。为防止低强度的节点破坏,中国航空研究院给出了连接接头的螺栓位置几何参数限值,见表7.7。当$w/d<4$ 或 e_2/d(边距/孔径)$\leqslant 3$ 时,节点破坏形式多表现为孔边拉断。当$e_1/d\leqslant 3$ 时,破坏形式多表现为沿构件孔边的劈裂或者剪切破坏,当$e_1/d>3$ 时,多表现为孔边的局部挤压破坏。当d/t(孔径/厚度)$\leqslant 1$ 时,多表现为螺栓的弯曲破坏。为实现螺栓节点承载随排数及列数的线性增加,应保证p_1/d(排距/孔径)$\geqslant 4$ 以及 $p_2/d\geqslant 5$(列距/孔径)。

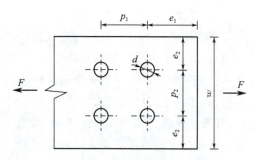

图 7.40　FRP 型材螺栓连接几何参数示意图

表 7.7　FRP 型材螺栓连接几何参数限值

参数	w/d	e_1/d	e_2/d	d/t	p_1/d	p_2/d
限值	$\geqslant 4$	$\geqslant 3$	$\geqslant 2.5$	$\geqslant 1$ 或 $\leqslant 2$	$\geqslant 4$	$\geqslant 5$

螺栓预紧力为节点承载提供了侧向约束。在一定范围内,连接承载力、节点刚度以及疲劳性能与预紧力大小呈正相关,但过大的预紧力可能会损伤层合板,且 FRP 型材的蠕变会使预紧力降低,从而影响预紧力对节点承载力的提高效果。随着螺栓间隙的增加,螺栓节点承载力呈下降趋势。

针对单向 FRP 型材螺栓节点易发生脆性的剪切破坏,基于 FRP 的可设计性,可通过改变纤维铺层比例及方向,以改善节点性能并提高其承载力。

(3)胶栓混合连接破坏模式和分析

胶栓混合连接一般有两种方式:一是在胶层固化后的胶结接头上钻孔并拧固螺栓,由于两者刚度的差异,螺栓在前期承载中并不受力,在胶层破坏后开始承担荷载;另外一种则是预先钻孔,并涂抹胶黏剂,在胶层固化之前就拧固螺栓,在这种连接方式中,前期仍然以胶层受力为主,当胶层变形量达到一定程度后变为胶栓共同受力,一般胶层都会先发生破坏,最终节点力全部由螺栓承担。这种连接方式的承载能力一般都高于前者,它的荷载-位移曲线示意图如图 7.41 所示。目前试验研究表明,合理设计胶层刚度,可使胶栓混接连接强度为胶结与栓接的线性叠加。

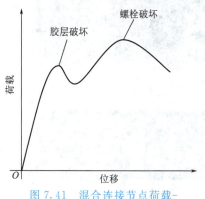

图 7.41　混合连接节点荷载-位移曲线示意图

对于胶栓混合连接承载力的预测,根据不同的受力阶段及各部分的变形协调关系,将胶层和螺栓各自分担的荷载叠加,可最终得出胶栓混接的承载力。

2. FRP 型材构件连接节点性能

(1) 螺栓个数及螺栓直径对节点承载影响

作者团队以 BFRP 型材为连接构件,分别对螺栓个数及直径对节点承载的影响进行了试验研究,表明 BFRP 型材连接螺栓节点承载力随着螺栓个数的增加而增加,如图 7.42(a) 所示。但与螺栓排数并不完全呈线性关系。主要是由于多排螺栓承载会出现荷载分配不均的问题,往往中间小两边大。对于以挤压破坏为破坏模式的螺栓节点,随着螺栓直径的增加,其节点承载力几乎成线性增加,如图 7.42(b) 所示。但由于尺寸效应,螺栓节点挤压强度随着螺栓直径的增加而略微降低。

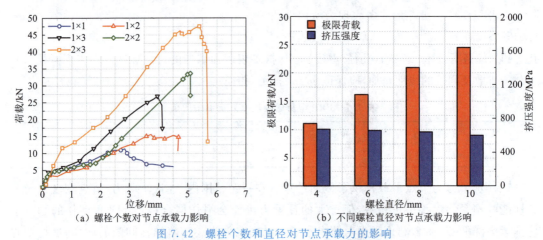

图 7.42 螺栓个数和直径对节点承载力的影响

(2) 连接材料对节点承载影响

针对 FRP 螺栓节点连接中,连接件以钢盖板及钢螺栓为主的情况,为进一步降低节点重量并提高结构的耐久性能,作者团队采用 BFRP 连接盖板以及同源 BFRP 螺栓进行试验,其静力试验结果表明:对于单向 BFRP 拉挤型材螺栓节点连接,其节点破坏模式以剪切破坏为主,如图 7.43 所示。采用同源 BFRP 连接材料(BFRP 连接盖板、BFRP 螺栓)可实现同等

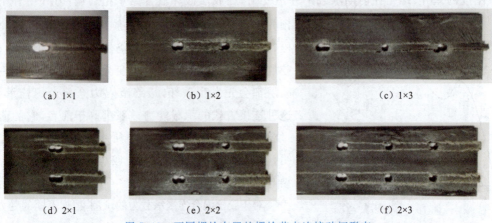

图 7.43 不同螺栓布置的螺栓节点连接破坏形态

的节点承载力,如图7.44所示。而对于节点的疲劳性能,采用同源BFRP螺栓,节点的疲劳性能略优于钢螺栓,主要是由于BFRP螺栓抗剪变形能力弱,在疲劳过程中,螺栓的轻微变形使得螺栓与孔洞接触由点接触变成面接触,使受力更加均匀。

针对FRP螺栓抗剪强度低的问题,作者团队采用钢-FRP复合螺栓进行性能提升,以钢螺栓为芯柱,外面裹以FRP实现螺栓的耐腐蚀性能,如图7.45所示。其节点承载表现为破坏时内部钢螺栓与FRP界面破坏,故表现出一定的延性,其荷载-位移曲线如图7.46所示。

(3) 连接工艺对节点承载影响

为进一步提高螺栓节点承载力,作者团队采用胶栓混合连接、注浆式螺栓连接以及单向BFRP拉挤型材连接区域

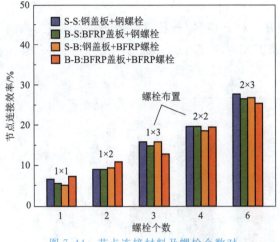

图7.44 节点连接材料及螺栓个数对螺栓节点承载力的影响

(a) FRP螺栓

(b) 钢-FRP混合螺栓

图7.45 节点连接螺栓

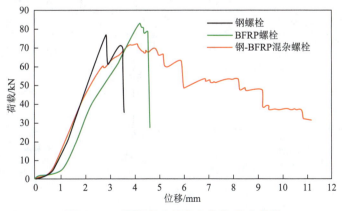

图7.46 不同螺栓连接节点荷载-位移曲线

粘贴多轴向纤维布进行试验,研究发现由于胶结及栓接节点的刚度差异,其中胶栓混合连接承载力有一定程度的提升,但并没有实现两者承载力的线性累加。注浆式螺栓连接较单纯螺栓连接其承载性能有所提升,可解释为:由于注浆工艺,使得螺栓孔隙被填充,在受力过程中,各排螺栓可同步受力,使得螺栓节点承载力提升。对于BFRP连接区域粘贴多轴向纤维布的节点,由于多轴向纤维布的添加提升了节点的抗剪能力,使得节点承载力得到提升。各种连接工艺的节点承载能力比较如图7.47所示。

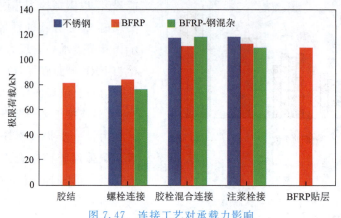

图7.47　连接工艺对承载力影响

针对胶栓混合连接,作者团队选用延性胶与发生挤压破坏的螺栓节点形成胶栓混合连接节点,可实现两者承载力的叠加,并获得较好的延性,如图7.48所示。

(4) 铺层对节点性能影响

作者团队通过设计不同铺层角度及比例的BFRP拉挤型材(①单向拉挤型材;②0°:±45°:90°=64%:24%:12%的多轴向拉挤型材),其单螺栓连接的试验结果表明:单向拉挤型材的节点破坏模式为脆性的剪切破坏,而多轴向节点的破坏模式为具有一定延性的挤压破坏,且承载力提升2倍之多,如图7.49所示。

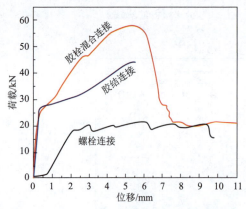

图7.48　不同连接工艺的节点荷载-位移曲线

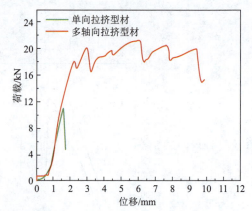

图7.49　不同铺层对螺栓节点承载力影响

3. FRP型材-混凝土组合结构连接性能

作者团队针对不同模壳(型材的一种)内表面处理方式的BFRP模壳-混凝土组合桥面

板的黏结性能进行了对比分析,包括粘砂涂单层胶、粘砂涂双层胶以及不粘砂工艺三种。

选用制作双剪试件进行型材与混凝土界面连接性能研究,不同模壳内表面处理方式的制作工艺流程如下:

(1)不粘砂。将切割下来的 BFRP 板进行打磨,将表面的脱模剂处理掉;在打磨好的 BFRP 模壳表面均匀涂抹一层黏结剂,黏结剂固化之后,将 BFRP 模壳固定在钢模具指定位置中,加入螺旋箍筋和预埋螺栓,随后浇筑混凝土即可。

(2)粘砂涂单层胶。将涂抹好黏结剂的 BFRP 模壳反扣在 2~4 mm 石英砂表面粘砂,黏结剂固化之后,将 BFRP 模壳固定在钢模具指定位置中,加入螺旋箍筋和预埋螺栓,随后浇筑混凝土即可。

(3)粘砂涂双层胶。将粘砂构件放置 24 h 以上,待表面黏结剂固化之后,再在粘砂层表面均匀抹一层黏结剂,待黏结剂固化之后,将 BFRP 模壳固定在钢模具指定位置中,加入螺旋箍筋和预埋螺栓,随后浇筑混凝土即可。

图 7.50 浇筑完成的双剪试件

浇筑完成的试件如图 7.50 所示。

试验结果表明,涂一层黏结剂的连接强度最高,其次是涂两层黏结剂的,不粘砂的强度最低。涂两层黏结剂的构件其破坏特征与涂一层黏结剂构件的相似,如图 7.51 所示。当剪力达到界面极限承载力时,整个试件突然一声巨响,BFRP 模壳与混凝土试块剥离,并粘下角部长约 20 mm 的三角状混凝土以及部分表面薄混凝土层,同时部分砂粒剥落残留在混凝土中或者剪坏掉落。通过将破坏后的界面切开发现,刷两层胶和一层胶的粘砂工艺对于石英砂与 BFRP 模壳表面的黏结破坏形式没有明显的影响,未粘砂的,切开后混凝土和 BFRP 模壳表面均比较光滑。图 7.52 对比分析了三种界面处理方式下黏结滑移

(a)单层胶(SZS)

(b)双层胶(DZS)

(c)仅打磨(BZS)

图 7.51 FRP 模壳-混凝土双剪试件破坏形态

曲线的变化,刷单层黏结剂(SZS)的界面黏结滑移曲线所包含的面积大于刷双层黏结剂(DZS)的界面黏结滑移曲线,因此按照界面断裂能的概念,单层黏结剂(SZS)发生界面滑移所需的能量要高于双层黏结剂(DZS),其具有更好的界面黏结性能。

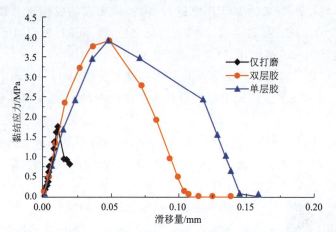

图 7.52　三种界面处理方式下黏结滑移曲线的对比

综上,试验表明,在打磨好的 FRP 模壳表面刷单层黏结剂,随后粘上石英砂,再与混凝土浇筑形成组合结构是比较理想的界面处理方法。

7.5　标　准　化

目前关于型材设计的标准较少,早期有两个设计手册可供工程设计人员使用:*Structural Plastic Design Manual*(ASCE,1984)以及 *Structural Design of Polymer Composites*;*Eurocomp Design Code and Handbook*(Eurocomp,1996)。各个生产公司也有自己相应的设计手册,比较全面的有 *Creative Pultrusions*(2004),*Strongwell Design Manual*(2002),以及 *Fiberline Design Manual*(2003)。设计手册包括设计中涉及的公式以及荷载表,均是由各个公司试验所得。中国有《结构用纤维增强复合材料拉挤型材》(GB/T 31539—2015)、《纤维增强复合材料工程应用技术标准》(GB 50608—2020)、《复合材料拉挤型材结构技术规程》(T/CECS 692—2020)可供参考使用。

7.5.1　FRP 型材产品及测试标准化

《结构用纤维增强复合材料拉挤型材》(GB/T 31539—2015)与《复合材料拉挤型材结构技术规程》(T/CECS 692—2020)分别对 FRP 拉挤型材的各项性能进行了要求,以下列举其中的主要规定。

1. 外观

FRP 型材表面应光滑平整、颜色均匀;应无裂纹、气泡、毛刺、纤维裸露、纤维浸润不良等缺陷;切割面应平齐,无分层。

2. 尺寸和尺寸偏差

除有特殊要求外,FRP 型材横截面上任一壁厚应不小于 3.0 mm;有耐久性能要求的产品,任一壁厚不小于 5.0 mm。

3. 物理性能要求

纤维增强复合材料拉挤型材物理性能应满足表 7.8 的要求。

表 7.8 FRP 型材物理性能要求

序号	项目	要求	测试方法	最少测试样条数
1	巴柯尔硬度	≥50	GB/T 3854	5
2	纤维体积分数/%	≥40	GB/T 2577	5
3	树脂不可溶成分含量/%	≥90	GB/T 2576	5
4	吸水率/%	≤0.6	GB/T 1462	5
5	玻璃化温度 T_g/℃	≥80 ℃且高于结构最高平均温度 20 ℃	GB/T 22567 方法 C	5

4. 力学性能指标

纤维增强复合材料拉挤型材力学性能要求分为三个等级:M17、M23 和 M30。各等级的型材应满足表 7.9 中的相应要求,相关力学性能可通过试验进行确定,或以规定中要求的最小值作为标准值。

表 7.9 FRP 型材力学性能要求

| 序号 | 项目 | 要求 | | | 测试方法 |
		M30 级	M23 级	M17 级	
1	纵向拉伸强度/MPa	≥400	≥300	≥200	GB/T 1447
2	横向拉伸强度/MPa	≥45	≥55	≥45	
3	纵向拉伸弹性模量/GPa	≥30	≥23	≥17	
4	横向拉伸弹性模量/GPa	≥7	≥7	≥5	
5	纵向压缩强度/MPa	≥300	≥250	≥200	GB/T 1448
6	横向压缩强度/MPa	≥70	≥70	≥70	
7	纵向压缩弹性模量/GPa	≥25	≥20	≥15	
8	横向压缩弹性模量/GPa	≥7	≥7	≥5	
9	纵向弯曲强度/MPa	≥400	≥300	≥200	GB/T 1449
10	横向弯曲强度/MPa	≥80	≥100	≥70	
11	层间剪切强度/MPa	≥28	≥25	≥20	GB/T 1450.1
12	纵向螺栓挤压强度/MPa	≥180	≥150	≥100	GB/T 30968.1
13	横向螺栓挤压强度/MPa	≥120	≥100	≥70	
14	螺钉拔出承载力/kN	≥kt/3	≥kt/3	≥kt/3	GB/T 31539 附录 A

注:螺钉拔出承载力中,t 为试件厚度,单位为 mm;k 为系数,$k=1$ kN/mm。

5. 全截面压缩性能

FRP 型材的全截面压缩极限承载力与横截面面积之比应大于纵向压缩强度的 0.85 倍。

6. 耐久性能

有耐久性要求的 FRP 型材,进行相应耐久性试验后,纵向拉伸强度、横向拉伸强度、纵向压缩强度和横向压缩强度的保留率不小于 85%。耐久性检验项目为:①耐水性能;②耐碱性能;③紫外线耐久性能;④冻融循环耐久性能。

7. 功能性

有功能性要求的 FRP 型材,应达到设计规定的功能性指标要求,包括:氧指数、垂直燃烧、水平燃烧、工频电气强度、导数系数等。

7.5.2 FRP 型材应用标准化

《复合材料拉挤型材结构技术规程》(T/CECS 692—2020)对型材在设计(轴心受力、受剪、受弯及受扭构件、螺栓节点连接等)、施工、检测、验收及维护等方面进行了规定。

1. 承载能力极限状态规定

设计纤维增强复合材料拉挤型材结构时,应根据结构破坏可能产生的后果,采用不同的安全等级。结构重要性系数 γ_0 按表 7.10 选取。

2. 正常使用极限状态规定

长期荷载组合作用下,复合材料构件中的最大等效应力与其材料强度标准值之比,CFRP 不应超过 0.7,BFRP 不应超过 0.5,GFRP 不应超过 0.3。

对主要及次要构件应分别验算荷载标准组合下的短期变形和准永久组合下的长期变形,并以其中的较大值作为依据,不应超过表 7.11 规定的限值。桥梁的水平构件应根据具体使用要求确定。

表 7.10 纤维增强复合材料拉挤型材结构重要性系数 γ_0

使用年限	γ_0 取值
一级或 100 年	≥1.1
二级或 50 年	≥1.05
三级或 25 年	≥1.0
临时建筑或 5 年以下	≥0.9

表 7.11 FRP 型材受弯构件的挠度限值

序号	构件类型	容许值
1	主要构件	1/250
2	次要构件	1/200

3. 疲劳计算

对于结构框架、屋面及外饰面,不考虑风和地震荷载作用下的疲劳影响动荷载。有以下情况时需进行疲劳计算:

(1) 峰值应力超过材料强度设计值的 15% 时;

(2) 疲劳荷载超过总荷载 40% 时;

(3) 构件应力变化在设计使用年限内超过 4 000 次。

关于施工、检测、验收及维护等的标准化规定,可参考规程 T/CECS 692—2020。

7.6 应用及前景

7.6.1 FRP 桁架结构

1. FRP 桁架结构特点

FRP 型材的轻质高强特点主要体现在顺纤维方向的抗拉强度特别高,而桁架结构中杆件主要承受沿杆件长度方向的拉(压)力,因此利用 FRP 型材制成的桁架结构更能充分发挥 FRP 优异的单向力学性能,而且还有效解决了传统钢材易腐蚀的问题,提高了结构的安全性,降低了结构的后期维护费。轻质高强的 FRP 桁架能大幅减轻基础支撑结构的重量,减少基础的成本费用,在起重设备难以到达的特殊环境中,可减少运输和安装的成本,尤其是在应急便桥中可以大幅度提高便桥的架设速度,便于抢险队伍快速抢通道路桥梁。

2. 典型工程应用

1997 年,丹麦 Kolding 市建成了世界上第一座全 FRP 跨铁路桥:桥的支撑系统采用拉挤型 FRP 桁架,跨长 38 m,节点采用螺栓连接;整桥重不到 10 t,却可承受约 500 kN 荷载。由于 FRP 桁架结构重量轻,安装和运输方便,大幅降低了项目的成本,该桥架设仅用时 18 h。

1997 年,在瑞士阿尔卑斯山脚下建造的 Pontresina 临时人行桥,采用 GFRP 拉挤型材拼装而成,全桥由两段跨度为 12.5 m 的桥段组成,分别采用螺栓连接和胶栓混合连接而成;每跨重仅约 1.65 t,整个安装过程用时约为 1~2 h(见图 7.53)。2005 年对该桥再次进行静力堆载测试,试验结果表明:经过 8 年的严酷环境使用后,桥梁完全满足正常使用和承载力极限状态的要求。

图 7.53 瑞士 Pontresina 人行桥

解放军理工大学针对装备式公路钢桥,拼装构件多而且重量大,不适合直升机吊装运输与架设等问题,设计并研制了一种 FRP-铝合金组合空间桁架桥(见图 7.54)。该桥结构由两个组合三角桁-梁形成车辙梁并通过二者之间沿纵向间隔布置的铝合金横向连接系构成;下弦杆件采用玄武岩纤维/碳纤维混杂的拉挤 HFRP 管,在变形要求高的情况下,采用全碳纤维型材管,所有的斜腹杆和竖杆均采用拉挤 GFRP 或 BFRP 管;所有 FRP 桁架杆件通过预紧力齿连接技术连接起来;模块化单元之间则采用基于法兰盘的单双耳接头进行连接(见图 7.54)。该桥高度为 1.2 m,可承受约 300 kN 荷载,但全桥总重只有 7.5 t,重量为传统相同跨度、相同承载力、装配式公路钢桥的 20%。拼装时间只需半个小时左右,拼装效率提高了 5 倍。该桥通过系列的堆载与车辆通载试验表明,该桥刚度与强度均满足设计与使用要求。

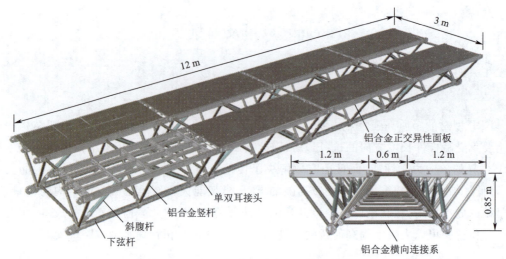

图 7.54　FRP-铝合金组合空间桁架桥模型

图 7.55 为东南大学设计建造的高良涧船闸扩容工程闸区工作桥,该桥采用全 GFRP 桁架桥梁体系,跨径 36 m,桥面宽度 3.6 m,全高 4.0 m。杆件全部采用 GFRP 型材管,桥面板使用 FRP-混凝土组合结构,连接部位全部采用螺栓连接,现场吊装该桥仅费时 40 min。

图 7.55　高良涧船闸扩容工程闸区工作桥

清华大学冯鹏教授于 2013 年设计并制备了一座跨度为 20 m 的全 GFRP 复合材料桁架人行桥,如图 7.56 所示,连接方式为胶栓混合连接。静载试验和有限元分析都表明:在正常使用状态下结构的荷载-位移曲线呈线弹性变化,且满足结构变形要求。

7.6.2　FRP 桥面板结构

1. FRP 桥面板结构特点

在桥梁结构中,桥面板通常是直接承受

图 7.56　茅以升公益桥

超载、腐蚀、疲劳等不利因素作用的构件。由于其长期暴露在自然环境中,加上寒冷地区的除冰盐、近海地区的氯离子等原因，使得桥面结构的钢材锈蚀问题尤为突出。采用 FRP 制备桥面板可有效解决桥面结构的腐蚀、疲劳等突出问题。与传统钢筋混凝土板桥相比，FRP 桥面板具有重量轻、运输安装方便、维护费用低、抗疲劳性能好等优势，无论对于公路桥还是人行桥都具有较强的适用性。

FRP 桥面板的结构形式主要可以分为两类：①拉挤成型的桥面板单元通过胶结或螺栓连接直接作为桥面结构使用；②通过 FRP 顶板、底板和夹层材料（硬泡沫材料、蜂窝结构材料、缠绕芯管等）组成桥面板。

2. 典型工程应用

1992 年，英国苏格兰的 Aberfeldy 高尔夫俱乐部的球场中，建成了一座全 FRP 结构的斜拉人行天桥（见图 7.57），全长 113 m，主跨为 63 m，宽 2.2 m，为双塔双索面斜拉体系。桥塔、梁、桥面板和扶手都采用了箱形截面的 GFRP 拉挤型材（弹性模量 22 GPa，强度 300 MPa），斜拉索为 AFRP 索（弹性模量 127 GPa，强度 1 900 MPa）外裹聚乙烯保护，部分连接为金属连接。这座桥是世界上第一座全 FRP 结构桥梁。

东南大学与河北省高速公路管理局联合研究并开发了新型 GFRP 桥面板，并将其应用于河北衡水某公路桥（见图 7.58）。桥面板由 1200 Tex 的 E 玻璃纤维丝束并混合多轴向纤维布（0°/−45°/45°/90°）拉挤而成，基体材料为乙烯基酯树脂，图 7.59 为 FRP 桥面板优化截面图。使用新型 GFRP 桥面板减轻了桥梁的自重，节省了桥梁下部和基础的造价。

图 7.57　苏格兰 Aberfeldy 高尔夫俱乐部斜拉 GFRP 箱梁人行桥

图 7.58　河北衡水某公路桥（总长 120 m）

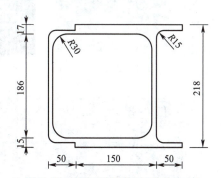

图 7.59　FRP 型材截面（单位：mm）

7.6.3　FRP-混凝土组合梁/板结构

为充分发挥 FRP 型材优良的抗拉性能并弥补 FRP 型材因刚度不足带来的过度使用材料的问题，FRP 型材组合结构（FRP-混凝土组合梁/板）成为研究的热点，其中最典型的结构形式是 FRP 桥面板，上部混凝土受压，下部型材受拉，以最大限度充分发挥混凝土及 FRP

材料的性能优势。同时，FRP 型材包裹在混凝土的底部，可避免钢-混凝土组合结构中钢材锈蚀劣化所导致的结构破坏问题，并大大减轻组合结构质量，提高结构的耐久性、强度和延性。该结构形式目前处于研究阶段。

7.6.4 其他型材结构形式

FRP 型材作为结构构件的典型应用形式在上两节已作详细介绍。除了 FRP 桁架桥结构和桥面板结构外，FRP 型材用作网架结构、薄板屋盖结构、编织结构等也取得了一定的研究和应用。以下简要介绍这些结构形式和特点。

1. FRP 型材网架结构

FRP 网架结构质量轻，仅为钢网架的 1/5～1/4，施工强度小、周期短、耐腐蚀性好，可避免凝露，维护费用低，线膨胀系数小，大跨度温度效应小。从 20 世纪 70 年代到 80 年代初，英国建造了几处网架结构，杆件采用钢或混凝土，用 GFRP 板填充网格作为受力或部分受力构件，如伦敦的 Covent 花卉市场尝试性地用 GFRP 杆件代替部分钢构件。1974 年，伦敦建造了一座全 FRP 空间网格结构，由 35 块四面体拼装而成。FRP 作为结构材料首次出现于 1942 年，美国军方用手糊的 GFRP 制作雷达天线罩，如今它已经被广泛应用于现代化工业体系的各个领域中。

2. FRP 薄板结构

FRP 还可制成波纹板、空心板及夹芯板等，如图 7.60 所示，可用于雷达天线罩、工业厂房、FRP 烟囱[图 7.60(d)]等结构中。FRP 还可作为一种新型的采光屋面结构材料用在建筑上，如图 7.60(e)所示，这种 FRP 屋面板可以做成弧形、拱形、壳形甚至更加复杂的形状，施工方便，重量轻。

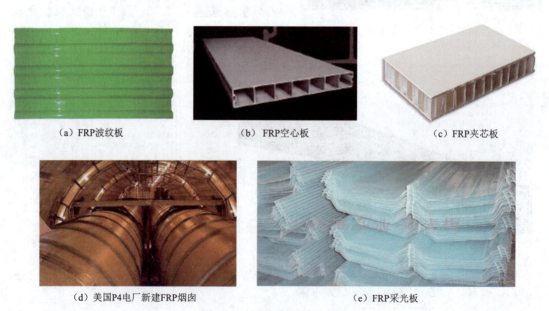

(a) FRP 波纹板　　　(b) FRP 空心板　　　(c) FRP 夹芯板

(d) 美国 P4 电厂新建 FRP 烟囱　　　(e) FRP 采光板

图 7.60　FRP 薄板制品应用

3. 网壳体系

20 世纪 60 年代初，英国瑟雷大学设计采用将 GPRP 板构成的板锥网状筒壳应用在邻近伦敦的米尔山上建成一个游泳池,该结构为一正六角锥形板锥网状柱壳,板锥单元底边用螺栓连接,顶部再用铝管连接,形成一个三向网格体系。1968年,英国的工程师用GFRP板和铝质骨架在利比亚港口城市班加西设计并建造了一个穹顶,防止空气中氯盐对结构的侵蚀。同年,英国Wollaston又建成了一座全GFRP折板结构的仓库。在荷兰,应用塑料板材建造的塑料板片空间结构、柱壳类和穹顶类结构跨度已达40 m以上。

1972年,我国建造的44 m直径的球形雷达天线罩为GFRP夹心板拼装穹顶(见图7.61)。1993年,中国第七届全运会四川赛区指挥中心,圆形会议厅采用半球形屋盖,采用GFRP制作穹顶球盖,由21片大小形状完全相同的块体预制,与土建施工同步进行,安装后内外不需要做任何装修,使工期大大缩短。上海东方明珠电视塔进出大厅也采用了双曲椭球面玻璃钢拱顶(玻璃钢蜂窝夹层结构),大厅玻璃钢拱顶基圆直径为60 m,梁与梁之间的最大跨度15 m,共计面积2 000 m² 以上。

4. FRP编织网体系

清华大学提出一种采用高强度碳纤维FRP的空间结构体系(见图7.62),它将建筑的视觉表现和材料结构的力学优势有机地进行结合,形成了外观新颖、自重轻、施工方便的大跨屋盖结构,适合于体育场、展览馆、交通枢纽等大型公共建筑。它采用CFRP薄板条,按类似编竹席的交错编织方法形成编织网面,网面边缘锚固于环梁上,并采用支撑和网面外拉索的方法,使整个FRP编织网张紧,使其具备足够的几何刚度,形成超大跨度的屋面体系。CFRP板条由碳纤维与树脂基体经过拉挤或层压工艺生产,纤维体积含量在60%以上,纵向弹性模量在160 MPa以上,纵向抗拉强度在2 400 MPa以上,纵向线膨胀系数约为$0.2\times10^6/℃$。

7.61 FRP型材球形雷达天线罩模型

图7.62 FRP编织网结构体系

5. FRP隧道衬砌

对于地下隧道结构而言,普通钢筋混凝土衬砌结构由于局部应力过大或地下水渗入腐蚀等极易发生性能劣化甚至破坏。FRP型材相较钢材或者钢筋混凝土能有效地解决钢材的腐蚀和后期不断出现的维护、维修问题。FRP型材作为隧道内衬砌的示意图如图7.63所示。在实际应用中,FRP隧道衬砌可进行全隧道布置[见图7.63(a)]或仅上半部分布置[见图7.63(b)]。安装FRP隧道衬砌可分为三个阶段:

(1)FRP支架设置。在隧道结构层内埋入地脚螺栓和固定FRP工字型的挡片,然后插入FRP工字型型材支架。

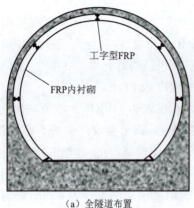 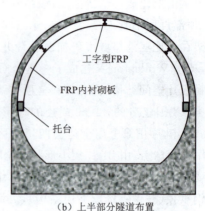

(a) 全隧道布置　　　　　　　(b) 上半部分隧道布置

图7.63　FRP隧道衬砌布置示意图

(2) FRP内衬砌板设置。在FRP工字型型材支架之间插入FRP内衬砌板。

(3) 灌装料填充。为了使结构形成整体,同时尽量避免地下水渗入,在FRP支架和FRP内衬砌面板之间进行灌浆防漏密封。

7.6.5　FRP型材应用前景

利用FRP轻质、高强、耐腐蚀的特点,在土木工程领域发展出了一系列形式性能各异,产品繁多的FRP型材结构体系。总体上看,设计时应考虑各种结构形式具有的生产方式和性能、破坏模式和设计考虑因素。针对具体的结构形式,需要根据其特点进行应用和推广,比如:

(1) FRP桁架因性能优异,综合效益高,其应用已逐步从尖端技术行业迈入资本投入较大的基础设施建设。随着材料和生产成本的降低,它必将有更广阔的发展前景。根据其应用和研究现状,FRP桁架需要解决的主要问题是:①经济性与力学性能的综合问题;②节点连接问题。GFRP及BFRP因其成本低的优势已逐步在土木工程中推广应用,但由于弹性模量低,结构以变形控制为设计指标,导致结构材料使用过多,反而造成成本上升。同时长期蠕变与疲劳性能也有待考查。FRP型材多表现为单向性能较好,但是构件连接的节点处受力往往比较复杂,故成为整个结构的薄弱点,限制了FRP型材的利用。

(2) FRP桥面板质量轻,可大大降低桥梁恒载,提高有效承载力。作为新一代桥梁承重结构,FRP桥面板具有十分广阔的应用前景,但设计中仍需要注意结构刚度和剪力传递的问题。

(3) FRP-混凝土组合梁/板结构可充分发挥FRP的抗拉性能,提高结构的耐久性能且FRP构件可作为模板方便施工,具有不可比拟的优势。但FRP型材-混凝土界面黏结及滑移等问题仍需进一步研究,且在设计中需要注意结构以刚度变形为控制指标。

(4) 空间结构正在向着超大跨度发展,结构自重是限制其实现这种跨越能力的重要因素。利用轻质高强的CFRP作为构成空间结构的基本材料,结构的力学特性和抗震性能均明显优于钢网架,但其破坏呈脆性,且以节点连接破坏为主,仍旧存在连接效率低以及不能充分发挥CFRP材料高强度的问题,因此空间结构用FRP型材的节点问题仍需进一步深入研究。

（5）FRP 轻质屋盖具有轻质高强、成型加工容易、工艺性能好、可以制成任意结构形式的优点,但是 FRP 突出的缺点是弹性模量低,屋面在受压时容易弯曲变形。因此,设计工作者必须摆脱传统屋面结构形式的约束,尽量选择自重轻、刚性好的结构形式,充分发挥出材料的功能,根据 FRP 的特点设计出新型屋面结构形式。

（6）FRP 编织网结构是一种新型的 FRP 材料结构形式,它能够充分发挥出 FRP 材料的优势,同时规避其劣势。在编织网中,各板条主要受单向拉力,在交点处因板条间的上下编织,会造成局部弯曲应力。但 FRP 编织网结构距其实际应用还有一定的距离,仍需从分析理论、设计方法以及施工技术等方面进行更为深入的研究和探讨。

国内外的研究表明,将 FRP 型材作为结构的基本承重体系应用到新建结构中有很广阔的发展前景。但由于目前 FRP 型材结构存在初期成本高、理论研究不够充分以及缺少规范的设计标准等问题,使得 FRP 型材在建筑结构中的应用受限。随着型材生产技术提升、成本降低、设计规范完善,FRP 作为承重构件在新建结构中的应用会逐步得到推广,有助于提升我国土木建筑结构的水平。

参考文献

[1] WU Z,WANG X,ZHAO X,et al. State-of-the-art review of FRP composites for major construction with high performance and longevity[J]. International Journal of Sustainable Materials and Structural Systems,2014,1:201.

[2] KELLER T. Recent all-composite and hybrid fibre-reinforced polymer bridges and buildings[J]. Progress in Structural Engineering and Materials,2001,3(2):132-140.

[3] TSAI S W,HAHN H T. Introduction to composite materials[M]. CRC Press,1980.

[4] LIU L,HUANG Z M. Stress concentration factor in matrix of a composite reinforced with transversely isotropic fibers[J]. Journal of Composite Materials,2014,48(1):81-98.

[5] 吴智深,汪昕,吴刚. FRP 增强工程结构体系[M]. 北京:科学出版社,2016.

[6] 刘路路,汪昕,吴智深. 基于构件-节点一体化设计纤维增强复合材料桁架结构节点性能研究[J]. 工业建筑,2019,9:109-112,172.

[7] HASHEM Z A,YUAN R L. Experimental and analytical investigations on short GFRP composite compression members[J]. Composites Part B:Engineering,2000,31(6/7):611-618.

[8] 韩帅,段跃新,李超,等. 不同针织结构经编碳纤维复合材料弯曲性能[J]. 复合材料学报,2011,28(5):52-57.

[9] 王子豪. 玄武岩纤维增强复合材料(BFRP)基本性能及其应用研究[D]. 南京:东南大学,2013.

[10] 邓文杰. BFRP 模壳—混凝土组合桥面板在长期荷载下的性能研究[D]. 南京:东南大学,2017.

[11] WANG X,WANG Z,WU Z,et al. Shear behavior of basalt fiber reinforced polymer（FRP）and hybrid FRP rods as shear resistance members[J]. Construction and Building Materials,2014,73:781-789.

[12] WANG X,ZHAO X,WU Z,et al. Interlaminar shear behavior of basalt FRP and hybrid FRP laminates[J]. Journal of Composite Materials,2016,50(8):1073-1084.

[13] 沈海彬. FRP 型材节点连接长期性能及桁架结构分析[D]. 南京:东南大学,2015.

[14] TALREJA R. Fatigue of Composite Materials[M]. Lancaster,Pennsylvania:Technomic Publishing Compa-

ny,Inc.,1987.

[15] WU Z,WANG X,IWASHITA K,et al. Tensile fatigue behaviour of FRP and hybrid FRP sheets[J]. Composites Part B:Engineering,2010,41(5):396-402.

[16] ZHAO X,WANG X,WU Z,et al. Fatigue behavior and failure mechanism of basalt FRP composites under long-term cyclic loads[J]. International Journal of Fatigue,2016,88:58-67.

[17] VOLKERSEN O. Die Niektraftverteilung in zugbeanspruchten mit konstanten laschenquerschritten [J]. Luftfahrtforschung,1938,15:41-47.

[18] DA SILVA L F M,DAS NEVES P J C,ADAMS R D,et al. Analytical models of adhesively bonded joints—Part Ⅰ:Literature survey [J]. International Journal of Adhesion & Adhesives,2009,29:319-330.

[19] ALLMAN D J. A Theory for Elastic Stresses in Adhesive Bonded Lap Joints[J]. The Quarterly Journal of Mechanics and Applied Mathematics,1977,30:415436.

[20] ADAMS R D,PEPPIATT N A. Effect of Poisson's ratio strains in adherends on stresses of an idealized lap joint [J]. The Journal of Strain Analysis,1973,8(2):134-139.

[21] 中国航空研究院编. 复合材料连接手册[M]. 北京:航空工业出版社,1994.

[22] YUAN R L,LIU C J. Experimental characterization of FRP mechanical connections(A)[C]// Proc. 3rd International Conference on Advanced Composite Materials in Bridges and Structures ACMBS-3,The Canadian Society for Civil Engineers Montreal,2000:103-110.

[23] LIM T S,KIM B C,DAI G L. Fatigue characteristics of the bolted joints for unidirectional composite laminates[J]. Composite Structures,2006,72(1):58-68.

[24] WHITNEY J M,NUISMER R J. Stress fracture criteria for laminated composites containing stress concentrations[J]. Journal of Composite Materials,1974(8):253-265.

[25] CHANG F K,SCOTT R A. Failure of composite laminates containing pin loaded holes-method of solution [J]. Journal of Composite Materials,1984(18):255-277.

[26] HAI N D,MUTSUYOSHI H,SHIROKI K,et al. Development of an Effective joining method for a pultruded hybrid CFRP/GFRP laminate[C]//Advances in FRP Composites in Civil Engineering. Springer Berlin Heidelberg,2011:103-106.

[27] ABDELKERIM D S. Study of static and fatigue performance of basalt fiber reinforced polymer multibolted connections[D]. Southeast University,Nanjing,2018.

[28] BRAESTRUP M W. Footbridge constructed from glass-fibre-reinforced profiles,Denmark[J]. Structural engineering international,1999,9(4):256-258.

[29] JANE G. Pultrusion provides roof solution [J]. Reinforced Plastic,1998(6):48-52.

[30] 赵启林,高一峰,李飞. 复合材料预紧力齿连接技术研究现状与进展[J]. 玻璃钢/复合材料,2014,12:52-55.

[31] ZHANG D D,ZHAO Q L,Huang Y X,et al. Flexural properties of a lightweight hybrid FRP-aluminum modular space truss bridge system[J]. Composite Structure,2014,108:600-615.

[32] MCCORMICK F C. Advancing Structural Plastics into the Future[J]. Structure Engineering,ASCE,1998,114(3):235-243.

[33] 吴刚,陶津,李金涛,等. 盾构隧道环向智能化加固结构及加固方法:104389621[P]. 2014-12-12.

[34] 齐玉军,冯鹏,叶列平. 单层 FRP 编织网结构的基本力学模型与分析[J]. 工程力学,2012,29(5):180-188.

第8章 FRP锚杆

8.1 概　　述

锚杆是采用金属件、木件或其他原材料加工制作而成的杆状构件,通常运用钻孔注浆技术将杆体打入岩土体并固定于深部稳定的地层中,依赖于黏结作用使其与周围地层结合在一起,使被加固体稳定并限制其变形。由于锚杆结构可靠性较高、经济、便捷,所以在坑道、基坑、边坡、水库等工程建设中获得了广泛应用。

自 1912 年,美国首次将钢锚杆运用到矿山地下通道,百余年间,锚杆技术得到飞速发展,但是由于钢锚杆应用的工程多处于复杂地质或气候环境,造成钢锚杆普遍存在腐蚀现象,安全性难以得到保证。即便采用表面热浸镀锌、涂环氧树脂涂层、注浆浆液中掺入防腐剂等技术措施,也未从根本上解决腐蚀问题。因此,研究和开发轻质高强、耐腐蚀、低松弛的新型锚杆代替钢锚杆,成为亟待解决的问题。

FRP 锚杆是以纤维为增强材料,以合成树脂为基体,掺入适量辅助剂,经拉挤缠绕、拉挤模压和必要的表面处理形成的一种新型锚杆。相对于钢锚杆,FRP 锚杆具有轻质、高强、耐腐蚀、易切割和运输方便等特点。因此,在实际工程中,FRP 锚杆被越来越多地用于替代钢锚杆,以解决钢锚杆耐久性不足和施工困难等问题。

从 20 世纪 90 年代开始,国外开始采用 FRP 锚杆替代传统钢锚杆。瑞士 Widmann 公司成功地推出了全螺纹锚杆、注浆锚杆和全螺纹锚索,并在矿山、隧道工程等得到了应用。法国塞尔泰特种公司研制生产的 GFRP 锚杆具有简单实用的特性,得到广泛使用。英国、澳大利亚等国也在 90 年代中期进行了 GFRP 锚杆的试验研究。前苏联劳动保护与安全管理局和矿山管理局在 90 年代以 FRP 锚杆立项,进行了井下试验。日本于 1990 年首先将 FRP 锚杆应用在人行桥桥台的加固中,并分别于 1994 年和 1995 年将 FRP 锚杆用来加固 Meishin 高速公路的挡土墙和 Kawabe 高速公路改线工程。

我国对 FRP 锚杆的研究也是从 20 世纪 90 年代逐步开展的,研究团体主要集中在一些高等院校以及中国建筑科学研究院等科研机构。随着对 FRP 研究的不断深入,我国于 2000 年成立了 FRP 及其工程应用专业委员会,已在煤矿巷道、隧道、基坑、边坡、水库坝体等工程建设中使用 FRP 锚杆,效果显著。例如,深圳海川工程路桥材料研究所开发出了普通 FRP 锚杆和中空 FRP 锚杆等新型岩锚系统,并在常吉高速公路某边坡工程中得以应用。

近年来,由于预应力 FRP 锚杆可以实现主动限制前期变形,端部锚固可靠、安全等原因,预应力 FRP 锚杆得到了广泛应用。例如,在汉口中建御景星城建设工程中时使用的预应力FRP锚杆技术,不仅实现了深基坑支护的目的,而且还减少了深基坑和地下空间工程建筑红线外占地,大大降低了工程成本。与普通钢锚杆相比,降低费用10%~15%。在路基、滑坡等监测方面,由于智能FRP锚杆可实现对极端环境下的路基沉降、边坡位移实时监测、传输信息等作用,因此,智能FRP锚杆在监测领域也得到了快速应用(相关介绍详见本章8.6.1)。

本章介绍FRP锚杆生产制备工艺,FRP锚杆的种类及特点,FRP锚杆拉伸、剪切、螺纹承载力、扭转以及抗静电等工作性能指标,以及FRP锚杆在具体工程中的应用,并对FRP锚杆应用现状、发展前景等进行了阐述。

8.2 生产制备工艺

FRP锚杆杆体的生产制备工艺主要分为拉挤-缠绕型工艺和拉挤-模压型工艺,下面对这两种成型工艺进行简单介绍。

8.2.1 拉挤-缠绕成型

典型的拉挤-缠绕生产工艺如图8.1所示。首先,纱架上的纤维经过漏板,表面浸润树脂;随后,纤维经牵引机牵引,进入缠绕装置进行纤维缠绕,表面形成螺纹;之后,经加热固化,在牵引机的牵引下,对杆体进行切割,形成FRP锚杆杆体。此外,也可修正螺纹精度和去除毛刺,对杆体进行表面特殊功能涂层,如抗静电涂层等。

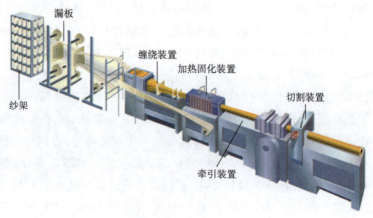

图8.1 拉挤-缠绕成型

8.2.2 拉挤-模压成型

将模压技术引入到拉挤成型工艺中所形成的拉挤-模压成型技术,是对拉挤技术的进一步发展。FRP锚杆杆体拉挤-模压成型如图8.2所示。首先,纱架上的无捻粗纱经导纱槽进入浸胶槽浸胶;随后,预成型合拢成束,并在加热装置加热;之后进入模压模具,模具内上方的活动模下压,树脂和增强材料随之流动,发生变形并填满模具内腔;在受热固化后将活动模上移,把制品牵引出模,进行定长切割,制成FRP锚杆制品。

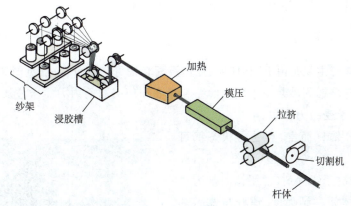

图 8.2　拉挤-模压成型

拉挤-缠绕成型和拉挤-模压成型的 FRP 锚杆杆体都能达到设计要求,但拉挤-缠绕成型的锚杆杆体和螺纹结构的一体化程度高,抗剪切性能较好,操作简便,自动化程度高。而拉挤-模压成型的锚杆杆体与螺纹结构界面由树脂黏结,整体抗剪强度较低,生产工艺复杂,不能实现自动一体化。

8.3　种类及特点

FRP 锚杆一般包括外锚段、自由段和锚固段(内锚段)三部分(见图 8.3)。外锚段(锚头)位于被锚固结构与自由段交接部位,作用是把被支护结构物上的作用荷载传给自由段。为了能充分地发挥锚头传递荷载的作用,锚头材料自身必须具有足够高的强度,组成锚头的各构件间能够牢牢地固定在一起,从而将受力有效地扩散开,使杆体受力均匀。自由段通常位于锚杆的前段,主要功能是将外锚段所受的荷载作用传递给稳定的锚固体。为了能够较好地传递荷载,应使自由段位于锚杆装置的中心线上。一般选用抗拉强度高的材料作为锚杆的自由段,这样能够大幅度提高锚杆极限承载力。锚固段(内锚段)通常位于锚杆的中部或末端,主要作用是将锚头和自由段传来的荷载通过与土层间的摩擦力或岩土体的支撑阻力传递给稳定的岩土体。根据使用功能的不同,FRP 锚杆主要分为普通 FRP 锚杆、预应力

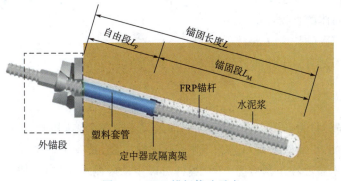

图 8.3　FRP 锚杆构造示意

FRP 锚杆、中空 FRP 锚杆以及智能 FRP 锚杆等几种形式。

8.3.1 普通 FRP 锚杆

普通 FRP 锚杆主要是由 FRP 杆体、托盘及配套螺母三部分构成(见图 8.4)。在未施加荷载作用之前,忽略锚固砂浆由于凝固回缩和徐变作用引起的内力。当施加荷载作用后,锚杆和周围岩土体承受拉力作用。

对普通 FRP 锚杆而言,其受力状态都可以简化为同一个力学计算模型(见图 8.5),极限承载力主要取决于锚固剂(常用锚固剂为锚固砂浆)与岩土体间黏结强度、锚杆与锚固剂间黏结强度和锚杆杆体自身强度。锚固长度存在一个临界值,当超过这一值时,锚固长度的增加对提高锚杆的极限承载力意义不大,此临界长度被称为临界锚固长度。当锚固长度小于临界锚固长度时,锚杆极限承载力主要由

图 8.4 普通 FRP 锚杆实物

锚固剂与岩土体界面间的黏结强度和锚杆与锚固剂间的黏结强度来提供;当锚固长度大于临界值时,锚杆极限承载力主要是由杆体材料自身强度来提供。

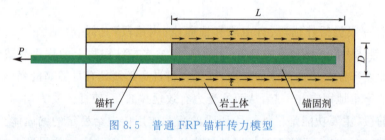

图 8.5 普通 FRP 锚杆传力模型

假定锚固体与岩土体面间的黏结应力沿杆体长度方向上是均匀分布的,锚杆的极限承载力 P 可通过式(8.1)计算。

$$P = \pi D L \tau \tag{8.1}$$

式中 P——锚杆的极限承载力,N;
D——锚固体的直径,mm;
L——锚固段的长度,mm;
τ——锚固剂与岩土体间极限剪切应力平均值,N/mm²。

8.3.2 预应力 FRP 锚杆

普通 FRP 锚杆材料利用率低,被动加固的效果不理想,与其相比,预应力锚杆能充分发挥材料的力学性能,可有效提高承载力、刚度和抗裂性能,具有主动加固、降低成本、安全可靠的特点。其技术核心在于预应力 FRP 锚杆可以主动限制前期变形,取得更有效的支护作用,并提高 FRP 锚杆螺纹承载力,使得锚杆的端部锚固可靠。

预应力 FRP 锚杆一般包括外锚段、锚杆杆体和锚固段三部分,如图 8.6 所示。锚固段末端通常采用开口式,可有效地增大与稳定岩土体间的咬合力;杆体材料通常采用直径较大、抗拉强度高的 FRP 筋材;而外锚段包括锚固墩、垫板和配套锚具,锚固墩和垫板必须具有足够的强度,才能充分发挥预应力的作用。

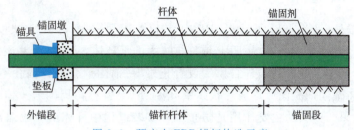

图 8.6 预应力 FRP 锚杆构造示意

预应力 FRP 锚杆能对被支护的构筑物提供足够承载力,预压力可有效地控制围岩向不利的方向变形,有效调整锚杆周围岩土体的应力分布。与普通 FRP 锚杆相比,在预应力荷载作用下,支挡结构物表层岩土体处于主动受压状态,提高了支挡结构物岩土体的整体稳定性。此外,预应力 FRP 锚杆的适用范围广,能够有效地将极限承载力均匀地分散在被锚固的结构上,不受锚固对象及其地质条件的影响。

预应力 FRP 锚杆安装后,其一端被紧紧地固定在孔底深处稳定岩土体中,在另一端张拉锚杆至预定值,安装锚具,将锚杆张拉端(外锚段)固定于构筑物或支挡结构的表面。利用预应力 FRP 杆体的回缩力加固构筑物表层不稳定的岩土体,通过提高主动滑动体的抗剪强度,达到增强被锚固结构的稳定性。

锚固体与岩土体界面间的黏结应力沿杆体长度方向上是非均匀分布的,如图 8.7 所示,预应力 FRP 锚杆的极限承载力 P 可通过式(8.2)和式(8.3)计算。

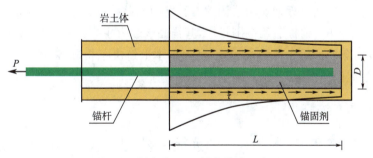

图 8.7 预应力 FRP 锚杆传力示意图

$$P = \int_0^L \pi D \tau_x \mathrm{d}x \tag{8.2}$$

$$\tau_x = \tau_{\max} \mathrm{e}^{-\frac{A_x}{D}} \tag{8.3}$$

式中　P——锚杆的极限承载力,N;

　　　D——锚固体的直径,mm;

　　　L——锚固段的长度,mm;

τ_x——沿锚杆长度变化的锚固剂与岩土体的剪切应力,N/mm^2;
τ_{max}——最大摩阻力,位于锚固体外端部,即 $L=0$ 时的摩阻力;
A_x——岩土体和锚固体结合力的相关参数。

8.3.3 中空 FRP 锚杆

中空 FRP 锚杆(见图 8.8)主要由 FRP 中空杆体、配套锚头、止浆塞、垫板和螺母五部分构成(见图 8.9)。空心杆体既作为 FRP 锚杆抗拔力的承载体,又可作为注浆通道,保证锚固剂能够充满整个孔洞。通常在锚杆自由端设置止浆塞,锚固剂会沿着锚孔不断向周围岩土体缝隙间扩散,待锚固剂凝固后形成树状体系,增强 FRP 锚杆与周围岩土体间的黏结性能,从而提高锚固效果。锚头的主要作用是防止锚杆安装过程中杆体出现收缩,同时可兼作压力座。

图 8.8 中空 FRP 锚杆实物

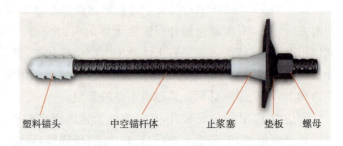

图 8.9 中空 FRP 锚杆构造

中空 FRP 锚杆不仅能提供较大的极限承载力,而且锚固剂能够很好地改良周围的岩土体,尤其适用于软弱岩层、层理面分层等复杂的地质条件。由于中空 FRP 锚杆注浆通道是贯通的,保证了锚杆的灌浆质量;并且有锚头和止浆塞等构件,能准确地定位锚杆的位置,使其居于锚孔的中心,从而可近似认为锚固体与孔壁间的黏结应力是均匀分布的,可有效地提高锚固效果。中空 FRP 锚杆适用范围较广,其锚固承载力主要由锚固剂与孔壁间的黏结强度决定,受锚固对象的地质条件影响较小,从而根本上解决了松软、断裂等复杂地质环境下无法采用锚杆加固的问题。

8.3.4 智能 FRP 锚杆

智能 FRP 锚杆主要由杆体、锚头、光纤光栅传感器(FBG)、附属部件等构成,其基本结构如图 8.10 所示。在 FRP 锚杆杆体成型的过程中,将 FBG 置入杆体,并利用 FRP 锚杆杆体对其封装,形成智能 FRP 锚杆,不仅可以实现 FRP 锚杆服役期间性能监测,还能进一步促进对其工作机理的研究。

FBG 是智能锚杆中的核心"智能"部分,同时也是智能锚杆成本控制的关键,传感器布设位置应根据锚杆体结构的受力状况选取。锚杆主要承受轴向拉力,通过布设 FBG 可测试出锚杆某点受力时的应变,通过应变即可计算出该点所在截面的轴力,在长期监测时须对传感器进行温度补偿。

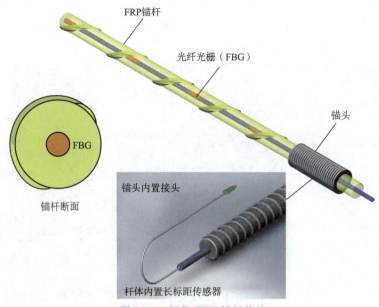

图 8.10　智能 FRP 锚杆构造

8.4　关键性能指标

8.4.1　FRP 锚杆材料性能

1. 拉伸性能

拉伸性能是锚杆的主要性能之一。在 FRP 锚杆拉伸的过程中,随着荷载的增加,杆体各层纵向纤维间的横向联系逐渐减弱,随后杆体四周外侧的纵向纤维发生断裂,最后杆体整体被拉断(见图 8.11)。

图 8.11　FRP 锚杆杆体试件破坏照片

图 8.12 为 FRP 锚杆杆体从开始加载到试样破坏的拉伸荷载-位移曲线。在拉伸初期,纤维逐渐受力被拉直,荷载-位移曲线呈现出先缓后陡的趋势。当荷载小于极限荷载值时,荷载-位移形曲线可近似视为一条斜直线,杆体处于弹性变形阶段。当荷载超过一定范围后,拉伸曲线斜率减小,随后达到极限荷载,此时 FRP 锚杆杆体突然发生断裂,且没有明显的破坏迹象,属于脆性破坏形式。

2. 剪切性能

图 8.13 为 FRP 锚杆杆体从开始加载到试样破坏的剪切荷载-位移曲线。在剪切力小

于极限荷载的60%时,荷载大小随着变形量的增加几乎成线性增长;在接近极限剪切荷载时荷载-位移曲线有波动,这是由于杆体发生纤维断裂所导致。当荷载达到剪切极限荷载后,曲线迅速下降,此时试样表现为脆性破坏。

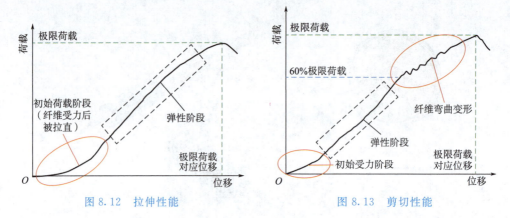

图 8.12　拉伸性能　　　　　　　　图 8.13　剪切性能

在外荷载作用下,FRP锚杆杆体不但承受轴向拉力作用,还承担周围岩土体对杆体的横向剪切作用。在FRP锚杆层间剪切的加载过程中,杆体纤维断裂逐渐从外侧向内侧发展,在达到极限荷载后,杆体试样被剪断,整个横截面上的纵向纤维断裂较整齐,属于脆性破坏(见图8.14)。

图 8.14　FRP锚杆剪切破坏断面

3. 扭转性能

扭矩是FRP锚杆安装和预紧的主要技术指标,可通过材料设计和铺层设计两个途径提高FRP锚杆的扭转性能。在材料设计方面,树脂性能越好,扭转性能越好。一般情况下扭转性能:环氧树脂FRP锚杆＞乙烯基酯FRP锚杆＞不饱和树脂FRP锚杆。在铺层设计方面,适当增加横向缠绕铺层可明显改善杆体扭转性能。南京锋晖复合材料有限公司经过长期研究,成功开发出高扭矩锚杆系统,扭转性能是普通FRP锚杆的2倍,提升至290 N·m,达到了国际领先水平。现将有代表性的GFRP锚杆和BFRP锚杆的力学性能参数列出,见表8.1和表8.2。

表 8.1　GFRP 锚杆体力学性能

直径/mm	抗拉强度 f_k/MPa	剪切强度 f_v/MPa	扭矩 T/(N·m)	极限应变/%	弹性模量 E/GPa
<16	≥600	≥110	—	≥1.5	
16			≥41		
18	≥550	≥110	≥50	≥2.0	≥50
≥20			≥70		

表 8.2　BFRP 锚杆体力学性能

直径/mm	抗拉强度 f_k/MPa	剪切强度 f_v/MPa	扭矩 T/(N·m)	极限应变/%	弹性模量 E/GPa
<16	≥850	≥110	—	≥1.5	
16			≥45		
18	≥800	≥110	≥55	≥2.0	≥55
≥20			≥75		

4. 疲劳性能

预应力 FRP 锚杆组装件应通过 200 万次疲劳荷载性能试验。当锚固的预应力筋为 FRP 杆体时,试验应力上限应为预应力 FRP 锚杆杆体公称抗拉强度 f_{ptk} 的 50%,疲劳应力幅度不应小于 80 MPa,并且在经受 200 万次循环荷载后,锚具不应发生疲劳破坏。与此同时,预应力 FRP 杆体因夹持作用发生疲劳破坏的截面面积,不应大于组装件中预应力 FRP 杆体总截面面积的 5%。

8.4.2　FRP 锚杆应用性能

1. 黏结性能

(1) 锚固界面

锚固系统由锚杆杆体、锚固剂(胶结材料)和岩土体三部分组成,锚固系统中主要关注两个界面,如图 8.15 所示。

第一个界面是锚固剂与岩土体孔壁的接触面[见图 8.15(b)]。锚固剂与岩土体孔壁之间的黏结强度取决于孔壁粗糙程度、钻孔方法、锚固段的长度、锚固剂与孔壁接触面积以及锚固剂与孔壁间的剪切强度等。第二个界面是锚固剂与 FRP 杆体的接触面[见图 8.15(c)]。锚固剂与锚杆之间的黏结强度取决于锚固剂、锚杆表面形状、接触面积、锚固段锚杆与锚固剂的黏结长度或形状等。在工程现场,一般可以通过拉拔试验获得黏结强度。

(2) 失效模式

从锚固机理角度出发,FRP 锚杆黏结失效可以分为以下三种情况,如图 8.16 所示。

① 锚杆杆体断裂。锚杆的作用是传递荷载,因此杆体自身需要有一定的强度,否则会被拉断。图 8.16(a)为锚杆杆体本身发生断裂,通常表现出抽丝、拉断的劈裂形式,脆断是其主要破坏特征,这是由于材料本身的抗拉强度不足引起的。由于 FRP 锚杆杆体的抗拉强度远远大于钢锚杆,所以在锚杆支护中,FRP 锚杆很少因抗拉强度不够而发生被直接拉断的破坏。

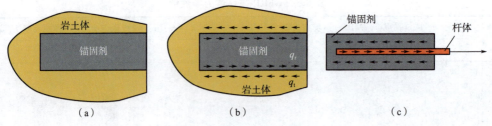

图 8.15　锚杆、锚固剂及孔壁受力分析

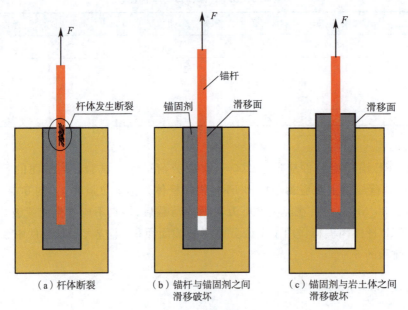

图 8.16　锚杆失效分析

②锚杆与锚固剂之间滑移破坏。当岩土体与锚固剂黏结强度足够大,而锚杆与锚固剂黏结力不够时,就会发生锚杆与锚固剂的滑移,进而导致锚杆失效破坏。图 8.16(b)为杆体和锚固剂之间产生滑脱后的拔出破坏。这是由于由锚杆与锚固剂界面抗剪强度不足导致的。因此,选择外表面带有螺纹或者缠绕钢丝的锚杆是避免此类破坏的常见手段。

③锚固剂与岩土体之间的滑移破坏。图 8.16(c)所示的破坏模式为锚固剂与周围岩土体发生分离。当锚固剂与岩土体界面的黏结性能比较薄弱时,容易产生这种界面破坏模式。

(3)影响因素

①杆体类型。不同材质的 FRP 杆体与锚固剂的黏结性能必有差别,这主要是由各自独立的物理、化学性能决定的。除此之外,锚杆的表面形态对两者之间黏结性能的影响也很大。相比表面光滑 FRP 锚杆杆体,表面喷砂或带肋都会显著增大杆体与锚固剂之间的机械咬合力,而不同粘砂强度和肋参数(肋间距、肋高度等)都会对 FRP 的黏结性能产生不同程度影响。

②杆体直径。在一定锚固长度下,FRP 锚杆的黏结强度随锚杆直径的增大而减小,存在明显的尺寸效应。除此之外,当锚杆直径较大时,由于杆体材料本身的各向异性,在拉拔作用下,FRP 锚杆横截面中心与边缘的变形存在一定差异,这就导致了杆体横截面的正应力分

布不均匀,剪切滞后现象明显。

③环境因素。在室内试验中,环境因素主要体现在温度对黏结性能的影响。在较高温度下(60 ℃以上),FRP锚杆的黏结性能会有一定程度的降低。环境因素在现场试验中的影响主要体现在周围地层的原始地应力、初始密度、含水率以及表面磨圆度等。

④加载方式。加载方式多采取逐级加载和循环加载方式。不同加载方式下,FRP锚杆的受力过程和破坏形式都会出现明显差异,研究表明循环加载的破坏强度约为单调加载的95%。

2. 托盘承载力

锚杆托盘作为锚杆支护系统中的一个重要部件,其性能直接影响到锚杆的支护效果。托盘的作用是把螺母锁紧力矩所产生的推力传递给被锚固体,产生初锚力,同时又将岩土体压力传递给锚杆,产生工作阻力,共同加固围岩,阻止岩土体的位移。对FRP锚杆托盘承载力的要求见表8.3。

表8.3 FRP锚杆螺纹承载力要求

直径/mm	外观	公称直径/mm	极限承载力/kN	托盘承载力/kN	螺纹承载力/kN
18	质地均匀,无气泡、裂纹	18	60	60	60
20		20	70	70	70
22		22	80	80	80
24		24	90	90	90
27		27	100	100	100

3. 螺纹承载力

锚杆螺纹部分是锚杆杆体的关键部位,受力十分复杂,是锚杆杆体的薄弱环节,其力学性能的优劣直接决定了锚杆支护效果好坏和支护系统的安全可靠性。螺纹承载力是锚杆的主要技术指标,由于FRP材料垂直纤维方向的强度低,FRP锚杆相对于金属锚杆的螺纹承载力相对较弱,只能达到杆体荷载的50%左右,因此对FRP锚杆的螺纹承载力必须进行严格的要求,见表8.3。

影响螺纹承载力的因素主要包括加工工艺、螺纹精度和螺纹参数。

(1)螺纹加工工艺。锚杆杆体螺纹的生产过程一般包括下料、螺坯成型和螺纹加工,其中螺坯成型和螺纹加工工艺直接影响锚杆螺纹段的强度性能。采用不同的螺纹加工工艺,会对锚杆杆体材质造成不同程度的硬化和损伤,最终导致螺纹承载力差别很大。

(2)螺纹精度。螺纹精度是由螺纹公差带和螺纹旋转长度共同组成的衡量螺纹质量的综合指标。影响螺纹加工精度的主要因素包括锚杆材质、螺纹加工工艺与螺纹加工设备。如果锚杆螺纹段在加工过程中的精度较低,则会造成螺纹表面粗糙,一方面使锚杆螺母扭矩转化系数降低,另一方面,由于螺纹表面加工缺陷和裂纹的存在,易导致锚杆螺纹段在复合应力作用下形成应力集中,导致裂纹的扩展和延伸,致使锚杆螺纹部分发生断裂,造成支护失效。

(3)螺纹参数。锚杆螺纹的参数包括公称直径、牙型角、螺旋升角、螺距、螺纹齿高与齿厚等众多参数,不同的螺纹参数直接影响螺纹预紧力矩和预紧力之间的转化效率,同时对螺纹段拉伸强度、剪切强度、抗扭转强度等力学性能有显著的影响。目前国内锚杆结构主要沿用机械行业的相关标准,采用 ISO 米制普通螺纹标准,锚杆尾部螺纹大多数均采取普通三角粗牙螺纹,螺纹的公称直径主要集中在 M18~M27(表 8.4),常见的有 M22、M24 和 M27 三种规格。

表 8.4 锚杆直径与锚杆螺纹规格参数

杆体直径/mm	16	18	20	22	25
螺纹规格螺距/mm	M18 2.5	M20 2.5	M22 2.5	M24 3.0	M27 3.0

8.5 标 准 化

8.5.1 FRP 锚杆测试方法标准

目前国内外 FRP 锚杆的设计、测试规范较为欠缺,主要相关规范可参考美国 *Stabilty and Support of Sides of Mine Roadways*(煤矿巷道的稳定与支护)(RR153)、英国 *Strata reint Forcement Support System Components Used in Coal Mines-Part* 1: *Specification for rockbolting*(煤矿用地层加固支撑系统部件-第 1 部分:锚固规范)(BS 7861-1:2007),我国针对 FRP 锚杆的相关规范主要有《树脂锚杆 玻璃纤维增强塑料杆体及附件》(MT/T 1061—2008)。下面简要介绍 FRP 锚杆有关性能的测试方法。

(1)拉伸性能

FRP 锚杆拉伸测试时,一般将 FRP 锚杆去掉杆头和杆尾,杆体中间段随机截取 750 mm,两端各 250 mm 用胶黏剂锚固在与之匹配的钢管内。为保证锚杆杆体试件与钢套管在杆件破坏前不脱胶,在钢套管内壁加工内螺纹(见图 8.17),达到增加摩擦的效果。测试时,试验环境条件为温度(23±2)℃,相对湿度(50±10)%,拉伸强度测试速度为 5 mm/min,弹性模量测试加载速度为 2 mm/min。

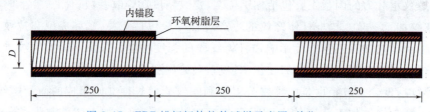

图 8.17 FRP 锚杆杆体拉伸试样示意图(单位:mm)

参照《拉挤玻璃纤维增强塑料杆力学性能试验方法》(GB/T 13096—2008),可分别计算锚杆杆体的拉伸强度[式(8.4)]和弹性模量[式(8.5)]:

$$\sigma_b = \frac{4P_b}{\pi D^2} \tag{8.4}$$

式中 σ_b——拉伸强度,MPa;

P_b——试件破坏时的最大荷载,N;

D——试样工作段直径,mm。

$$E = \frac{4\Delta P}{\pi D^2 \Delta \varepsilon} = \frac{4\Delta P L_0}{\pi D^2 \Delta L} \tag{8.5}$$

式中 E——拉伸弹性模量,MPa;

ΔP——弹性阶段荷载增量,N;

D——试样工作段直径,mm;

L_0——试验前的测量标距,mm;

$\Delta \varepsilon$——与 ΔP 对应的应变增量;

ΔL——与 ΔP 对应的标距 L_0 内的应变增量,mm。

(2)剪切性能

FRP锚杆层间剪切试验根据《拉挤玻璃纤维增强塑料杆力性能试验方法》(GB/T 13096—2008)进行,通过剪切试验机进行测试,试验温度(23±2)℃,相对湿度(50±10)%,测试加载速度为 1.3 mm/min,时间控制在 20~200 s。FRP锚杆杆体的剪切强度:

$$\tau_s = \frac{8P_b}{3\pi D^2} \tag{8.6}$$

式中 τ_s——剪切强度,N/mm²;

P_b——试件破坏时的最大荷载,N;

D——试样直径,mm。

(3)扭转性能

FRP锚杆杆体扭矩试验台加载系统如图 8.18 所示。试验时将 FRP 锚杆(全长)安装在扭矩试验台,杆尾固定,杆头与扭矩传感器连接。如果杆体长度超过 100 倍直径,中部需加装托扶器,防止杆体产生弯曲变形。将加载机构转速调至 200~300 r/min,使杆体处于空负载旋转状态,调整加载装置,在 8 s 内将负载平稳升至规定扭矩(40 N·m),并运转 40 s,杆体不应产生断裂、严重变形等异常。

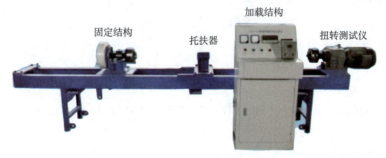

图 8.18 FRP 杆体扭矩试验台测定系统

(4)张拉锚固性能

对于预应力 FRP 锚杆来说,在张拉锚固性能方面也有具体要求。当锚固体的强度达到 15 MPa 或设计强度的 75% 后,才可进行预应力 FRP 锚杆张拉。锚杆张拉时,应平缓加载,

速率不宜大于 $0.1P_k/\min$（P_k 为预应力 FRP 锚杆极限荷载）。预应力施加的锚杆拉力应考虑锁定过程的预应力损失量，预应力损失量宜通过对锁定前、后锚杆拉力的测试确定。锚杆锁定应考虑相邻锚杆张拉锁定引起的预应力损失，当锚杆预应力损失严重时，应进行再次锁定。锚杆出现锚头松弛、脱落、锚具失效等情况时，应及时修复并对其进行再次锁定。当锚杆需要再次张拉锁定时，锚具外杆体长度和完好程度应满足张拉要求。

FRP 锚杆锚具主要分为传统锚杆锚具、夹片式锚具、黏结式锚具（夹片式锚具、黏结式锚具形式可参见第 4 章）。不同锚具形式的限制因素、相关解决办法见表 8.5。

表 8.5 提高 FRP 锚杆预紧力方法

产品型号	限制因素	解决方法	备注
传统锚杆锚具	螺纹加工精度	提高加工精度	不确定性大
	螺母与托盘间摩擦力大小	减摩垫圈	成本较高
		滚动摩擦代替滑动摩擦	
		先张拉再上螺母	工序烦琐
	杆体强度	材料设计	改进困难
	扭矩大小	增加扭矩	过大扭矩会造成杆体损伤
夹片式锚具	杆体与夹片之间的摩擦系数	锚具硬度应比杆体高，夹片应具有一定强度和韧性	FRP 锚杆容易剪切破坏
	夹片强度		
黏接式锚具	黏结介质	改进锚固剂，以及优化锥度设计	靠岩土体和锚杆黏接

预应力 FRP 锚杆的张拉锚固极限承载力计算公式如下：

$$P_k = \frac{P_b}{K} \tag{8.7}$$

式中 P_k——锚杆拉力极限值，N/mm^2；

P_b——锚杆极限承载力，N；

K——安全系数。

预应力 FRP 锚杆杆体的公称极限抗拉力 F_{ptk} 计算公式如下：

$$F_{ptk} = A_{ptk} \times f_{ptk} \tag{8.8}$$

式中 A_{ptk}——预应力筋公称截面面积，mm^2；

f_{ptk}——预应力筋公称极限抗拉力，mm^2。

(5) 托盘承载力

FRP 锚杆的托盘承载力按《树脂锚杆金属杆体及其附件》（MT 146.2—2011）中 6.6 的规定进行试验。

(6) 螺纹承载力

从杆体尾部截取 600 mm，将前端 300 mm 用胶黏剂粘接于与之匹配的钢管内，使黏接强度大于尾部连接部位及螺纹承载力，24 h 后在万能伺服试验机上进行试验。试验时将连接部位及螺纹段一端装入特制拉力架，将钢管端放入试验机上的锚口中，加载速度为 3 kN/s，直至试件破坏。

8.5.2　FRP 锚杆产品及应用标准

《树脂锚杆　玻璃纤维增强塑料杆体及附件》(MT/T 1061—2008)对 FRP 锚杆产品的外形尺寸、力学性能等参数进行了详细规定,同时对 FRP 锚杆在混凝土结构中的设计、施工和质量检验做出具体规定。上述标准为 FRP 锚杆的推广应用提供了设计依据和技术支撑。

1. 几何尺寸及偏差

(1)杆体长度

测试杆体用最小分度值为 1mm、量程为 0～3000 mm 的工具尺测量,杆体几何尺寸及偏差应满足表 8.6 要求。

表 8.6　测试杆体几何尺寸及偏差

长度偏差/mm	直径偏差/mm	杆体不直度/(mm·m^{-1})	尾部螺纹长度/mm
±10	±1	≤3	≥100

(2)杆体直径

用最小分度值为 0.02 mm、量程为 0～200 mm 的游标卡尺测量杆体直径(去掉锚头、锚尾,取中间直径较为均匀部分),在杆体的上部、中部、下部共测三次(取杆体同一位置相互垂直方向的二个测量数的平均值),取上、中、下三部分直径的平均值作为杆体直径,计算结果以毫米为单位。

(3)杆体不直度

将测试杆体的直杆部分置于平板上,沿轴方向转动,用量程为 0.02～1.00mm 的塞尺测量各方向的最大弯曲量,换算得到直杆部分的不直度,每根测一次。

2. 力学性能

8.4 节已对 FRP 锚杆的拉伸、剪切、扭转、张拉锚固性能、疲劳性能、托盘承载力、螺纹承载力等进行了相关要求,此处省略。

3. 抗静电性能

FRP 锚杆应具有抗静电性能。在 FRP 锚杆杆体上截取长 300mm 的杆体 6 段作为试件,试验方法和步骤见《树脂锚杆　玻璃纤维增强塑料杆体及附件》(MT/T 1061—2008)附录 B。试件作抗静电性测试时,测得的试件表面的电阻值应不大于 $3×10^8$ Ω(以测试所得算术平均值为准)。

4. 阻燃性能

FRP 锚杆应具有阻燃性。在 FRP 锚杆杆体上截取 6 段长为 360 mm 的杆体作为一组试样使用。测试试件用酒精喷灯燃烧测试时,当酒精喷灯移走后,一组试样的有焰燃烧时间总和不得超过 30 s,其中任何一段试件的有焰燃烧时间不大于 15 s,一组试样的无焰燃烧时间总和不得超过 120 s。试验方法和步骤按《煤矿井下用玻璃钢制品安全性能检验规范》(GB 16413—2009)第 4 章规定进行,但不执行 GB 16413—2009 中 4.1.1 试件制备的有关规定。

8.6 应用及前景

8.6.1 应用方法

FRP锚杆针对不同的支护方式有不同的工艺流程,本节简要介绍普通FRP锚杆、预应力FRP锚杆、中空FRP锚杆和智能FRP锚杆的工艺流程,以及需要注意的问题。

1. 普通FRP锚杆

普通锚杆施工流程:确定孔位→钻孔、清孔→注入锚固剂→杆体安装→锚杆锚固→托盘螺母安装。

(1)确定孔位。钻孔位置直接影响锚杆的安装质量和力学性能,钻孔前应由技术人员按设计要求定出孔位,标注醒目的标志,进行钻孔准备。

(2)钻孔、清孔。选择合适的钻机和钻杆,保证钻孔直径和钻孔深度符合设计要求。钻孔完成后进行清孔处理,确认孔内清洁后,注入树脂锚固剂或其他锚固材料。

(3)杆体安装。锚杆杆体一端连接锚杆钻机,另一端插入孔内,启动锚杆钻机,搅拌树脂锚固剂至规定时间。

(4)锚杆锚固及托盘螺母安装。待锚固剂在孔内初凝达到初始强度后,卸下锚杆钻机,将托盘螺母安装到锚杆杆体上,使用扭矩套筒旋紧螺母至规定扭矩,安装完成。

2. 预应力FRP锚杆

预应力FRP锚杆施工流程:准备→钻孔→锚杆安装→压力灌浆→张拉→封锚。工艺要求如下:

(1)准备。首先根据设计要求、土层条件和环境条件,合理选择材料、设备、器具,布置水、电设施;其次测量定位,设置水准点、变形观测点。

(2)钻孔。钻孔速度应根据使用钻机性能和地层条件严格控制,防止钻孔扭曲和变径,造成下锚困难或其他意外事故。

(3)锚杆安装。锚杆安装前应对钻孔重新进行检查,对塌孔、掉块进行清理。推送锚杆时用力要均匀,并注意在推送过程中不得使锚杆体转动,确保将锚杆体推送至预定深度。

(4)压力灌浆。按设计规定选择水泥浆体材料及压力灌浆。注浆后自然养护不少于7 d,待强度达到设计强度的70%以上时,才可进行张拉。在灌浆体硬化之前,锚杆不能承受外力。

(5)张拉。张拉设备要根据锚杆体的材料和锁定力的大小进行选择。正式张拉前要进行预张拉,预张拉力为设计拉力的10%~20%。正式张拉荷载要分级逐步施加,每次张拉宜分为5~6级进行。除第一次张拉需要稳定30 min外,其余每级持荷稳定时间为5 min,不能一次加至锁定荷载。

(6)封锚。张拉达到设计要求后,切掉张拉端多余杆体,将锚具周围的混凝土凿毛并冲洗干净,用微膨胀细石混凝土进行封锚。

3. 中空 FRP 锚杆

中空 FRP 锚杆施工流程：施工准备→钻孔、清孔→安装锚杆杆体→注浆→安装托盘及螺母。

(1)施工准备。场地平整后，搭设工作平台以便操作。

(2)钻孔、清孔。根据地形及地质情况，按设计要求调整角度，进行钻孔操作，钻孔至规定直径和深度后，退出钻杆，清洁钻孔。

(3)安装锚杆杆体。将锚头等安装到位后把杆体插入钻孔中，单根杆体长度不够时通过专用连接器连接至规定长度。

(4)注浆。通过注浆接头将锚杆尾端与注浆泵相连，启动灰浆搅拌机，灰浆搅拌均匀后，输入压浆泵，压浆时要保持压浆高压管顺直。压浆量根据压浆泵压力的大小或根据灰浆搅拌机的消耗速度确定。压浆完毕后，立即安装好止浆塞。

(5)安装托盘螺母。注浆完成后，将垫板套在锚杆外露部分，与地表或岩层密贴，在垫板外旋紧螺母。

4. 智能 FRP 锚杆

智能 FRP 锚杆的施工工艺，与普通 FRP 锚杆基本相同，但需要注意安装时保护好端部光纤光栅传感器等。

8.6.2 应用现状

从 20 世纪初至今，百余年间锚杆技术得到了飞速发展。特别是近几十年来，中国、美国、日本、欧洲部分国家已经成功地将 FRP 锚杆应用于基坑、边坡和隧道等工程的支护体系中，并取得了不错的社会效益和经济效益，下面列举部分典型工程应用实例。

1. 基坑支护

我国在 20 世纪 50 年代开始使用锚杆支护技术，1978 年正式推广。

(1)基坑支护用抗浮锚杆。抗浮锚杆是建筑工程地下结构抗浮措施的一种，其作用是抵抗建筑物向上的移位，FRP 抗浮锚杆能够防止杆体锈蚀，抗拉强度相较于钢锚杆也有较大提升。图 8.19(a)为南京陆军指挥学院绿苑二期工程中使用的抗浮 FRP 锚杆，采用等量代替钢材，可节约直接成本 16%，综合成本节约 21%。

(2)基坑支护用土锚钉。南京中山门大街与马群新街交叉口的商业街，设 3 层地下室，基坑底板埋深约 13.50 m，基坑侧壁安全等级为一级。在基坑施工中采用二级放坡土锚钉进行支护[见图 8.19(b)]，GFRP 锚杆土钉长 12 m，间距 1 m，坑内采用明沟+集水坑方式进行排水，使得土体更加稳固，防止周围土体扰动，取得了较好支护效果。

(3)基坑支护用抗拔桩。抗拔桩广泛应用于大幅地下室抗浮、高耸建(构)筑物抗拔、海上码头平台抗拔、悬索桥和斜拉桥的锚桩基础、大型船坞底板的桩基础和静荷载试桩中的锚桩基础等。江苏无锡金色家园项目抗拔桩[见图 8.19(c)]，采用 12 根 GFRP 锚杆等强替代 16 根钢锚杆，不仅使得抗拉强度有 60%的提升，而且直接节约成本 3 063.9 万元，实现了功能提升与经济的双目标。

（a）抗浮锚杆　　　　　　　（b）土锚钉　　　　　　　（c）抗拔桩

图 8.19　基坑支护

2. 隧道（巷道）支护

贵州道安高速公路在隧道修建过程中，采用了 GFRP 锚杆代替传统的金属锚杆，解决了钢锚杆锈蚀后承载力降低的问题。郑万高铁保康隧道为设计时速 350 km 的双线隧道，采用 GFRP 锚杆进行掌子面超前预加固［见图 8.20（a）］，取得了良好的加固效果，并且性价比较高。神东煤矿巷道采用了 GFRP 锚杆加固［见图 8.20（b）］，提高了煤矿掘进工效和安全性。

（a）掌子面支护　　　　　　　　　　　（b）巷道支护

图 8.20　隧道（巷道）支护

3. 边坡支护

山体滑坡、坍塌、落石和泥石流等自然灾害严重威胁交通工程的安全性，锚杆支护作为一种经济方便的边坡支护方法，已被广泛用于滑坡治理。国道 209 线是我国的一条南北大通道，其中，宣恩县段道路两侧的山体坡度较陡，抗风化能力很差（见图 8.21），采用 FRP 锚杆进行加固（见图 8.22），实现了山坡的稳定。

粤赣高速公路 K3+728～904 段路堑位于低山丘陵区，最大边坡高度约 45.6 m。在经

图 8.21　209 国道 K1994+828～900 段边坡

过地质地形及岩土体的研究后，采用 GFRP 锚杆框架梁进行加固，实现了对边坡土体的稳定支护，并作为了永久性工程使用（见图 8.23）。

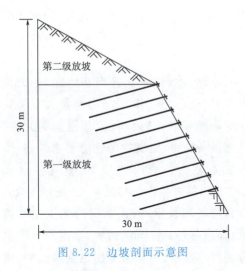

图 8.22 边坡剖面示意图

图 8.23 支护效果

4. 古建筑加固

目前，FRP 锚杆在文物保护领域加固的研究还处于起步阶段。麦积山石窟位于甘肃省麦积区麦积镇，是中国"四大石窟"之一（见图 8.24）。随着气候环境的变迁，山体崖壁表面风化严重，有大面积的片状剥落，部分危石脱离崖壁坠落到山下，严重威胁文物的保存和游人的安全。利用 FRP 锚杆对麦积山石窟进行锚固加固（见图 8.25），不仅解决了崖壁石块剥落的问题，而且保护了文物和游客的安全。

图 8.24 麦积山石窟

图 8.25 安装完毕的锚杆

5. 海洋工程

新加坡裕廊岛海底油库工程耗资 9.5 亿新元，位于海床以下距离地表 150 m 处，是新加坡迄今最深的地下公共设施工程。油库洞室、相关地下/地上设施、防波堤等均使用了 FRP 锚杆（见图 8.26），从根本上解决了潮湿环境中钢锚杆锈蚀的问题，同时提高了洞体的安全性。

6. FRP 模板拉杆

FRP 锚杆还经常用于模板拉杆使用。图 8.27 为瑞典斯德哥尔摩某项目的模板支护，使用木质模板和 FRP 模板拉杆施工,混凝土凝固后拆模,FRP 模板拉杆可直接切除,切面无须修补,后期无须维护,施工高效便捷。

7. 路基智能监测

新疆、西藏、东北等严寒地区(冬天低温-40 ℃,甚至-50 ℃)的路基大范围处于冻融循环区,长距离、大范围监测时,对传感设备防水、耐腐蚀等性能要求较高,维护成本较大。采用智能 BFRP 锚杆(在 BFRP 锚杆杆体内置传感单元,见图 8.28)设备可实现长距离、大范围的冻土路基监测,如路基差异性沉降监测、路基单点土层分层沉降监测、路基大范围地温场监测、路基水分迁移监测(见图 8.29)。

图 8.26 裕廊岛海底油库工程洞顶支护

(a)模板支护

(b)紧固端细节

图 8.27 FRP 模板拉杆

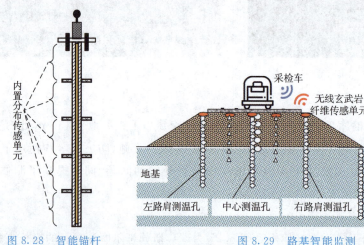

图 8.28 智能锚杆　　　　图 8.29 路基智能监测

8. 边坡智能监测

我国是多山、多丘陵国家,每年因山体滑坡导致大量的土体滑移坍塌、危岩落石,造成道路中断和一定的经济损失。通过FRP锚杆和分布式定点传感光缆可确定应变峰值与相对坐标,计算山体不同深度的滑动量(见图8.30),完成对高陡边坡落石和边坡深部位移等监测,最终实现对滑坡的早期掌握,减少滑坡等自然灾害带来的损失。

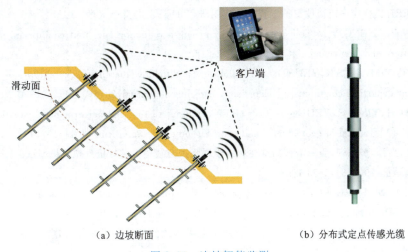

(a) 边坡断面　　　　　　　　　(b) 分布式定点传感光缆

图8.30　边坡智能监测

8.6.3　发展前景

FRP锚杆作为一种新型的复合材料锚杆杆体形式,具有质量轻、拉伸强度高、易切割、耐腐蚀、不易磁化等特性,并具有运输、安装便捷的特点。现阶段我国FRP锚杆主要应用于煤矿巷道、基坑支护、隧道新意法施工等工程。在煤矿巷道支护方面,FRP锚杆现已基本取代了钢锚杆,不仅提高了煤矿巷道回采效率,而且更加安全、高效、经济。但是,目前FRP锚杆材料性能依然处于中低端水平,迫切需要FRP锚杆在承载力、扭矩等方面有更多的提升。建筑、桥梁、隧道等工程在结构及岩土体智能监测方面也有不同程度的需求。针对以上问题,国内FRP锚杆生产企业正在加紧研发新产品,以提高锚杆性能及适应不同的用途。伴随着FRP锚杆使用经验的不断积累及设计规范的逐步成熟,FRP锚杆在土木工程领域势必拥有更广泛的应用前景。

参考文献

[1] KOU H,GUO W,ZHANG M,et al. Pullout performance of GFRP antifloating anchor in weathered soil[J]. Tunnelling and Underground Space Technology,2015,49(49):408-416.

[2] AHMED E A,ELSALAKAWY E,BENMOKRANE B,et al. Tensile capacity of GFRP postinstalled adhesive anchors in concrete[J]. Journal of Composites for Construction,2008,12(6):596-607.

[3] PECCE M,MANFREDI G,REALFONZO R,et al. Experimental and analytical evaluation of bond properties of GFRP bars[J]. Journal of Materials in Civil Engineering,2001,13(4):282-290.

[4] VILANOVA I, BAENA M, TORRES L, et al. Experimental study of bond-slip of GFRP bars in concrete under sustained loads[J]. Composites Part B: Engineering, 2015, 74: 42-52.

[5] 王洋. BFRP 砂浆锚杆锚固机理现场试验研究[D]. 成都: 西南交通大学, 2018.

[6] 吕承胜. 非金属锚杆性能研究及在公路边坡中的应用[D]. 武汉: 华中科技大学, 2015.

[7] CHENG Y M, CHOI Y, YEUNG A T, et al. New soil nail material pilot study of grouted GFRP pipe nails in Korea and Hong Kong[J]. Journal of materials in civil engineering, 2009, 21(3): 93-102.

[8] 孟珂. FRP 锚杆在渠道边坡支护工程中的应用研究[D]. 郑州: 郑州大学, 2016.

[9] WEI W B, CHENG Y M. Soil nailed slope by strength reduction and limit equilibrium methods[J]. Computers and Geotechnics, 2010, 37(5): 602-618.

[10] CHENG Y M, AU S K, YEUNG A T. Laboratory and field evaluation of several types of soil nails for different geological conditions[J]. Canadian Geotechnical Journal, 2016, 53(4): 634-645.

[11] ZHU H H, YIN J H, YEUNG A T, et al. Field pullout testing and performance evaluation of GFRP soil nails[J]. Journal of geotechnical and geoenvironmental engineering, 2011, 137(7): 633-642.

[12] 李国维, 高磊, 黄志怀, 等. 全长黏结玻璃纤维增强聚合物锚杆破坏机制拉拔模型试验[J]. 岩石力学与工程学报, 2007(8): 1653-1663.

[13] PECCE M, MANFREDI G, REALFONZO R, et al. Experimental and analytical evaluation of bond properties of GFRP bars[J]. Journal of Materials in Civil Engineering, 2001, 13(4): 282-290.

[14] 薛伟辰, 方志庆, 王圆, 等. 芳纶纤维塑料筋与混凝土之间的粘结强度[J]. 建筑材料学报, 2015, 18(4): 537-545.

[15] COSENZA E, MANFREDI G, REALFONZO R. Behavior and modeling of bond of FRP rebars to concrete[J]. Journal of composites for construction, 1997, 1(2): 40-51.

[16] 高丹盈, 朱海堂, 谢晶晶. 纤维增强塑料筋混凝土粘结滑移本构模型[J]. 工业建筑, 2003(7): 41-43, 82.

[17] 郝庆多. GFRP/钢绞线复合筋混凝土梁力学性能及设计方法[D]. 哈尔滨: 哈尔滨工业大学, 2009.

[18] 高战祥. 隧道围岩玻璃纤维锚杆锚固性能研究[D]. 重庆: 重庆交通大学, 2015.

第9章 纤维增强水泥基材料及沥青混合料

9.1 概 述

水泥净浆、砂浆或混凝土可统称为水泥基材料(cement matrix),水泥基材料脆性明显,且在硬化过程中易出现收缩裂缝,内部存在缺陷,对其力学性能、抗渗性能等均有较大影响。在古代,人们就用天然纤维作为无机胶结材料的增强材,以减少收缩裂缝,保持整体性并降低脆性,发展到20世纪30至50年代,逐渐出现石棉增强水泥基材料、钢丝网增强水泥基材料,到20世纪60年代后开始出现玻璃纤维增强水泥基材料、碳纤维增强水泥基材料以及合成纤维增强水泥基材料等。目前水泥基材料中所用的短切纤维主要有玻璃纤维、碳纤维、玄武岩纤维、合成纤维、钢纤维及天然有机物纤维等。将水泥基材料做基材,纤维做增强材,组成的复合材料可统称为纤维增强水泥基复合材料FRC(fiber reinforced cement-based composite)。当所用水泥基材为水泥净浆或砂浆时,称为纤维增强水泥(fiber reinforced cement);当所用水泥基材为混凝土时,则称为纤维增强混凝土(fiber reinforced concrete)。任意分布的短切纤维在水泥基材料硬化过程中改变了其内部结构,可明显抑制裂缝的产生和发展,提高材料的延性、韧性及抗渗性能等。此外,除目前常用的分散型普通短切纤维,结构型短切纤维因其优异的力学性能逐渐被用于替代钢纤维,结构型纤维也被称为宏观纤维或粗纤维,主要包括结构型合成纤维和结构型玄武岩纤维。不同于普通的分散型短切纤维,结构型玄武岩纤维可通过树脂胶结为整体,纤维的直径、硬度均较普通短切纤维大,耐久性更好,所增强的水泥基材料可明显抵抗宏观裂缝。

沥青混合料主要用在道路工程中作为路面表层,但实际工程中沥青路面普遍存在技术和质量问题,易出现早期损坏,如车辙、开裂、坑槽、抗滑性能降低等现象。20世纪50年代一种新型的高弹性模量、高抗拉强度的纤维在水泥混凝土结构和轻型结构中成功应用,随后考虑将纤维掺入沥青混合料中来提高沥青混合料的整体物理力学性能。路用纤维可分为硬纤维和软纤维两类。硬纤维通常是指钢纤维,钢纤维具有高强度、耐高温、高弯曲弹性以及高取向等优点,极大地改善了沥青混凝土路面的抗裂性和韧性。但是,钢纤维耐腐蚀性差限制了其广泛应用;其次,钢纤维与混凝土之间相容性差,黏附性欠佳,握裹力较低,再加上雨水的作用,使钢纤维处于微观电解状态,更易于被锈蚀。而软纤维本身没有锈蚀现象,可较好解决路面上存在的问题。软纤维主要分两类:一类为有机纤维,主要包括天然木质素纤维和化学合成的聚合物纤维,如腈纶纤维、聚酯纤维等;另一类为天然矿物质经过物理化学处理而形成的纤维,如玻璃纤维、玄武岩纤维以及石棉纤维等。20世纪80年代,由于石棉纤维对环境和人类的污染影响，石棉纤维在沥青路面中的应用受阻，并逐渐被木质素纤维、聚合物纤维、矿物纤维、玻璃纤维等所替代。在沥青混合料中掺加适量的纤维，即纤维增强沥青混合料 FRA(fiber-reinforced asphalt)，可明显改善沥青路面的综合性能。纤维掺入沥青混合料后，从微观上改变了基体的性质，将混合料中的拉应力通过纤维进行传递，起到桥接和阻裂作用，提高了沥青混合料的高温稳定性、低温抗裂性能及整体结构性能。

本章主要对短切纤维增强水泥基材料和沥青混合料的制备工艺、种类特点、关键性能、试验标准、应用前景进行系统的介绍。

9.2 生产制备工艺

9.2.1 纤维增强水泥基材料制备工艺

1. 纤维增强水泥制备工艺

纤维增强水泥的制作工艺，根据所用纤维水泥拌合料的固体组分含量分为稀料法、半稠料法和稠料法，如图 9.1 所示。

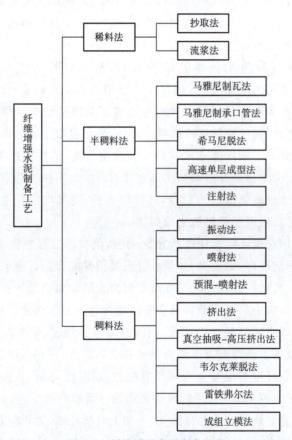

图 9.1 纤维增强水泥制备工艺

(1)稀料法

稀料法制作工艺所用拌合料的固体组分质量分数为5％～20％，采用的成型方法有抄取法、流浆法，生产出的制品中纤维为2D部分定向。

抄取法是将低浓度的纤维水泥浆料在旋转圆柱滚筒的网面上脱水过滤并黏附于毛布上形成纤维水泥薄料层，再将若干薄料层在压力真空脱水作用下黏结成一定厚度的料层。该方法主要用于生产木浆纤维增强水泥板、维纶纤维增强水泥板和维纶纤维增强水泥管等。

流浆法是将低浓度的纤维水泥浆料通过布浆系统直接流至运行中的无端毛布上形成薄料层，然后在压力作用下将若干薄料层黏结成为一定厚度的料层。该方法主要用于生产纤维增强水泥板。

(2)半稠料法

半稠料法制作工艺所用拌合料的固体组分质量分数为30％～60％，采用的成型方法有马雅尼制瓦法、马雅尼制承口管法、希马尼脱法、高速单层成型法和注射法，生产出的制品中纤维为3D乱向分布。

马雅尼制瓦法是将浓度较大的纤维水泥浆料散布于毛布上，毛布下是波形的真空箱，能够制成波瓦，用于生产纤维增强水泥波瓦。

马雅尼制承口管法是使较浓的纤维水泥浆料同时经真空脱水与辊压加压缠卷于管芯上，制成具有一定密实度的管坯，再使缠于管芯上的纤维水泥浆料进行真空脱水，在钢质管芯的壁上开许多小孔，并在管芯外套有滤布，通过真空装置使管芯内部处于真空状态。

希马尼脱法是将较浓的纤维水泥浆料流布于一无端的铜网带，通过振动装置使浆料脱水并进行真空箱抽吸，使纤维水泥浆料进一步脱水密实，经压辊加压制成板坯。

高速单层成型法是将抗碱玻璃纤维无捻粗纱切割至一定长度后与水泥砂浆同时喷射到高速运行的无端毛布上，经真空脱水辊压制成连续板坯。

注射法是在较高的注射压力下使纤维水泥混合料充满成型模，再经高压将混合料脱水密实成型，可以制成形状复杂的异形构件。

(3)稠料法

稠料法制作工艺所用拌合料的固体组分质量分数为65％～87％，采用的成型方法有振动法、喷射法、预混-喷射法、挤出法、真空抽吸-高压挤出法、韦尔克莱脱法、雷铁弗尔法和成组立模法。

振动法是使长度为一定范围内的短纤维与水泥、砂、减水剂、水等均匀拌和，然后将拌合料倾倒于模具中，模具在振动台上受到振动使拌合料能均布于模具中并使之密实。

喷射法是使连续纤维无捻粗纱切割至一定长度后，由气流喷出，再与雾化水泥砂浆在空间内混合，一起落于模具上，直至模具上的纤维水泥混合料达到一定厚度为止。

预混-喷射法是将短切的纤维与水泥砂浆预先混合搅拌后再喷射成型。

挤出法是将浆料输送入在装有多根并排旋转螺杆的挤出成型机内，通过挤压作用使处于振动状态的拌合料密实，在螺杆所在部位形成圆形孔洞。

真空抽吸-高压挤出法是将预混的纤维水泥拌合料输入真空腔内，在腔内装有两根反向转动的搅拌送料器,搅拌器的轴后端装有螺旋叶,真空抽气除去混入其中的空气泡,搅拌送料器将脱气的拌合料搅成"条带状"传送至机器主体部分挤压成型。该方法可用于生产截面形状与尺寸多样的制品。

韦尔克莱脱法是将水灰比较低而流动性较好的水泥砂浆泵送至其上铺有塑料薄膜并按一定速率运行的特制传送带上,通过专门的装置将一部分连续的抗碱玻璃纤维无捻粗纱沿传送带方向埋置在砂浆中,使另一部分玻璃纤维无捻粗纱切成一定长度的原纱按 2D 乱向埋置在砂浆中,再将所制成的 GFRC 板坯切割成平板。

雷铁弗尔法是将水灰比较大的水泥砂浆喷射至铺有织物并按一定速率运行的毛布上,按预定的程序分别将纤维网、纤维无捻粗纱与短切纤维原丝埋置在水泥砂浆中,在毛布运行过程中经过若干个真空箱,使水泥砂浆的水灰比逐渐下降,从而制成较密实的纤维水泥板坯,进而切割成平板或波瓦。

成组立模法是先注料后插芯管的方法,注料较容易,对料浆流动性要求可适当放宽,因而可降低浆料和用水量,料浆变稠后有利于防止料浆浇筑后出现离析等不良现象。

2. 纤维增强混凝土的制备工艺

制备纤维增强混凝土拌合料可使用普通混凝土搅拌机或强制搅拌机,使用强制搅拌机可使纤维能够更均匀地分布于混凝土中。当纤维掺量较高,拌合物稠度较大时,为防止搅拌机超载运行,可适当减少一次的搅拌量,且应通过试验确定最合宜的投料顺序,防止纤维缠结成团,在运输过程中连续缓慢搅拌拌合物,防止发生分层离析。目前主要的纤维混凝土的制作工艺有振动成型、压制成型、离心成型、真空脱水成型、喷射法和注浆法,如图 9.2 所示。

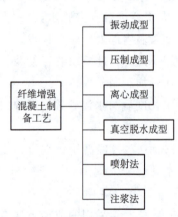

图 9.2　纤维增强混凝土制备工艺

（1）振动成型

通过振动台、振动器等使拌合物受振后呈现流动性,排除其中的大部分气体获得较高的密实度。该方法适用于现场施工,也可用于预制构件与某些制品的密实成型。

（2）压制成型

通过辊压机、模压机等使拌合物受较大压力后,固体粒子相互滑动,排出其中空气获得较高密实度。该方法可用于某些纤维混凝土构件或制品的生产。

（3）离心成型

利用车床式离心机、托轮摩擦式离心机等设备使拌合物在较大离心力作用下,排除多余水分与空气获得较高密实度。该方法主要用于管柱和管桩等管状产品的制作。

（4）真空脱水成型

利用真空泵、软管与吸水垫等设备使浇筑后的纤维混凝土内外形成一定的压力差,排出多余水分与空气。该方法适用于楼板、地面、道路与机场地坪的施工。

(5)喷射法

利用干法或湿式混凝土喷射机、空压机等设备通过压缩空气将纤维混凝土拌合料以高速喷射于工作面上形成一定厚度的结构层。该方法适用于隧道衬砌、矿山井巷支护、边坡加固、薄壁结构衬砌及建筑结构的加固或修复。

(6)注浆法

利用注浆装置、专用模具、附着式振动器等将纤维置于模具中,再注入水泥净浆或砂浆。该方法主要用于抗爆结构、导弹发射井、耐火构件、保险库以及路桥修补等。

9.2.2 纤维增强沥青混合料制备工艺

1. 木质素纤维沥青混合料制备工艺

木质素纤维沥青混合料可采用间隙式拌和机或连续式拌和机拌和。间隙式拌和机采用人工投料,投料时可将整袋纤维在沥青集料投料时一同投放,人工向拌缸投放纤维包时,约60~70 s投放一次,保证纤维与沥青集料干拌的有效时间,纤维分布不均匀会影响纤维吸收沥青的效果,使路面上出现油斑。连续式拌和机可使用纤维喂料机,投料机由螺旋输送机、加料螺旋输送机、一级蓬松和二级蓬松、计量装置、出料螺旋输送机、一级和二级风机、压缩空气调节阀以及气动装置等组成。投料机针对絮状木质素纤维的特点,采用容积式计量方法。生产时将袋装压缩纤维或散装纤维倒入料斗中,料斗门关闭后,生产过程受电脑程序控制,加料螺旋输送机将料斗中的纤维输送到料仓中进行一级蓬松,再通过筛网落到料仓下部,控制器接收到来自拌和机的投料信号后,出料螺旋输送机立即将均匀的絮状木质素纤维以标定的速度送入二级蓬松,进一步细化。再经过两级风机吹送到拌缸中,实现木质素纤维与集料的混合,经过干拌最终均匀地分散在混合料中。料仓中始终保持有一定量的纤维处于蓬松状态,以便及时补充到计量系统中。如此自动循环,实现与拌和机的协调工作。

2. 聚合物纤维沥青混合料制备工艺

聚合物纤维沥青混合料的配合比设计和各级配范围应符合《公路沥青路面施工技术规范》(JTG F40—2004)的相关规定。纤维用量以沥青混合料总量的质量百分率计算,通常情况下 SMA 路面的聚合物纤维用量不宜低于 0.3%。根据工程路段的交通荷载情况,必要时适当增加纤维用量。纤维用量的允许误差不宜超过±5%。

聚合物纤维沥青混合料宜采用间歇式拌和机拌制,聚合物纤维由专用管道及送料器直接加入拌合锅,正式拌制前应根据生产配合比设计结果进行试拌验证。其拌和时间应根据具体情况经试拌确定,沥青应均匀裹覆集料,且合成纤维应分散均匀。间歇式拌和机每盘干拌时间不应少于 10 s,加入沥青后的湿拌时间不应少于 40 s,当沥青裹覆不均匀或聚合物纤维分散不均匀时,应适当延长拌和时间。聚合物纤维沥青混合料的生产温度应符合表 9.1 的规定,烘干集料的残余含水率不得大于 0.5%。间歇式拌合机宜备有保温性能好的成品储料仓,存储过程中合成沥青混合料降温不得大于 10 ℃,且不得有沥青析漏。

表 9.1 聚合物纤维沥青混合料拌和温度技术要求

工序	单位	技术要求			测量部位
		50 号	70 号	90 号	
沥青加热温度	℃	155～165	150～160	145～155	沥青加热罐
集料加热温度	℃	—	180～190	—	热料提升仓
混合料出料温度	℃	—	155～175	—	运料车
混合料废弃温度	℃	—	≥195	—	运料车
混合料存储温度	℃	—	≥150	—	运料车及存储罐

3. 矿物纤维沥青混合料制备工艺

不同矿物纤维增强沥青混合料的施工工艺基本相同，一般都分为进场材料检验、拌和设备的选型、拌和、运输、摊铺和碾压等工序。由于纤维的加入，增加了一些准备工序，拌和设备的生产能力会有一定的下降，拌和设备能力的下降会导致施工周期的延长，所以制订施工计划时须考虑拌和设备的拌和能力并加快底基层、基层施工，为沥青面层施工留出充分、合理的施工时间。

玄武岩纤维沥青混合料的矿料级配应符合工程规定，设计级配范围应符合《公路沥青路面施工技术规范》(JTG F40—2004)中沥青混凝土的关键筛孔通过率的规定。玄武岩纤维在沥青混合料的规格和掺量宜符合《玄武岩纤维沥青路面施工技术指南》(T/CHTS 10016—2019)中的有关规定。玄武岩纤维的掺加比例以沥青混合料总量的质量百分率计算，纤维掺加量的允许误差不超过±5%，通常情况下，纤维掺量宜为 0.25%～0.45%。

玄武岩纤维沥青混合料应采用间隙式拌和机拌和，拌和机应有防止矿粉飞扬散失的密封性能及除尘设备，并有检测拌和温度的装置和自动打印装置。在拌和过程中应逐盘采集并打印沥青及各种矿料的用量、拌和温度，并定期对拌和机的计量和测温装置进行校核。沥青混合料拌和时间应经试拌确定。间歇式拌和机每盘的生产周期不宜少于 50～60 s，其中干拌时间不少于 10 s，改性沥青和 SMA 混合料的拌和时间应适当延长。以沥青均匀裹覆集料颗粒、无花白料、无结团块或严重的粗细分离现象作为搅拌均匀的标志。间歇式拌和机宜备有保温性能好的成品储料仓，若因生产或其他原因需要短时间贮存时，贮存过程中混合料温降不得大于 5 ℃，且不得发生结合料老化、滴漏以及粗细集料颗粒离析现象。玄武岩纤维的投料方式采用机械同步投料装置，工程量较小时，也可采用人工投料。拌和过程中，混合料生产中要严格控制纤维掺量，纤维对沥青有较强的吸附力，过多或过少加入纤维均会影响混合料的最佳石油比；玄武岩纤维必须在混合料中充分分散，拌和均匀。施工温度应根据沥青种类、气候条件、铺装层的厚度确定，见表 9.2。

表 9.2 玄武岩纤维沥青混合料拌和温度技术要求

技术指标	单位	技术要求	
		不使用改性沥青	使用改性沥青
沥青加热温度	℃	155～165	160～165
集料加热温度	℃	175～190	190～220

续表

技术指标	单位	技术要求	
		不使用改性沥青	使用改性沥青
混合料出料温度	℃	145～165	170～185
混合料废弃温度	℃	>195	>195

9.3 种类及特点

9.3.1 纤维增强水泥基材料种类与特点

1. 玻璃纤维增强水泥基复合材料

玻璃纤维增强水泥基复合材料(glass fiber reinforced cement composite,GFRC)是一种高性能水泥基复合材料,它由玻璃纤维掺入水泥基体中形成。玻璃纤维是一种性能优异的无机非金属材料,种类繁多,优点是绝缘性好、耐热性强、抗腐蚀性好、拉伸强度高,但缺点是性脆,耐磨性较差。单丝的直径为几微米到二十几微米,每束纤维原丝都由数百根甚至上千根单丝组成。GFRC是一种轻质、高强、不燃的新型材料,它克服了水泥制品拉伸强度低、冲击韧性差的特点。

普通玻璃纤维在硅酸盐水泥基材的高碱性(pH≥12.5)环境中会发生侵蚀,无法实现高耐久性的纤维增强水泥基复合材料,需考虑提高玻璃纤维的耐碱性。使用耐碱玻璃纤维或在表面覆盖阻蚀膜增加其耐碱性能,并配合低碱度硫铝酸盐水泥均可提高复合材料的耐久性。耐碱玻璃纤维成分中的氧化锆(ZrO_2)在碱液作用下会在纤维表面转化成含$Zr(OH)_4$的胶状物,经脱水聚合后在玻璃纤维表面形成保护膜,可阻止水泥中$Ca(OH)_2$对玻璃纤维的侵蚀。

玻璃纤维增强水泥基材料主要有以下特点。

(1)质量轻:GFRC制品的密度一般在1.8～2.2 g/cm³,厚度一般在6～16 mm,方便运输与安装,可大规模应用于装配式建筑。

(2)强度高:GFRC制品的抗弯曲强度、抗冲击强度等力学性能相对于普通混凝土有大幅度提高。其抗弯比例极限强度值(LOP)可达8～10 MPa,抗弯破坏强度值(MOR)可达20～30 MPa,抗冲击强度值可达15～30 kJ/m²。

(3)抗冻融性好:用喷射工艺制备的GFRC试件经过100次冻融循环后,试件外观没有出现剥落和分层,质量损失不超过5%,强度下降不超过25%,故有适应冷热变化、干湿交替的优异性能。

(4)表面质感好:用GFRC制造出来的构件外形多变,可以模仿石头、金属、木纹、砂岩等大自然中几乎所有的造型,且质感优良,极具艺术装饰美感。

(5)绿色环保:GFRC是一种不助燃,没有毒气产生或扩散的材料,具有抗紫外线和隔声等功能。此外,GFRC安全易处理,有助于减少施工期间的污染。

2. 碳纤维增强水泥基复合材料

将碳纤维加入水泥基体中即制成碳纤维增强水泥基复合材料（carbon fiber reinforced cement composites，CFRC）。短切碳纤维增强水泥基材料所用碳纤维的长度一般为 3～6 mm，直径为 7～20 μm，在水泥基材料中掺入高强碳纤维是提高水泥基复合材料抗裂、抗渗、抗剪强度和弹性模量，控制裂纹扩展，提高耐强碱性，增强变形能力的重要措施。与普通混凝土相比，CFRC 具有质量轻、强度高、流动性好、扩散性强、成型后表面质量高等优点，将其用作隔墙时，比普通混凝土制作的隔墙薄 1/2～1/3，质量减轻 1/2～1/3。此外，利用碳纤维良好的导电性可得到智能纤维水泥基复合材料，进一步扩大了混凝土的应用范围。

3. 合成纤维增强水泥基复合材料

合成纤维（synthetic fiber）是以煤、石油与天然气等为主要原料，经化学反应制成高聚合物，再经纺丝后加工制成的人造纤维。目前已被用作水泥基材料增强的主要合成纤维品种有维纶、腈纶、丙纶、尼龙、乙纶和芳纶，以下介绍维纶纤维、腈纶纤维和丙纶纤维增强水泥基材料。

（1）维纶纤维增强水泥基复合材料

维纶纤维是以聚乙烯醇为主要原料制成的，学名为聚乙烯醇纤维（polyvinyl alcohol fiber，缩写为 PVA fiber 或 PVAF），具有抗碱性强、亲水性好以及耐紫外线老化等优点。聚乙烯醇纤维具有较好的强度和与水泥基体较好的黏结性能，通过适当的纤维表面改性，当纤维体积掺量在 2% 左右时，可以实现纤维增强复合材料在单轴拉伸荷载作用下的应变硬化和多缝开裂特性，极限拉伸应变可达 3%～7%，裂缝宽度能够被控制在 100 μm 以下，能够良好地提升结构的耐久性。

（2）腈纶纤维增强水泥基复合材料

腈纶纤维的化学名为聚丙烯腈纤维（polyacrylonitrile fiber，缩写为 PAN fiber 或 PANF）。腈纶纤维具有较好的耐酸性与耐碱性，且具有一定的亲水性，吸水率为 2% 左右；受潮后强度下降率较低，保留率为 80%～90%；对日光和大气作用的稳定性较好；热分解温度为 220～235 ℃，可短时间用于 200 ℃。

20 世纪 80 年代初 Hoechst 公司开发型号为 Dolanit-10 的改性腈纶纤维，与石棉纤维增强水泥相比，腈纶纤维增强水泥具有较高的延性。后又开发出改性腈纶纤维 Dolanit-18 用于增强砂浆与混凝土。Dolanit-18 纤维有多种直径，长度在 6～24 mm 之间，纤维体积率不大于 0.4% 的腈纶纤维砂浆或混凝土可称为低掺率腈纶纤维增强混凝土，而纤维体积率大于 0.4% 者则称之为高掺率纤维增强混凝土。

（3）丙纶纤维增强水泥基复合材料

丙纶纤维的化学名为聚丙烯纤维（polypropylene fiber，缩写为 PP fiber 或 PPF），白色，半透明，呈束状单丝结构或网状，其原材料从单体 C_3H_6 而得，是一种高分子碳氢化合物。此种纤维是合成纤维中密度最小的一种，它具有化学稳定性，且有较高的使用温度。由于其原料丰富、合成工艺简单、价格适中，故此种纤维的工业用途受到了广泛重视。常见的聚丙烯纤维主要有单丝纤维和膜裂纤维两种。聚丙烯单丝纤维（polypropylene monofilament fiber)是由等规聚丙烯熔体直接拉制成为若干横截面呈圆形的纤维,再经表面处理,并切割成为一定长度的纤维束。聚丙烯膜裂纤维(fibrillated polypropylene fiber)是由等规聚丙烯熔体经挤出机拉制成薄膜,再经高温下高倍拉伸以提高聚丙烯晶体的定向性并降低膜层的厚度,然后使膜层经针辊穿刺并切至一定长度成为纤维束,束中的纤维是相互连牵的,在与混凝土搅拌过程中,每一纤维束可分裂成为若干单丝纤维并均匀分布于混凝土中。相对于膜裂纤维而言,单丝纤维与基体间的黏结较差,导致拔出强度较低。某些聚丙烯纤维生产过程中经过了特殊的表面处理,这样保证了聚丙烯纤维与混凝土中水泥水化物之间较好的黏结,用于增强混凝土的丙纶纤维长度一般在 19～50 mm 范围内。

低掺率丙纶纤维(体积分数 0.05%～0.3%)掺入混凝土中,可减少基材早期的塑性收缩裂缝,提高基材硬化后的抗渗性并适度提高其抗冲击性能,但是无助于增加复合材料的抗拉与弯拉强度。

高掺率丙纶纤维(体积分数大于 0.4%)掺入混凝土中,能够显著提升劈裂抗拉强度,但是会导致弯拉强度降低。

4. 天然无机纤维——玄武岩纤维增强水泥基复合材料

玄武岩纤维增强水泥基复合材料(basalt fiber reinforced cement composites,BFRC)具有优良的力学性能,它由天然无机矿物纤维——玄武岩纤维掺入水泥基体中形成。玄武岩纤维是以天然玄武岩为原材料,在 1 450～1 500 ℃高温熔融后经快速拉制形成的连续纤维,密度 2.1～2.7 g/cm^3,除具有高强度、高模量的特点外,还具有良好的耐高、低温性能(−269～650 ℃),在火中不燃烧,不发生卷曲。作为一种典型的硅酸盐纤维,玄武岩纤维与水泥基复合材料具有天然的相容性,玄武岩纤维增强水泥基复合材料不仅可以提高其抗拉、抗折、抗冲击等力学性能,还具有优越的耐高温、吸声隔声、阻燃等功能性。

5. 天然有机纤维增强水泥基复合材料

天然有机物纤维主要是指天然生长的植物纤维,此类纤维的来源极广,是一种可再生资源。天然有机物纤维包括木纤维、茎秆或韧皮纤维、叶纤维、表皮纤维。美国 ACI 按增强水泥基材料用的植物纤维是否经过专门的加工处理而分为以下两类:①经加工处理的天然纤维(processed natural fiber),即经打浆处理的木浆纤维;②未经加工处理的天然纤维(unprocessed natural fiber),即未经打浆处理的其他植物纤维。

木浆纤维是一种天然有机纤维,其基本性能及其对水泥基材料的增强增韧效果因树种材龄以及制浆方法等而异。树种可以分为软质木材(针叶林木材)与硬质木材(阔叶林木材)两大类。软质木材纤维的长径比较大,增强效果优于硬质木材纤维。木浆纤维增强水泥的力学性能与其吸水率及养护方法有关,完全干燥或者气干状态下的木浆纤维增强水泥具有较高的弯拉强度,受潮之后其强度明显降低。压蒸养护复合材料的耐久性优于空气养护。

6. 结构型纤维增强水泥基复合材料

结构型纤维是指用于提高在外荷载作用下出现结构裂缝后混凝土材料或构件韧性的纤维,其长度一般大于 3 cm,结构型纤维用于增强水泥基材料,可替代钢纤维,提高水泥基的韧性、能量吸收能力并改善破坏形态，抵抗与限制在荷载作用下构件中的结构裂缝，提高结构材料应力重分布的能力。图9.3所示为结构型合成聚丙烯纤维和非结构型短切聚丙烯纤维形态对比。

（a）非结构型聚丙烯纤维　　　　　（b）结构型聚丙烯纤维

图9.3　非结构型短切聚丙烯纤维与结构型短切聚丙烯纤维形态对比

区分非结构型纤维和结构型纤维一般是考虑其在增强基体中所起作用的差异。非结构型纤维即常用的普通短切纤维，一般用作抵抗并限制混凝土中的收缩裂缝等微小裂缝。但当微裂缝开展为宏观裂缝时，非结构型纤维无法起到足够的增强增韧效果，大多数非结构型纤维在断裂面处拔断失效。结构型纤维断裂强度大、模量高，能够抵抗与限制在荷载作用下构件中的结构裂缝，从而提高混凝土的韧性、能量吸收能力并改善破坏形态，提高结构材料应力重分布的能力，对构件裂后性能具有很好的提升作用。结构型短切玄武岩纤维增强混凝土梁具有明显的延性断裂模式，更接近于弯曲的钢筋混凝土构件。图9.4所示为结构型纤维和非结构型纤维裂缝抵抗作用原理。

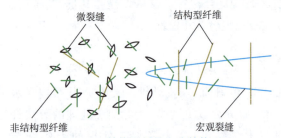

图9.4　结构型纤维和非结构型纤维裂缝抵抗作用原理

（1）结构型合成纤维增强水泥基材料

结构型合成纤维是以聚丙烯为主要原料，添加特制的改性材料，经独特的纺丝工艺及特殊的表面处理纺制而成的。结构型合成纤维的长度大部分集中在30～55 mm，直径（或等效直径）大部分集中在0.5～1.0 mm。非结构型合成纤维可与混凝土基体的界面黏结性能较差，而结构型合成纤维可通过机械压痕等方法使纤维表面粗糙化，增加粗纤维表面硬度及界面黏结强度。与非结构型合成纤维相比，结构型合成纤维主要特点是：尺度（直径、长度）大，弹性模量有所提高，与水泥基材的界面黏结强度高。与钢纤维相比结构型合成纤维主要特点是：耐酸碱腐蚀、无磁性、分散性好，具有良好的耐火抗爆裂性，对混凝土搅拌机器和输送设备的磨损小等。

国外用于混凝土中的结构型合成纤维有日本的 Barchip 纤维、美国的 Forta Ferro 纤维等。近年我国结构型合成纤维制造有了较大发展,生产技术也达到了较高水平,市场上已经有多种不同形式的结构型合成纤维,如图 9.5 所示。

图 9.5　不同种类结构型合成纤维

(2) 结构型玄武岩纤维增强水泥基材料

近几年,部分学者开始对玄武岩纤维进行"结构化"设计,通过相关工艺制成结构型玄武岩纤维,并探究其对基体的增强增韧效果。结构型短切玄武岩纤维是通过拉挤成型工艺将连续玄武岩纤维与树脂基体黏结在一起,然后切成单独的均匀长度的片而制成的小条。图 9.6 所示为结构型短切玄武岩纤维形态及增强混凝土基体破坏断面。

(a) 结构型短切玄武岩纤维形态　　　　　　(b) 破坏断面

图 9.6　结构型短切玄武岩纤维形态及增强混凝土基体破坏断面

与钢纤维相比,结构型短切玄武岩纤维具有以下优势:

①密度与混凝土接近,在混凝土基体中分散均匀,可加工性良好,可用于高体积分数掺量水平。

②流动性和泵送性良好,对搅拌机器和输送设备的磨损小。

③拉伸强度与钢纤维相差不大,生产工艺绿色环保。

④耐腐蚀性良好。

9.3.2 纤维增强沥青混合料种类与特点

1. 有机物纤维增强沥青混合料

(1) 木质素纤维增强沥青混合料

木质素纤维属于有机植物纤维,英文名称为 MC(methyl cellulose),是天然木材经过化学处理之后得到的纤维,有絮状和颗粒状两种,如图 9.7 所示。不预拌沥青的木质素纤维呈白色或灰白色,纤维微观结构呈现多孔、带状弯曲且凹凸不平,交叉处扁平,有良好的韧性、分散性和化学稳定性,吸水能力强,增稠抗裂性能优异。通常的木质素纤维为粗短松散纤维,纤维素含量在 75% 左右。絮状木质素纤维外观呈松散状,有易吸潮、易成团、不宜长时间堆放、拌和时分散不均等缺点。颗粒状木质素纤维受湿气影响小,易实现机械化生产。

(a) 絮状木质素纤维

(b) 颗粒状木质素纤维

图 9.7 木质素纤维

木质素纤维对沥青混合料的改性主要体现在以下三个方面:①木质素纤维对沥青具有增韧、增黏作用,使沥青胶浆软化点提高,提高沥青混合料的耐老化性和水稳定性,增加沥青路面抗早期水损害能力;②木质素纤维在混合料中起到加筋作用,可提高混合料的抗高温车辙和抗疲劳破坏能力,纤维在低温下仍呈柔性,能有效抵抗温度应力,提高路面低温抗裂性能,对不同类型沥青混合料,0.25%~0.4%的木质素纤维掺量可以有效改善路用性能;③木质素纤维能够引起沥青胶体结构的变化,即逐渐由溶胶转变为溶-凝胶结构以至凝胶结构。

(2) 聚合物纤维增强沥青混合料

聚合物纤维又称为混凝土伴纤维、抗裂纤维、防裂纤维、合成纤维或塑料纤维等,是一种以石油化工为主要原料,以独特生产工艺制造而成的高强度束状单丝纤维。按其化学成分的不同,可以分为聚酯纤维(PES)、聚丙烯腈纤维(PAN)、聚丙烯纤维(PP)、聚乙烯醇纤维(PVA)、芳族聚酰胺纤维(PPTA)及其他(O),其中聚丙烯纤维(PP)、芳族聚酰胺纤维(PPTA)为长纤维。聚合物纤维根据其原料的不同,有淡黄色、白色以及其他颜色。图9.8为聚合物纤维样品。

聚合物纤维中的聚酯纤维、聚丙烯腈纤维、聚乙烯醇纤维、聚酰胺纤维较多应用于沥青混合料中。聚酯纤维(涤纶)主要用作沥青混凝土纤维添加剂,与其他纤维添加剂相比,聚酯纤维具有很好的抗风化特性,对酸和其他大多数化学物质具有极强的抵抗力。聚丙烯腈纤维(俗称腈纶)是一种专用于沥青混凝土加强、加筋的纤维,是一种新型的聚合物纤维,具有强度高,不溶解,吸附性强,在溶剂中不溶胀,化学性质稳定等特点,可提高路面的柔韧性,减少高温车辙、低温开裂等病害,从而延长了路面使用寿命。聚乙烯醇纤维俗称维纶,其主要特点是强度高、模量高、耐磨、抗酸碱、耐候性好,与水泥、石膏等基材有良好的亲和力和结合性,且无毒、无污染、不损伤人体肌肤,对人体无害,是新一代高科技的绿色建材之一。聚酰胺纤维俗称尼龙、锦纶,英文名称 Polyamide(简称 PA),密度 1.15 g/cm^3,具有良好的综合性能,包括力学性能、耐热性、耐磨损性、耐化学药品性和自润滑性,且摩擦系数低,有一定的阻燃性,易于加工,最突出的优点是耐磨性高于其他所有纤维。

(a) 聚酯纤维　　　　　　　　　　　(b) 聚丙烯腈纤维

(c) 聚乙烯醇纤维　　　　　　　　　(d) 聚酰胺纤维

图 9.8　聚合物纤维

聚合物纤维与沥青混凝土作用具有以下特点：

①与沥青亲和力强。聚合物纤维能够吸附沥青，与沥青之间形成牢固的界面。

②吸油性好。同普通沥青混合料相比，可以增加沥青膜的厚度，有效稳定沥青，防止路面"泛油"。

③提高混合料高温稳定性能。纵横交错的纤维所吸附的沥青，增加了界面层沥青的比例，减少了自由沥青，从而提高沥青混合料的黏度和软化点，使混合料的高温稳定性得到提高。

④提高混合料低温抗裂性。纤维加强沥青混合料的低温性能与纤维的物化性能有一定的关系。长安大学进行的聚酯纤维的沥青混合料的试验表明，聚酯纤维在低温时仍能保持柔性和较高的抗拉强度，其低温抗开裂性能优良。

⑤提高混合料的抗水损害性能。纤维和沥青之间会产生物理和化学作用，形成结合力牢固的沥青界面，有助于提高其抗水损害性能。

⑥提高混合料的抗疲劳开裂性能，增强混合料的耐久性。将聚合物纤维加入沥青混合料中，增加了混合料的弹性恢复性能，能有效阻止路面裂缝的扩展，延长了材料失稳扩展和断裂出现的时间，材料的抗疲劳强度和耐久性得到了很大的改善。

2. 矿物纤维增强沥青混合料

(1)碳纤维增强沥青混合料

碳纤维增强沥青混合料指的是短纤维或长纤维增强的沥青混凝土材料。相对于连续纤维，短纤维增强中的二维、三维乱向增强具有一定的优势：由于纤维分布的乱向性，使得纤维在各个方向上都可以发挥增强作用，充分利用了碳纤维的自身优势，不仅节约了原料，还大幅度增强了沥青混凝土掺加碳纤维后的力学性能。目前用于增强沥青混凝土的碳纤维主要是沥青基碳纤维，作为通用级碳纤维，其性能虽然不如聚丙烯腈碳纤维（高性能碳纤维），但已经完全符合道路增强纤维的性能要求。碳纤维增强混凝土的主要特征为：具有普通增强型混凝土所不具备的优良力学性能、防水渗透性能、耐自然温差性能，在强碱环境下具有稳定的化学性能及稳定性。碳纤维增强沥青混凝土绝热性好，用作道路铺设材料可解决道路的防水问题，其性能特点可以归纳为以下几个方面：

①力学性能：在沥青中加入少量短切沥青基碳纤维，能大大增加混凝土的韧性、抗裂性、抗折性和抗冲击性能。硬化后的沥青混凝土中由于收缩会引起微小裂缝，在混凝土中加入短切沥青基碳纤维，可减少收缩引起的微小裂缝，抗弯曲强度大幅提升。另外由于受弯构件的破坏往往是受拉微裂缝扩散的结果，而掺加了沥青基碳纤维后，在构件断裂过程中，沥青基碳纤维能阻止裂缝扩展。

②导电性能：沥青基碳纤维的电动势为正值，在短切沥青基碳纤维混凝土中，由于短切沥青基碳纤维的长度较短，粗骨料与其杂乱地分散于沥青中。沥青基碳纤维的导电率较粗骨料大几个数量级，因此电流在碳纤维混凝土中的传输可以认为是通过互相搭接的沥青基碳纤维传递的，当沥青基碳纤维掺量大于临界值时，全部团簇形成渗流网络，使导电率急剧上升。

③导热性能:沥青基碳纤维的导热性好而且有各向异性的特点。在沥青基碳纤维增强沥青复合材料中,分散在基体中的碳纤维形成网络,并通过隧道效应连同网络间的绝缘而传导。沥青基碳纤维的微观结构类似于石墨,由苯环稠组成平面网,构成一个无限大的 π 电子轨道体系,π 电子可在整个网的大 π 体系中离域,从而导电。当沥青碳纤维复合材料温度升高时,由于升温使电子受热激发而获得能量,使更多电子能克服沥青基体阻隔形成的垒,从而使电阻率下降。

(2) 玻璃纤维增强沥青混合料

玻璃纤维增强复合材料的力学强度、物理性能、电性能及化学稳定性等,与玻璃纤维的成分、直径、细度以及表面处理等均有直接关系。玻璃纤维与聚合物纤维相比具有造价低、取材方便的特点,其抗拉强度可达到 1 500~4 000 MPa。玻璃纤维用于增强沥青混凝土能改善其高温稳定性、疲劳耐久性、低温抗裂性等。但是玻璃纤维在搅拌过程中极易断裂,为了解决搅拌过程中的纤维发生断裂,必须采取非常严格的工艺操作过程或对玻璃纤维进行改性处理。玻璃纤维直径较粗时则脆性增加,在交叉作用下易折断;直径过细,则柔性增大,但受热后易结团,不易分散。

(3) 玄武岩纤维增强沥青混合料

玄武岩纤维增强沥青混凝土复合材料是近几年兴起的一种新型复合材料形式。玄武岩纤维由于具有优异的力学性能和较高的工作温度,是替代聚酯纤维、木质素纤维等用于沥青混凝土极具竞争力的产品。玄武岩纤维生产的规模化,使得玄武岩纤维的生产成本进一步降低,为其在路面中的大规模使用提供了必要的条件。玄武岩纤维强度较高,抗腐蚀及高温性能较好,且具有电绝缘性能。玄武岩纤维外掺可提高沥青混合料高温稳定性、低温抗裂性以及抗疲劳性能。与普通的沥青路面施工相比,不需要专门的机械设备及特别的施工工艺,即可应用于路面工程,如路面加固、坑槽修补、灌缝等。此外,玄武岩增强纤维能有效地提高路面的结构强度,改善路面的抗弯拉能力和抗剪切能力,从而降低裂缝宽度,延缓裂缝发展。

9.4 关键性能指标

9.4.1 纤维增强水泥基材料关键性能指标

1. 水泥基材料对纤维的技术要求

增强水泥基材料使用的纤维原则上应满足下列几点要求:

(1) 高抗拉强度:与水泥基材的抗拉强度相比,至少高 2 个数量级;

(2) 高弹性模量:纤维与水泥基材的弹性模量的比值越高,则受荷时纤维所分担的应力越大;

(3) 高变形能力:与水泥基材的极限延伸率相比,至少高 1 个数量级,纤维的极限延伸率越大,则越有利于纤维增强水泥基复合材料韧性的增高;

(4) 低泊松比:为保证复合材料受拉(弯)时,纤维不致过早地与基材脱开,其泊松比一般不宜大于 0.4;

(5)高黏结度:短纤维与水泥基材的界面黏结强度一般不应低于1 MPa;

(6)适宜的长径比:短纤维的长度和直径的比值(简称长径比)大于其临界值时才对水泥基材有明显的增强效应;

(7)其他要求:需保证纤维对人体无害,来源有保证,价格较适中。

此外,混凝土基体内部呈现很强的碱性,在水化过程中,pH值介于10.5~13.5之间。在强碱环境下,纤维中的硅氧键会被OH^-破坏,对纤维的表面造成腐蚀,导致纤维与基体的界面劣化,降低水泥基材料的服役寿命。同时,水化产物的生长会在纤维表面造成结晶应力,导致纤维表面开裂,加速化学腐蚀的进程,纤维的增强效应随着时间逐渐减弱。因此水泥基材料中所用的纤维要具有良好的耐碱性,不受水泥碱性水化产物的侵蚀,并且与水泥基材有很好的化学相容性。其中玻璃纤维的耐碱性的提升可分为研制耐碱玻璃纤维与对玻璃纤维进行表面耐碱处理。采用玻璃纤维表面涂层的方法可防止玻璃纤维强度下降,但若被覆层上存在微裂缝,则水泥液相中的OH^-仍可通过这些微裂缝对纤维进行侵蚀。含锆的玻璃纤维在水泥液中会自动形成氢氧化锆胶质膜包覆在纤维外表面,可有效地保护纤维免受碱腐蚀。

玄武岩纤维在水泥基材料的强碱环境下使用同样存在易被腐蚀的问题,作者团队通过在玄武岩纤维表面涂耐碱涂层,有效地提升了纤维的耐碱性。图9.9、图9.10所示为作者团队进行的涂层和不涂层的玄武岩纤维碱腐蚀后的试验结果及强度保留率,试验环境为80 ℃碱腐蚀5 d。可明显看到,对未涂层的纤维进行碱腐蚀后,其表面蚀坑严重,而对涂层的纤维进行碱腐蚀后未看到坑蚀,且其强度保留率远高于未涂层的纤维,说明对玄武岩纤维表面进行耐碱涂层可有效提升纤维的耐碱性。

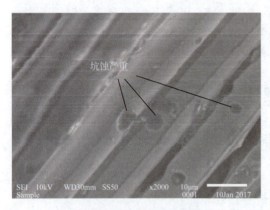 

(a)对未涂层的纤维进行碱腐蚀　　　　　　(b)对涂层的纤维进行碱腐蚀

图9.9　玄武岩纤维的耐碱提升

2. 纤维增强水泥基材料的物理性能

(1)流动性

纤维增强水泥基材料拌合物的工作性(也称施工和易性),是指其在不发生离析、泌水的条件下,能够满足拌和、运输、浇灌、振捣等一系列施工工序要求,并能获得质量均匀、成型密实的性能。工作性是一项综合的技术性质,包括流动性、黏聚性和保水性三方面的含义。水泥净浆的工作性试验方法主要有净浆流动度试验、黏度计试验等。其中净浆流动度试验依据《混凝土外加剂匀质性试验方法》(GB/T 8077—2012)进行测定。纤维混凝土的工作性能对其质量有重要影响,良好的工作性能能够保证施工的顺利进行。

基体材料相同时,拌合物的流动性与纤维的掺量、种类、长度及直径有关,图 9.11 为 PVA 纤维种类、纤维含量和纤维长度对水泥净浆流动度的影响(其中 FC0:无纤维;FC1:纤维掺量为 0.6 kg/m²;FC2 纤维掺量为 0.9 kg/m³;FC3:纤维掺量为 1.2 kg/m³),可发现对于不同种类的纤维,随着纤维掺量和长度的增加,拌合料流动度均呈下降趋势;不论是对于水泥净浆还是混凝土,PVA 纤维较 PP 纤维对基体材料的流动度影响均要大一些,原因是 PP 纤维的分散性比 PVA 纤维要好一些,且 PVA 纤维比 PP 纤维更细,相同掺量的 PVA 纤维比 PP 纤维具有更大的表面积,所需要的水泥浆体更多。

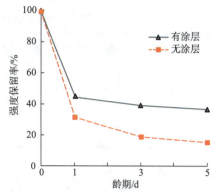

图 9.10 碱腐蚀后纤维的强度保留率

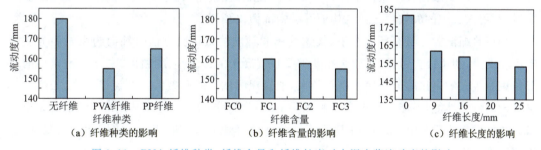

图 9.11 PVA 纤维种类、纤维含量和纤维长度对水泥净浆流动度的影响

(2)收缩性

①早期塑性收缩性能。规范《硬化水泥灰浆和混凝土长度变化的标准试验方法》(ASTM C157/C157M—2017)中规定用圆柱体测量收缩量,试件直径为 100 mm,长度为 300 mm。在温度为(23±2)℃,50%湿度的环境下连续测定试件的收缩值,目的是为了测定纤维混凝土的收缩值随龄期的发展规律。纤维混凝土与基准混凝土收缩值的差异主要体现在早期,早期时纤维混凝土的收缩量比基准混凝土小,但随着龄期的增加,纤维混凝土和基准混凝土收缩量的差异在减小。目前各国学者研究混凝土早期收缩性能的试验方法不完全相同,各类方法均是定性试验,且不能准确反映混凝土早期尤其是浇筑后 1 d 之内的收缩。

PVA 纤维增强水泥基材料,纤维的加入推迟了水泥基材料出现裂缝的时间,极大地改善了水泥基材料的抗裂性能,大量纤维在砂浆或混凝土内部均匀地分布,构成了稳定的三维乱向支撑体系,基体与纤维的紧密握裹,使得复合材料更加趋于一个整体。

John Branston 等采用不同体积含量的结构型短切玄武岩纤维增强混凝土进行塑性收缩试验,发现采用的结构型短切玄武岩纤维可有效提升混凝土基体的抗裂能力,总裂缝面积和最大裂缝宽度均随纤维体积掺量的增加而减小。当体积掺量达1%时,最大裂缝宽度减小79%,裂缝总面积减小93%,抗裂效果显著。实际工程中,结构型短切纤维体积掺量一般在1%左右,因此在对应掺量下,混凝土的早期抗裂能力均可以得到大幅度提升,其抗裂性能结果见表9.3。

表9.3 结构型短切玄武岩纤维增强混凝土试件抗裂性能

纤维含量/%	最大裂缝宽度/mm	最大裂缝宽度变化/%	裂缝总面积/mm²	裂缝总面积变化/%
0.1	1.58	12	283	19
0.3	1.20	33	175	50
1.0	0.44	76	24	93
0(对照)	1.80	—	350	—

注:试件尺寸为80 mm×80 mm×500 mm,进行塑性收缩试验。纤维为长43 mm的结构型短切玄武岩纤维。

②约束塑性收缩性能。约束收缩试验可以对混凝土的开裂趋势做定性与定量的评估。定性分析是通过观察混凝土试件在限制收缩条件下裂缝的开展情况而评价不同材料组分混凝土的收缩开裂趋势以及收缩开裂对不同环境与不同限制条件的敏感性;定量分析是指结合相关测试得到限制收缩条件下试件内部的应变、弹性模量、约束应力等随龄期变化的发展曲线,并引入合理的失效模式对结构的开裂情况做出预测。

约束收缩试验方法有环形约束、板式约束和轴向约束试验方法。轴向约束试验方法属于主动约束,约束应力可控,试验数据能够提供混凝土的许多早期性能参数。目前常用的环形约束和板式约束试验方法属于被动约束,通过观测试件的开裂龄期和裂缝宽度、长度评价混凝土的抗裂性能,不能将约束应力和混凝土的开裂状况动态地联系起来。《纤维混凝土试验方法标准》(CECS 13:2009)采用平板试验进行约束状态下早期塑性收缩性能的测试,主要评定指标为裂缝名义总面积。

3. 纤维增强水泥基材料的静态力学性能

(1)抗压性能

抗压性能是混凝土最基本最重要的力学性能指标,是体现混凝土强度等级的重要指标,也是混凝土结构设计的重要参数。测量结构型纤维混凝土立方体抗压强度可参考《混凝土物理力学性能试验方法标准》(GB/T 50081—2019),标准试件为150 mm×150 mm×150 mm的立方体试件,在标准条件[温度(20±2)℃,相对湿度95%以上]下,养护到28天后进行强度测试。

从理论上讲,与普通混凝土相比,纤维混凝土中的孔隙要小,基体混凝土中水泥浆强度、水泥浆与骨料界面强度、骨料强度之间的差别也较小,所以相对来说,更接近于匀质材料,并由于纤维与基体混凝土间界面过渡区性能的改善使得纤维混凝土表现出与普通混凝土不同的特性。对于普通混凝土试块,呈现极明显的脆性破坏形态,对于纤维混凝土试块,由于裂缝形成后桥架于裂缝间的纤维开始工作,使裂缝的扩展延迟,且由于纤维从基体混凝土间拔出时需要消耗大量的变形能,因而与普通混凝土试块相比,其破坏形式发生了很大的变化,由脆性破坏转变为具有一定塑性的破坏形态,图 9.12 为纤维增强混凝土与素混凝土立方体抗压试块的典型破坏形态。掺加短切纤维后能有效提高混凝土的强度,且增强效果与短切纤维体积掺量有很大关系,图 9.13 为立方体抗压强度随玄武岩短切纤维体积掺量的变化,可以看出最佳纤维体积掺量的范围为 0.16%～0.18%。

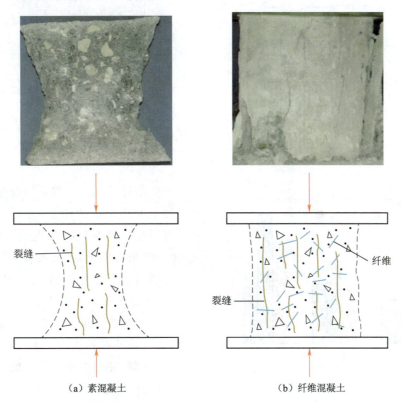

图 9.12　立方体抗压试块典型破坏形态

（2）劈裂抗拉性能

混凝土是一种脆性材料,很小的受拉变形即可引起开裂,混凝土的抗拉强度只有抗压强度的 1/10～1/20,且随着混凝土强度等级的提高,比值降低。

混凝土在工作时一般不依靠其抗拉强度,但抗拉强度对于抗开裂性有重要意义。在结构设计中抗拉强度是确定混凝土抗裂能力的重要指标,有时也用它来间接衡量混凝土与钢筋的黏结强度等。混凝土抗拉强度采用立方体劈裂抗拉试验测定,称为劈裂抗拉强度。

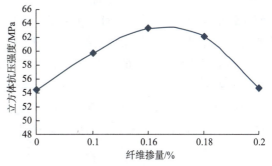

图 9.13　玄武岩纤维增强混凝土抗压强度随纤维掺量的变化

测量结构型纤维混凝土劈裂抗拉强度可参考《混凝土物理力学性能试验方法标准》(GB/T 50081—2019),标准试件为 150 mm×150 mm×150 mm 的立方体试件。

该方法的原理是在试件的两个相对表面的中线上,作用均匀分布的压力,这样就能够在外力作用的竖向平面内产生均布拉伸应力,如图 9.14 所示。

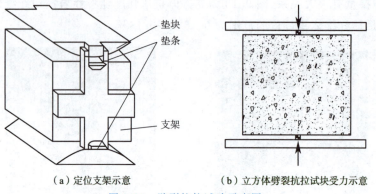

(a) 定位支架示意　　　　(b) 立方体劈裂抗拉试块受力示意

图 9.14　劈裂抗拉试验示意图

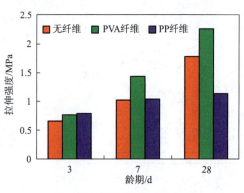

图 9.15　纤维种类对混凝土劈裂抗拉强度的影响

纤维的种类、长度、掺量均会影响纤维增强混凝土的劈裂抗拉强度。图 9.15 为纤维种类对混凝土劈裂抗拉强度的影响,可以看出,相对于素混凝土,掺入聚合物纤维后混凝土的劈裂抗拉强度明显提高。相同掺量下,PVA 纤维对混凝土劈裂抗拉强度较 PP 纤维混凝土劈裂抗拉强度明显提高。这主要是因为 PVA 纤维的抗拉强度远较 PP 纤维高,在混凝土基体破坏时能承受更大的拉伸应力。

(3) 抗折性能

抗折强度也称为弯曲抗拉强度,可以间接地用于评定混凝土的抗折性能。纤维混凝土的抗折性能最能反映出纤维的增强、增韧效果。研究纤维混凝土抗折强度,可为主要承受弯曲荷载的工程结构提供设计依据,也可作为施工期间检测纤维混凝土质量的指标,具有重要的实际意义。

测量纤维增强水泥的抗折强度可参考《水泥胶砂强度检验方法》(GB/T 17671—1999),标准试件为 40 mm×40 mm×160 mm。测量纤维增强混凝土抗折强度可参考《混凝土物理力学性能试验方法标准》(GB/T 50081—2019),标准试件为 150 mm×150 mm×550 mm 或 150 mm×150 mm×600 mm 的棱柱体试件,图 9.16 所示为测量纤维增强混凝土抗折强度的试验简图。

图 9.17 所示为玄武岩纤维增强混凝土抗折强度随纤维掺量的变化曲线,可看出随着体积掺量的增加,玄武岩纤维增强混凝土抗折强度总体呈上升趋势,体积掺量为 2.0% 时,纤维增强混凝土抗折强度相对于素混凝土提升将近 200%。

(4) 弯曲韧性

韧性是描述材料延性和强度的综合性能。一般从宏观角度,韧性可定义为材料或结构从荷载作用到失效为止吸收能量的能力。纤维混凝土的韧性是指基体开裂后继续维持一定抗力的变形能力,通常用应力(力)-应变(变形)曲线下与面积有关的参数来衡量。目前广泛采用弯曲韧性来评定纤维混凝土的增韧效果,因受弯存在弯、拉、压三种应力,受弯破坏的过程更能反映出纤维的增韧效果。根据我国《纤维混凝土试验方法标准》(CECS 13:2009),采用四点弯曲试验法,试验装置及试件示意如图 9.18 所示。

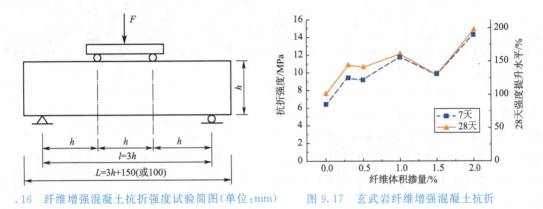

图 9.16 纤维增强混凝土抗折强度试验简图(单位:mm)

图 9.17 玄武岩纤维增强混凝土抗折强度随纤维掺量变化曲线

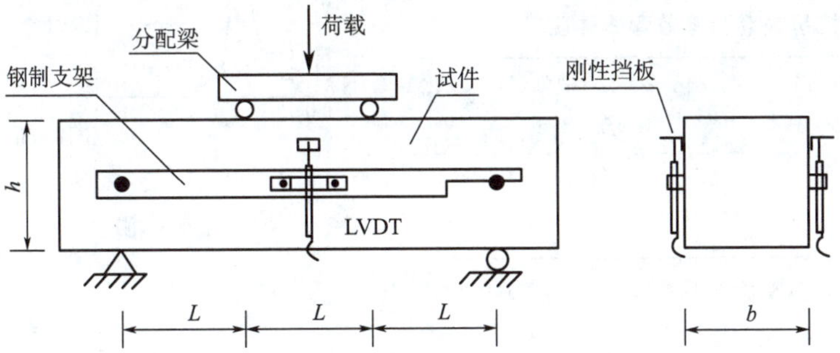

图 9.18 四点弯曲试验装置及试件示意图(单位:mm)

纤维增强水泥基材料的抗弯韧性与纤维体积掺量、纤维长度、水泥基材强度、纤维的弹性模量以及纤维与基材的界面黏结等因素均有关。随着纤维体积率的增加,纤维增强水泥基材料的弯拉强度增大。对于用沥青基碳纤维制作的纤维水泥基复合材料,当纤维体积率相同时,用长 3 mm 纤维制得的复合材料的强度增加幅度一般高于用 10 mm 纤维制得的,这种差异可能与纤维分布的均匀性有关,即短纤维在水泥基材料中分布的均匀性优于长纤维。

结构型纤维对混凝土抗弯韧性也有显著的影响。已有研究表明,采用结构型短切玄武岩纤维增强混凝土梁抗弯性能,开裂弯矩和极限弯矩都随着纤维含量的增加而增加。使用结构型短切玄武岩纤维的梁具有明显延性断裂模式,更接近于弯曲的钢筋混凝土构件,因为结构型纤维能够桥接裂缝,因此出现裂纹后,构件仍然能够抵抗额外的荷载。在纤维掺量为 12 kg/m³ 时,初裂抗弯强度提升 26%,极限抗弯强度可以提升 63%,其他掺量时也能有较为显著的提升,见表 9.4。

表 9.4 结构型短切玄武岩纤维增强混凝土试件弯曲性能

纤维含量/(kg·m^{-3})	初裂弯矩 M_{cr}/(kN·m)	M_{cr}变化/%	极限弯矩 M_u/(kN·m)	M_u变化/%
8	2.11	11	2.87	43
10	2.39	26	2.91	44
12	2.40	26	3.28	63
0(对照)	1.9	—	2.01	—

注：弯曲试件尺寸为 112 mm×300 mm×1 000 mm，测试跨度为 1 000 mm，进行四点弯曲试验。使用纤维为长 43 mm 的结构型短切玄武岩纤维。

作者团队进行了结构型加捻玄武岩纤维增强混凝土抗弯韧性的试验。测试结果如图 9.19 所示，可以看出加捻玄武岩纤维对于试件的抗弯韧性具有显著提升作用。测得的结构型玄武岩纤维增强混凝土的初裂抗折强度和等效弯曲强度见表 9.5。

表 9.5 结构型玄武岩纤维增强混凝土初裂抗折强度和等效弯曲强度

纤维长度/mm	初裂抗折强度 f_{cr}/MPa	f_{cr}变化/%	等效弯曲强度 f_e/MPa	f_e变化/%
50	2.99	21	3.42	850
素混凝土	2.48	—	0.36	—

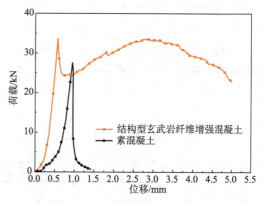

图 9.19 结构型玄武岩纤维增强混凝土抗弯韧性荷载-位移曲线

注：进行四点弯曲试验，试件尺寸为 150 mm×150 mm×550 mm。

4. 纤维增强水泥基材料的抗冲击性能

纤维混凝土的许多应用领域，如高速公路、机场跑道和桥面铺装等，其破坏往往是由于长期经受冲击动载或循环荷载造成的，因此抗冲击是较为重要的设计指标。纤维混凝土的抗冲击性能可参考《纤维混凝土试验方法标准》(CECS 13：2009) 推荐的落锤冲击试验，如图 9.20 所示。

抗冲击性能通过初裂冲击次数 N_1、破坏冲击次数 N_2、抗初裂冲击耗能 W_1 和抗破坏冲击耗能 W_2 反映。

纤维掺入可明显提高混凝土的冲击韧性，使混凝土出现第一条裂缝的时间明显延迟，且达到破坏时的冲击次数也明显提升。典型性的 PVA 纤维改善混凝土冲击韧性主要有以下几方面原因：

(1) 线弹性理论认为，要提高混凝土的初裂强度，就必须尽可能地减少内部应力尖端。PVA 纤维抗拉强度高，能承受较大的拉应力，在混凝土基体中均匀分布时，它能分担部分应力，减小了应力集中程度。

(2) 由于 PVA 纤维的抗拉强度高,有着较大的吸收外加荷载能量的能力。混凝土在受冲击时,PVA 纤维吸收了部分冲击动能,提高了混凝土的冲击韧性。

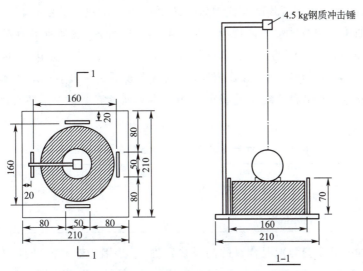

图 9.20　落锤冲击试验装置及试件示意图(单位:mm)

(3) PVA 纤维能有效地约束裂缝的扩展。

图 9.21(a)所示为 PVA 纤维增强水泥基材料初裂冲击次数、终裂冲击次数随纤维掺量的变化,随着纤维掺量的增加,PVA 纤维增强混凝土的初裂冲击次数及终裂冲击次数均增加,说明随纤维掺量增大,PVA 纤维水泥基复合材料的冲击韧性是呈递增趋势的。图 9.21(b)所示为不同纤维掺量下混凝土冲击坑的宽度,可看出冲击坑宽度随着纤维掺量的增加而增大,与冲击次数随纤维掺量变化趋势一致,同样说明纤维能够增加水泥基复合材料的冲击韧性。

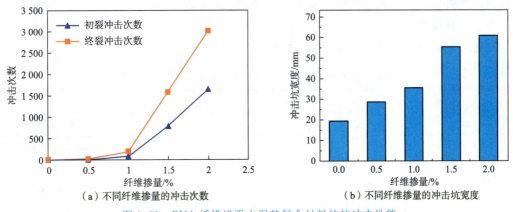

图 9.21　PVA 纤维增强水泥基复合材料的抗冲击性能

9.4.2　纤维增强沥青混合料关键性能指标

1. 高温稳定性能

沥青混合料是一种黏弹性材料,在夏季高温天气,沥青路面在交通荷载的反复作用下,容易产生车辙、推移、拥包等永久性变形类破坏,这类破坏是沥青混合料的高温失稳性破坏,是对高速公路最具危害的破坏形式之一。

有研究报告指出,重复荷载试验比单轴压缩蠕变更能反映沥青混合料的特性。采用动态蠕变试验中的重复加载试验来评价混合料的高温性能发现,在沥青混合料中加入玄武岩纤维,可对沥青的蠕变行为产生约束,从而增加了矿质骨料的相对稳定性,减少剪切变形和竖向变形的产生,提高混合料的高温稳定性,并且增强效果优于聚酯纤维和木质素。玄武岩纤维增强沥青混凝土车辙试验结果见表9.6,可以看出沥青混凝土中添加玄武岩纤维后稳定性明显变好。

表9.6 玄武岩纤维增强沥青混合料车辙试验结果

类型	DS(次/mm)均值
玄武岩纤维沥青混凝土	1 560
普通沥青混凝土	830

玄武岩纤维能够改善沥青混合料的高温稳定性,一是因为玄武岩纤维均匀分散在沥青混合料中,可互相搭接形成空间网络,阻碍沥青的运动,有利于提高高温性能;二是因为纤维网络限制了混合料的塑性变形,增强了沥青混合料在高温下的抗剪切能力。

对于玻璃纤维增强沥青混凝土,在60 ℃车辙试验碾压初期未加纤维混合料和加入纤维混合料变形发展趋势基本相同,均是一个压密的过程,而随着碾压进一步深入,其变形增长趋势发生变化。车辙试验初期掺加与未掺加纤维的车辙相差不大,而到了后期,两类试件的车辙发展过程有所不同。未掺加纤维的试件,车辙深度随碾压次数的增长而直线增长,而掺加了纤维的混合料试件,车辙深度的后期增长较缓慢,这说明加入纤维后,均匀分布的纤维能有效阻止剪力作用下集料颗粒的移动,降低永久变形,改善沥青混合料的高温性能。玻璃纤维的最佳质量掺量为0.2%,且温度越高,纤维的效果越显著,70 ℃时玻璃纤维沥青混合料动稳定度比普通沥青混合料高一倍。加入玻璃纤维的车辙试验结果见表9.7。

表9.7 玻璃纤维增强沥青混合料车辙试验结果(平均值)

纤维掺量/%	60 ℃		70 ℃	
	动稳定度/次	永久变形/mm	动稳定度/次	永久变形/mm
0	768	8.036	456	15.435
0.1	1 171	6.635	697	11.567
0.2	1 435	5.688	812	8.456
0.3	1 406	5.984	856	8.721

纤维增强沥青混合料高温稳定性的机理可以解释为:纤维在沥青基体内的分布是三维随机的,虽然掺量不大但沥青基体内纤维的根数众多,纤维在沥青基体内形成纵横交错的纤维空间网格。这些纵横交错的纤维所吸附的结构沥青形成了结构沥青网,增大了结构沥青的比例,减少了自由沥青数量,使纤维沥青胶浆黏性增大,混合料的温度稳定性大幅度提高;

同时纤维的加筋作用增加了骨料的稳定性，并且由于纤维的传递可以使混合料内部应力分散均匀，这都会阻止或减轻矿料间的相对滑移，提高混合料的高温稳定性。

2. 低温抗裂性能

沥青路面使用过程中的低温缩裂是由于温度应力超过了沥青混凝土抗拉强度，温度应力所做的功导致一定的能量积累，当该能量达到沥青混凝土本身容许的极限程度时，沥青混凝土就会破坏形成裂缝。因此，要求沥青混凝土在低温下应具有较高的抗拉强度、较好的抗变形能力和较好的应力松弛能力。

已有研究对各类型沥青混合料进行低温小梁弯曲试验，以断裂能和破坏应变评价沥青混合料的低温抗裂性能。根据《公路工程沥青及沥青混合料试验规程》(JTG E20—2011)，采用试验温度为$-10\ ℃$，加载速率为$50\ mm/min$，在压力试验机下进行三分点小梁加载。结果发现在沥青玛蹄脂混合料(SMA)路面结构中掺入玄武岩纤维，可以提高断裂能量，增强低温抗裂性能，玄武岩纤维的增强效果明显优于木质素、木质素与玄武岩纤维混合纤维。玄武岩纤维之所以能改善沥青混合料的低温抗裂性能，主要有两个原因：一是因为玄武岩纤维有一定的吸油能力，导致掺加纤维后沥青混合料的最佳油石比提高，而增加沥青用量有利于改善混合料的低温性能；二是因为玄武岩纤维分散在沥青混合料中形成三维网络空间，能够承担和分散温度应力，降低温度应力对沥青混合料本身的损害，提高混合料低温下的韧性。

掺加玻璃纤维后的沥青混合料小梁在低温下的弯曲破坏结果见表9.8，可以看出玻璃纤维的最佳掺量为0.2%，掺加纤维的沥青混合料小梁在弯曲破坏试验中，弯拉强度没有明显变化，但弯曲应变有一定的提高，这主要是因为纤维在沥青混合料中的均匀分布会分散沥青胶浆的拉应力，阻止沥青混合料微裂缝的发展，从而使变形能力增强。

表9.8 玻璃纤维增强沥青混合料低温弯曲破坏试验结果(平均值)

纤维掺量/%	弯拉强度/MPa	弯拉应变/$\mu\varepsilon$	弯曲弹性模量/MPa
0	12.08	2 573	4 703
0.1	11.92	2 625	4 553
0.2	12.00	2 835	4 247
0.3	11.69	2 730	4 282

掺加玻璃纤维对沥青混合料低温性能的提高作用主要表现为：

(1)沥青混合料棱柱体小梁在弯曲破坏中主要是沿着颗粒间的界面产生拉裂破坏，在裂缝扩展中可能遇到大颗粒而使这些大颗粒产生挤压和剪切，使之产生压剪破坏，因此低温下沥青的界面强度有着十分重要的作用。纤维加入后，沥青稠度随轻组分物质被吸附而变硬，在低温下，沥青韧性增加，沥青与矿料间的界面强度相应增加。

(2)纤维的加入，对沥青混合料的"桥接"和"加筋"作用较为明显，由于这种加筋作用对沥青混合料裂缝的产生有着不同程度的阻碍作用，使纤维沥青混合料的破坏应变比普通沥青混合料要大。

(3)纤维的加入使沥青混合料的柔性增大。沥青混合料加入玻璃纤维后，混合料具有一定的弹性,即通过加筋作用使混合料具有了较好的柔性,对应力具有一定的分散和扩散作用,使得路面在低温季节能更好地适应因温度收缩引起的变形,减少路面温缩裂缝和疲劳裂缝的产生,并延缓旧裂缝的继续发展,这对于改善路面低温时的使用性能具有重要意义。

3. 水稳性能

水损害是沥青路面早期破坏的一种最常见的破坏模式。在雨季或初春冻融期间,水经沥青路面孔隙、裂缝进入沥青路面内部后,在车轮轮胎动态荷载产生的动水压力或真空抽吸冲刷的反复作用下,水分逐渐渗入沥青与矿料的界面或沥青内部,使沥青与矿料之间的黏附性降低并逐渐丧失黏结能力,从而使沥青膜逐渐从矿料表面剥离,沥青混合料掉粒、松散,因此沥青混合料的水稳定性最终是由浸水条件下沥青混合料物理力学性能降低程度来表征的。沥青路面的水损害发生可以分为两个阶段:第一阶段是水在荷载作用下侵入沥青,使得沥青的黏附性变小;第二阶段是水最终侵入沥青和集料的接触表面,由于集料表现出更强的亲水性,因此水分的侵入会使集料和沥青之间的黏附性慢慢减弱,最终使沥青从集料表面剥落。

已有研究用浸水马歇尔试验和冻融劈裂强度试验评价沥青混合料的水稳定性能,其中依据《公路工程沥青及沥青混合料试验规程》进行浸水马歇尔试验。试验结果表明,由于木质素容易吸水受潮,在路面使用过程中,容易因水分入侵使纤维沥青界面产生侵蚀膨胀,使矿料与沥青界面剥离,降低水稳性能,而玄武岩纤维基本不吸水,在路面服役期间,可以保证长久、良好的耐水损害性能。玄武岩纤维增强沥青混合料浸水马歇尔试验结果见表9.9。

表 9.9 沥青混合料浸水马歇尔试验结果

混合料类型	马歇尔稳定度/kN	浸水马歇尔稳定度/kN	浸水残留稳定度 MS_0/%	技术标准
基质沥青 AC-13C	9.77	8.43	86.3	≥80
BF+基质沥青 AC-13C	10.36	8.7	84.0	
SBS AC-13C	13.6	12.65	93.0	≥85
BF+SBS AC-13C	14.61	13.41	91.8	
普通 SMA-13	9.55	8.05	84.3	≥80
BF SMA-13	9.62	8.37	87.0	

玻璃纤维增强沥青混合料水稳定性的最佳质量掺量为0.2%,掺加纤维后混合料在经过浸水马歇尔试验后,其浸水残留稳定度有所提高,浸水飞散损失率略小于普通沥青混合料,水稳定性明显提高,尤其是冻融后的劈裂强度提升最为显著。纤维的加入使得纤维胶浆的黏结强度较普通沥青大,而且纤维的加筋作用也提高了混合料的劈裂强度,但纤维掺量过多时,多余的纤维在沥青混合料内部形成缠绕,影响了内部连接,并不能增强沥青混合料的水稳定性。

纤维的加入使得混合料的残留稳定度有所提高,这主要是因为纤维可以吸附部分沥青,提高沥青饱和度,增加矿料表面沥青膜的厚度以减少混合料的空隙,降低水对沥青胶浆的侵蚀破坏作用,增强沥青胶浆抵抗自然环境破坏的能力,使混合料抗水损害能力提升。且由于纤维渗入时混合料内部结构沥青含量增加,使结构沥青与矿料之间的界面作用更强,这些都有利于混合料的水稳性。

4. 耐疲劳性能

沥青混合料在交通荷载的反复作用之下,会出现混合料结构强度逐渐下降的现象,强度下降到一定程度后,路面在较小的荷载下即发生开裂,产生疲劳破坏。

玄武岩纤维增强基质沥青混合料弯曲疲劳试验结果见表9.10。掺加玄武岩纤维后,混合料的抗疲劳性能衰减的较慢。

表 9.10 基质沥青混合料疲劳试验结果

混合料类型	250 με(弯曲应变)		450 με(弯曲应变)		650 με(弯曲应变)	
	疲劳寿命/万次	累积耗散能/(J·m^{-3})	疲劳寿命/万次	累积耗散能/(J·m^{-3})	疲劳寿命/万次	累积耗散能/(J·m^{-3})
基质沥青 AC	71.131	473.472	1.128	19.609	0.172	4.605
BF-基质沥青 AC	115.997	761.447	2.255	34.606	0.244	6.067

在沥青混合料中掺加玻璃纤维,沥青混合料的疲劳次数明显提高,但随着纤维体积掺量的提高,疲劳次数增长并不明显,见表 9.11。

表 9.11 纤维增强沥青混合料疲劳试验结果

纤维掺量/%	0	0.1	0.2	0.3
疲劳寿命/次	1 164	2 347	2 498	2 645

掺入纤维可以增强沥青混合料的疲劳性能,究其原因,一方面是纤维分散在沥青混合料中互相搭接,形成三维空间网络,在一定程度上限制了疲劳裂缝的发展;另一方面是纤维能够分散应力集中,消散掉应变能的积累,提高沥青混合料的韧性,最后由于纤维具有一定的吸油能力,使得纤维沥青混合料的最佳油石比相对较高,较多的沥青也有助于提高混合料的抗疲劳性能。

9.5 标 准 化

9.5.1 纤维增强水泥基材料标准化

1. 物理性能测试标准化

纤维增强水泥基材料的物理性能试验方法基本与水泥基材料物理性能试验方法一致,流动性可按照《普通混凝土拌合物性能试验方法标准》(GB/T 50080—2016)中规定的坍落度标准方法进行测定,注意该方法宜用于骨料最大公称粒径不大于 40 mm、坍落度不小于 10 mm 的混凝土拌合物坍落度的测定。收缩性可按照《普通混凝土长期性能和耐久性试验方法标准》(GB/T 50082—2009)进行测定,包括接触法和非接触法。接触法主要适用于测定早期混凝土的自由收缩变形,也可用于无约束状态下混凝土自收缩变形的测定;非接触法适用于测定在无约束和规定的温度条件下硬化混凝土试件的收缩变形性能。

2. 力学性能测试标准化

纤维增强水泥基材料的抗压性能、劈裂抗拉性能以及抗折性能测试方法均与普通混凝土相似。纤维增强水泥或砂浆的抗折试验可参考《水泥胶砂强度检验方法》(GB/T 17671—1999),采用 40 mm×40 mm×160 mm 的试件尺寸,抗压性能则用抗折强度测定后的两个断块立即进行抗压强度测定。纤维增强混凝土的抗压性能、劈裂抗拉性能及抗折性能测试方法均参考《混凝土物理力学性能试验方法标准》(GB/T 50081—2019),抗压性能和劈裂抗拉性能采用 150 mm×150 mm×150 mm 的标准立方体试件,在标准条件下测得;抗折性能采用 150 mm×150 mm×550 mm 或 150 mm×150 mm×600 mm 的棱柱体试件测得。

纤维混凝土的韧性是指基体开裂后继续维持一定抗力的变形能力,通常用应力(力)-应变(变形)曲线下的面积有关的参数衡量。目前广泛采用弯曲韧性来评定纤维混凝土的增韧效果,因为受弯破坏是在弯、拉、压三种受力状态下进行的试验,受弯破坏的过程更能反映出纤维的增韧效果。

美国混凝土协会(ACI)544 委员会指出弯曲韧度指数测试采用 100 mm×100 mm×350 mm 的抗折试件,跨度 300 mm,采用三分点加荷,将跨中挠度为 1/160 时的韧度与初裂韧度的比值作为韧度指数。日本土木学会标准《纤维混凝土弯曲强度和弯曲韧性试验方法》(JSCE-SF4)采用 100 mm×100 mm×350 mm 的梁试件,用三分点梁进行试验,梁的跨度为 300 mm,将跨中挠度为跨度的 1/150 时的平均应力定义为韧度指数,考虑纤维混凝土板塑性内力重分布时,将韧度指数与初裂弯拉强度的比值定义为韧度比。美国《纤维混凝土初裂强度和弯曲韧性标准试验方法》(ASTM C1018—1997)利用理想弹塑性体作为材料韧性的参考标准,选用初裂点挠度的不同倍数时的荷载-挠度曲线下的面积,对初裂时荷载-挠度曲线下的面积的比值作为韧性系数。我国《纤维混凝土试验方法标准》(CECS 13:2009)中采用的韧性指数法,代表了材料弹塑性变形能与弹性变形能的比值,均属于能量比值法,并采用了多特征点的变形能与初裂挠度变形能之比。以 δ 为初裂点挠度,其他特征点分别为 $3\delta,5.5\delta$ 和 10.5δ,以 $3\delta、5.5\delta、10.5\delta$ 之前的荷载-挠度曲线下面积分别与 δ 时荷载-挠度曲线下面积的比值定义韧性指数。

目前对于混凝土抗冲击性能研究,国内外试验方法种类繁多。比较常见的是摆锤冲击试验、落锤冲击试验和霍普金森杆冲击试验等。我国 2009 年修订的《纤维混凝土试验方法标准》(CECS 13:2009)将 ACI 544 介绍的方法引入,试验单位由英磅、英寸调整为更加常用的千克和毫米。落锤重量设定在 4~20 kg 范围内,落距设定在 400~2 000 mm。

3. 应用标准化

《纤维增强水泥及其制品术语》(GB/T 16309—1996)规定了纤维增强水泥及其制品的基本名称、基础理论、组成材料、生产工艺、专用设备、制品、性能、检验与应用技术等方面的术语定义与含义。

《玻璃纤维增强水泥(GRC)建筑应用技术标准》(JCJ/T 423—2018)中对 GRC 构件的材料选用、建筑与结构设计、制作加工、安装施工、验收及维修与保养等进行了详细的规定。《玻璃纤维增强水泥轻质多孔隔墙条板》(GB/T 19631—2005)规定了玻璃纤维增强水泥

(GRC)轻质多孔隔墙条板的分类与分级、材料、要求、试验方法、检验规则和产品标志、运输、贮存。主要适用于以耐碱玻璃纤维与硫铝酸盐水泥为主要原料的预制非承重轻质多孔内隔墙条板。

《纤维增强水泥外墙装饰板》(JC/T 2085—2011)规定了纤维增强水泥外墙装饰挂板(简称外墙板)的分类和标记、要求、试验方法、检验规则及标志、包装、运输与贮存等。适用于以水泥等硅酸盐质材料和纤维为主要原料,用于建筑外墙围护和装饰用的纤维增强水泥外墙装饰挂板。

9.5.2 纤维增强沥青混合料标准化

1. 性能测试标准化

(1) 高温稳定性

评价沥青混合料高温稳定性的方法很多,主要有蠕变试验、单轴压缩试验、简单剪切试验、APA轮辙试验、车辙试验等。

蠕变试验是一种较能反映沥青混合料典型黏弹性材料特性的试验。根据试验条件不同,蠕变试验又可分为静态单轴蠕变、静态三轴蠕变、动态单轴蠕变和动态三轴蠕变四种。其中动态蠕变又有连续动态加载和间歇重复加载两种加载方式,间接重复加载更接近路面实际荷载作用。

简单剪切试验是一种直接测定沥青混合料抗剪切变形能力的试验。由于沥青路面在高温下的永久变形是由于沥青混合料的抗剪切能力不足引起的,因此通过简单剪切试验可考察沥青混合料的抗剪切能力。

APA(asphalt pavement analyzer)是美国在SHRP计划研发的沥青混合料试验设备,是一种以混合料轮辙深度和变形曲线斜率为主要测评指标的实验室加速加载测试装置。APA可测试干燥和浸水条件下沥青混合料的永久变形性能和疲劳性能,用于APA车辙测试的混合料试件可以是圆柱体试件,也可以是梁式试件。

车辙试验是我国规范推荐使用的测定沥青混合料高温稳定性的试验方法。该方法是通过模拟实际车轮在路面上行驶而产生车辙来评价沥青混合料高温性能的方法。车辙试验按《公路工程沥青及沥青混合料试验规程》(JTG E20—2011)中沥青混合料车辙试验方法进行。

检验合成纤维沥青混合料的高温抗车辙性能时,动稳定度技术要求应符合表9.12的规定。

表9.12 合成纤维沥青混合料车辙试验动稳定度技术要求

混合料类型	单位	技术要求	试验方法
SMA型普通沥青混合料		≥2 500	
SMA型改性沥青混合料		≥5 000	
AC型普通沥青混合料	次/mm	≥2 000	T0719
AC型改性沥青混合料		≥4 000	
OGFC型沥青混合料		≥3 500	

玄武岩纤维沥青混合料配合比应满足《玄武岩纤维沥青路面施工技术指南》(T/CHTS 10016—2019)对于沥青混合料高温稳定性、水稳定性、低温抗裂性等路用性能的技术要求。试验方法根据《公路沥青路面施工技术规范》(JTG F40—2004)规定采用车辙试验检验玄武岩纤维沥青混合料的高温稳定性,其动稳定度应符合表 9.13 的规定。

表 9.13 玄武岩纤维沥青混合料高温稳定性技术要求

混合料类型		动稳定度技术要求(次/mm),不小于	试验方法
AC 型	不使用改性沥青	1 000	T0719
	使用改性沥青	4 000	
SMA 型	改性沥青	5 000	
PA 型	改性沥青	6 000	

(2)低温抗裂性

国内外评价沥青混合料低温性能的方法可以分为以下三类:①评价沥青混合料的应力松弛能力或低温变形能力;②预估沥青混合料低温下的开裂温度;③计算并评价沥青混合料断裂时的累积断裂能。试验方法有间接拉伸试验、直接拉伸试验、蠕变试验、约束试件温度应力试验、应力松弛试验、低温小梁弯曲试验等。

对于合成纤维增强沥青混合料,宜在规定的试验条件(−10 ℃、50 mm/min)下进行低温弯曲试验,测定破坏强度、破坏应变和劲度模量,并应根据应力-应变曲线形状评价聚合物纤维改性沥青混合料的低温抗裂性能,其中破坏应变技术要求应符合表 9.14 的规定。

表 9.14 合成纤维沥青混合料低温抗裂性检验技术要求

检测项目	单位	技术要求			试验方法
		SMA 型混合料	AC 型混合料	OGFC 型混合料	
破坏应变	$\mu\varepsilon$	≥2 800	≥2 600	≥2 500	T0715

(3)水稳定性

纤维增强沥青混合料水稳定性的测试方法包括:煮沸试验、浸水间接拉伸试验、浸水车辙试验、冻融台座试验、浸水马歇尔试验、冻融劈裂试验等。

煮沸试验其实是评价沥青与集料的黏附性能。浸水间接拉伸试验通过测定浸水与未浸水条件下混合料试件的间接抗拉强度比值来评定沥青混合料的水稳定性。浸水车辙试验是在浸水条件下进行的车辙试验。冻融劈裂试验方法与浸水间接拉伸试验方法相似,不同之处在于冻融劈裂试验增加了冻融循环的条件,从而模拟冬季冰冻地区沥青路面的工作环境(会加剧水对混合料的破坏)。

有关规范中规定了检验合成纤维沥青混合料的水稳定性的方法,其技术要求应符合表 9.15 的规定。达不到要求时应采取抗剥落措施,调整最佳沥青用量后再次试验。

表 9.15　合成纤维沥青混合料水稳定性检验技术要求

检测项目	单位	技术要求			试验方法
		SMA 型混合料	AC 型混合料	OGFC 型混合料	
浸水马歇尔试验残留稳定度	%	≥80	≥85	≥85	T0709
冻融劈裂试验残留强度比	%	≥80	≥80	≥85	T0729

(4)耐疲劳性

目前研究沥青混合料疲劳特性的方法主要有两种:一种是采用疲劳曲线来表征疲劳特性,称为现象学法;另一种是通过断裂力学理论来分析疲劳裂缝及其扩展,称为力学近似法。在现象学法中,主要是研究疲劳强度和疲劳寿命。所谓疲劳强度是指材料出现疲劳破坏的重复应力值,则相应的应力重复作用次数称为疲劳寿命。力学近似法是采用断裂力学理论来分析和研究裂缝发展的,这有助于人们了解疲劳损伤的产生和发展。根据《公路工程沥青及沥青混合料试验规程》(JTG E20—2011),我国采用小梁四点弯曲疲劳试验来评价沥青混合料的疲劳性能。

2. 应用标准化

《公路沥青路面施工技术规范》(JTG F40—2004)中主要是对聚合物纤维增强沥青混凝土和玄武岩纤维增强沥青混凝土各级配范围的配合比进行了规定,主要是通过马歇尔试验确定最佳油石比。

《玄武岩纤维沥青路面施工技术指南》(T/CHTS 10016—2019)中对玄武岩纤维沥青混合料的集料要求、配合比设计、施工要求、质量验收等进行了详细规定。

9.6　应用及前景

9.6.1　纤维增强水泥基材料应用和前景

1. 应用方法

(1)非承重构件

纤维增强水泥基材料质量轻,强度高且延性好,可用作结构中的非承重构件,如结构中的隔墙板、外墙内保温板、外墙挂板、薄板及装饰板等,如图 9.22 所示。随着我国装配式建筑的蓬勃发展,为纤维增强水泥基材料构件的发展和应用提供了良好的机会。特别是在建筑幕墙方面,纤维增强水泥基材料幕墙可以很好地解决石材幕墙和玻璃幕墙存在的诸多问题。我国已经形成了纤维增强水泥轻质多孔隔墙条板、纤维增强混凝土装饰墙板、外墙用非承重纤维增强水泥板、纤维增强低碱度水泥建筑平板、纤维水泥夹芯复合墙板等产品,并制定了相关标准。

(2)承重构件

纤维增强水泥基材料中的纤维呈三维乱向分布,在基体间起"桥联"作用,可明显抑制基体裂缝开展,改善基体本身的脆性,提高其抗弯、抗冲击、抗疲劳等性能,可用作结构中的次要承重构件和承重构件,包括粮仓、网架屋面板、温室骨架和免拆模板等。永久性的免拆模板施工成型后不需要拆模,加快了施工进度,且模板作为建筑物的一部分可以起到承载的作用,提高混凝土结构的抗拉、抗弯、抗冲击能力,并可赋予建筑物特定的功能,如保温、耐腐蚀、装饰等效果。

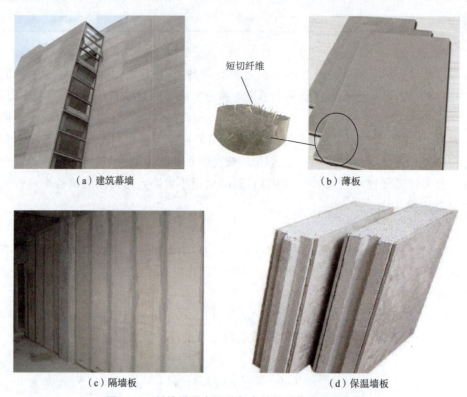

图 9.22　纤维增强水泥基复合材料用作非承重构件

(3)抗裂构件

纤维在水泥基材料中可抑制裂缝的产生(见图 9.23),在提高混凝土的抗渗、抗冻融等性能方面具有显著的效果。纤维可用于水利工程面板堆石坝与溢洪道的抗裂、抗渗性能的提升;也可用于预制混凝土制品与构件,提高制品的外观质量。防止与减少表面裂缝,保护边角免受损坏,增强抗渗性并防止钢筋锈蚀。

2. 工程应用

(1)建筑幕墙板

碳纤维增强水泥基复合材料主要应用领域为建筑物的幕墙板,如 1982 年,鹿岛建筑公司为伊拉克首都巴格达建造的 Al Shaheed 纪念馆工程,使用了总面积达 10 000 m² 的轻质沥青基碳纤维增强水泥板,在使用中,该板经受了巴格达夏季高温、干燥的气候考验,呈现出良好的耐久性和体积稳定性。

日本东京 ArkHOllMori-Building 使用了 32 000 m² 的碳纤维增强混凝土墙板,碳纤维的质量分数为 3%,每块墙板的尺寸为 1.47 m×3.76 m,纤维增强混凝土外板可承受 63 MPa 的风压,而且外墙可实现减重 40%,大楼钢架整体质量减轻 400 t。

天然有机物纤维增强水泥基材料已在工程中得到应用。压蒸木纤维增强水泥与硅酸钙板主要应用于建筑物的内隔墙板、建筑物内潮湿环境的隔墙、建筑物的外墙面板、屋面的衬板、屋面或墙面的小平板、建筑物内的吊顶板等。

(2) 网格墙体及屋面板

纤维增强水泥基材料具有高强度、质量轻、成型多样化、施工简单、耐火、耐候、耐酸碱等优点。因其与混凝土同等性能及寿命,使其成为建筑及景观等工程的新宠。

2010 年建造的上海世博会法国馆[见图 9.23(a)],是一个网格交错的四方形建筑,建筑外表的白色混凝土网格,使用的即为玻璃纤维增强混凝土,该种混凝土网格具有较好的防风、抗震效果,而且弯曲度、抗压能力等性能也比一般混凝土好很多。洛杉矶布落德艺术馆[见图 9.23(b)],其外墙的不规则网格墙体、内部圆滑墙体及曲形屋面均用到了玻璃纤维增强混凝土,结构轻质高强,造型奇特美观,极大地呈现了艺术与建筑的融合。

(a) 2010 年建造的上海世博会法国馆　　(b) 洛杉矶布落德美术馆

图 9.23　玻璃纤维增强混凝土网格屋架及屋面板

(3) 岩坡坝体加固修复

纤维增强混凝土可明显抑制裂缝开展,可用于岩坡的加固、下水道的衬砌、隧道的衬砌以及混凝土构筑物的修补等。位于日本广岛地区的三鹰大坝坝体出现大量裂缝,2003 年日本一家公司使用喷射纤维增强水泥成功地修复了 600 m² 的受损坝面。沥青基碳纤维增强水泥基材料具有较高的不透水性,可用于屋面防水。加有橡胶乳液的沥青基碳纤维水泥砂浆可用做混凝土结构的表面防裂砂浆。

3. 前景

(1) 3D 打印

纤维增强水泥基材料轻质、高强、耐久性好,已在建筑工程中广泛应用。3D 打印技术的快速发展为纤维增强水泥基材料的应用提供了新的可能,3D 打印机内装有特殊的"打印材料",通过电脑程序控制把"打印材料"一层一层叠加起来,最终把计算机上的设计图变成实物。纤维增强水泥基材料用作打印材料进行 3D 打印房屋建筑,是一个非常值得研究的方向。

(2) 导电智能材料

碳纤维增强水泥基材料的导电性好,在以下领域具有广阔的应用前景:

①智能混凝土:由于碳纤维的导电性,未来还可考虑研究智能混凝土,以实时监测控制混凝土损伤,实现损伤部位的及时修补;

②阴极保护电接触材料层:砂浆中掺入一定量的碳纤维,其体积电阻明显减少,因此可作为钢筋混凝土中钢筋的阴极保护的电接触材料层;

③应变传感器和热电偶:将碳纤维水泥以涂层的形式涂于受弯试件的受拉侧和受压侧时,受拉区的电阻可有效地随荷载的增加而增加,受压区的电阻则随荷载的增加而减少,具有明显的传感功能。经加热或冷却试验发现,碳纤维增强水泥基材料的热电偶灵敏度较高,且加热和冷却曲线的重合性很好,有望使碳纤维增强水泥基材料成为温度探测器。

(3)新型纤维增强水泥基材料的应用

除以上提到的常用的纤维增强混凝土外,利用植物纤维增强水泥制品也有着极广阔的开发前景,可考虑使植物纤维经化学打浆或化学机械打浆后制成植物纤维浆用以代替木浆,在现有的抄取或流浆工艺线上制造植物纤维增强水泥板、瓦、管等制品。但是,此类纤维增强水泥制品的耐久性较差,需要着重提高其耐久性,以满足工程需要。此外,结构型玄武岩纤维作为一种新型纤维,可代替钢纤维,目前应用较少,但已有部分学者开始对其性能进行尝试性应用研究。有一些学者提出,在路面混凝土板中使用结构型玄武岩纤维是提高混凝土构件性能的有效措施。其独特的物理和化学特性,如耐碱和耐高低温的性能,使其成为解决许多工程问题的材料选择。除此之外,还可在内外墙板、隧道和海堤等领域进一步考虑结构型玄武岩纤维的实际应用。

9.6.2 纤维增强沥青混合料应用和前景

1. 应用方法

在沥青混合料中加入纤维可明显提高力学性能,纤维在沥青混合料中以三维分散相存在,且互相搭接,可以提高沥青混合料的整体强度;同时由于纤维对沥青的吸附作用,减少了自由沥青,提高了沥青混合料的水稳定性和高温稳定性。

纤维增强沥青混合料可用于新建沥青混合料路面面层、旧沥青混合料路面罩面,路面的缺陷修补、冷补、灌缝,钢结构桥梁铺装沥青面层、机场跑道、桥面防水层等,如图9.24所示。

(a)新建沥青路面面层

(b)旧沥青混凝土路面罩面

(c)路面的缺陷修补

图9.24 纤维增强沥青混合料的应用

2. 工程应用

聚合物纤维增强沥青混合料已在德国、法国、西班牙、匈牙利、奥地利等国使用，国内河北石黄高速公路、广深高速黄岗段、沪杭高速公路、上海市外环线一期工程中均有应用，使用效果良好。此外，江苏南通市通富北路采用聚合物纤维增强沥青混合料进行桥面铺装，具体结构为 6 cm 的 C40 钢筋混凝土调平层＋5.5 cm 的 AC-20（掺聚酯纤维）下面层＋3.5 cm 的 AC-13（掺聚酯纤维）上面层。铺装完成后对下面层施工的外观质量进行检测，发现路面颗粒分散均匀，纤维在粗集料空隙间大量分布，无明显离析现象出现，铺设完成通车后运行良好。

2009 年，沈丹高速公路沈阳至桃仙机场路改扩建工程中，在某主线桥及桥头两侧各 50m 范围内的上面层施工中运用了木质素纤维和聚酯纤维增强沥青玛蹄脂混合料，提高了行车的舒适性和安全性。

杭金衢高速公路 K143＋512～K144＋141 衢向段采用浙江石金玄武岩纤维有限公司的玄武岩纤维来加强 AC-13 改性沥青混合料，并进行了罩面养护试验，结果发现试验路面整体结构层良好，罩面层与老路面黏结紧密，压实度、渗水系数、抗滑值均能很好满足规范要求；玄武岩纤维用于河北省西柏坡高速沥青混合料罩面、江西省昌金高速宜春段沥青混合料罩面层等均有良好的效果。此外，玄武岩纤维 AC-13 沥青混合料在京沪高速 2013 年度路面专项治理工程也得到应用。施工结束后，通过现场和试验检测，总体来看路面平整、坚实、粗糙、均匀、美观，各项检测指标均符合规范要求。经过几年的跟踪监测，路面使用状况良好，无明显病害。

3. 前景

纤维在沥青混合料中起加强筋作用的首要条件是纤维必须呈均匀的三维分布，纤维受热后易结团，拌和时不易分散。结团的纤维和不均匀分布的纤维在沥青混合料中不仅起不到加强作用，而且还会起负向作用，玻璃纤维增强沥青混合料尤其明显。如果在玻璃纤维的生产过程中采取严格的工艺控制，对玻璃纤维进行表面改性处理，改善玻璃纤维的界面性能，增加柔性，减少静电，试制出可应用于沥青混合料的路用玻璃纤维产品，使其能够与沥青充分结合，均匀分布于沥青混合料中，则可以减少投资，提高效益，对公路事业的发展起到积极的作用。

此外，碳纤维因具有导电性，将短切碳纤维分散于沥青混合料中可制作导电沥青混合料，用于路面的除雪化冰。且碳纤维掺入混合料中可改善沥青混合料的电阻，从而使沥青混合料具备自诊断的功能。碳纤维增强沥青混合料的导电性会随外加荷载的变化而发生相应的变化，也就是通过观测电阻的变化可以反映沥青混合料受力状况。在智能交通系统上，汽车行驶将由电脑控制。通过对公路上的标记识别，电脑系统可以确定汽车的行驶路线、速度等参数。例如，在车道两侧安装磁性标记由汽车上的磁传感器识别，可控制汽车的行驶路线。在沥青混合料中掺入碳纤维微丝可使路面具有反射电磁波的性能，可实现自动化高速公路的导航，该种路面成本低、力学性能好、可靠性和准确性高、耐久性好。另外，利用碳纤维沥青混合料的压敏特性，将碳纤维沥青混合料用于高速公路可以实时监测车辆的速度、方向、承载量;将碳纤维沥青混合料与交通信号灯结合,可对车流进行实时智能控制。

参考文献

[1] ZUEHLKE G. Marshall and flexural properties of bituminous pavement mixtures containing short asbestos fibers[J]. Highway Research Record,1963(10):231-242.

[2] KIETZMAN J,BLACKHURST M,FOXWELL J. Performance of asbestos-asphalt pavement surface course with high asphalt contents[J]. Highway Research Record,1963(24):12-48.

[3] 沈荣熹,崔琪,李清海. 新型纤维增强水泥基复合材料[M]. 北京:建材工业出版社,2004.

[4] 王永波. PVA纤维增强水泥基复合材料的性能研究[D]. 重庆:重庆大学,2005.

[5] 崔玉忠. 我国玻璃纤维增强水泥的发展现状与前景[J]. 玻璃纤维,1999(1):22-26.

[6] 付庆丰,侯启超,张效沛,等. 玄武岩纤维混凝土的技术研究现状及应用[J]. 吉林建筑工程学院学报,2011,28(4):32-34.

[7] 吕进,阳知乾. 聚丙烯粗纤维在混凝土中的应用[J]. 商品混凝土,2009(11):20-22.

[8] DI LUDOVICO M,PROTA A,MANFREDI G. Structural upgrade using basalt fibers for concrete confinement[J]. Journal of Composites for Construction,2010,14(5):541-552.

[9] 李克智,王闯,李贺军,等. 碳纤维增强水泥基复合材料的发展与研究[J]. 材料导报,2006,20(5):85-88.

[10] 付极. 玻璃纤维对沥青混凝土界面和路用性能的影响研究[D]. 长春:吉林大学,2008.

[11] 姚立阳. 聚丙烯腈纤维在沥青混合料路面中的应用研究[D]. 兰州:兰州理工大学,2012.

[12] 吴帮伟. 玄武岩纤维增强沥青混合料性能试验研究[D]. 扬州:扬州大学,2013.

[13] 李冬. 结构型纤维对混凝土韧性及裂后渗透性能的影响[D]. 大连:大连理工大学,2018.

[14] 中华人民共和国交通运输部. 沥青路面用纤维:JT/T533—2020[S].

[15] 交通部公路科学研究所. 公路沥青路面施工技术规范:JTG F40—2004[S].

[16] 中国公路学会标准. 玄武岩纤维沥青路面施工技术指南:T/CHTS 10016—2019[S].

[17] 郑捷. 聚合物纤维沥青混合料路用性能研究[J]. 北京公路,2007,27(3):15-17.

[18] LEVIT R M,魏方. 短切碳纤维的生产及其应用[J]. 新型碳材料,1993(4):60-62.

[19] BRANSTON J,DAS S,KENNO S,et al. Influence of basalt fibers on free and restrained plastic shrinkage[J]. Cement & Concrete Composites,2016,74:182-190.

[20] BLAIS P,COUTURE M. Precast prestressed pedestrian bridge-world's first reactive powder concrete structure[J]. Pci Journal,1999,44(5):60-70.

[21] WLODARCZYK M,JEDRZEJEWSKI I. Concrete slabs strengthened with basalt fibers-experimental tests results[J]. Procedia Engineering,2016,153:866-873.

[22] 封志辉,姚武. 合成纤维种类对水泥基材料干缩开裂形态的影响[J]. 材料科学与工程学报,2005,23(4):106-108,128.

[23] 沈荣熹. 聚烯烃粗纤维增强混凝土的性能及应用[J]. 科技导航,2019(9):42-50.

[24] 郑德路. 聚乙烯醇纤维水泥基复合材料抗冲击性能试验研究[D]. 呼和浩特:内蒙古工业大学,2013.

[25] 张楚楚. 玄武岩纤维增强水泥基材料及其复合梁高性能化研究[D]. 南京:东南大学,2018.